国防科技图书出版基金

风洞测控技术

Wind Tunnel Measurement and Control Technology

王　帆　施洪昌　盖　文　等著

汤更生　主审

郭守春　吴盛贤　张双喜　副主审

国防工业出版社

·北京·

图书在版编目(CIP)数据

风洞测控技术 / 王帆等著. — 北京：国防工业出
版社，2019.9

ISBN 978 – 7 – 118 – 11741 – 7

Ⅰ. ①风… Ⅱ. ①王… Ⅲ. ①风洞 – 测量系统 – 控制
系统 Ⅳ. ①V211.74

中国版本图书馆 CIP 数据核字(2018)第 215129 号

※

*国防工业出版社*出版发行

（北京市海淀区紫竹院南路 23 号　邮政编码 100048）

北京龙世杰印刷有限公司印刷

新华书店经售

*

开本 710×1000　1/16　印张 27¾　字数 500 千字

2019 年 9 月第 1 版第 1 次印刷　印数 1—3000 册　　定价 156.00 元

（本书如有印装错误，我社负责调换）

国防书店：(010)88540777　　发行邮购：(010)88540776

发行传真：(010)88540755　　发行业务：(010)88540717

致 读 者

本书由中央军委装备发展部**国防科技图书出版基金**资助出版。

为了促进国防科技和武器装备发展,加强社会主义物质文明和精神文明建设,培养优秀科技人才,确保国防科技优秀图书的出版,原国防科工委于 1988 年初决定每年拨出专款,设立国防科技图书出版基金,成立评审委员会,扶持、审定出版国防科技优秀图书。这是一项具有深远意义的创举。

国防科技图书出版基金资助的对象是:

1. 在国防科学技术领域中,学术水平高,内容有创见,在学科上居领先地位的基础科学理论图书;在工程技术理论方面有突破的应用科学专著。

2. 学术思想新颖,内容具体、实用,对国防科技和武器装备发展具有较大推动作用的专著;密切结合国防现代化和武器装备现代化需要的高新技术内容的专著。

3. 有重要发展前景和有重大开拓使用价值,密切结合国防现代化和武器装备现代化需要的新工艺、新材料内容的专著。

4. 填补目前我国科技领域空白并具有军事应用前景的薄弱学科和边缘学科的科技图书。

国防科技图书出版基金评审委员会在中央军委装备发展部的领导下开展工作,负责掌握出版基金的使用方向,评审受理的图书选题,决定资助的图书选题和资助金额,以及决定中断或取消资助等。经评审给予资助的图书,由中央军委装备发展部国防工业出版社出版发行。

国防科技和武器装备发展已经取得了举世瞩目的成就,国防科技图书承担着记载和弘扬这些成就,积累和传播科技知识的使命。开展好评审工作,使有限的基金发挥出巨大的效能,需要不断地摸索、认真地总结和及时地改进,更需要国防科技和武器装备建设战线广大科技工作者、专家、教授,以及社会各界朋友的热情支持。

让我们携起手来,为祖国昌盛、科技腾飞、出版繁荣而共同奋斗!

国防科技图书出版基金
评审委员会

前　言

风洞是航空航天飞行器、高层建筑、地面交通工具等开展空气动力试验的重要设备,风洞测控技术在风洞试验中起着极其重要的作用。风洞测控技术包括计算机技术、电子技术、自动控制技术、自动测试技术、传感器及仪表技术、网络与通信技术、虚拟与仿真技术、数据库技术、校准技术等。随着科学技术进步,风洞测控技术也得到飞速发展,许多风洞测控系统都更新换代,装备当前国际上最先进设备和系统。为了让从事风洞测控技术人员了解和掌握最新测控技术,我们组织国内著名专家教授编写本书,它系统、全面地介绍当前风洞中最新测量控制技术、设备和系统。该书编写力求具有高的学术水平、技术水平和实用价值。

本书共 10 章,常规测量系统介绍了传感器技术、电子压力扫描阀技术、天平技术、数据采集技术;非接触测量技术介绍了光学流场显示与测量技术、CCD 图像测量技术、粒子图像测速技术(PIV)、压敏漆测压技术;风洞测试技术还介绍了风洞在线监测及故障诊断技术、风洞流场校测技术、风洞测控系统电磁兼容性设计;风洞控制技术介绍了低速风洞控制系统、高速风洞控制系统、风洞液压控制系统、风洞流场参数多变量控制技术等。

参编人员都是长期从事测控技术的专家和学者,他们具有深厚的理论基础和丰富的实践经验。本书内容是作者系统、全面地总结几十年来理论和实践经验的成果。全书内容经过反复修改,力求观点正确,语言精练,内容实用,是一本供从事风洞测控技术领域人员阅读的专业书,也可供其他领域测控技术人员参考阅读。

参加本书编写人员有:第 1 章施洪昌、王帆、褚卫华;第 2 章宋巍巍、施洪昌、韩杰、汤更生、褚卫华、顾正华、朱博、邓晓曼、王文襄、王鸿雁、牛华伟、胡国风、王罗、吕治国、赵荣娟、许晓斌、罗印升、刘士钢、杨旻、张军、郭恩全、许海燕、杨珣、蒋铁登;第 3 章谢明伟、张龙、陈爽、易仕和、何霖、熊健、黄辉、祝汝松;第 4 章刘士钢、宋巍巍;第 5 章林志兴、宋旸、熊健;第 6 章韩杰、郭恩全、李刚、潘军;第 7 章张俊生、郭守春、杨孝松、张永双;第 8 章张永双、罗强、杜立强;第 9 章王帆、李树成、刘念、王鹏飞、徐剑英;第 10 章周平、盖文、张双喜、褚卫华。

参加本书编写的单位有中国空气动力研究与发展中心设备设计及测试技术研究所、低速所、高速所、超高速所,国防科技大学,同济大学,湖南大学,河海大学,江苏理工学院,江苏东华测试公司,昆山双桥传感器测控技术研究所,四川托普测控公司,北戴河兰德科技公司,陕西海泰测试公司,中国工程物理研究院。在编写过程中得到了中国空气动力研究与发展中心设备设计及测试技术研究所领导和机关的支持和帮助。在此对参加编写的作者和支持帮助编写的同志表示衷心的感谢。由于本书涉及专业广,包含内容多,书中难免有错误和疏漏之处,诚请读者予以指正。

编者
2018 年 3 月

目　录

Contents

第1章 绪论

风洞是一种量度流体对物体作用并观察其物理现象的管道试验设备,一般由洞体、驱动系统、运动机构、控制系统、测量系统和辅助系统等组成。在风洞试验过程中,驱动装置和模型支撑装置在控制系统统一协调下,在试验段产生近似真实条件的气流,通过模型支撑机构的精确运动控制,测得模型在不同姿态下的气动特性参数,为飞行器空气动力特性预测研究以及飞行器成功研制提供重要保障。因此,测量与控制系统在风洞设计和试验中起着关键作用,测控系统性能的优劣直接影响风洞试验的综合能力和试验效率。

1.1 风洞测量技术

1.1.1 风洞测量系统概念和特点

风洞测量系统主要用以测量反映风洞气流特性的重要参数和气流作用于试验模型上的各种气动参量,包括温度、压力、力矩、噪声、湍流度、露点、角度、位移、速度等广泛内容。从 20 世纪 60 年代起,风洞试验技术迅速发展,风洞测量涉及从单项到综合、宏观到微观、静态到动态、定性到定量等方面。

由于风洞试验测量内容的广泛性和特殊性,风洞测量系统中所涉及的测量仪器、仪表种类很多,测量技术也独具特点。风洞测量仪器和技术主要包括:

(1) 常规的测量方式。直接采用温度、压力、力矩、噪声、湍流度、露点、角度、位移、速度传感器,把被测物理量转化成电压或电流信号,然后通过数据采集系统逐个采样,再量化成数字信号送入计算机进行处理、计算、显示和试验结果分析。

(2) 风洞天平。天平是风洞试验中最重要的单分量或多分量测力传感器,有机械式、应变式和压电晶体等类型,用于直接测量作用于模型上的气动力和力矩。风洞天平静态和动态校准需要专门设计的天平校准装置。

(3) 电子扫描阀。电子扫描阀是一种集微型压力传感器、信号调理与模数转换、在线校准和通信控制为一体的高度模块化的数据采集系统,通道多、精度高,用于测量飞行器各部件如机翼、机身、操纵面、外挂物、阻力板等测量点数多的表面压力分布。

（4）纹影仪。纹影仪通过观测不均匀透明介质内部折射率变化，将其转换为记录平面上照度变化，从而确定透明介质内部密度梯度变化。在风洞试验中，纹影仪用来显示绕经模型周围流场的密度变化，观测激波、膨胀波、边界层、尾流的区域和位置。

（5）热线/膜风速仪。热线/膜风速仪将一根通电加热的细金属丝（热线）置于气流中，热线在气流中的散热量与气流流速有关，这样将流速信号变为电信号测量气流速度和密度的脉动。

（6）压敏漆技术。压敏漆技术利用光致发光材料的光物理特性进行试验模型表面的压力测量，可以在不改变模型表面气流流动状态的情况下，获得测量面全域的压力信息，进行流场分析与研究。

（7）红外热像技术。红外热像技术是一种定性的表面测量技术，利用风洞试验过程中层流与湍流有不同的表面热传递效率，确定层流向湍流转捩的物理过程，主要用于边界层特性的研究。

（8）粒子图像测速技术（PIV）。PIV以多普勒效应为基础，利用在流体中散播跟随性好的示踪粒子，在灯光的照射下，通过图像记录装置获得包含粒子运动信息的图像，经过图像处理得到粒子的速度，从而得到对应流体质点的运动信息。

另外，还有激光多普勒测速技术（LDV）、相位多普勒粒子分析技术（PDPA）和高速摄影技术等都在风洞测量技术中得到应用。风洞测量系统通过工业网络平台将这些测量仪表和设备组成一个有机的整体，把这些设备测量得到的数据汇集到风洞数据分析处理系统，进行信息融合和数据处理，存入风洞试验过程数据库，实现显示、查询、综合分析和打印绘图等功能。

1.1.2 风洞试验测量参数与指标要求

1. 风洞试验测量参数

风洞试验测量参数分为标准参数和试验参数。

标准参数是各类风洞试验都要求测量的，用来计算气流马赫数（Ma）、试验雷诺数（Re）、动压（q）等，目的是确定风洞试验的基本条件和被测模型试验状态。试验参数是指测力试验、测压试验、噪声测试分析试验以及风洞性能测试与流场校测试验等需要测量的参数。

（1）标准参数主要包括：

① 稳定段总压 P_0；

② 稳定段总温 T_0；

③ 试验段参考压力（静压）P_s；

④ 大气压力 Pa；

⑤ 大气温度 T；

⑥ 迎角 α；

⑦ 偏航角 β；

⑧ 滚轴角 γ。

（2）常用试验参数主要包括：

① 常规测力试验测量参数，主要有升力 Y、侧向力 Z、阻力 Q、偏航力矩 M_y、俯仰力矩 M_z、滚转力矩 M_x、操纵面多点铰链力矩、模型底压、天平腔压力、天平腔温度。

② 测压试验测量参数，一般有几十甚至上百测量点，主要有模型表面压力分布测量、风洞沿程压力参数测量。

③ 噪声测试分析试验测量参数，用于噪声分析，进行模型噪声评估和噪声源定位，主要有远场单点多点噪声水平测量、模型声场分布与噪声源定位测量。

④ 风洞性能测试与流校试验需要测量的参数种类比较多，包含截面和轴向马赫数分布、气流流向、噪声测量和标模试验等内容，一般需要测量的参数有：稳定段总压；风洞壁面静压；重要部段总温总压分布，一般采用可移动总温总压排架测量；稳定段总温分布，一般采用温度格栅测量；脉动压力；稳定段和试验段湍流度。

有些特种风洞，在性能测试与流校试验中需要对稳定段露点、试验段中心气流噪声水平、氧含量等进行测量。

2. 风洞试验测量指标要求

风洞被测参数的范围和精度直接决定了测量仪器仪表的选择。

风洞类型、模型尺寸、试验条件和风洞运行状态等不同，测量系统测量参数的测量范围差别很大，测量仪器仪表量程需要依据风洞实际情况进行选择。

风洞试验数据的精度是指测得数据的综合误差，包括随机误差和系统误差两部分。模型的阻力系数 ΔC_x 试验精度要达到 0.0001，风洞标准参数测量精度一般要求如下：

总压精度：0.07%。

静压精度：0.07%。

总温精度：1%。

法向力精度：0.08%。

轴向力精度：0.08%。

迎角精度：0.01°。

对于测力试验，国内制定的高速风洞和低速风洞测力试验精度指标标准GJB 1061—1991，适用于模型测力同期试验精度评定。所谓同期试验精度是指同一模型在同一期试验、同一试验状态下经非连续重复多次（一般为 7 次）试验后,其测量值的均方根误差。测力试验精度如表 1 - 1、表 1 - 2 所列。

表 1 - 1　高速风洞测力试验精度指标 $|\alpha| \leqslant 4°$, $|\beta| \leqslant 3°$

项目	$0.40 \leqslant Ma \leqslant 0.90$		$0.90 \leqslant Ma \leqslant 1.40$		$1.40 < Ma \leqslant 4.5$	
	合格指标	先进指标	合格指标	先进指标	合格指标	先进指标
σ_{cy}	0.0020	0.0008	0.0030	0.0010	0.0015	0.0005
σ_{cx}	0.00050	0.00010	0.00060	0.00020	0.00030	0.00008
σ_{mz}	0.0010	0.0003	0.0015	0.0005	0.0008	0.0002
σ_{cz}	0.0008	0.00015	0.0010	0.0002	0.0005	0.0001
σ_{my}	0.00020	0.00008	0.00030	0.00010	0.00015	0.00005
σ_{mz}	0.00020	0.00005	0.00030	0.00006	0.00010	0.00003

表 1 - 2　低速风洞测力试验精度指标 $|\alpha| \leqslant 10°$, $|\beta| \leqslant 10°$

项目	$0.10 \leqslant Ma \leqslant 0.30$	
	合格指标	先进指标
σ_{cy}	0.0040	0.0010
σ_{cx}	0.00050	0.00020
σ_{mz}	0.0012	0.0003
σ_{cz}	0.0012	0.0003
σ_{my}	0.0005	0.0001
σ_{mz}	0.0005	0.0001

1.1.3　风洞测量系统设计

风洞测量系统设计的一般步骤是:

(1) 根据气动要求提出的测量系统技术条件,包括测量对象、精度要求、信号类型等,进行综合分析,确定测量系统总体配置和各部分性能指标。

(2) 依据各部分性能指标选择测量仪器仪表,根据总体配置选择各测量部分的网络接口,构建测量系统网络框架,完成测量系统初步设计。

(3) 完成测量系统的总体布局、安装、连接设计,进行数据采集与处理软件的软件需求分析,预算测量系统详细经费,从而完成测量系统的工程设计。

风洞测量系统内容广泛、影响因素多,在设计过程中除遵循测量系统一般设计原则外,应特别注意以下几点:

(1) 信号类型分析。风洞测量中除常规温度、压力等静态信号外,还有一部分需要测量瞬间变化的动态信号,如脉动压力等。测试仪器仪表除根据实际需要选择匹配的灵敏度、量程、线性度、回程误差、准确度、分辨率等静态特性指标外,特别要注重采样率、数据存储速率等参数选择以及测量仪器动态特性分析。

（2）测控数据实时同步技术。测量与控制系统大量数据的共享,对风洞测控系统信号传输和信息交换提出了很高的实时性和同步性要求。现在风洞很多采用反射内存技术实现风洞试验过程中试验指令和试验数据在测控系统间实时同步交换,数据传输时延可达 0.3ms。

（3）抗干扰设计。在风洞试验过程中,影响测量精度的因素很多,有天平、压力传感器误差、数据采集系统误差、抗过载能力、抗冲击能力和抗电磁干扰能力、抗震性能等,特别是由于风洞配置有大型变频驱动设备,会对天平等微弱信号形成很强的干扰,需要在风洞测量和控制系统设计中采取隔离干扰源、阻断传导和辐射耦合等措施,提高测量系统抗电磁干扰能力,进行全面系统的电磁兼容设计。

（4）标准化设计。为了提高风洞保障和维修能力,对测量仪器和模块的选择要进行规范和统一,尽量保证不同风洞选择统一的产品型号和规格,减少备件类型和数量,便于风洞维修和保障。

（5）软件工程。风洞测量系统软件包括数据采集、数据处理、特征数据提取与分析等功能,需要采用软件工程思想指导软件开发,进行详细的需求分析、软件设计、编码、调试等工作。特别是近年来故障诊断与状态监测技术在风洞中得到广泛应用,更需要采用模块化、结构化的方法实现软件功能,通过功能块扩展、组件模块搭配,实现信息共享和特征提取与推理,满足多种测试与诊断需求。

1.2 风洞控制技术

风洞控制系统在风洞试验中最重要的任务是实现试验所要求的流场参数,如温度、压力和马赫数等达到技术指标要求,以及实现飞行器模型的姿态控制等。风洞系统构成庞大,控制内容复杂:从控制对象来讲,风洞控制包括风扇驱动装置控制、动力系统控制、模型姿态角系统控制、挠性喷管型面控制、密封拉紧和模型更换辅助系统控制等;从控制系统技术来讲,包括流场控制技术、运动控制技术、液压控制技术、安全联锁控制技术、状态监测与故障诊断技术等;从风洞控制策略来讲,风洞(特别是大型风洞)控制是一个非线性、参数时变、大滞后、难以准确建模的复杂系统,试验过程控制除采用常规 PID 控制外,还采用智能控制、鲁棒自适应控制和预测控制等现代控制策略,以更好实现控制要求。

风洞控制系统设计除包括这些复杂的控制技术和控制策略外,还涉及供配电系统、工艺布局和电磁兼容设计等技术。此外,由于风洞控制对象多,数据交互及数据共享量大,网络配置技术对于控制系统实现高可靠、易维护、抗干扰和性能优异至关重要。

风洞控制系统在功能上一般包括流场控制系统、模型姿态运动控制系统、风洞运行辅助系统、动力系统和供配电系统等,但不同类型的风洞实现风洞试验流场的方式不同,其结构形式和执行驱动的方式有很大区别,因此,高速风洞和低速风洞控制系统配置和关键技术存在较大差别。

1.2.1 低速风洞控制技术

根据 GJB 4296—2001,试验段马赫数小于 0.3 的风洞称为低速风洞,其典型结构如图 1-1 所示。在试验过程中,低速风洞试验段内的气流速度由动力段内的风扇产生,通过模型支撑机构的精确运动控制,完成模型在不同姿态下的气动特性参数测试。从控制方面来讲,低速风洞试验有两种流场参数控制模式。

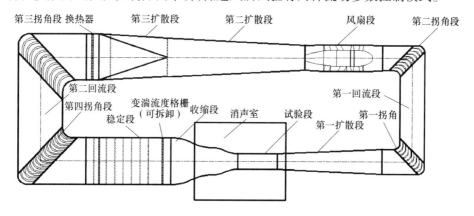

图 1-1 低速风洞结构组成图

1. 稳转速控制模式

在试验过程中,风扇按某一转速稳定运行从而在试验段获得稳定风速。风扇速度的调节由调速装置控制完成,风扇转速是稳转速控制模式的主要控制指标。稳转速控制在国内早期建设的风洞比较常见,风扇转速控制精度要求不高,一般为 0.5% ~0.2%,随着变频调速技术的发展,现在低速风扇转速控制精度一般要求是:

(1)稳转速控制精度:0.03% ~0.2%。

(2)多电机驱动风扇转速同步精度:0.1% ~0.3%。

(3)无级调速,调速比一般为 1:10~1:20。

2. 风速/速压控制模式

空气动力学试验需要参数不是风扇转速,而是风洞试验段稳定的风速。在风扇转速稳定的条件下,试验模型姿态和风道堵塞比变化,会引起试验段风速的改变,大气压力和温度发生变化,也会导致试验段风速改变。因此,稳风速控制模式在低速风洞试验中具有更加重要的意义。由于风速和速压存在如下关系:

$$q = \frac{1}{2}\rho v^2 \tag{1.1}$$

式中　q——速压(动压);

　　　ρ——空气密度;

　　　v——风速。

试验段速压可由差压传感器直接测得,试验段风速可由速压计算得到,因此,稳风速控制和稳速压控制实际上是同一个控制系统。

在风速/速压控制模式中,风速/速压控制精度一般要求为 0.2% ~0.3% 。

在低速风洞吹风试验过程中,控制系统需要统一控制风扇驱动和模型支撑装置,实现以下几种吹风模式:

① 定风速步进变姿态角模式;

② 定姿态角步进变风速模式;

③ 定风速连续变姿态角模式;

④ 定姿态角连续变风速模式;

⑤ 地面效应模拟试验模式。

因此,低速风洞控制系统设计主要有以下几项关键技术:

(1) 变频调速技术。低速风洞的风扇是靠电机驱动的,电机是风扇动力来源,不同的电机转速在试验段产生不同的气流流速,电机转速的调节是通过调速装置控制实现的。在稳转速控制模式中,风扇转速是风洞试验主要流场控制参数;对于风速/速压控制模式,速压或风速控制是通过内外两个闭环控制实现的,外闭环控制目标是试验段速压,但风扇转速控制作为内控制环是整个控制系统核心。因此,电机调速系统是低速风洞控制系统设计最关键的技术。

风扇电机有直流电机和交流电机,动力调速系统也有直流调速系统和交流调速系统两种。直流调速控制简单,调速性好,在过去长期占据着统治地位,但由于直流电机存在结构复杂、转动惯量大、成本高、效率低、故障多、维护困难等缺点,交流变频调速因调速范围宽、动态响应快、可靠性高等特点已逐步取代直流调速,成为风洞调速系统主要采用的调速技术。

(2) 运动控制技术。在风洞试验中,风速控制与模型姿态角步进或连续变化组成不同的试验模式,要求模型运动控制既能保持精确定位,控制精度一般要求优于 ±0.02°,又要保证运动过程匀速平稳。低速风洞模型姿态变化一般由腹撑和尾撑两种支撑机构实现,在这些支撑装置中,有的控制是简单的线性关系,模型运动控制过程简单,有的模型姿态变化通过滑块连杆等机构实现,模型姿态匀速旋转反映到机构控制上是一个非线性速度控制过程。为保证模型试验流场品质,在模型姿态角匀速转动过程中,要求模型中心不能偏离风洞轴线,这需要在对迎角 α 机构、侧滑角 β 机构、Y 向升降机构、Z 向横向平移机构速度和位置运动关系进行全面数学分析的基础上,采用复杂的多轴联动速度和位置控制技术。另外,风洞中还配置有转盘机构、翻板机构、升降机构、平移机构、插销机构、移动运输机构、流场校测机构和地面效应模拟试验机构等,都需要精确、平稳和高效的运动控制,因此,运动控制技术是关系到低速风洞试验效率和效果的另一项关键技术。

(3)抗干扰设计。在三相对称系统中,调速系统变频器会产生 5,7,11,13,17,… 次谐波,对电网、电机、效率、噪声、周边电气设备等都将产生影响,特别是对天平系统、动态测量系统、信号采集系统等各种敏感设备影响尤为严重。控制系统要从抑制干扰源、切断或衰减电磁干扰的传播途径、提高控制系统抗干扰能力等方面综合考虑其电磁兼容设计。特别注意变频器辅助设备,如电抗器、滤波器的选择和地线系统的设计对抑制谐波干扰有重要作用。

另外,供配电系统、工艺布局等也是测控系统总体技术设计必须考虑和解决的关键技术问题,它们将直接影响到测控系统的安全性、可靠性和稳定性。

1.2.2　高速风洞控制技术

高速风洞一般是指马赫数为 0.3~5.0 的风洞,按动力源可分为暂冲式和连续式两种形式。高速风洞试验过程由稳定的控制流场和模型支撑的精确运动配合完成,主要控制参数有风洞试验段马赫数、稳定段总压和模型姿态角等,一般控制要求如下:

(1)稳定段总压 P_0:控制精度优于 0.2%。

(2)试验段马赫数控制均方根误差 ΔM:0.005~0.001。

(3)模型迎角:定位精度 0.03°~0.02°,运动范围 -10°~50°,转动速度 4°/s。

(4)偏航角:定位精度 0.05°,运动范围 ±15°,转动速度 2°/s~4°/s。

(5)滚转角:定位精度 0.1°,运动范围 ±180°,最大转动速度 5°/s。

1. 暂冲式风洞控制技术

暂冲式风洞以中高压干燥空气作为动力源,按试验段风速范围可分为亚跨声速($Ma=0.3~1.4$)暂冲式风洞和超声速($Ma=1.4~5.0$)暂冲式风洞,具体结构形式如图 1-2 和图 1-3 所示。暂冲式风洞控制系统一般由流场参数控制系统、模型姿态控制系统、安全联锁系统、超扩段调节片控制系统、密封拉紧辅助控制系统、动力系统组成。亚跨声速和超声速流场参数控制系统不同,亚跨声速暂冲式风洞流场控制直接以马赫数为控制对象,通过控制主调压阀或二喉道栅指来完成,大型风洞还配置有辅助抽气系统。超声速暂冲式风洞流场参数控制主要由主调压阀、引射压力调压阀和挠性喷管组成,吹风运行前,将喷管型面运动至目标马赫数型面处,以稳定段总压为直接控制对象,获得所需的试验段马赫数。引射器配合可进行降速压等试验,拓宽试验种类。

暂冲式风洞控制系统设计主要关键技术包括:

(1)流场控制策略。暂冲式风洞在吹风试验过程中,气源压力不断下降,大

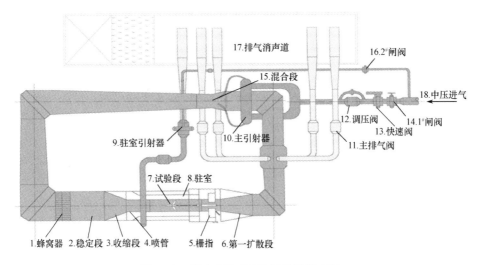

图1-2 暂冲式跨声速风洞典型组成图

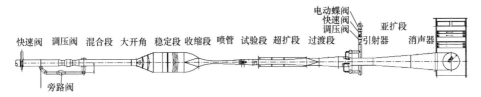

图1-3 暂冲式超声速风洞典型组成图

型暂冲式风洞稳定段容积较大,主调压阀与总压控制反馈检测点之间距离较远,总压控制具有非线性、时变、大滞后特性。超声速风洞降速压运行时,引射器和主调压阀之间存在一定的耦合特性;跨声速风洞运行需要主排气阀协助主调压阀完成稳定段总压控制,栅指和驻室抽气系统共同完成马赫数控制,控制对象多,控制过程复杂。因此,暂冲式风洞流场启动和稳定运行控制策略直接决定整个风洞设计的成败。

(2)暂冲式风洞动力系统设计。暂冲式风洞气源容积有限,对风洞流场调节阀门等机构响应速度要求较高,运动机构驱动方式的选择非常重要。对于中小型暂冲式高速风洞,由于载荷较小,调节行程小,对调节快速性要求相对偏低,一般选用电机驱动方式。对于大型暂冲式高速风洞,由于载荷较大,阀门调节行程大,要求调节系统输出力大、动态响应快,且考虑到大型电机变频与伺服驱动系统对测控系统电磁干扰严重,一般选用液压驱动方式。

(3)安全联锁技术。高速暂冲式风洞运行安全性和可靠性要求高,全面完善的安全联锁功能是控制系统设计考虑的重点内容。为保证风洞运行安全,保护试验模型不受损坏,风洞设备在出现任何异常情况下都要保证模型支撑机构回零安全关车。暂冲式风洞控制系统中的迎角回零和关车控制都采用冗余设计,流场控制与状态监控系统独立协调运行。在吹风试验过程中,流场控制系统不能正常关车,控制系统自动启动安全连锁与状态监控系统进行应急关车。

(4)运动控制技术。在高速风洞设备中,除模型支撑和超扩段调节等机构外,存在着大量多轴联动或同步运动驱动机构,如挠性喷管驱动执行机构、CTS系统、投放机构等,这些运动机构驱动轴类型多样,包括液压驱动轴和电机驱动轴,运动控制质量直接影响着模型试验范围、气动特性准确性以及试验效率等。在风洞控制系统设计过程中,必须通过计算仿真和试验对这些驱动运动机构的非线性联动控制策略进行验证。

2. 连续式风洞控制技术

连续式风洞与暂冲式风洞不同,是以空气压缩机作为风洞的动力源。压缩机系统复杂,包括电机驱动系统、叶片角度伺服系统、专门供配电系统和监控系统等部分。连续式风洞典型组成如图1-4所示。

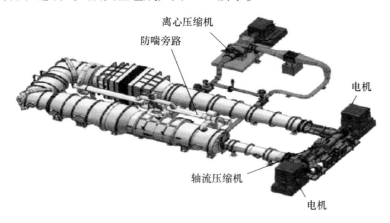

图1-4 连续式风洞典型组成图

连续式风洞流场控制主要实现马赫数、稳定段总压与稳定段总温调节。对于马赫数调节,在亚跨声速范围内有主压缩机转速、主压缩机转速与二喉道、主压缩机转速与驻室抽气调节阀等多种调节方式。在超声速范围内,采用喷管系统型面与主压缩机转速结合的调节方式;对于稳定段总压调节,增压控制由进排气调压阀调节完成,降压控制由抽真空系统结合抽真空流量调节阀、排气调节阀共同完成;稳定段总温通过对冷却器系统的喷淋水泵、冷却风机控制完成。

连续式风洞控制关键技术与暂冲式风洞关键技术基本相同,最大不同在流场控制策略。

连续式高速风洞和暂冲式高速风洞一样,由于风洞容积大,调压控制点与总压反馈检测点之间距离较远,总温和总压控制具有非线性、时变、大滞后特性,连续式跨声速风洞稳定段总压与马赫数需要同时进行控制,属于多变量控制问题,两个控制参数之间存在耦合,控制难度较大,在控制时需要将系统模型化为一个多输入、两输出的多变量控制系统,按照现代控制方法进行解耦运算与算法设计,或者预先对系统进行解耦,结合预置某一个或多个变量的方法,将系统转化为两个单变量控制系统进行处理。

连续式高速风洞的模型姿态控制系统、安全联锁系统、超扩段调节片控制系统、密封拉紧辅助控制系统和动力系统的实现方式与暂冲式风洞基本相同。

1.2.3 风洞控制理论基础

随着科学技术的发展,航空航天对风洞试验技术要求越来越高,风洞控制对象和控制内容越来越复杂,风洞试验对控制效率和控制精度的要求也不断提高,特别是一些特种风洞的出现,使传统控制方法不断得到改进,现代控制理论在风洞控制中也得到更加广泛的应用。

1. 传统 PID 控制

PID 控制器(比例—积分—微分控制器)是一个在风洞控制中得到广泛应用的控制理论,由比例单元 P、积分单元 I 和微分单元 D 组成,比例控制提高系统响应速度,积分控制消除静态误差,微分控制加快惯性系统响应速度,减弱超调。PID 控制器由于简单高效,参数调整方便,运算量小,容易实现多回路控制,成为风洞流场和运动等控制应用最多的控制器。随着控制理论的发展,许多风洞控制系统对 PID 控制算法进行了改进,出现了前馈解耦补偿 PID、参数自适应 PID 和智能 PID 等控制算法,有效解决了风洞温度、总压、马赫数控制问题。

2. 多轴同步运动控制

在风洞设备中,存在着大量多轴联动和同步运动驱动机构,如模型支撑系统、挠性喷管驱动执行机构、CTS 系统、投放机构等,这些运动机构驱动轴类型多样,且有很高的速度同步和定位精度要求,是典型的非线性速度位置复合控制问题。应用于风洞的多轴运动控制算法有基于速度前馈与位置反馈的控制策略、虚拟主轴多轴随动控制策略和耦合式同步控制策略等。

3. 智能控制

智能控制技术包括神经网络控制、模糊控制、混沌控制、遗传算法和专家系统等,常用于数学模型不确定、高度非线性和复杂任务要求的控制对象,在这些系统中,常基于知识的演绎推理机制实现对系统的控制。风洞控制已经成功地实现了神经网络对 PID 控制参数整定技术和专家知识与多模态控制器相结合的控制技术。

4. 预测控制

预测控制是能以系统和直观的方式处理多变量约束优化的控制技术之一,

预测控制摆脱了基于严格数学模型的控制要求,只注重模型功能,而不注重模型形式,具有预测模型、滚动优化和反馈控制等特点,能根据对象的历史信息和未来输入,预测其未来输出,具有良好的控制性能和鲁棒性。预测控制在风洞液压油缸运动控制、总压和马赫数控制等方面已经得到有效应用。

5. 最优控制

最优控制是为了使系统某一特性达到最佳(最大或最小)设计的控制器。在风洞控制中选取的性能指标一般为风洞启动时间最短、试验能耗最小、流场参数精准度最高等,所设计的控制器常为开关控制、棒棒(Bang‐Bang)控制或极值控制。

6. 多变量控制

随着风洞试验技术的发展,风洞试验能力和试验效率的不断增强和提高,要求风洞流场参数总压、马赫数和总温控制更加精确。由于总压、马赫数和总温控制之间相互关联,一个参数的改变会对其他被控参数产生耦合效应,流场参数控制成为多变量控制系统。目前,风洞中采用的多变量控制技术主要有神经网络、模糊控制、滑模控制、专家系统、模型参考自适应控制和预测控制等。

随着风洞控制技术的发展和风洞控制研究工作的深入,将有更多的经典和现代控制理论在风洞控制中得到应用。

第2章 风洞常规测量技术

2.1 概述

风洞常规测量技术包括了风洞运行信号感知技术、数据采集技术、数据管理技术和数据通信技术,重点是信号感知技术和数据采集技术。风洞常规测量系统信号感知设备包括风洞试验常用传感器、电子扫描阀测压模块和各类测力天平。常用数据采集系统由高性能数据放大器和高精度数据采集模块组成。

风洞常用传感器种类很多,有压力、温度、位移、角度、加速度传感器等。风洞试验中的压力测量使用最广,测点最多。如风洞吹风试验的参数控制系统中测总压、静压、风洞沿程压力,飞行器或建筑物测压试验中测模型表面压力分布,测点数上千个。风洞部段和模型振动一般用加速度传感器进行测量,根据振动加速度传感器内部敏感元件工作机理不同,振动加速度传感器分为压电加速度传感器、应变加速度传感器、光纤光栅加速度传感器等。风洞做测振试验用的加速度传感器要求重量小,一般几克;频响高,要求几百赫兹。激光位移传感器是目前精度最高的位移传感器,它利用激光的高方向性、高单色性和高亮度等特点实现无接触的距离测量,是风洞试验中最常用也最有效的非接触式位移测量仪器,被广泛应用于模型静态位移和动态响应的测试中。在风洞试验中,测量试验段总温、大气温度、电动机轴温、压缩机轴水温度、润滑油温度以及液压系统油温、模型表面温度等一般需几点至几十个点。近年来,随着低温风洞建设的需要,低温测试温度传感器的需求也日益增多。风速测量,特别是湍流场中不同方向脉动风速特性的测量,是风洞试验中的重要环节。目前,国内风洞试验常用的风速测量仪器主要有两种:热线/热膜风速仪和眼镜蛇探针,前者在湍流场特性测试中使用广泛,后者从2006年开始在国内边界层风洞中得到了广泛应用。

风洞试验压力测量具有测量点数多、精度高、量程范围大、试验状态多、运行时间长等特点,其中最具代表性的是模型表面压力分布测量试验,通常称为常规测压试验。其目的是测量飞行器各部件,如机翼、机身、操纵面、外挂物、阻力板等表面的压力分布,为飞行器及其各部件结构强度计算提供气动载荷分布的原始数据,为研究飞行器及其各部件的性能和研究绕模型的流动特性提供数据。通过表面压力分布测量可以确定机翼上最小压力点位置、激波位置、气流是否分离,以及作用在模型上的升力、压差阻力和压力中心的位置等。试验方式主要是采用在模型表面布设测压孔,通过测压孔和测压管路把当地模型表面压力传送到电子扫描阀测压模块来进行感知和测量。电子扫描阀具有扫描速度快、精准度高、测压模块体积小、测量点多等特点,采集速度一般为 5～10 万次/s,系统最大配置可达几千个点。系统一般配置有高精度压力校准器进行传感器的联机实时校准,测量精度可达 ±0.05% FS(Full Scale)。测压模块可安装在模型内腔,大大缩短压力传输管路,减少压力稳定延时。它的应用可以提高风洞试验的经济性,保证试验数据的准确性,扩大风洞的试验能力。

风洞测力试验是风洞试验最基本的项目,风洞天平则是测力试验的必备装置,用于测量气流作用在模型上的空气动力载荷。风洞天平所要测量的模型空气动力,不仅大小未知的,其作用点和方向都是未知的。为了简化问题,人们人为地将空气动力分解成笛卡儿坐标系内 6 个分量载荷(3 个力和 3 个力矩)。只要测出了这 6 个载荷大小,就可确定模型空气动力(包括它的量值、方向和作用点)。天平必须经过校准合格后才能在风洞试验中应用,天平校准分为静态校准(简称静校)和动态校准(简称动校)。天平动校在风洞中进行,天平静校是在天平校准系统上进行的。天平校准系统为天平校准提供准确的加载载荷并测量天平变形等。

风洞数据采集系统的作用是用来完成风洞试验中的各种参数的采集和处理。设计一套风洞数据采集系统必须知道风洞试验要求测量的参数、参数性质、测量规模(通道数)、数据处理形式、试验精度等基本条件。参数分为标准参数和测量参数。标准参数各种试验都要求测量,用于确定试验条件,计算气流马赫数(Ma)试验雷诺数(Re)、动压(q)以及确定模型的试验状态,如总温、总压、静压、迎角、偏航角和滚转角等。测量参数包括天平力和力矩、模型底部压力温度等。风洞数据采集系统一般包括激励电源、数据放大器、A/D 转换板、控制器和机箱等主要部件。随着飞行器对风洞试验数据的要求越来越高以及风洞数据采集技术的迅猛发展,风洞试验数据的数据量和数据类型越来越多,一般采用数据库对试验数据进行高效管理,方便查询和重用。

风洞测控系统由多个测量子系统和多个控制子系统组成。这些子系统通过通信线路联起来组成一个域网络。目前,风洞测控网络常以西门子的 Profinet 技术进行组网。测控系统主干网络采用光纤环网,它具有传输距离远、不怕电磁干扰、网络双向冗余等优点。各现场点控制层之间以 Profinet 桥接,确保网络实时性。随着以"Internet、无线数据传输、云计算"等为代表的网络技术的发展,网络化测量技术与具备网络功能的新型测试仪器也应运而生。近年来,随着计算机技术和网络通信技术的飞速发展,在工业测控领域,现场总线的应用范围越来越广泛,且种类繁多,在风洞测控系统中应用较广的有 Profibus 总线通信、Profinet

通信和 CAN 总线通信。

2.2 风洞参数测量方法

风洞试验中参数测量种类很多,有压力、温度、噪声、脉动压力、湍流度、露点等。风洞试验中的压力测量使用最广,测点最多,如风洞吹风试验的参数控制系统中测总压、静压、风洞沿程压力,飞行器或建筑物测压试验中测模型表面压力分布,测点数上千个。在风洞试验中,测量试验段总温、大气温度、电动机轴温、润滑油温度以及液压系统油温、模型表面温度等一般需几点至几十个点。近年来,随着低温风洞建设的需要,低温温度的测试需求也日益增多。风洞自身运行过程中和风洞试验中模型都会激励强烈的脉动压力,不同部段和不同模型在不同工况下激励的脉动压力的频率和幅值都有很大的差异。风洞调试过程和流场校测过程中需要对压缩机、稳定段、试验段等部段的脉动压力进行准确测量和分析。风速测量,特别是湍流场中不同方向脉动风速特性的测量,是风洞试验中的重要环节。在低温风洞中,露点为低温风洞衡量干燥度的一个关键指标,特别是极低露点的跟踪与准确测试为近年来研究的难点。

2.2.1 扫描阀测压

风洞试验压力测量最具代表性的是模型表面压力分布测量试验,其目的是测量飞行器各部件,如机翼、机身、操纵面、外挂物、阻力板等表面的压力分布,为飞行器及其各部件结构强度计算提供气动载荷分布的原始数据,为研究飞行器及其各部件的性能和研究绕模型的流动特性提供数据。通过表面压力分布测量可以确定机翼上最小压力点位置、激波位置、气流是否分离,以及作用在模型上的升力、压差阻力和压力中心的位置等,试验方式主要是采用在模型表面布设测压孔,通过测压孔和测压管路把当地模型表面压力传送到压力传感器来测量。

电子扫描是国内外风洞中进行模型表面压力测试的主力设备,在飞行测试、航空发动机测试、燃机试验等领域也得到了广泛应用。电子扫描阀前端采用了16~64 个微型压力传感器及外围电路集成测压小模块,每个传感器对应一个待测压力通道,在模块内实现压力到电压信号的转换和多点切换,获得的模拟电信号传输到后端采集系统计算处理。电子扫描阀具有扫描速度快、精准度高、测压模块体积小、测量点多等特点,采集速度一般为 5~10 万次/s,系统最大配置可达几千个点。系统一般配置有高精度压力校准器进行传感器的联机实时校准,测量精度可达 ±0.03% FS,测压模块可安装在模型内腔,大大缩短压力传输管路,减少压力稳定延时。它的应用可以提高风洞试验的经济性,保证试验数据的准确性,扩大风洞的试验能力。

1. 电子扫描阀原理和组成

电子扫描压力测量系统是一种集微型压力传感器、信号调理与模数转换、在线校准、通信控制为一体的高度模块化的数据采集系统,其构成形式很多,典型系统的组成原理如图2-1所示。一般包括以下主要单元模块:压力扫描器、采集与主控单元、压力校准单元、校准/控制气路、供电及接口单元和用户上位主机。

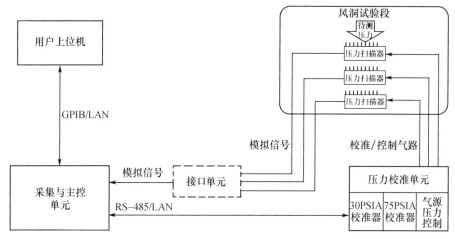

图2-1 电子扫描阀压力测量系统组成示意图

系统的基本工作原理是:待测压力经过引压管连接到压力扫描器,其中的微型传感器感受压力并转换为模拟电信号,再由扫描器内置的多路复用电路和板载仪器放大器放大后输出,经信号电缆与接口单元传输到采集主控单元(很多系统中,接口单元与采集主控单元集成一体,扫描器直接连入采集主控单元),并在采集与主控单元经 A/D 转换和初步处理,将原始测量数据存储在 RAM 内存中或传输到用户上位主机。采集与主控单元通过 GPIB 总线接口或网络接口接受用户计算机的指令,完成数据采集、压力传感器的在线校准、数据显示等各项功能。压力校准单元通过 RS-422/RS-485 或网络接口与主控单元通信,在主控单元的指令下完成对系统中所有压力传感器的在线校准。

1)压力扫描器

压力扫描器是电子扫描压力测量系统最关键的部件,系统的核心技术与性能特点集中体现在扫描器的设计中。目前,广泛应用的扫描器大致可分为两类:微型电子压力扫描器和网络智能型压力扫描器。微型电子压力扫描器的特点是通道多、精度高、体积较小,可以放入风洞试验模型内部,带前置放大器,信号经放大后输出,在长线传输中有较强的抗干扰能力,安装拆卸比较方便,易于更换。微型电子压力扫描器通常不能单独组成系统,需外接数据采集与控制单元才能完成测量任务,并需要配置相应量程的校准单元对传感器进行在线实时校准,保证其测试精度。网络智能型压力扫描器是由压力传感器组件与小型嵌入式数据采集系统集成的一体式多通道压力扫描器,内部集成了硅压阻微型压力传感器组件、气动阀组、A/D 转换器、微处理器及外围电路、以太网接口等,可以单独使用。

2）数据采集与主控单元

数据采集与主控单元是电子扫描压力测量系统中枢部分,一般由嵌入式 PC,高速高精度 A/D,存储器,串、并行接口,网络接口,系统软件等组成,与扫描器的接口模块、校准单元,以及外部上位主机等连接。数据采集与主控单元主要完成数据采集、工程单位转换、温度补偿计算、数据通信等工作,并运行系统软件,向系统中各功能模块发布各类控制指令,协同各组件完成压力扫描、传感器校准、数据记录与上传等。

2. 电子扫描阀校准

电子扫描压力测量系统中,压力扫描器模块采用了硅压阻式传感器,是一种基于硅杯膜片的扩散型压阻传感器,具有尺寸小、灵敏度高、耐超压能力强、蠕变与迟滞小、重复性好,特别是易加工、成本较低等优点,适宜电子扫描系统中的大规模使用;但硅压阻式传感器也存在温度效应大的突出问题,为保障系统获得良好的测量精度和稳定性,电子扫描压力测量系统中普遍采取在线校准技术,消除压力传感器的温漂、时漂,保障其具有良好的短时间精度特性。扫描阀系统中的在线校准技术是检定技术和补偿技术的综合,它能修正传感器随温度和时间变化产生的零点误差、灵敏度误差、非线性误差,从而解决了传感器的温度误差和长期稳定性两大难题。在传感器的特性方程中引入了温度和时间两个参量,即

$$P_x(T,t) = c_0(T,t) + c_1(T,t)V_x + c_2(T,t)V_x^2 \tag{2.1}$$

式中　P_x——被测的未知压力;

V_x——压力为 P_x 时的传感器输出电压;

c_0——零读数;

c_1——灵敏度系数;

c_2——非线性系数;

T——温度;

t——时间。

通过在线校准可以获得当时试验环境下的传感器校准系数,自动修正温度误差,消除了由于时漂、温漂所产生的压力测量误差。

校准子系统一般包含不同量程的压力校准源、压力控制器、气源与真空泵等。以 SPC3000 校准系统为例,包含 CPM3000 压力控制模块(Control Pressure Module)和 SPC3000 校准模块(Servo Pressure Module)两部分,由 SPCENCL2100 标准机

箱组合成校准系统。

其中 CPM 包含由计算机指令控制的电磁阀,用以控制 ZOC 模块校准阀处于某种工作模式(校准、测量、吹气、隔离)。SPC 校准器包含一个 12MHz 80186 微处理器、A/D 转换器、伺服阀、LED 显示面板和高精度石英压力标准,微处理器可以接收外部主机的命令,通过其压力调节器和高精度压力标准,实现压力的精确调节和测量,为 ZOC 模块输出 0.01% FS 的标准压力。每个校准系统可连接多个校准器,每个校准器有自己独立的、不同的量程压力标准,为系统中不同量程的 ZOC 模块校准提供高精度的全量程校准。

联机实时校准一般可以在每次试验之前的几分钟之内完成,实时校准后的静态测量精度可以达到 ±0.03% FS(压力测量量程大于 34kPa)。

3. 新一代电子扫描阀

1)PSI Optimus 系统

PSI Optimus 压力扫描测量系统在风洞试验中应用非常广泛,是目前最先进的电子扫描阀系统。PSI Optimus 采用 OSP 主机与 OFIU 光纤接口单元组合,结构更紧凑、性能更优良,最大可支持 32 个 ESP 扫描器、2048 通道,通过千兆以太网接口连接到用户上位主机,支持 IEEE – 1588 PTPv2 协议;采用微型扫描器数字化接口 mSDI,为扫描器提供精确的激励电压,通过反馈监测可对激励电压进行实时补偿,并执行高速 AD 转换功能。mSDI 体积小、功耗低,非常适合与 DTC 或 ESP 扫描器模块一起安装到风洞模型内部、支架上。

Optimus 系统兼容原 8400 的软件命令集,其他的硬件组件如远程处理器 RP、压力校准器 PCU、远程电源等仍可沿用原系统组件,兼容支持各代 ESP 扫描器和最新的 DTC 型微型压力扫描器 MicroScanner。

Optimus 系统测量精度最高达 ±0.03% FS,EU 工程单位数据吞吐率最高 2000Hz/通道,系统的典型构成如图 2 – 2 所示。

2)DTC Initium 智能电子压力扫描测量系统

DTC Initium 是 PSI 公司为 DTC 系列微型 ESP 传感器模块设计的紧凑型压力数据采集系统,将先进的模拟电路设计与 PSI 的数字温度补偿技术集成,系统可以不依赖在线校准,调零后可获得 ±0.05% FS 的测量精度,对 64 通道的扫描器采样率可达到 325Hz/通道。基于以太网的 DTC Initium 系统可以直接连接 8 个 32 或 64 端口的 DTC 扫描器(任意组合),多台主机通过网络连接起来可以实现 512 点以上更大规模的压力测量。系统支持软件触发和硬件触发,通过数据集、数据包 ID 时间戳实现数据的时间相关性,工程单位数据传输到主机的吞吐率最高可达到 1200Hz/通道。DTC Initium 连接示意图如图 2 – 3 所示。

3)DSM4000 系统

DSM4000 是基于网络的紧凑型压力数据采集系统,采用了先进的数字信号

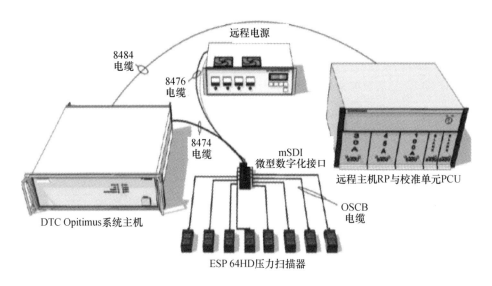

图 2 - 2　PSI Optimus 系统组成示意图

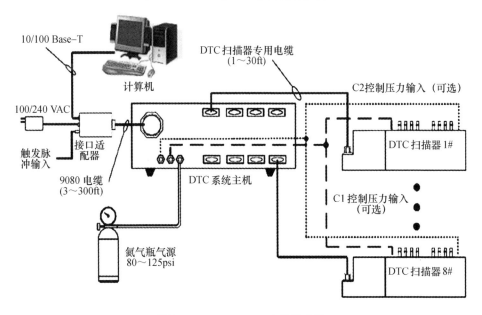

图 2 - 3　DTC Initium 连接示意图

处理器结构,实现快速 A/D 转换和工程单位数据输出,DSM4000 内包含 9 个 A/D 转换器,其中 8 个测量压力输入,连接 8 个 ZOC 模块,即每个 ZOC 模块独立对应一个 16 位 A/D,另一路 A/D 测量温度输入,并为每个 ZOC 模块建立各自的压力 - 温度修正表,保障了高精度、高速度的测量,系统采样率可达到 625Hz/通道,系统中接入的 ZOC 模块精度指标可保持 6 个月的稳定性。

以 DSM4000 主机构成的测压系统典型组成示意图如图 2-4 所示,为获得更好的测量精度,还可为系统配置在线校准系统 SPC4000,以及 DSMCPM 压力控制伺服阀模块,执行 DSM4000 主机的控制指令,对 ZOC 模块进行全量程高精度校准,按需更新校准系数。

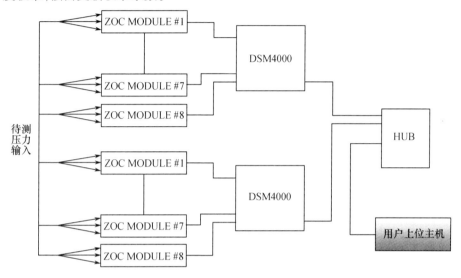

图 2-4　DSM4000 系统典型组成示意图

4）MPS4000 新型智能微型压力扫描器

Scanivalve 公司的 MPS4000 是新一代的微型智能压力测量模块,该系列中的 MPS 4264 模块包含 64 个通道,其外形尺寸与 ZOC33 相当,模块集成了微处理器芯片,支持模拟量、以太网和 CAN 总线三种接口,可以通过网络或总线接口与计算机直联,无须使用 DSM4000 及 eRAD4000 主机,同时设计了新型气动阀实现无气源推阀,从而使系统组建更灵活紧凑、坚固可靠,使用更快速方便。采用了超稳定传感器并结合动态零偏修正技术,使测量精度更高,长期稳定性更好,年精度可以达到 $\pm 0.03\%$ FS(量程不小于 5psi)。

4. 电子扫描阀在低温风洞中的应用

低温风洞压力测试系统设计指标要求为:实现模型车试验模型表面压力的测量和试验段上下左右壁板的静压测量,测试精度优于 0.03% FS,压力测量范围为 $(0.2 \sim 4.5) \times 10^5$ Pa,适用环境温度范围为 $-196 \sim 60℃$,具有实时在线校准功能,具有温度补偿能力。

在进行模型表面压力测量时,一般是将微型压力扫描器放置于试验模型内部,以减少引压管路长度,提高响应速度和测试效率。由于模型内部的空间十分有限,因此要求压力扫描阀必须具有体积小、测点多和集成度高的特点,以满足多点压力的测试需求。PSI Optimus 电子压力扫描阀系统是目前精度最高的系统,精度可以达到 0.03% FS,同时该电子压力扫描阀体积小,集成度高,在试验模型有限的空间内,能集成上千通道测点,适合风洞试验和飞行测试,可以满足风洞对压力测试设备的需求。

1) 风洞扫描阀系统的测试结构

在低温风洞中,试验段上壁跟随模型平台车一起移动,要求模型车一旦到位,完成预留接口的自动对接后,测试设备即准备到位。风洞内部为低温环境,人员不能进入风洞内部插拔管路和连接设备,因此,将试验段上壁和模型表面的压力采用一套压力扫描阀系统进行测试,且压力扫描阀系统跟随模型车移动,这样就可以做到在进行模型准备时,将压力测试设备安装、管路连接检测、设备调试等全部提前准备到位,确保测试数据准确可靠和提高试验效率。对固定不随模型车移动的试验段左右侧壁和下壁板采用单独一套压力扫描阀系统进行测试。

根据具体的试验需求,配置 4 套 Optimus 主机系统:一套主机系统用于试验段左右侧壁和下壁板静压的测量,该套系统不随模型车移动;另外 3 套系统分别配置到 3 台可移动模型车的仪器舱内,实现模型表面压力和上壁板压力的测量。共配置 ESP64 扫描阀 32 块,可以实现 2048 点压力测量,扫描阀和 MSDI 放置于风洞内部,就近实现压力测量,同时避免大量的管线穿出洞外。这些压力扫描阀系统也可以根据试验的具体需要重新组合使用。

2) 扫描阀参考端的处理

由于低温风洞在一个模型车安装到位后,扫描阀即处于低温环境,人员在试验过程中无法进行扫描阀的更换。低温风洞的压力范围为 20 ~ 450kPa,为了兼顾压力范围获取高的压力测试精度,根据试验段压力的分布情况,将扫描阀参考端连接到洞体上一测试点,保证扫描阀保持在一定的压差范围之内,并使得压差尽量得小,以提高测试精度。参考端压力通过高精度的绝压传感器进行测量,测试结构如图 2 - 5 所示。试验时,先将电磁阀处于开的位置,使得扫描阀的测量端和参考端都连接到洞体上,当风洞状态稳定到一个工况时,关闭电动阀,将扫描阀参考端稳定在一定的压力,完成对扫描阀和绝对压力传感器的数据采集后,再打开电动阀,然后调整风洞到下一个工况。只有在扫描阀采集数据时,电磁阀处于关闭状态,其他均处于打开状态,以防止扫描阀测试压力超出量程。配置多个不同量程的绝对压力传感器,可以根据洞体压力的大小采用不同量程的绝对压力传感器,以提高压力的测试精度。此时,压力的测试精度由扫描阀和绝压传感器的精度共同决定,因此,需要使得扫描阀的量程尽可能小,绝对压力传感器的精度尽可能高,在低量程采用 ABB 的高精度压力传感器,精度为 0.04%,较高量程采用 mensor CPT6100 系列高精度绝压传感器,精度为 ±0.01%。

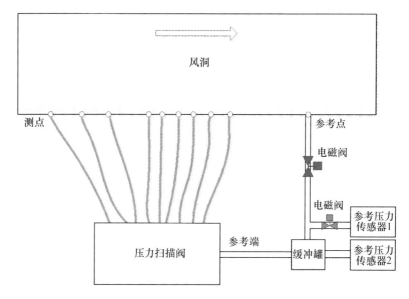

图 2-5　扫描阀参考端结构形式

3) 扫描阀的低温防护

由于扫描阀的可工作环境温度为 -25~80℃,而风洞中的环境温度为 -196~60℃,为确保扫描阀的正常工作,需要对其进行低温防护。温度防护主要需要考虑以下几个方面:防护容量、防护温度、防护压力等。

(1) 防护容量。

试验段上槽(实)壁和模型压力测试设备防护容量:

在全模试验中:上槽壁测点数量为 205 个,按每个 ESP 扫描阀模块可测点数 64 个计算,4 个 ESP 模块可测点数为 256 点;又考虑量程需要,按防护 6 个 ESP 考虑;同时考虑了 4 个 mSDI 的防护,其中一个 mSDI 用于上壁板静压测试的需要,另外 3 个 mSDI 用于模型压力测试的需要(备用)。温度防护共计需要容纳 6 个 DTC ESP-64HD 和 4 个 mSDI,用于参考端压力控制的 2 个电磁阀,1 个压力缓冲罐和 2 个绝对压力传感器,6 根 OSCB 电缆,还需要为大量的气管预留空间。用于模型压力测量的 DTC ESP-64HD 扫描阀进行单独低温防护后放置于中部机身盖板下,防护容量为 8 个 DTC ESP-64HD。在半模试验中:上实壁板壁面静压测点 117 个,按每个 ESP 扫描阀模块可测点数 64 个计算,2 个 ESP 模块可测点数为 128 点;又考虑量程需要,按需要防护 4 个 ESP 考虑。上壁板上的温度防护共计需要容纳 4 个 ESP 和 1 个 mSDI,用于参考端压力控制的 2 个电磁阀,1 个压力缓冲罐,2 个压力传感器,4 根 OSCB 电缆。将用于模型试验的 ESP 和 mSDI 放置在试验模型内部的低温防护箱内,扫描阀个数为 8 个,mSDI 为 1 个。

下壁板和左右壁板扫描阀温度防护容量：

下壁板和左右壁板的测点一共是 331 点，按每个扫描阀模块可测点数 64 个计算，采用 6 个 ESP-64HD 模块，可实现的压力测点数为 384 点；又考虑量程需要，低温防护共需要防护 8 个 DTC ESP-64HD 和 1 个 mSDI，用于参考端压力控制的 2 个电磁阀，1 个压力缓冲罐，2 个压力传感器，8 根 OSCB 电缆；还需要为内部的大量气管预留空间。

（2）防护温度。由于扫描阀系统的 ESP 和 mSDI 的工作环境均为低温，为保证设备的正常工作，需要对 ESP 和 mSDI 设备进行低温防护，防护温度要求为 $-25 \sim 80℃$，温度波动为 $\pm 2℃$。

（3）防护压力。ESP、mSDI 和光纤电缆 OFIU 均可承压 $0.0002 \sim 150\text{psi}$（绝压），风洞最高工作压力为 450kPa，在风洞里可以不用考虑压力防护的问题，但是压力传感器和电磁阀需要防护，因此，防护箱内的防护气体压力要求为大气压，压力波动为 $\pm 2\text{kPa}$。

（4）接口需求。由于温度防护箱有光纤、电源线和大量的管路，需要预留出入接口。

（5）光纤、电缆、气管和接插件的要求。风洞内部暴露在低温环境中的光纤、电缆、气管和接插件尽量为可耐受 $-196℃$ 的低温，如果无法耐受低温，就需要进行低温防护，防护温度要求为 $-25 \sim 80℃$，温度波动为 $\pm 2℃$。

2.2.2　噪声测量

在声学风洞建设和风洞气动声学试验两个阶段，声学测量具有不同的测量对象和要求。在风洞建设阶段，主要针对风洞须达到的背景噪声技术指标（总声压级 OASPL $\leqslant (75 \sim 77)$ dB（A），频率范围为 125Hz ~ 10kHz，1/3 倍频程），需要测量风洞各部段的背景噪声特性，优化降噪措施，并在风洞建成后考核试验段背景噪声性能指标。在风洞气动声学试验阶段，针对不同试验项目的要求，需要具备气动噪声源定位与识别测试能力，同时具备射流内外气动噪声传播特性的测试能力。所以声学风洞噪声测量系统划分为噪声特性测试和传声器阵列测试两大系统：噪声特性测试系统主要完成风洞背景噪声性能和气动噪声传播特性测试，需要在射流内外布置相应的测试点以满足测量要求；传声器测试系统主要完成气动噪声源定位识别，需要在射流外布置一定数量的测试点以满足测量要求。

国外从 20 世纪 50 年代开始就进行气动噪声降噪技术的研究，逐步取得进展并在实际应用中取得显著成效。航空器制造公司（如波音和空中客车公司）投入大量物力和人力用于气动噪声的降噪措施研究，从 20 世纪 70 年代至 20 世纪末，民用飞行器的噪声水平平均下降了约 10dBA；美国、日本等发达国家在 20

世纪 70 年代就提出了列车的噪声标准,采用降噪措施后,日本新干线沿线噪声控制在 80dBA 以下,法国高速铁路沿线噪声控制在 75dBA 以下;对发动机采用消声措施后,20 世纪 90 年代研制的发动机噪声比 50 年代研制的发动机噪声有了显著降低。中国空气动力研究与发展中心(简称气动中心)在 2013 年建成国内首座航空声学风洞(5.5m×4m 声学风洞),并在近几年逐步开展了包括大型客机、标准动车组、直升机旋翼在内的多项气动声学试验,取得了一定的成效。图 2-6~图 2-9 为国内外开展气动声学试验的照片。

图 2-6　全机模型噪声测量

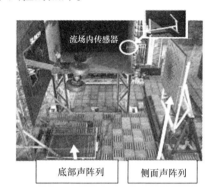

流场内传感器

底部声阵列　侧面声阵列

图 2-7　起落架模型噪声测量

图 2-8　直升机旋翼模型噪声测量

图 2-9　标准动车组模型噪声测量

在全机模型噪声测量试验时,使用 100 个传声器构成了分布面积为 2m×2m 的阵列,基于 Beamforming(波束形成)技术进行噪声源分布测量,同时使用 20 只传声器安装在射流外的弧形轨上,用于射流外噪声传播特性测量。由于模型缩比与噪声频率的关系,测量频率范围需提高到 100Hz~50kHz。

在起落架模型噪声测量时,分别使用 96 个传声器和 128 个传声器构成了分布面积为 2m×2m 和 3m×3m 的阵列,利用基于 Beamforming 技术,对模型侧面和底部进行噪声源分布测量,测量频率范围为 1~10kHz。

在直升机旋翼模型噪声测量时,使用 136 个传声器构成了分布面积为 4m × 4m 的阵列进行了移动噪声源分布测量。同时使用 10 只传声器安装在射流内的支架上,用于测量射流内的噪声传播特性。测量频率范围为 0 ~ 8kHz。

在汽车、高速列车等风洞噪声试验时,采用 140 个传声器构成分布面积 3m ×3m 的可移动传声器阵列,基于 Beamforming 技术进行噪声源测量。同时在模型另一侧安装了 30 只传声器构成的远场架,用于射流外噪声传播特性测量。测量频率范围为 1 ~ 10kHz。

通过研究国内外在风洞中开展气动声学试验的现状可以发现,波束形成是应用最为广泛的气动噪声源识别定位测量技术。完整的声学测量系统的主要由传声器阵列、多路并行数据采集设备和测量分析软件等构成,如图 2 - 10 所示。其中,传声器分布在阵列架上,用于获取空间中的声音信号;而数据采集设备则将传声器输出的电信号转换为可供计算机存储和处理的数字信号。测量处理软件运行在测量分析计算机上,用于实现采集设备的控制与通信,同时完成试验数据的处理和结果输出等功能。

图 2 - 10　声学测量系统的总体结构

因此,相控传声器阵列、数据采集设备和测量处理软件是声学测量系统最核心的部分,下面对这三个部分的现状进行简单介绍。

1. 相控传声器阵列

相控传声器阵列是波束形成测量技术的关键装置。早期的相控阵列多为一维线性形式,Soderman 和 Noble 在 NASA 埃姆斯研究中心的 80ft ×40ft[①] 风洞中利用一维线性阵列对射流噪声进行了测量。但是线性阵列只能测定出一个方向上的声源分布,因此在风洞声学试验中并不常用。二维相控阵列的出现使人们可以对整个区域内的声源进行识别与定位。在 20 世纪 80 年代,Underbink 和 Dougherty 分别在埃姆斯研究中心的 7ft × 10ft 闭口风洞和波音公司的 LSAF 开口风洞中使用二维相控阵列进行了多次气动声学试验,得到了大量、真实的气动噪声源的量化数据。而在 20 世纪 90 年代,德荷的 DNW 风洞利用基于二维相控阵列的波束形成技术对空客飞机也进行了噪声研究;同一时期,美国的 NASA 研究中心也采用大型传声器阵列结合波束形成算法开展了多次的气动声学试验。可以说,国外在风洞中利用二维相控传声器阵列对气动噪声的研究已经相当成熟

---

① 　1ft = 30.48cm。

且十分普遍。近年来,国内利用相控阵列开展气动噪声测量也取得了许多成功的案例:如西北工业大学的乔渭阳教授曾利用 111 只传声器构成的二维相控阵列在真实的环境下对飞机进场着陆过程中的气动噪声进行了测量与研究。低速空气动力研究与发展中心也利用 140 只传声器构建 3m×3m 的相控阵列,用于多种试验模型的气动噪声源识别与定位,取得了较好的效果。

构建相控阵列的首要环节是配置一批满足测量要求的传声器,同时配置相应的阵列架,用以准确获取声压信号。

2. 数据采集设备

早期,由于受计算机和数据采集设备的限制,相控阵列所使用的传声器数量较少。近年来,由于计算机技术和电子技术的飞速发展,相控阵列的测量点数也迅速增加。目前,国外所采用的阵列传声器数量已经从最初的 16 通道发展到512 通道以上。而波音公司曾利用 900 个通道构成的传声器阵列完成了实飞测量。可以说,气动声学测量技术的进步离不开高性能数据采集设备的发展。因此,必须构建一套具有多通道数、高采样率的声学数据采集系统以满足气动声学测量的需要。

3. 气动声学处理软件

目前,世界各著名的声学公司(如 B&K 公司)的噪声源测量计算软件仅能支持到 100 点以内的声阵列测量,同时未考虑对风洞背景噪声、射流剪切层等环节的修正,只能用于对固定声源或外界静止空气内的声源(主要是指声源与阵列均处于静止的空气环境中)进行识别。而专门用于气动声学试验的噪声处理软件都是由风洞试验单位自行研制,并未成为标准的商用软件。因此,必须对气动声学试验中的数据处理算法进行研究,并开发出专用的测量与处理软件。

声学测量处理软件一般采用自上而下、模块化设计方案,将复杂的系统分解为多个功能单一的功能模块,分别予以实现,不仅有利于简化整个程序的设计过程,同时也便于软件的使用、维护和升级。由于气动声学试验数据量大,数据计算过程复杂且耗时较长,不能够对数据进行实时处理,因此,在软件设计时,可分为数据采集软件和数据处理软件两大部分。数据采集软件主要完成声压信号的获取与存储工作,主要包括系统参数设置、系统校准、风洞试验等子模块。而数据处理软件主要用于对试验数据的后期处理工作,根据测试对象的不同,又分为传声器阵列和远场传声器数据处理两部分;其中,传声器阵列数据处理模块用于识别定位气动噪声源产生的区域,而远场传声器数据处理模块则用于计算风洞背景噪声和试验模型整体噪声声压级、频率谱、倍频程等特征信息。其处理流程如图 2-11 所示。

数据处理软件首先从文件夹中读取相应的空风洞背景噪声数据和吹风原始数据,然后利用文件的分组功能,将不同通道组内的数据送入相应的子模块中进

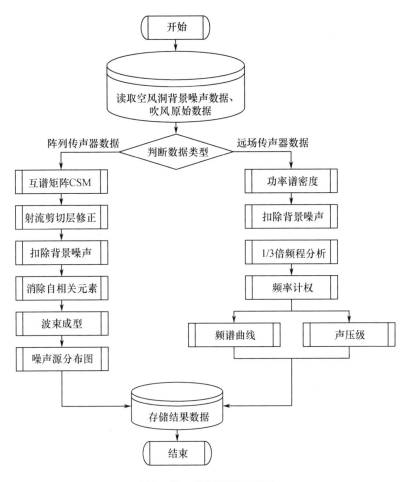

图 2 – 11　数据处理流程图

行处理:对于远场传声器数据处理子模块而言,主要通过功率谱密度计算、背景噪声扣除、声压级、1/3 倍频程和 A 声级频率计权等处理步骤,获得用于评价试验对象整体噪声的特征参数,最后以声频谱曲线和表单的形式进行显示;而对于阵列传声器数据处理子模块而言,通过计算互谱矩阵、射流剪切层修正、背景噪声扣除,以及消除自相关元素等步骤,得到整个试验体表面气动噪声源分布情况,最后以图形的方式进行显示。

2.2.3　脉动压力测量

在跨超声速风洞进行飞行器表面脉动压力的精确测量和分析对飞行器设计来说极为重要。飞行器模型在风洞中进行风洞试验时,脉动压力测量的数据为飞行器的定型及优化提供科学依据。风洞性能调试及流场校测试验中,脉动压力系数的测量也是必不可少的重要环节。通常使用脉动压力传感器测量风洞各部段和试验段核心流的气流脉动。

在风洞试验中,进行脉动压力测量时,待测的脉动压力信号通常混杂在较高的静态环境压力信号和缓变的稳态环境压力信号中。而且,真实的脉动压力信号的幅值较小,容易被静态环境压力信号和缓变的稳态环境压力信号淹没。因此,如何精确测量真实的脉动压力信号是风洞试验中值得研究的问题。

在风洞试验中,传感器是测量系统的关键部分,其性能和可靠性都将会影响测量系统的性能和测量结果的精度。一般要求脉动压力传感器灵敏度高、频率响应范围宽、体积小、线性和重复性好、抗干扰能力强。脉动压力传感器一般安装在风洞侧壁或模型内部,且传感器应与安装面平齐,以避免管腔效应。如图 2 - 12(a)所示,侧壁测点的安装是通过工装结构固定在洞壁安装孔。在平面洞壁安装时,工装应与洞壁内表面齐平。在圆弧面洞壁安装时,工装应加工成相应的圆弧状。图 2 - 12(b)为脉动压力传感器安装在 10°锥模型上的示意图,用于测量风洞核心流脉动压力。

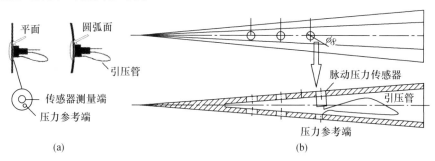

图 2 - 12   风洞侧壁及脉动压力传感器安装在 10°椎模型上的示意图

在跨超声速风洞脉动压力性能测量中,静压一般为 30 ~ 450kPa,而待测量的脉动压力只有几百帕,为了直接测量纯粹的脉动压力信号,一般采用差压式脉动压力传感器,建立图 2 - 13(a)所示的脉动压力测量模型。它由脉动压力传感器、压力参考端引压管、压力测量端引压管以及连接电缆等组成。在安装条件允许的情况下,为了提高压力测量模型的频率响应特性,应尽量减小或不要压力测量端的引压管。为了尽量反应低频压力脉动,参考端的引压管应尽量长一些,一般 1m 左右就能满足跨超声速风洞脉动压力测量的需求。根据管道流体力学理论及引压管的动态数学模型,脉动压力测量模型幅频响应特性的一般形态如图 2 - 13(b)所示,与带通滤波器特性相似。

从图 2 - 13 中可以看出,压力测试系统的幅频响应特性通频带内仍然有较大的畸变。所以必须对压力测试系统的幅频响应特性进行校准。常温常压下可以采用标准传声器对脉动压力测试系统幅频响应特性进行动态校准。信号发生

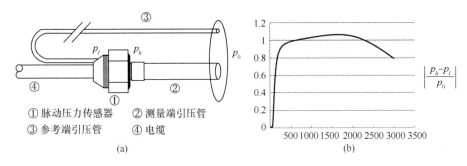

图 2-13 脉动压力测压模型及其幅频响应

器用于驱动扬声器产生压力波,在扬声器对面安装一块木板,在木板的中心部位设定 3 个测压孔,这 3 个测压孔要尽量靠近。其中 2 个测压孔用于安装压力测试系统的压力感应探头和参考端引压管,脉动压力传感器的电缆连接到脉动压力测量系统。木板上的另一个测压孔用于安装 B&K 传感器,B&K 传声器连接到 B&K 噪声测量系统中。信号发生器产生不同频率的正弦波,传声器所测到的信号就是被测物体表面的脉动压力信号。试验时改变信号发生器的频率,对采集到的信号利用傅里叶变换进行分析,可得到压力测试系统的幅频响应特性。此校准方法只适用于常温常压和较低脉动压力的情况,高低温、抽真空、增压不同介质组分和较高脉动压力等环境条件应采用特定校准方案进行校准。

如图 2-14 所示,由试验得到的压力测试系统的幅频响应特性是一些离散的数据,使用起来并不方便。采用 6 阶的多项式对压力测试系统的幅频响应特性进行了分段多项式拟合,可以更好地描述压力测试系统的幅频响应,更具通频带内的幅频响应特性对压力测试系统的测量结果进行纠偏处理。

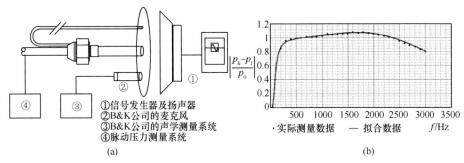

图 2-14 脉动压力测压模型幅频特性的校准及曲线拟合

脉动压力测量系统获得原始信号后,将进行信号分析和信号处理。试验结果以声压级(SPL)和脉动压力系数 C_p 给出,以功率谱密度 G_s 给出所测脉动压力的频率特性。

声压级定义为

$$SPL = 20\lg\frac{P_{rms}}{P_0} \tag{2.2}$$

式中　P_{rms}——噪声产生的脉动压力均方根值;

　　　P_0——为基准声压,定为 $2 \times 10^{-5}\text{Pa}$。

脉动压力系数定义为

$$C_p = \frac{P_{rms}}{Q} \times 100\% \tag{2.3}$$

式中　Q——风洞试验段自由流速压。

无量纲功率谱密度定义为

$$G_s = 10\lg\frac{G(f)}{P_0^2} = 10\lg G(f) + 94(\text{dB}) \tag{2.4}$$

式中功率谱 $G(f)$ 用快速傅里叶变换计算。

计算时加海宁窗,并修正了窗函数对功率谱密度幅值的影响;为了减小功率谱分析时的随机误差,取 64 个样本做平均。

采用以上脉动压力测量方法,图 2-15 为某风洞 3 个不同位置的脉动压力信号时域波形和功率谱密度函数 G_s 波形,从该波形可以看出,静态环境压力和低频稳态环境压力已完全被压力测试系统过滤,只剩下纯粹的脉动压力信号。所以在选择脉动压力传感器量程时只需考虑脉动压力的信号强度,无须考虑数倍,甚至数十倍的环境压力的影响。方便选择适合量程的脉动压力传感器,提高脉动压力信号的信噪比,从而有效提高测量精度。

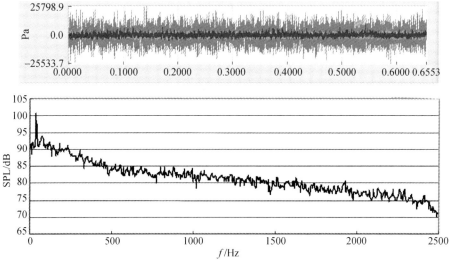

图 2-15　脉动压力原始信号及功率谱

2.2.4　湍流度测量

流场湍流度对飞行器气动力特性影响较大,因此,湍流度是风洞流场校测的重要指标,在飞行器模型的风洞试验中,需要对风洞流场湍流度进行准确测量,并对其影响进行修正,以提高风洞试验数据精准度。如果湍流度测量不准确,风洞试验得到的模型气动系数也不精确,就会在很大程度上影响飞行器气动性能的预测精度。

目前,测量流场湍流度的仪器包括热线风速仪、紊流球、激光多普勒测速仪和 PIV 等,其中,热线风速仪(简称热线)具有空间分辨率高、频响高、精度高和使用方便的优点,是国际上使用最广泛的湍流度测量仪器。湍流度为流场动态指标,测量结果容易受到干扰,特别对于低湍流度测量而言,更容易受到电磁干扰和支架干扰。因此,在低湍流度测量中,需要对测量信号进行有效处理。使用热线测量可压缩流时,需要考虑流场温度脉动、密度脉动和速度脉动相互耦合的影响,采用灵敏度系数标定或变过热比等技术解耦,从而获得更为准确的湍流度值。

1. 热线测量湍流度的基本方法

热线的工作原理是加热探头上的细小金属丝,把热丝在对流作用下损失的能量,与流体的温度、密度、速度的相关关系,通过标定形成校准曲线和分析模型,从而将热线输出的物理信号转换为工程数据,最后在时域和频域上计算出相应的流场参数。热线风速仪系统主要包括热线探头、模拟信号线缆、信号调理器、探头标定器、探头修复器、测控处计算机和数据分析软件。信号调理器是热线风速仪的关键部件,根据信号调理器工作原理的不同,可以将热线风速仪区分为 3 种类型,包括恒温式热线风速仪(CTA)、恒流式热线风速仪(CCA)和恒压式热线风速仪(CVA)。

自 1914 年 King 奠定热线风速仪理论基础以来,由于流体速度与热线输出信号的响应关系式比较明确,热线逐步在不可压缩流动的测量中得到了广泛发展,热线测量常温常压和低亚音流动的方法已经形成了标准程序。一般情况下,在不可压缩流动中,用 King 公式表示努谢尔数与雷诺数之间的关系为

$$Nu = (A + B\sqrt{Re}) \tag{2.5}$$

当热丝只对流体速度敏感时,热丝输出信号(电压值 E)与流体速度(U)之间的关系,可以用简化后的 King 公式表示为

$$E^2 = A + B \cdot U^n \tag{2.6}$$

通过校准 A 、B 系数,采用 King 公式很容易获得流体速度,进而计算湍流度。湍流度定义为流体速度均方根偏差与平均速度的比值,即

$$\varepsilon = \frac{u_{\text{RMS}}}{\overline{U}} \times 100\% \tag{2.7}$$

风洞流场的三维流动湍流度可以用流向与径向湍流度的综合值表示为

$$\varepsilon = \frac{1}{\overline{U}} \sqrt{\frac{u_{\text{RMS}}^2 + v_{\text{RMS}}^2 + w_{\text{RMS}}^2}{3}} \tag{2.8}$$

2. 热线测量可压缩流场湍流度的方法

在可压缩流动测量中,考虑到流体速度、温度、密度同时对热线输出信号产生影响,需要对热线的相应的灵敏度系数进行求解和数据解耦,才能获得较为准确的湍流度值。从灵敏度系数求解方法来看,可压缩流湍流度测量方法可以分为两类:一种是通过变热线过热比求解灵敏度系数;另一种是直接标定热线灵敏度系数,通过微分方程求解脉动量分量。

1)变热线过热比方法

Kovasznay 于 1950 年对 King 公式进行改进,提出适用于可压缩流的响应关系式:

$$Nu = (A + B\sqrt{Re})\left(1 - C\frac{T_w - T_e}{T_0}\right) \tag{2.9}$$

式中　T_W——热丝通电加热时的温度(K);

　　　T_e——热丝未通电加热时在流场中的温度(K);

　　　T_0——气体总温(K);

　　　C——校准系数。

由于温度变量不直观,对式(2.9)引入热线过热比,即

$$a_W = \frac{R_w - R_e}{R_e} \tag{2.10}$$

式中　R_w——热丝通电加热时的电阻(Ω);

　　　R_e——热丝未通电加热时在流场中的电阻(Ω)。

约简后获得热线在可压缩流中的变过热比响应关系式:

$$Nu = (A + B\sqrt{Re})(1 - ka_w) \tag{2.11}$$

对式(2.11)引入雷诺数的定义和热丝的热平衡关系式,通过进一步推导,可以获得热线的质量流量灵敏度系数和总温灵敏度系数解析式。

由于热线信号调理器工作原理的不同,热丝的热平衡关系式也是不同的,因此,灵敏度系数解析式也略有区别。CTA 热线的质量流量灵敏度系数 F_{CTA} 和总温灵敏度系数 G_{CTA},CCA 热线的质量流量灵敏度系数 F_{CCA} 和总温灵敏度系数 G_{CCA} 分别见下式:

$$F_{CTA} = \frac{B \sqrt{Re}}{4(A + B \sqrt{Re})} - \frac{ka_w}{2(1 - ka_w)} \frac{\partial \ln k}{\partial \ln Re} \qquad (2.12)$$

$$G_{CTA} = \frac{\alpha_* R_*}{R_e} \frac{\eta T_0 [1 - ka_w(a_w + 2)]}{2a_w(1 - ka_w)} - 0.38(1 - 2F_{CTA}) \qquad (2.13)$$

$$F_{CCA} = \frac{a_w(1 - ka_w)}{1 - ka_w(a_w + 2)} \left[\frac{B \sqrt{Re}}{4(A + B \sqrt{Re})} - \frac{ka_w}{1 - ka_w} \frac{\partial \ln k}{\partial \ln Re} \right] \qquad (2.14)$$

$$G_{CCA} = \frac{\alpha_* R_* \eta T_0}{R_e} - \frac{0.76a_w(1 - ka_w)}{1 - ka_w(a_w + 2)} \left(1 - \frac{B \sqrt{Re}}{2(A + B \sqrt{Re})} + \frac{ka_w}{1 - ka_w} \frac{\partial \ln k}{\partial \ln Re} \right)$$

$$(2.15)$$

式中 A 和 B——常系数；

a_w——过热比；

a_*——热丝的电阻温度系数(%/K)；

R_*——热丝参考电阻值(Ω)；

η——热丝恢复系数；

R_e——热丝未通电加热时在流场中的电阻(Ω)；

Re——雷诺数；

T_0——气流总温(K)；

k——热线变过热比函数 $f(a_w) = \dfrac{e^2}{(a_w + 1)R_e}$ 的斜率。

CCA 热线与 CTA 热线灵敏度系数的转换关系见下式：

$$F_{CCA} = \varphi F_{CTA}, G_{CCA} = \varphi G_{CTA} \qquad (2.16)$$

$$\varphi = \frac{2a_w(1 - ka_w)}{1 - ka_w(a_w + 2)} \qquad (2.17)$$

对于 CTA 热线，其输出电压脉动量与质量流量脉动量、总温脉动量之间的关系可以表示为

$$\frac{e'}{\bar{e}} = F_{CTA} \frac{(\rho u)'}{\rho u} + G_{CTA} \frac{T_0'}{T_0} \qquad (2.18)$$

对式(2.18)两边除以 G_{CTA} 得到变过热比脉动图解析式：

$$\theta^2 = r^2 \left(\frac{(\rho u)'}{\rho u} \right)^2 - 2rR_{mT} \frac{(\rho u)'}{\rho u} \frac{T_0'}{T_0} + \left(\frac{T_0'}{T_0} \right)^2 \qquad (2.19)$$

$$\theta = \frac{e'}{\bar{e}} \bigg/ G_{CTA} \qquad (2.20)$$

$$r = F_{CTA} / G_{CTA} \qquad (2.21)$$

$$R_{mT} = \frac{(\rho u)'}{\overline{\rho u}} \bigg/ \left(\frac{\rho'}{\overline{\rho}} \frac{u'}{\overline{u}} \right) \tag{2.22}$$

对式(2.22)作出曲线图,通过图的形态可以进一步分析流场脉动量特征。例如,在跨声速流场中,典型脉动图呈现双曲线特征(图2-16),通过该图可以容易获得流场质量流量脉动量和总温脉动量,即双曲线的渐近线斜率为质量流量脉动量,双曲线与Y轴的交点为总温脉动量。

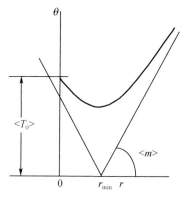

图 2 - 16　跨声速流场脉动图

一般情况下,静压脉动可以忽略不计,引入速度和密度脉动公式:

$$\frac{\rho'}{\overline{\rho}} + \frac{u'}{\overline{u}} = \frac{(\rho u)'}{\overline{\rho u}} \tag{2.23}$$

经过推导可得湍流度计算公式为

$$\frac{\overline{u'^2}}{\overline{u}^2} = \frac{1}{(\alpha + \beta)^2} \left[\alpha^2 \frac{\overline{(\rho u)'^2}}{\overline{\rho u}^2} + 2\alpha \frac{\overline{(\rho u)' T_0'}}{\overline{\rho u} \cdot \overline{T_0}} - \frac{\overline{T_0'^2}}{\overline{T_0}^2} \right] \tag{2.24}$$

$$\alpha = \left[1 + (\overline{\gamma} - 1)\overline{Ma^2}/2 \right]^{-1} \tag{2.25}$$

$$\beta = \alpha(\overline{\gamma} - 1)\overline{Ma^2} \tag{2.26}$$

式中　γ——比热比。

将式(2.26)代入质量流量脉动量、总温脉动量就可以算出湍流度。图2-17是在CARDC的0.6m连续式跨声速风洞,采用变热线过热比方法获得的不同阻尼网层数下的试验段湍流度,试验马赫数为0.2~1.4。

2)直接标定热线灵敏度系数方法

直接标定热线灵敏度系数方法是在精确的流场条件下直接标定热线的速度、温度和密度灵敏度系数,通过微分方程组求解流场脉动量。热线输出电压信号与脉动分量的响应关系用微分方程表示为

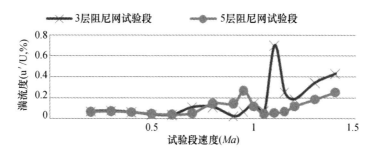

图 2 - 17 0.6m 连续式跨声速风洞试验段流场湍流度

$$\frac{e'}{\bar{e}} = S_\rho \frac{\rho'}{\bar{\rho}} + S_u \frac{u'}{\bar{u}} + S_T \frac{T_0'}{\overline{T_0}} \qquad (2.27)$$

$$e = \bar{e} + e', u = \bar{u} + u', \rho = \bar{\rho} + \rho'$$

式(2.27)中的速度、温度和密度灵敏度系数可通过实验标定,即

$$S_\rho = \frac{\partial \ln \bar{e}}{\partial \ln \bar{\rho}}, S_u = \frac{\partial \ln \bar{e}}{\partial \ln \bar{u}}, S_T = \frac{\partial \ln \bar{e}}{\partial \ln \overline{T_0}}$$

标定速度、温度和密度灵敏度 3 个系数时,每个系数须单独标定,变化一个流场变量的同时,要保持另外两个流场变量不变,即求解速度灵敏度系数时,先保证密度和总温不变,通过改变速度来求解。可见,直接标定这 3 个灵敏度系数对流场品质及其测控技术要求比较高,探头电阻、CTA 线路电阻和流场条件都对标定结果有影响,求解方程过程中可能会遇到系数矩阵奇异的问题。

为简化标定流程和计算方程,在实际风洞测量中,可以根据流场主要脉动特征,使用总压或者静压灵敏度系数代替密度灵敏度系数,例如,某开口射流风洞试验段静压不变时,可用总压灵敏度系数代替密度灵敏度系数,同时,用总压脉动分量代替密度脉动分量求解方程。

3. 测量低湍流度及干扰信号处理方法

热线干扰信号主要包括与流场速度无关的电磁干扰(图 2 - 18)和随流场速度变化而发生频移的支架干扰信号(图 2 - 19),在测量低湍流度值时,应该对其进行数字信号处理,处理方法可以采用带通滤波、电磁噪声解耦方法、高通惯性衰减滤波方法和经验模式分解(EMD)方法。

1)电磁噪声解耦方法

电磁噪声解耦方法是根据电磁噪声信号与流场速度无关的假设,对干扰信号进行解耦的方法,其解析表达式为

$$\left(\frac{\overline{U'}}{\overline{U}}\right)^2 = \frac{\tilde{e}_T^2}{S_u^2 G^2 E^2} - \left(\frac{E_n}{E}\right)^{\frac{2}{S_u}} \times \frac{\overline{e_n'^2}}{S_u^2 G_n^2 E_n^2} \qquad (2.28)$$

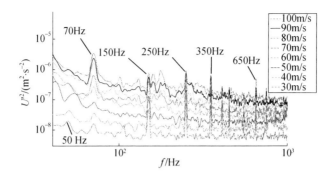

图 2 – 18　速度频谱中的电磁干扰

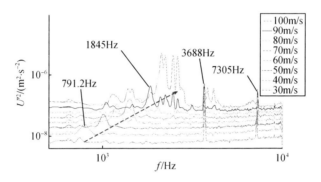

图 2 – 19　随流速变化而频移的支架干扰

式中　$\bar{e}_T^2$——热线输出电压值的均方根；

　　　S_u——热线的速度灵敏度系数；

　　　G——热线输出信号增益；

　　　E——电压平均值(V)；

　　　E_n——热线的静态电压平均值(V)；

　　　e_n'——热线的瞬态电噪声电压值(V)；

　　　G_n——热线输出电噪声增益。

2) EMD 方法

根据 EMD 方法对采样信号 $x(t)$ 进行分解,可表示为

$$x(t) = \sum_{i=1}^{n} c_i(t) + r(t) \tag{2.29}$$

式中　$c_i(t)$——分解的第 i 个本征模函数分量；

　　　$r(t)$——残余信号分量。

对 $c_i(t)$ 进行希尔伯特 – 黄(HHT)变换可以表示为

$$H(c_i(t)) = \frac{1}{\pi} \int_{-\infty}^{+\infty} \frac{c_i(\tau)}{t - \tau} d\tau \tag{2.30}$$

构造解析函数：

$$z_i(t) = c_i(t) + jH(c_i(t)) = A_i(t)e^{j\phi_i(t)} = A_i(t)e^{j\int f_i(t)\mathrm{d}(t)} \qquad (2.31)$$

$$A_i(t) = \sqrt{(c_i(t))^2 + (H(c_i(t)))^2} \qquad (2.32)$$

$$\phi_i(t) = \arctan\frac{H(c_i(t))}{c_i(t)} \qquad (2.33)$$

$$f_i(t) = \frac{1}{2\pi}\frac{\mathrm{d}(\phi_i(t))}{\mathrm{d}t} \qquad (2.34)$$

瞬时幅值 $A_i(t)$ 和瞬时频率 $f_i(t)$ 同时为时间 t 的函数，$(A_i(t),f_i(t),t)$ 构成了 HHT 时频谱。

由于 EMD 方法是按照高频到低频分解信号，因此，只要对低频分解信号进行重构，就可以削弱低湍流度信号中的高频干扰：

$$\tilde{x}(t) = x(t) - \sum_{i=1}^{m-1} c_i(t) \qquad (2.35)$$

又由于高斯白噪声信号的 IMF 分量的能量密度与其平均周期的乘积为一常量，即

$$E_m \cdot T_m = \mathrm{const} \qquad (2.36)$$

因此，可以通过查验相邻 IMF 的 const 值变化情况来判定分解信号是否受到了白噪声干扰，从而确定分解信号重构的 IMF 分量的级数 m，m 值可以是 EMD 从高频到低频分解过程中满足下式的第一个解（试验中发现，热线信号容易受低频白噪声影响，可导致低频部分存在第二个解，若将第二个解也作为判定级数，从而滤除低频干扰信号，可以进一步构建一个自适应的带通滤波器）：

$$R_m = \left| (E_m \cdot T_m - E_{m-1} \cdot T_{m-1}) \Big/ \left(\frac{1}{m-1}\sum_{i=1}^{m-1} E_i \cdot T_i \right) \right| R_m \geqslant C \qquad (2.37)$$

能量密度为

$$E_m = \frac{1}{N}\sum_{i=1}^{N} [c_m(i)]^2 \qquad (2.38)$$

平均周期为

$$T_m = \frac{N \cdot 2}{P_m} \qquad (2.39)$$

上述通过判定级数 m 值从而进行 IMF 分量的重构过程，可以理解为一种自适应滤波方法。其中，N 为分解信号的数据总量，P_m 为第 m 个分解信号的极值点总数，C 值为常数，C 直接影响到滤波的质量。

图 2 - 20 是在 CARDC 的 5.5m×4m 低湍流航空声学风洞，采用高通惯性滤

波和 EMD 方法获得的低湍流度值比较,结果比较接近。

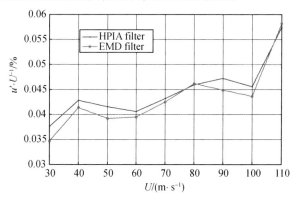

图 2－20　声学风洞低湍流度信号测量值

2.2.5　低温露点测量

露点是反映气体中微水分含量的一个重要指标。露点温度是指当水蒸气分压(即绝对含水量)保持不变,湿空气达到饱和时所对应的温度,一般零度以上称为露点,零度以下称为霜点。露点是判断洞内气体干燥程度的一个关键指标,对低温风洞进行降温前,必须先对风洞内部进行清洗以排出洞内湿气,需要适时监测洞内露点,当检测到露点温度降到预定值时,再喷入冷媒对风洞内部进行降温操作,进一步降低露点。如果气体没有达到设定的露点就喷入冷媒,风洞在进行运行试验时,内部气流会产生一定直径的冰晶,进而在机翼前缘的一些位置触发流动转捩,也可能在模型上形成冰霜或在试验段气流中形成随气流运行的冰粒,进而影响模型的气动特性和测试数据等。

1.　常用的露点测试方法

常用露点的测量方法主要有冷镜法、阻容法、激光测量法等。

冷镜法:被测湿气进入露点测量室时掠过冷镜面,当镜面温度降至湿气露点温度时,镜面上开始结露(霜),此时镜面温度即为露点温度。镜面温度由一紧贴在冷镜面下方的铂电阻温度传感器测试。冷境式露点仪测量准确,稳定无漂移,测试最高精度达到 ±0.1℃,一般精度可达到 ±0.5℃以内。冷境式露点仪被广泛地用于标准计量使用,最低可以测试到 −95℃,但对于较低的露点,冷境式露点仪跟踪较慢,如果冷源的速度跟随性强,镜面式露点仪可以达到快速、精确的露点测量。

阻容法:电容式湿度计本质是一个电容器,通过将一薄层孔状的氧化铝沉积在导电的基体上,然后再在氧化铝薄层上涂敷一层薄金。导电基体和金薄层就形成电容器的电极。水蒸气穿过金薄层被孔状的氧化铝吸收,这个电容器的阻抗与水分子个数,即水汽分压成一定的比例,通过测量该电容器的阻抗或电容可获得水汽分压,通过换算可得到露点值。准确度一般为 ±2 ~ ±3℃。氧化铝电容式湿度计具有较宽的响应范围,由干变湿测试响应较快,可以在较宽的温度和压力范围内使用,在实验室工况能测量到 −100℃ 露点温度,但由湿到干测试反应速度慢,响应时间需要数小时或者数十小时;受使用环境影响大,精度偏差很大,基准漂移可能达到几十度,一般用于在线露点温度的长期变化检测。

激光测量法:采用激光吸收光谱技术测量气体中水汽含量,间接实现露点温度测量,在知道当前待测气体中水汽分压后,可以通过查表或计算得到当前待测气体露点温度。激光测量法包括:光腔衰荡光谱(Cavity Ring Down Spectroscopy,CRDS)、吸收光谱(Tunable Diode Laser Absorption Spectroscopy,TDLAS)。其中 CRDS 技术具有很高的探测灵敏度,已被应用于痕量(即极低浓度)气体测量研究,但是其实现装置比较复杂,对振动、环境温度变化非常敏感,难以在风洞试验现场中应用。可调谐半导体激光吸收光谱,虽然探测灵敏度不及 CRDS,但是结构相对简单,且在气体组分测量等方面得到了工程化应用,通过优化光路系统、采用双波长调制等方式,可提升探测灵敏度,满足测量精度需求。理论上,采用 TDLAS 技术直接测量风洞内气体水汽含量,可以实现极低露点温度快速、高精度测量。

2. 露点测试在低温风洞中的应用

低温风洞露点测试目标:对清洗及试验过程中风洞的部段露点进行跟踪测试,当风洞压力、含水量稳定时,要求尽快测到稳定露点值,并满足精度要求。露点测试范围要求 −100 ~ 20℃(标准大气压);测量精度优于 ±1℃;气体介质压力为 20 ~ 450kPa(绝压);气体介质温度为 110 ~ 323K;测量模式:自动测量。

为了监测洞体回路的露点温度,在风洞上共布置了 11 个露点测点,分别于稳定段、试验段、驻室、压缩机段、第一拐角段和清洗总管路上。试验段露点用于风洞运行控制监测点,其他测点为观察监测点。

根据风洞的露点测试需求和各类露点测试设备的特点,采用冷镜式测试和 TDLAS 露点测试相结合的方式实现露点的测试。其中,试验段配置一套 TDLAS 露点测试系统;其他部段均采用冷镜式测试设备,具体分配为:稳定段 2 个测点配一套露点测试系统,驻室 2 个测点配一套露点测试系统,第一拐角 2 个测点配置 2 套测试系统,压缩机 3 个测点配置 3 套测试系统,清洗总管配置 1 套测试系统。

1)冷镜式露点测试技术

冷镜式测试方式采用的是将洞体内的气体通过取样管线引入到冷镜式露点仪,如图 2 − 21 所示。

采用该种结构方式的优点是露点测试设备工作在常温环境,可以对洞内引出的低温气体介质的温度和压力进行调节,使得露点设备的工作条件稳定,测试

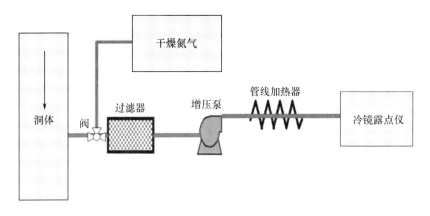

图 2 – 21　冷镜露点测试系统结构图

精度高;缺点是需要取样系统,水分黏性会代入测量误差,并影响露点测试响应时间。露点测量仪器一般都是通过取样管线进行露点测试,但是无论是化学反应还是物理反应都是需要响应时间,影响响应时间的原因既有露点仪本身原理性的因素,也有取样管路水分子的黏性(吸附)因素。气样越干,露点越低,取样管路对露点的响应时间影响越发突出,会造成响应时间越慢,在 – 80 ~ 20℃露点温度范围,冷镜式露点设备基本可以实现露点的连续跟踪测试;在 – 100 ~ – 80℃温度范围内,跟踪测试困难,对露点仪器和管路的要求极高,一方面需要对仪器本身进行研究,提高响应时间和测试量程,另一方面对取样管线结构、材料、快速除水等展开研究,尽量减少水分吸附的影响。针对上述应用,主要开展以下几个方面的工作:

(1)进行仪器量程扩展和提高响应时间。 – 100℃露点温区的测量对光电信号有着近乎苛刻的要求,通过提高光电信号的灵敏度,研制专门的聚焦透镜和广角透镜。聚焦透镜负责将所有的光电信号入射到镜面上,广角透镜负责将所有的反射信号收集起来,送入接收器件。通过透镜设计,将有用的检测光电信号与外界的杂波信号隔离开来,提高信号的灵敏度。

光学、光电部件、镜面和被测气体在测量腔形成物理几何关系,测量腔结构的稳定是整个仪器工作稳定的关键;镜面和测量腔需要形成密封流道,保证被测气体能够流经测量腔,且不受外部气体的干扰。极低露点温区测量时,镜面结露或霜的量非常少,且镜面充分光滑无黏滞力,形成的微量露或霜会被气流带走,因此需要优化测量镜面周边的气流组织方式,避免涡流和剧烈的温度场分布。

为实现极低露点的测量,开发大冷量低温制冷模块,大幅降低振动和漏磁,避免对露点仪中光电检测系统的干扰,避免振动引起的镜面测量误差。开展制冷模块与冷镜低温处的多重折弯绝热封装技术的研究,尽量减小冷损的同时避免冷镜周边的温度梯度,提高结露/霜的均匀性。

由于杂波信号、过冷水等因素对光电信号的影响,对露点温度的识别会出现偏差,尤其是在 -100℃ 露点温区,由于结露或霜的量非常少,特征信号弱。因此,采用创新性的巡检法。巡检法基于结露过程中镜面反射光强度的阶跃来判断露点的出现,每个露点的测量是一个完整独立的周期过程,系统自动对镜面进行充分加热消露、自清洁,因此巡检法中,镜面的光学基准点非常稳定,消除常规平衡法中容易出现过冷水的问题,有利于准确判定露点的出现。基于巡检法,再结合智能算法匹配剔除干扰源的特征信号,对结果进行二次筛选,从而实现对露点的精确判断。

(2)流量控制。由风洞运行过程及各参数变化可知,在风洞运行过程中,风洞内压力变化频繁。稳定的流量是保证露点测试准确的一个重要因素,由于流量的不稳定会导致露点测试数据的准确性。压力的不稳定会影响流量的变化,因此,需要快速实现压力和流量的控制调节,保持一个稳定适合的工作流量。流量需要控制在适当的范围之内,流量过低或过高都会影响露点测试响应速度。每一种露点仪工作都有不同的流量范围和最佳流量值。

(3)温度控制。在风洞内气体温度远远低于露点温度的情况下,洞内的水以水分子或微颗粒的形式存在,如果直接将低温气体引入露点测试设备,不仅会无法实现露点的测试,还会导致仪器的损坏。因此,需要对洞内引出的低温气体进行加热升温,汽化为一定温度的水分子,使其高于露点温度,并在露点测试仪器可承受的工作范围内。

通过对管线加热,可以加速水分的脱离,减少水分吸附的影响。

(4)取样管路。由于风洞内气体露点极低,水汽含量非常得低,在管路的运输中就会由于管路材质和管路的特殊结构导致待测气体含水量发生改变,因此,对取样系统的要求极高,需要充分考虑到材质、连接和泄漏。

在超低湿下,管路的影响至关重要,管路的微量渗漏和管壁吸附代入的水分足以影响到露点测试的响应时间和精度。不锈钢是用于超低露点测试的最好选择。不锈钢管路材质也分不锈钢光亮退火管(BA)、不锈钢电抛光管(EP)、不锈钢酸洗管(AP)、不锈钢机械抛光管(MP)等。其中,EP 是在优质 BA 基础上对内表面做电化学抛光,然后用高纯水做净化处理,为最高档的管路。对传输敏感或腐蚀性介质的高纯、洁净管道一般都采用 EP。

EP:光亮退火→无损检测→化学抛光→电抛光;

BA:光亮退火→无损检测→一次清洗;

CP/AP:热处理→无损检测→化学抛光。

取样管路应确保尽可能小的体积,尽可能短的管路;管子内径越细越好,以减少水吸附的表面积。避免极难吹扫的"死区",避免过多的接头(部件、泄漏)。

（5）避免污染。所有的湿度测量设备都会因为污染物干扰而出错,风洞内的气体应尽量避免油脂、灰尘等。

2）TDLAS 露点测试技术

TDLAS 露点测量是直接将激光光谱吸收光路布置在洞体内,如图 2 - 22 所示,在风洞对称的两侧洞壁上,分别设置激光激发光路接口、探测光路接口,或者把激发光路和探测光路融合构成激发与探测融合光路接口,在对侧设置角反射镜,使激光穿过洞体内气体,直接测量洞体内气体中水汽含量。直接测量的优点是:激光光谱吸收光路直接布置在气流中,直接对气流水汽浓度进行测量,不受管路吸附影响,响应快,精度高;缺点是:仪器放置在低温环境中,需要解决低温环境下的适应性问题。

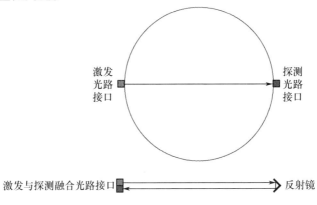

图 2 - 22　TDLAS 露点测量布置图

TDLAS 技术应用风洞露点测试涉及的关键技术如下:

（1）宽温域露点测试技术。低温风洞露点测量温度范围为 - 100 ~ 20℃ ,对应的水汽浓度约为 $11.3 \times 10^{-9} \sim 23082.2 \times 10^{-6}$ 。如此宽范围的水汽浓度,难以采用单一波长的 TDLAS 测量系统对水汽含量进行测量。需要在探测器测量灵敏度和测量量程之间进行平衡。为此,可以采用双波长 TDLAS 测量方法,选取吸收线强较小的波长用于高浓度(即高露点 - 80 ~ 20℃)测量,选取吸收线强较大的波长用于低浓度(即低露点 - 100 ~ - 80℃)测量。再通过波分复用技术,在同一套 TDLAS 系统中实现高露点温度(- 80 ~ 20℃)和低露点温度(- 100 ~ - 80℃)同时测量。

（2）信号增强技术及噪声抑制处理算法。低温风洞在干燥过程中,部分工况为负压状态,在负压状态,且露点温度极低时(- 100℃),气体中水汽含量极低。常规 TDLAS 测试方法获取的测量信号信噪比差,难以准确测量水汽浓度。为此,采用波长调制方法,对产生的光强信号进行载波调制,再对接收端信号进行解调,可显著增强 TDLAS 观测信号信噪比,进一步提升测量精度和灵敏度。

对低浓度情况下水汽吸附较弱,光谱测量信号信噪比降低的问题,除从硬件系统上外,还需采用先进的信号处理算法,进一步抑制信号噪声、提升 TDLAS 测量信号信噪比。

(3)本底水汽消除技术。在激光器到光电探测器的回路中,不可避免地存在背景水汽干扰。这些背景水汽存在于光纤与激光器、光电探测器的连接处,可以称为本底。为实现极低露点温度测量,必须消除测量光路上背景水汽干扰。

(4)光路变形容错技术。为避免洞体温度变化变形引起收发射端、反射端(角反射器或反光贴)之间光路变化,一方面:把 TDLAS 收发端、反射端安置在洞体的中轴线上,因为圆形洞体在中轴线上的变形主要为收缩变形,不容易使两端发生扭转;另一方面,为避免存在安装误差时,收发端与反射端在洞体变形时产生扭转,在收发端设置一个聚光镜,用于会聚入射光线,进一步增强洞体变形容错能力。

(5)低温防护技术。TDLAS 露点测试技术需要重点解决环境适应性问题,包含测量探头独立内置(电子学器件外置式)、样机一体化内置(电子学内置式)两种方式。样机一体化内置方式重点解决低温防护热管理、真空问题,便于消除风洞内流之外的水汽吸收本底,极低露点测量精度存在裕量,预留真空抽取功能并将系统主要发热元件独立外置;探头独立内置方式重点解决前端探头低温防护、水汽本底干扰问题,电子学不需要进行防护,光纤连接处干涉和水汽本底需要考虑,相对一体化方案精度裕量空间小,前端光纤器件需要环境耐受评估。

对于电学器件内置式测量方式,收发一体光机结构位于低温防护壳体内部,光机部件选型方面只需满足常温下适用即可。内层壳体采用真空结构,外层采用壳体结构时内外夹层采用真空结构;或外层直接采用气凝胶防护结构,控制壳体外径不超过 200mm,长度不超过 500mm。腔体壁厚由承压强度及刚度稳定性要求和热传递参数共同确定,原则上为降低冷损,在保证足够的强度和较好的工艺性条件下,尽量减小筒体厚度,腔体内温度控制在 15 ~ 35℃ 范围内。筒体端盖法兰和筒体满足密封要求(真空度小于 $10^{-3}Pa$),同时前端透光窗尺寸满足任务要求(小于 50mm)。此外,TDLAS 露点测量系统在较高环境温度下连续运行时,考虑系统可能存在热累积问题,将激光收发结构和主要发热的激光器控制部分独立腔体放置,通过密封接插件连接,并为激光器控制部分腔体预留必要的工艺气冲洗接口。

对于电学器件外置式测量方式,收发一体光机结构直接暴露于低温环境中,准直器、透镜等光学部件需要定制加工,从材料上应选用低热膨胀系数的光学和金属材料,以减少温度对光机结构的影响。通过评估出的风洞最大振幅及低温变形量等参数,设计并优化出收发一体光机结构的发射光束发散角、接收口径和接收视场等参数,并结合光机结构以抵消风洞结构变形带来的光路失准,提高测量光路在低温环境下使用的容忍度。

2.2.6　实时姿态角测量

在风洞试验中,模型真实姿态角测量是一个十分重要的工作。准确测量试验模型在加载后的实际姿态角,是提高风洞实验数据准确度的重要途径。在大型风洞中,由迎角误差引起的阻力系数误差相当大,减小风洞试验中阻力系数误差具有重大意义。例如迎角测量精度超过 0.01°,能够给阻力系数带来 0.0001的不确定度,这种阻力系数的变化对于一架远程巡航中的高速运输机而言,将改变 1% 的有效载荷,由此可见提高测量精度的重要意义。另外,在运动模型姿态角精确控制过程中,希望能够快速、准确地测量模型姿态角,以用于模型姿态角实时、精确反馈控制,然而这种测量精度不能用传统测量方法获得。目前我国仍沿用模型支撑机构安装位移传感器的间接测量方法,需要通过安装在模型内的测力天平数据修正弹性角获得。在某些无主测力天平的风洞试验(如测压试验、铰链力矩试验等)中,由于无法获得模型承受的气动载荷,难以准确计算弹性角,只能采用支撑机构的传感器反馈值,其试验数据的精度误差更大。虽然光学精密经纬仪可实现模型姿态角精确测量,但它只能在模型处于静止不动时进行测量。模型姿态角在线测量方法主要有磁敏传感器,高速摄影仪,加速度计(倾角传感器)。每种方法都具有优点及不足,适用于不同场合。由于精度和动态特性的限制,磁敏传感器一直都只是作为一种辅助手段。高速摄影仪也是一种早期使用的方法,但该系统构成较为复杂,吹风引起模型振动的影响,出现较大偏差,在低温风洞试验中,不同絮流扰动会引起光学测量畸变,特别在低温和高速风洞中尤为明显,此外前期标定繁琐,准备工作量大,图像处理较难,实时性有一定欠缺。采用加速度计倾角传感器是国际上比较通用的方法,其静态响应快速,但是在动态响应中,模型姿态角的变化和模型的振动对常规加速度计响应产生扰动,使之不能分辨重力加速度和离心加速度,而给迎角测量带来比较明显的误差。

1. 国内外研究现状及趋势

在美国航空航天局,加速度计测量模型攻角作为一种标准方法,广泛应用于各类风洞。20 世纪 40 年代 NASA 自行研制了 Lynchmeter 型应变片式传感器用于模型攻角测量,测量精度 0.1°。至 70 年代,NASA 共研制了三型 Lynchmeter 型应变片式传感器,随着测量精度要求提升至 0.01°,应变片式传感器不能满足要求而淘汰。70 年代后,NASA 开始使用精度更高的伺服挠性加速度计,经历了 Ⅰ 型,Ⅱ 型,Ⅲ 型三个型号,采用外购加适应性改进的方式应用于各类风洞姿态角测量,如图 2 - 23 所示。

目前 NASA 的 AMS(Angle Measurement System)中采用 QA1400,QA2000 等

图2-23 Lynchmeter 应变片式传感器与伺服挠性加速度计

系列石英伺服挠性加速度计对模型姿态进行测量,测量精度优于0.01°。欧洲跨声速风洞 ETW 在1994年建设之初同样采用 QA 系列石英挠性加速度计作为主要测试手段,攻角测量精度也是优于0.01°,传感器安装在热防护的腔体内,姿态传感器包括:石英加速度计,水平仪,三轴加速度计,如图2-24和图2-25所示。

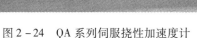

图2-24 QA 系列伺服挠性加速度计　　　图2-25 三轴伺服挠性加速度计

中国空气动力研究与发展中心,针对风洞高精度模型姿态角测量需求,突破姿态角信号修正与降噪技术、小型化大动态范围高精度数采技术等关键技术,已研制一种新型的、高精度的、高可靠的、小型化的基于惯性传感器的模型姿态测试设备,通过风洞试验及第三方检定考核性能,达到国际先进水平。

2. 模型姿态测试关键问题及解决途径

1)传感器安装方向

测量俯仰角的传感器应沿模型长轴方向安装,即俯仰角为0°时,重力沿传感器敏感方向分量为0。当俯仰角为 α 时,传感器感受到的重力分量为

$$a = g \cdot \sin\alpha \tag{2.40}$$

在倾角为 α_0 角度变化0.01°时,重力分量变化量为

$$\Delta a = g\sin'(\alpha_0) \cdot \frac{0.01}{180} \approx 0.000174\cos(\alpha_0)g \tag{2.41}$$

$\cos(\alpha)$ 在 $0° \sim 90°$ 之间为单调递减函数,因此当俯仰角为量程 $45°$ 时,对应 $0.01°$ 重力分量变化量微小: $124\mu g$。相反,若倾角传感器安装时垂直于长轴线方向向下,则

$$\Delta a = g\cos'(\alpha_0) \cdot \frac{0.01}{180} \approx 0.000174\sin(\alpha_0)g \tag{2.42}$$

即当俯仰角为 $0°$ 时,角度变化 $0.01°$,重力沿传感器敏感方向分量变化量约为 0,即要求传感器对加速度具有极高的分辨能力。

同理,测量滚转角时,倾角传感器应沿模型短轴方向安装。传感器安装方向如图 2 – 26 所示。

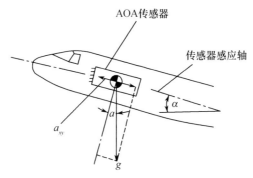

图 2 – 26 传感器安装方向

2)振动对俯仰角和滚转角测量影响

俯仰角与滚转角随时间本身为一低频缓变量。由于风洞气流波动等因素影响,模型和支杆将产生振动。振动导致传感器敏感产生交流干扰信号,该干扰信号通过低通滤波器可消除。

低通滤波在滚转角测量时,可有效消除振动对角度测量的影响。但对于俯仰角,由于"模型—支杆"系统在气流波动的白噪声激励下,会在偏航和俯仰方向产生各模态本征频率的大幅低频振动。该类振动将使得倾角传感器对向心加速度敏感。向心加速度为直流和交流的叠加,经低通滤波后直流量无法消除,将直接影响俯仰测量结果,因此需要开展离心加速度修正。为消除离心加速度分量需要开展振动模态参数提取,这包括振动半径、振动角频率测试分析;其中振动模态分离主要将混合叠加振动输出拆分为一系列单模态振动,振动加速度幅值可通过自相关解调方法实时提取。

2.2.7 极低风速测量

风速和风向的精确测量是风洞流场参数的重要指标之一,传统的测试方式

是采用皮托管进行测量。皮托管测量依据经典流体力学理论,使用皮托管和差压计通过测量压力实现风速测定,属于间接测算法。实际测量时,对气流方向与皮托管口垂直时该位置的动压与静压之差进行数据采集,利用风速与压差的关系式解算出相应风速值。该方法在高风速情况下,具有较强的测试精度。但在极低速的情况下,由于风速所产生的压差很微弱,要实现精确测试,对压力传感器精度提出了几乎不可能实现的要求。如风速在1m/s以下实现精确测量,要求压力传感器要达到 μPa 量级,同时还具有一定的量程范围,对现行压力传感器技术是不可能实现的。超声波测风技术出现于一百多年前,至今仍是一个研究热点,经历几代研究人员的改进与创新,该技术逐步成熟,具有测量精度高、稳定性好等优点。目前,风洞中已在开展极低风速测试技术研究及应用工作。

1. 超声波风速风向测试方法

超声波测量风速的原理是:超声波在空气中传播时包含了空气的流动信息,通过对超声波速度频率等相关特性进行分析,提取出这种空气流动的信息即可完成风速风向的测量。

表2-1中介绍了超声波风速测量的几种常用的方法基本原理,并对其优缺点和适用范围进行了对比。

表2-1 5种超声波测风技术常用方法的比较

技术方法	原理	优缺点分析
多普勒法	当空气中含有悬浮颗粒时,超声波在流动空气中散射会出现频移,通过测量多普勒频移可以测量风速大小	多普勒法测量灵敏的较高,对风速变化比较敏感;需要测量当前温度,多普勒法测量风速要求被测风场的空气中含有悬浮颗粒
波速偏移法	超声波在空气中传播,其波速会发生偏移,偏移的大小与风速大小相关,通过该波速偏移量能实现风速的测量	测量低风速时超声波的波束偏移很小,测量误差相对较大,只适用于高风速测量
涡街法	管道内的风场会在阻流体背风侧区域形成气体旋涡,称为涡街。涡街的频率与管道内径和风速有关,通过探测到风场中涡街的频率,而管道内径已知,根据涡街的频率与风速成正比的关系计算出风速	测量精度高;涡街法要求是管道内的风场测量,因此开放式环境下风速测量是不适用的,其应用也有较大局限性
相关法	根据互相关函数获取最大值特性,通过互相关函数的峰值来确定超声波发射信号和回波信号之间的时间延迟,即测量超声波的渡越时间来测量风速	避免了温度对测量的影响,测量精度较高;但相关器的价格昂贵,电路设计较为复杂,技术上相对不是很成熟,需要进一步提升
时差法	时差法是通过测量超声波两点$(A、B)$之间来回$(A \to B,B \to A)$的传播时间差来测量风速的	原理简单,且技术上容易实现,测量精度不受环境(如温度、湿度)影响

通过对表 2-1 中这 5 种测风技术的原理和优缺点进行比较,结合风洞风速风向仪的实际应用需求、设计指标要求尤其是风洞温湿度变化大等因素综合考虑,一般选择时差法作为测试方案。

2. 时差法理论模型

超声波在空气中传播过程中加载了风速信息,假设超声波发射、接收端分别为 A,B 两个固定位置,设 A→B 表示顺风方向,则 B→A 表示逆风方向。顺风时,超声波从 A 到 B 传播的速度为超声波在空气中传播速度与风速(设风速方向为 A→B)之和,此时的超声波渡越时间比零风速即空气中传播时间短;反之,逆风时,超声波从 B 到 A 传播时,速度为超声波在空气中传播速度与风速之差,超声波渡越时间比零风速即空气中传播时间相对要更长一些。分别测量超声波从顺风(A→B)和逆风(B→A)时超声波 A、B 之间传播的渡越时间,即可计算出风速大小。由于风速是矢量,对其在东西和南北相互垂直方向进行矢量分解,然后通过东西方向传感器测量东西方向的风速,通过南北方向传感器测量南北方向的风速,再对东西和南北方向两个分量矢量合成,即可计算出风的大小和方向,其示意图如图 2-27 所示。

根据图 2-27,推导时差法风速测量的理论模型,设 t_{NS}、t_{SN}、t_{EW}、t_{WE} 分别代表北、南、东、西 4 个方向的超声波传感器发射超声波,传播到对侧接收传感器的渡越时间;S 超声波从发射侧到接收侧的传播距离(其中东西侧和南北侧超声波传播距离均相等);v_U 为超声波在空气中的传播速度;v_W 表示待测风速;v_{NS} 为 v_U 在 N→S 方向的矢量分解;v_{EW} 为 v_U 在 E→W 方向的矢量分解,则

$$t_{NS} = \frac{S}{v_U + v_{NS} \times \dfrac{d}{L}} = \frac{2L}{v_U + v_{NS} \times \dfrac{d}{L}} \qquad (2.43)$$

$$t_{SN} = \frac{S}{v_U - v_{NS} \times \dfrac{d}{L}} = \frac{2L}{v_U - v_{NS} \times \dfrac{d}{L}} \qquad (2.44)$$

由式(2.43)和式(2.44)可计算出:

$$v_{NS} = d \times \left| \frac{1}{t_{NS}} - \frac{1}{t_{SN}} \right| \qquad (2.45)$$

同理可得

$$v_{EW} = d \times \left| \frac{1}{t_{EW}} - \frac{1}{t_{WE}} \right| \qquad (2.46)$$

风速矢量分解如图 2-28 所示。

根据 $v_W^2 = v_{EW}^2 + v_{NS}^2$,便可计算风速。

以地球参考系正北方向为 0°,风向与正北方向之间的夹角为 θ,顺时针方向

角度逐渐增大。正东、正南、正西分别为 $90°$、$180°$、$270°$，根据图 $2-28$ 所示关系有

$$\cos\theta = \frac{v_{NS}}{v_w} \quad (2.47)$$

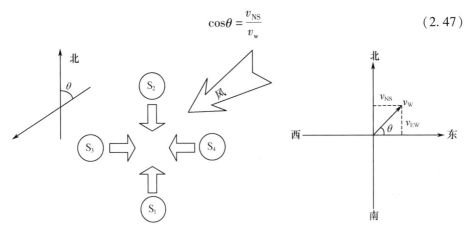

图 $2-27$ 超声波风速风向测试示意图   图 $2-28$ 风的矢量分解图

求得 $0°\sim90°$ 范围内（东北方向）风向角：

$$\theta_0 = \arccos \frac{\left| \dfrac{1}{t_{NS}} - \dfrac{1}{t_{SN}} \right|}{\sqrt{\left(\dfrac{1}{t_{EW}} - \dfrac{1}{t_{WE}} \right)^2 + \left(\dfrac{1}{t_{NS}} - \dfrac{1}{t_{SN}} \right)^2}} \quad (2.48)$$

所以 $0°\sim360°$ 范围内风向角度为

$$\theta = \begin{cases} \theta_0 & t_{SN} > t_{NS}, t_{WE} > t_{EW} \\ \pi - \theta_0 & t_{SN} < t_{NS}, t_{WE} > t_{EW} \\ \pi + \theta_0 & t_{SN} < t_{NS}, t_{WE} < t_{EW} \\ 2\pi - \theta_0 & t_{SN} > t_{NS}, t_{WE} < t_{EW} \end{cases} \quad (2.49)$$

3. 影响测量精度的因素

根据时差法原理可知，超声波在空气中传播时，其传播速度随温度变化而变化，采用时差法原理进行风速风向测量时，通过顺风和逆风时候两次渡越时间的测量，风速风向计算公式消除了超声波在空气中传播速度这一变量因子，从而消除了温度测量精度对超声波传播速度影响而引入的风速风向测量误差。最终风速风向测量精度只依赖于渡越时间的测量精度。

渡越时间的测量精度主要跟以下因素有关：

（1）系统的设计精度。

（2）传感器安装角度误差。

（3）测量渡越时间的芯片精度。

4. 测时算法

信号捕获方法：

1）基于过零检测和幅值检测的联合信号捕获方法

如图 2-29 所示，当信号连续两个周期 t_1 和 t_2 满足超声波探头发射超声波周期(1/200kHz 附近)范围时，并且第一个波峰超过阈值电压 1，同时第二波峰超过阈值电压 2，则认为是超声波信号到来。从周期(频率)和幅值两个条件双重严格标准下，精确地区别了超声波信号和杂波信号，几乎无误判概率，提高了系统精度和稳定性。

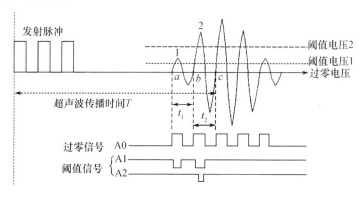

图 2-29　基于过零检测和幅值检测的联合信号捕获方法

2）基于最大特征波形的信号捕获

如图 2-30 所示，接收的回波信号由于超声波信号不断的增多，能量不断地叠加，幅值变大。超声波信号接收完毕由于惯性作用还将继续进行振动，能量不断衰减，幅值减小，从而形成幅值最大的特征波，如图 2-30 中粗线波形所示，回波信号中的最大特征波是重要的参考量。在幅值最大的波形中提取特征点，最明显的两个特征点是峰值点和过零点。根据已有研究资料，把过零点确定为回波信号的时间参考点更容易获得高精度。

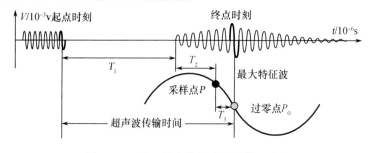

图 2-30　基于最大特征波形的信号捕获

2.3 风洞天平

用于测量作用在模型上空气动力载荷的测量装置称为风洞天平,简称天平。风洞测力试验是风洞试验的最基本项目,而风洞天平则是测力试验的必备装置。

天平可以将作用在模型上的空气动力按空间直角坐标轴系分解成 3 个互相垂直的力和绕 3 个坐标轴的力矩分别加以测量,从而确定作用在模型上的空气动力的大小、方向和作用点(图 2 – 31)。

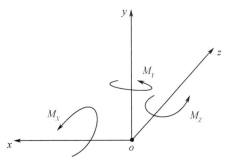

图 2 – 31 天平坐标轴系

2.3.1 应变天平

1. 应变天平的原理

通过测量元件表面应变大小来确定作用在模型上空气动力载荷(力和力矩)的天平称为应变天平。应变天平由测量元件、应变计和测量电桥组成,具有体积小、结构简单、造价低、使用灵活及维护方便等特点,广泛应用于风洞测力试验。

1) 应变计

应变计(图 2 – 32)由敏感栅、引线、基底、覆盖层等组成。

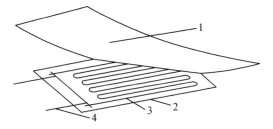

图 2 – 32 应变计的构造示意图
1—覆盖层;2—基底;3—敏感栅;4—引线。

应变计是一种利用导线的应变—电阻效应制成的丝栅状应变敏感元件,其作用是将感受到的机械应变(ε)转变为电阻变化(ΔR)。由欧姆定律可知:

$$R = \rho \frac{L}{S} \tag{2.50}$$

式中　R——导线的电阻;

　　　L——导线的长度;

　　　S——导线的横截面积;

　　　ρ——导线的电阻率。

当导线沿着轴线方向受力而产生变形,其电阻值也随着变化,这一效应称为导线的应变—电阻效应。将式(2.50)两边取对数得

$$\ln R = \ln L - \ln S + \ln \rho \tag{2.51}$$

两边微分得

$$\frac{\mathrm{d}R}{R} = \frac{\mathrm{d}L}{L} - \frac{\mathrm{d}S}{S} + \frac{\mathrm{d}\rho}{\rho} \tag{2.52}$$

式中　$\dfrac{\mathrm{d}L}{L}$——导线长度的相对变化。

用应变 ε 表示为

$$\frac{\mathrm{d}L}{L} = \varepsilon \tag{2.53}$$

式中　$\dfrac{\mathrm{d}S}{S}$——导线横截面积的变化。

如果是圆形截面,则有

$$\frac{\mathrm{d}S}{S} = \frac{\mathrm{d}\left(\dfrac{\pi}{4}D^2\right)}{\dfrac{\pi}{4}D^2} = 2\frac{\mathrm{d}D}{D} \tag{2.54}$$

由于导线为单向应力状态,因此,式(2.54)又可改变为

$$\frac{\mathrm{d}D}{D} = -\nu\frac{\mathrm{d}L}{L} = -\nu\varepsilon \tag{2.55}$$

将式(2.53)~式(2.55)代入式(2.52),可得

$$\frac{\mathrm{d}R}{R} = \left(1 + 2\nu + \frac{1}{\varepsilon}\frac{\mathrm{d}\rho}{\rho}\right)\varepsilon = K\varepsilon \tag{2.56}$$

$$K = 1 + 2\nu + \frac{1}{\varepsilon}\frac{\mathrm{d}\rho}{\rho} \tag{2.57}$$

式中　K——应变计敏感材料的灵敏系数。

2)测量电桥

应变天平的测量电桥是由相同电阻值应变计组成的惠斯通电桥,作用是将

应变计的微小电阻变化转换为电压变化。应变天平中常采用图 2−33 所示的直流恒压源电桥电路。

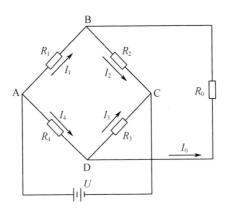

图 2−33 直流恒压源电桥电路

图 2−33 中,4 个电阻 $R_1 \sim R_4$ 分别为粘贴在测量元件相应表面上的应变计电阻值,电桥 AC 两端接直流电源,BD 两端为电桥输出端,它接至内阻为 R_0 的放大器或检测仪表。

由于实际应用中,一台应变天平的同一个电桥一般采用相同型号和规格的电阻应变计,即 $R_1 = R_2 = R_3 = R_4 = R$。

通过在测量元件上合理布置应变计,使得各应变计的应变为

$$\varepsilon_1 = \varepsilon_3 = \varepsilon, \varepsilon_2 = \varepsilon_4 = -\varepsilon \qquad (2.58)$$

惠斯通电桥的输出:

$$\Delta u = KU\varepsilon \qquad (2.59)$$

恒压源电桥的输出电压与测量元件产生的应变之间就是线性关系。

3)测量原理

图 2−34 是应变天平的测量原理图,悬臂梁为测量元件,$R_1 \sim R_4$ 分别为粘贴在测量元件上、下表面的电阻值相同的应变计,将 $R_1 \sim R_4$ 连成图 2−33 所示的恒压源电桥电路。

图 2−34 中,在载荷 F 作用下,测量元件上表面产生拉伸应变 $\varepsilon_1 = \varepsilon_3 = \varepsilon$,下表面产生压缩应变 $\varepsilon_2 = \varepsilon_4 = -\varepsilon$。粘贴在测量元件上的应变计随之产生相应的电阻值变化,R_1 和 R_3 的电阻值增加,R_2 和 R_4 的电阻值减少,于是测量电桥失去平衡,产生电压输出 $\Delta u = KU\varepsilon$。输出电压经过放大器放大后,经模/数(A/D)转换后成为数字信号,由微型计算机采集处理。应变天平通过静态校准得出输出电压与被测分量载荷(力和力矩)的函数关系,就可以得到所需测量的载荷值。图 2−35 为应变天平测量系统框图。

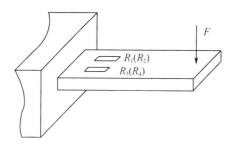

图 2 – 34　应变天平测量原理图

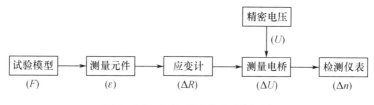

图 2 – 35　应变天平测量系统框图

2. 应变天平设计

1）应变天平的设计要求

应变天平的设计要求通常包括以下内容：

（1）风洞试验总体布局方案。包括风洞类型、试验马赫数范围及冲击因子、试验段尺寸、试验模型缩尺比例和允许应变天平占有的最大空间尺寸、模型质量及质心位置、力矩参考中心位置、试验模型支撑方式和连接尺寸、模型姿态角变化方式和变化范围等。

（2）天平设计分量数目和各分量设计载荷。

（3）天平结构形式。

（4）天平的性能指标。包括综合加载重复性、综合加载误差和测量不确定度等。

（5）天平工作环境温度、湿度及压力变化范围。

（6）其他特殊要求。

2）应变天平设计目标

应变天平设计时，应达到以下设计目标：

（1）高的灵敏度。一般而言，低速风洞应变天平设计应变值不低于 $200\mu\varepsilon$，跨声速风洞应变天平设计应变值不低于 $200\mu\varepsilon$，超声速风洞应变天平设计应变值不低于 $150\mu\varepsilon$。

（2）小的相互干扰。一般而言，应变天平各分量之间的干扰量要控制在 10% 以内。

（3）高的刚度。刚度是应变天平设计的一个重要指标。应变天平刚度不足将导致天平各分量之间有较大的非线性干扰,其次,刚度不足将影响模型的试验状态,特别是模型姿态角的改变,影响测量精准度。

（4）足够的强度。应变天平设计受力分析必须对可能的危险剖面进行强度校核,保证有足够的强度,以确保风洞试验时的安全。

（5）大的应变变形比值。高灵敏度与高刚度是一对相互矛盾的指标,这是因为在天平结构一定的情况下,提高应变就意味着天平刚度的降低,为了权衡这一对矛盾,于是提出了应变变形比值的概念。

（6）小的温度效应。应变天平的温度效应将导致天平零点漂移和灵敏度的变化,从而影响应变天平的测量精度和准度。

（7）好的加工性能。应变天平结构复杂,性能指标要求高,在设计应变天平时,除注重天平材料的选择外,还应特别注意天平的加工工艺性和装配工艺性。

3）应变天平设计步骤

设计时通常按下述步骤进行:

（1）应变天平总体布局设计。

（2）应变天平结构设计。

（3）应变天平测量电路设计。

（4）编写应变天平设计报告。

4）应变天平常见结构形式

应变天平的结构形式复杂多变,但常见的结构形式主要有杆式应变天平、盒式应变天平、环式应变天平、片式应变天平和轮辐式应变天平等。

（1）杆式应变天平。天平外形呈杆状形式的应变天平称为杆式应变天平。典型的杆式六分量应变天平结构如图2－36所示,主要由三个部分组成:模型端、测量元件和支杆端。

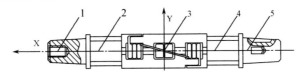

图2－36 杆式应变天平结构示意图

1—模型端;2—测量元件Ⅰ;3—测量元件Ⅱ;4—测量元件Ⅲ;5—支杆端。

（2）盒式应变天平。天平外形呈盒状形式的应变天平称为盒式应变天平,典型的盒式六分量应变天平结构如图2－37所示,主要由四个部分组成:浮动框、测量元件、弹性连杆和固定框。

（3）环式应变天平。天平外形呈环状形式的应变天平称为环式应变天平,典型的环式天平结构如图2－38所示,主要由三个部分组成:模型端、测量元件和支杆端。

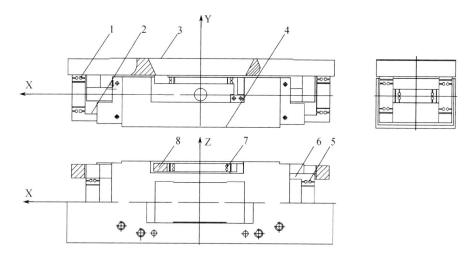

图 2 – 37　盒式应变天平结构示意图

1—Y 向弹性连杆；2—Y 向测量元件；3—浮动框；4—固定框；

5—Z 向弹性连杆；6—Z 向测量元件；7—X 向弹性连杆；8—X 向测量元件。

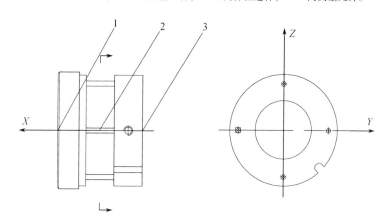

图 2 – 38　环式天平结构示意图

1—模型端；2—测量元件；3—支杆端。

（4）片式应变天平。天平外形呈薄片状形式的应变天平称为片式应变天平，典型的片式应变天平如图 2 – 39 所示，主要由三个部分组成：模型端、测量元件和支杆端。

5）应变天平结构形式的选择原则

应变天平结构形式的选择取决于应变天平的用途、与模型及支撑系统的连接形式、风洞的类型等因素。

在进行常规测力试验时，低速风洞试验由于模型空间相对较大，应变天平既可选用杆式天平，也可选用盒式天平。高速风洞试验由于模型空间相对较小，则

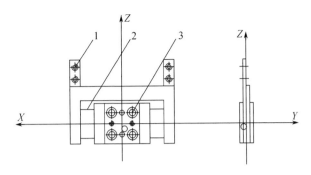

图 2 – 39　片式应变天平结构示意图

1—模型端；2—测量元件；3—支杆端。

一般选用杆式天平。

在进行特种测力试验时，应变天平除了选用杆式天平外，还可选择其他形式的天平，如喷流试验选用环式天平、铰链力矩试验选用片式天平等。

6）应变天平测量元件的布局方案

在应变天平总体方案布局阶段，需要重点考虑的问题有天平需要几个分量、分别用几个测量元件、如何合理布置它们的位置。

按天平各测量元件之间的相对位置，杆式应变天平测量元件的布局有所谓的串联式和复合式两种方案。串联式布局方案如图 2 – 40 所示，是指天平各个分量的测量元件依次排列，呈首尾相连的一种排列方式。由几个测量元件组合起来测量天平几个分量的布局形式称为复合式天平元件布局。对于环式和片式两种结构形式的应变天平，由于在结构上可视为杆式应变天平的特例，其布局方案可参考杆式应变天平的布局方案进行。

图 2 – 40　串联式应变天平测量元件布局示意图

7）应变天平的外形尺寸

（1）杆式应变天平的外形尺寸。如图 2 – 41 所示，杆式应变天平布局阶段需要确定的外形尺寸有：最大直径 D、总长度 L、模型端和支杆端的连接方式及尺寸。确定这些参数时，一般遵循下列原则：

① $L/D = 6 \sim 10$。

② 模型端锥度一般为 $1:5$，$L_1/D = 1 \sim 2$。

③ 支杆端锥度一般为 $1:10$，$L_2/D = 1.5 \sim 2.5$。

图 2 - 41　杆式应变天平外形尺寸

（2）盒式应变天平的外形尺寸。盒式应变天平布局阶段需要确定的外形尺寸有长度尺寸 L、宽度尺寸 W 和高度尺寸 H。确定这些参数时，应综合考虑模型的几何空间尺寸、应变天平的设计载荷大小等因素。为保证天平的测量精度和准度，应充分利用模型的几何空间尺寸，保证盒式应变天平的高度尺寸 H。

8）应变天平与模型和支撑系统的连接形式

确定应变天平与模型、应变天平与支撑系统之间的连接形式时，一般要求如下：

（1）定位准确，保证天平校准轴系与模型体轴系一致。

（2）连接强度与刚度足够。

（3）牢固可靠，在空气动力载荷作用下不出现松动。

（4）避免将装配应力传递到天平测量元件上。

（5）尽量减少对模型几何外形的破坏性影响。

（6）安装、调整、定位与拆卸方便。

杆式应变天平的连接形式较为丰富，如图 2 - 42 所示，杆式应变天平的模型端和支杆端通常采用锥面 + 平键的连接形式，以保证定位准确；为保证连接牢固可靠，模型端采用了螺钉拉紧的措施，支杆端采用了斜键拉紧的措施。

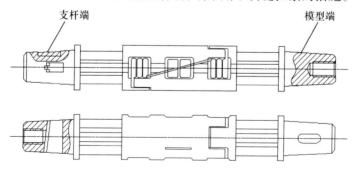

图 2 - 42　杆式应变天平连接形式

除锥面连接形式外，还可根据需要采用其他连接形式，如圆柱面 + 花键连接、法兰盘 + 销连接等形式。

盒式应变天平的连接形式较为单一,其结构特点决定了只能采用平面 + 螺钉 + 销的连接形式。

对于其他类型的应变天平,如环式和片式结构的应变天平,其结构大都由杆式(或盒式)应变天平变化而来,确定其连接形式时可参照这两类应变天平的连接形式来布局。

9)应变天平的材料

应变天平材料一般选用高强度的低碳合金钢,常用材料及其力学、物理性能参数如表 2 - 2 所列。

表 2 - 2　几种常用材料的力学、物理性能

钢号	力学性能				物理性能		
	σ_b/MPa	σ_s/MPa	E/MPa	G/MPa	$\alpha/(10^{-6}/℃)$		$\gamma/\left(\dfrac{\text{g}}{\text{cm}^3}\right)$
					20 ~ 100℃	20 ~ 200℃	
30CrMnSiA	1080	835	196000	81340	11.0	11.7	7.8
0Cr17Ni4Cu4Nb	1313	1176	207000	—	10.6	10.8	7.8
00Ni18Co8Mo5TiAl	1862	1754	187250	66640	10.7	10.8	8.0

10)应变天平的结构设计

应变天平结构设计的步骤如下:

(1)根据设计要求,初步选定天平测量元件的结构形式。

(2)根据天平设计应变值和工程经验,初步选定测量元件的几何尺寸。

(3)根据材料力学原理,校核应变值、强度及刚度等指标。

(4)若步骤(3)相关校核结果不符合设计要求,则修改测量元件的几何尺寸,重新校核应变值、强度及刚度等指标。

(5)若步骤(3)相关校核结果符合设计要求,则冻结测量元件的几何尺寸,作为应变天平结构设计的备选方案。

(6)改变天平测量元件的结构形式,重复步骤(2) ~ (5),设计出符合设计要求的其他备选方案。

(7)比较上述结构设计的备选方案,从中选出综合性能较好的方案作为最终的结构设计方案。

(8)绘制二维工程图。

对于杆式应变天平,轴向力元件是一个独立的测量元件,一般由中间主梁与前后辅梁组成。竖直梁式轴向力元件是杆式应变天平中最为常见的轴向力元件,图 2 - 43 和图 2 - 44 给出了两种最为常见的轴向力测量元件形式。其余五分量典型的测量元件结构形式如图 2 - 45 所示,应变天平设计时依据不同的载

荷组合情况予以选用。

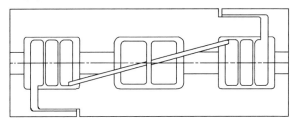

图 2 – 43 轴向力元件("Ⅰ"字形)

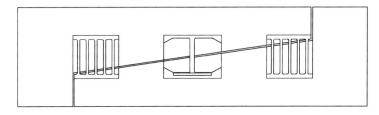

图 2 – 44 轴向力元件("T"字形)

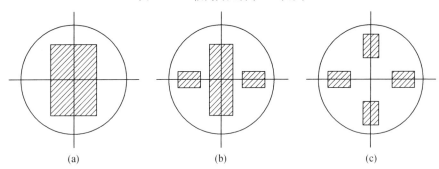

图 2 – 45 其他分量测量元件
(a)矩形梁;(b)三片梁;(c)四片梁。

11)测量元件的应变计算

传统应变计算方法,是指按材料力学或弹性力学的有关公式计算测量元件应变的方法。计算时一般作如下假设:

(1)与测量元件连接的天平体视为刚体。

(2)测量元件弹性铰链的恢复力矩为零,即在铰链弯曲方向上的刚度为零。

(3)测量元件受力作用时变形协调一致,作用在各测量元件上的载荷按刚度分配。

(4)测量元件材料各向同性。

一般而言,测量元件的平均应变设计指标如下:

(1)低速风洞天平:不低于 $200\mu\varepsilon$。

（2）跨声速风洞天平：不低于 $200\mu\varepsilon$。

（3）超声速风洞天平：不低于 $150\mu\varepsilon$。

用传统的材料力学或弹性力学方法设计应变天平时，对计算模型作了较大的简化：一是忽略了天平体对测量元件变形的影响；二是忽略了测量元件之间的相互影响。因此，采用传统方法计算得出的测量元件应变值（名义值）与实际值有一定的差异。更为重要的是，不能准确得出天平各分量之间的相互干扰值，只凭设计者的工程经验难以确保应变天平各分量之间的干扰量要控制在 10% 以内的设计目标。而基于有限元分析技术的数值计算方法则可以有效解决这一难题。

鉴于传统方法计算测量元件应变输出的"瑕疵"，推荐读者在天平总体方案设计阶段采用传统方法计算，最终仍以有限元分析结果作为最终的计算结果。

12）天平强度校核

天平强度校核条件如下：

（1）低速风洞：天平的最大工作应力与材料安全系数的乘积应小于材料的抗拉强度极限。

（2）高速风洞：天平的最大工作应力、材料安全系数与冲击因子的乘积应小于材料的抗拉强度极限。

（3）冲击因子应根据试验马赫数范围和试验方式选取。

（4）材料的安全因子应不小于 2。

天平危险截面的选择宜考虑如下部位：

（1）距天平设计中心远端的小尺寸截面处。

（2）天平截面材料切削严重的部位。

（3）几何尺寸有明显变化的部位。

（4）测量元件根部。

（5）弹性连杆。

（6）有明显应力集中的部位。

天平强度计算方法如下：

（1）危险截面上的应力取天平设计载荷在该截面上所产生的应力之和。

（2）对承受正应力和剪应力的截面，按材料力学第三强度理论计算。

（3）天平危险截面上最大应力小于许用应力。

13）天平刚度计算

（1）刚度计算的目的。应变天平刚度计算的目的是了解天平与支撑系统变形对模型姿态角的影响，并核算模型与天平之间所需要的最小间隙，避免试验过程中模型与支撑系统接触，影响试验载荷的测量精准度。

（2）刚度计算内容。刚度计算内容包括：天平与模型连接处的角位移、天平设计中心处的位移和模型尾部天平支撑系统相对模型的位移。

（3）刚度计算方法。传统刚度计算方法是采用加单位力法计算天平和支撑系统总的挠度和转角，由于传统刚度计算方法较为复杂，且计算精度偏低，因此，推荐采用有限元仿真分析软件进行刚度计算。

14）工艺图设计

尺寸公差和形位公差设计要点：

（1）杆式天平直径的下偏差为零，上偏差为 GB 1800 的 IT12 级。

（2）测量元件厚度、宽度和长度公差按 GB 1800 的 IT7 级。

（3）标注公差的直线尺寸按 GB 1804 的 IT12 级。

（4）配合尺寸公差按 GB 1184 的 C 级。

（5）键和键槽按 GB/T 1095、GB/T 1096 规定的键配合选用。

（6）形状和位置公差按 GB 1184 的 IT7 级。

（7）未注形状和位置公差按 GB 1184 的 K 级。

（8）未注尺寸公差按 GB 1804 的 IT12 级。

倒角和倒圆设计要点如下：

（1）过渡圆角一般为 $R0.2 \sim R2.0$mm。

（2）锐边倒圆和倒角一般为 $R0.5 \sim R4.0$mm 和 $0.5 \times 45° \sim 2.0 \times 45°$。

其他技术要求如下：

（1）锥面配合要求。天平与模型和支杆的配合锥面用标准量规检验，其接触面积不少于全面积的 85%。

（2）表面粗糙度。天平支杆外表面、测量元件和敏感元件应变计粘贴表面及有配合要求的表面，其表面粗糙度应满足 $Ra \leq 1.6\mu m$；其他表面粗糙度 Ra 为 $1.6 \sim 6.3\mu m$。

（3）测量元件及支撑部件需探伤检查，不允许有裂纹、沙眼、夹渣等材质缺陷。

（4）表面处理。除使用表面（贴片表面、锥面、螺纹、楔孔和键槽等）外，天平其他表面一般要进行表面镀铬防腐处理，铬层厚度应不大于 0.02mm，工作图中所注公差尺寸，除指明特殊要求外，均为镀铬后的尺寸。

（5）热处理。对天平的热处理要求按相应材料热处理规范进行，热处理后应达到所选材料的硬度，即 30CrMnSiA 材料为洛氏硬度 HRC = 34 ~ 37，0Cr17Ni4Cu4Nb 材料为洛氏硬度 HRC = 39 ~ 42，00Ni18Co8Mo5TiAl 材料为洛氏硬度 HRC = 46 ~ 52。

15）应变天平的测量电桥设计

应变天平的测量电桥由粘贴在测量元件上的应变计组成惠斯顿电桥。应变计的粘贴位置是根据测量元件在空气动力载荷作用下产生的变形来确定的，一般对称粘贴在测量元件受拉与受压的位置。

一般情况下,应变天平一个分量组成一个测量电桥,对被测分量的载荷进行测量。为提高灵敏度,一个分量也可组成多个测量电桥,通过电桥输出信号的叠加,提高信号。

(1) 杆式应变天平的测量电桥。杆式应变天平最为常见的布局方式是将力矩测量元件对称设置于天平设计中心的前后,对于这类布局的杆式应变天平,常用的测量电桥组桥方式有"组合式电桥"和"分离式电桥"两种。图 2 - 46 是一台六分量杆式应变天平法向力 Y 和俯仰力矩 M_z 的两种电桥组桥方式。

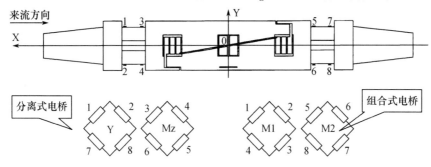

图 2 - 46　杆式天平的分离电桥与组合电桥

当用"组合式电桥"方式组桥时,杆式应变天平前、后测量元件上的应变计共同组成测量电桥,直接测量得到力和力矩。

当用"分离式电桥"方式组桥时,杆式应变天平前、后测量元件上的应变计分别组成测量电桥,并对同一个力矩参考中心测量力矩,通过电气分解得到实际所需测量的力和力矩。

(2) 盒式应变天平的测量电桥。盒式应变天平的测量电桥一般采用"分离式电桥"方式组桥,即一个测量元件单独组成一个测量电桥。在静态测力试验中,采用"分离式电桥"可以提高天平的测量灵敏度,因而得到广泛使用。在动态测力试验中,当采用"分离式电桥"时,前、后两组测量电桥在输出电压的幅值上不会产生差异,但可能会产生一定的相位差,从而在电信号叠加后引起电压幅值的测量误差。因此,在动态测力试验中,应慎重使用"分离式电桥"。

3. 应变天平的使用

应变天平经过校准后才可以在风洞试验中使用,使用和存放过程中应遵循如下要求:

(1) 宜选用设计载荷与模型风洞测力试验时所受空气动力载荷相适应的天平,试验最大载荷宜在天平设计载荷的 60% ~80% 范围内。

(2) 避免测量元件受到碰撞或者超载,防止损坏测量元件和连接导线。

(3) 焊接时应切断电桥激励电源,风洞内焊接时应使用 36 V 电烙铁。

应变天平使用过程中,常见的故障形式有不回零、无输出及不正常输出等。

(1)不回零。应变天平在使用过程中,其中一个或多个分量输出值不能回到初始值的现象称为不回零。造成不回零的原因主要有以下几点:

① 天平温度效应。

② 天平连接导线焊点有虚焊、多股连接导线出现断股现象、连接插头接触不良等。

③ 天平绝缘电阻不足。

④ 天平、模型和支撑装置之间连接不牢固。

⑤ 风洞试验前、后模型的迎角不一致。

(2)无输出。在欲测量载荷作用下,天平测量电桥没有信号输出的现象称为无输出。造成无输出的原因主要有以下几点:

① 电桥激励电压断路。

② 电桥测量线路错误。

③ 应变计粘贴位置不正确或连接错误。

(3)不正常输出。天平灵敏度发生变化或输出信号极性反号的现象称为不正常输出。造成不正常输出的原因主要有以下几点:

① 未按天平校准证书规定供电。

② 电桥激励电压不稳定。

③ 电桥激励电压极性接反,或输出端极性接反。

④ 天平与其他设备相碰。

⑤ 天平材料热处理不当。

⑥ 应变计材料与黏结剂材料老化,黏结强度变差。

2.3.2 压电天平

压电天平是利用压电材料受力后在其表面产生电荷的压电原理来测量作用在模型上的气动载荷,主要用于脉冲型风洞中模型测力试验。压电天平具有结构简单、刚度大、载荷范围宽、频率响应快的特点。

1. 压电天平的分类

目前,在用的压电天平有以下三类:

第一种是无弹性元件,直接采用压电元件的组合进行气动特性的测量。无弹性元件的压电天平通过压电陶瓷片不同极化方向的组合进行测量,这类天平的结构紧凑、频响高,康奈尔航空试验室(GAL)早期研制的压电天平均为这种结构。图2-47为康奈尔航空试验室研制的压电天平,通过6个压电陶瓷元件来实现气动力的测量。这6个压电陶瓷元件通过极化方向的选择来实现只对一个方向的力或者力矩敏感的目的,其中某些压电陶瓷元件被分为两个或者多个部分。这些压电陶瓷元件的电极面均垂直于天平的轴线,压电陶瓷元件之间通过绝缘材料隔开,通过 4 个螺栓进行预紧。

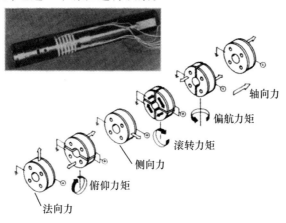

图 2 - 47　康奈尔航空试验室研制的压电天平结构示意图

第二种是具有弹性元件的以中国空气动力研究与发展中心激波风洞试验室使用的压电天平为代表的梁式微应变压电天平。这种压电天平采用粘贴在天平力敏梁上的压电片来感受模型受到的力信号,从而达到气动力测量的目的。这种天平的结构如图 2 - 48 所示。与其他类型的天平相同,这种压电天平也采用弹性元件的变形来进行气动力的测量。

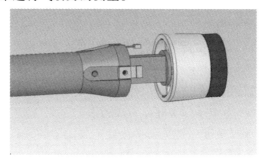

图 2 - 48　梁式微应变压电天平结构图

第三种是采用压电式力传感器进行气动力的测量,目前在美国的 LENS 激波风洞和 AEDC 的 9 号风洞中都得到了应用。在 LENS 激波风洞中,使用 3 个三维力传感器的组合作为天平进行火星探测器模型气动力的测量,传感器和校准的布置位置如图 2 - 49 所示。

对于以上的 3 种形式的压电天平,若要在激波风洞等脉冲型风洞中得到成功应用,都必须要考虑惯性补偿的问题。这是由于在脉冲型风洞启动过程中,会形成一个很大的冲击载荷。这个冲击载荷作用在模型—支撑系统上会引起支撑

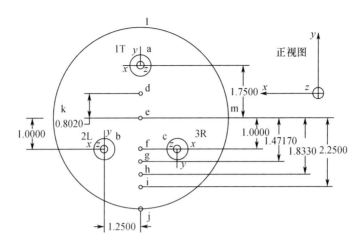

图 2 – 49　LENS激波风洞上使用的压电式三维力传感器及校准点位置布置图

系统的振动,这一振动在激波风洞的有效试验时间内得不到完全阻尼,因此,天平测量得到的信号是振动信号和气动力信号的叠加。为了得到真实的气动信号,必须在测试系统中考虑振动信号的补偿,将试验信号中的振动信号进行扣除。一般采用在模型或支杆上布置加速度计对天平的测量信号进行惯性补偿。下面以梁式微应变压电天平为例介绍压电天平的设计、制作和应用。

2. 压电天平设计

梁式微应变压电天平在进行气动力测量时,首先模型受到空气动力载荷后引起天平弹性元件的变形,弹性元件产生与空气动力载荷成比例的应变,由粘贴在弹性元件上的压电敏感材料将该应变转化为等比例的电荷,通过测量线路和电荷放大器将该电荷信号转化为等比例的电压信号,然后通过数采系统集得到电压信号,最后通过使用天平公式求取作用在模型上的气动力的大小。

压电天平的设计,重点从以下几个方面考虑。

(1)压电天平的灵敏度。这是天平设计主要考虑的因素,直接决定了天平的性能和测量载荷范围。天平的灵敏度的调节有三种方案:一是测量分量力敏梁的结构尺寸;二是压电材料的选择;三是压电陶瓷片的尺寸。可根据实际使用情况,通过三种方式的组合得到最优性能的压电天平。

(2)分量间的抗干扰特性。由于作用在模型上的气动力是一个空间力矢量,无法进行直接测量,必须按模型体轴系进行分解,才能使用天平进行测量。因此,在天平的设计中,必须考虑各分量的抗分量间的干扰特性。在压电天平的设计中,通过压电材料的方向选择性作为抗分量间干扰的主要方法。另外一个方法是通过天平弹性元件合理的结构设计,来提高分量间的抗干扰特性。

(3)压电天平量程范围。激波风洞启动时的冲击载荷可达到所测气动力静态载荷的 5 ~ 10 倍,而激波风洞的不同流场状态的动压范围也很宽(高达 2 个数量级),为了满足激波风洞不同流场测力试验的需求,同时也保证压电天平在风洞启动的过程中不被破坏,压电天平设计量程范围也要非常宽,一般需达到 2 ~ 3 个数量级,在量程范围内,压电天平的非线性度小于 0.1%。

压电天平弹性元件的设计,应满足如下要求:

(1) 在保证天平设计灵敏度的条件下,弹性元件的刚度要尽量大、截面形状尽量简单。

(2) 压电天平尽可能整体设计加工,减少连接部件和连接方式,提高天平的可靠性。

(3) 弹性元件要保证良好的对称性,以减小压电天平分量间的耦合作用。

(4) 压电天平的结构应具有良好的工艺性,方便压电天平的粘贴、使用和维护。

(5) 为保证模型和天平以及天平和风洞支杆的连接强度,一般采用锥连接的方案。

(6) 天平材料应具有较高的强度、较高的冲击韧性和疲劳极限,以及良好的机械加工和热处理工艺性能。常用的材料有 30CrMnSiA、0Cr17Ni4Cu4Nb、00Ni18Co8Mo5TiAl。

压电天平的设计中,通过压电元件的极性的组合来进行不同分量的测量,以三分量压电天平为例,说明天平的测量原理。在天平的力敏梁的上下两面分别粘贴三组极化方向不同的压电陶瓷片,用来进行轴向力、法向力和俯仰力矩的测量。其中,法向力单元通过两组俯仰力矩单元片子的组合进行测量。

以轴向力测量单元为例,如图 2 - 50 所示,轴向力采用在力敏梁上对称粘贴的两片极性相反的压电片进行测量,当受到轴向力的时候,力敏梁两侧均受压,在压力的作用下,压电片输出符号相同的电荷,两片压电片输出的电荷之和作为轴向力单元的输出;当受到法向力的作用时,力敏梁的一侧受到压应力、一侧受到拉应力,由于上下两片压电片的极化方向不同,则两片压力片一个输出正电荷、一个输出负电荷,当上下两片压电片的性能完全相同时,两个电荷相加后,正好抵消,说明轴向力单元只对轴向力敏感,而对法向力不敏感。同理,俯仰力矩采用在力敏梁上对称粘贴的两片极性相同的压电片进行测量,俯仰力矩单元只对俯仰力矩敏感而对轴向分量不敏感,从而可以使用压电天平将作用在模型上的不同分量的力测量出来。

天平元件的布局设计中,还必须考虑如下几个问题:

(1) 天平的校准中心尽量靠近模型的力矩参考点的位置,避免较大的补偿修正量,提高测量的准确性。

(2) 天平元件应尽可能远离各连接部位,避免装配应力传递到天平元件上,

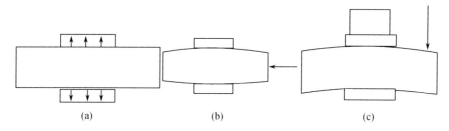

图 2 - 50　轴向力元件受力情况示意图

(a)不受力;(b)轴向;(c)法向。

带来额外的测量误差。

(3)天平元件的粘贴位置避开应力集中的区域,保证天平的线性度。

作为压电天平测量中的一个重要的部分,惯性补偿设计也是压电天平设计中的一个重要的环节。惯性补偿的基本原理就是在天平测力的同时,在天平力敏梁附近安装加速度计进行加速度的测量,然后将天平信号与加速度计信号进行代数加减,以补偿掉天平测量信号的中振动部分,得到所需的气动力试验信号,图 2 - 51 给出了惯性补偿前后法向力的信号的输出曲线。

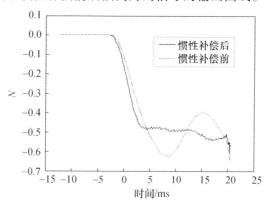

图 2 - 51　惯性补偿前后法向力输出曲线

在激波风洞试验中,由于模型、天平和攻角机构的结构比较复杂,在风洞启动冲击载荷的作用下,将产生若干频率的振动,这些振动的振幅和相位也不完全相同。因此,在实际应用中,通常采用隔振、减振的方式将激波风洞攻角机构的基础和风洞的基础隔开,以减小风洞启动振动对测量系统的影响。同时通过减轻模型的质量,提高模型、天平和支撑系统的刚度的方法,使只有一个振动频率落入气动力频率段内,对这一频率振动采取惯性补偿方法去除,其余频段内的振动信号可以通过滤波方法去除掉。加速度计一般布置在模型上或者天平支杆上,通过调整加速度计的安装位置,尽量使加速度感受的信号与所补偿分量的信号同相位或者反相位。

3. 压电天平的制作

为了保证压电天平的性能,压电天平需要保持较高的绝缘阻抗,一般要大于 $10^{11}\Omega$,压电天平的制作需要在洁净和干燥的环境中进行,在粘贴前,需要对天平和压电片进行充分的清洗。

压电天平的制作,需要注意以下事项:

(1) 由于压电天平主要采用压电片的方向选择性来减小分量间的干扰,在天平的制作中,必须保证配对使用的压电片性能的一致性,以及压电片粘贴位置的对称性和一致性。

(2) 为保证压电天平的绝缘阻抗,选用高绝缘阻抗的环氧树脂胶作为黏贴剂。

(3) 天平的信号引线采用聚四氟乙烯铜芯线,信号线的焊接采用低温电烙铁。

(4) 压电天平制作完成,使用防潮胶将压电片进行密封,以避免环境的湿度对天平的性能造成影响。

4. 压电天平的应用

压电天平经过校准后就可以应用到试验中,由于压电天平的动态响应速度快,跟随性好,结构相对简单,量程范围大,被广泛应用于风洞试验的动态力测量中,例如,脉冲型风洞测力试验,以及常规风洞的动态力测量试验。特别是在激波风洞中,压电天平得到了广泛的应用。近年来,随着天平技术的不断发展,应力波天平、加速度计天平以及自由飞测力等试验技术都取得了较大的进展,压电天平的发展也遇到了新的挑战。

2.3.3 天平校准系统

天平必须经过校准合格后才能在风洞试验中应用,天平校准分为静态校准和动态校准。天平动校在风洞中进行,天平静校是在天平校准系统上进行的,本节所述天平校准特指天平的静校。

风洞天平静校是在天平静态校准设备上按已知的天平测量坐标系,模拟天平在风洞试验时的受力状态,对天平精确地施加静态载荷,求得天平各分量的输出信号随校准载荷的变化关系,即天平校准公式,以便根据风洞试验中天平各分量的输出电压变化,求得作用在试验模型上的气动力和力矩。同时,通过天平静校,还可以获得天平的静校精准度或不确定度,并得到天平的弹性角修正公式。

1. 天平校准系统分类

根据校准对象、校准量程、载荷加载能力和校准载荷坐标轴系选取等不同,天平校准系统也有不同的分类方法,主要包括如下几种分类方式。

1）按校准对象分类

按校准对象的不同,天平校准系统可分为机械天平校准系统、常规应变天平校准系统、盒式天平校准系统、压电天平校准系统以及磁悬浮天平校准系统等。天平形式的不同,对应的天平校准系统也存在很大差异。

2）按校准量程分类

按校准系统校准载荷能力的不同,一般又可分为微量天平校准系统、小载荷天平校准系统、中等量程天平校准系统和大载荷天平校准系统,相应的校准载荷能力(以法向力为例)一般分别为 0.01 ~ 100N 量级、10 ~ 1000N 量级、1000 ~ 10000N 量级和 10000N 以上量级。

3）按载荷加载能力分类

按载荷加载能力,天平校准系统又可分为单分量加载校准系统和多分量加载校准系统。其中,多分量加载校准系统又可分为多矢量加载校准系统和单矢量加载校准系统。

4）按校准坐标轴系分类

按不同的校准坐标轴系,天平校准系统可分为体轴系和地轴系两种天平校准系统。在风洞测力试验中,载荷一般总是按模型体轴系进行分解的,所以天平静校最好采用体轴系校准系统直接得到相对模型体轴系的天平校准公式。但体轴系天平校准系统比较复杂,设备研制费用高而且周期较长。

2. 天平校准系统重要性能参数

在天平本身条件确定的条件下,风洞天平校准系统的性能和技术指标将直接影响天平校准数据的质量和工作效率。天平校准系统性能评价主要包括以下几个方面。

1）天平校准系统的加载能力

力和力矩的加载能力是天平校准系统的主要技术指标之一。加载能力(或称校准载荷范围)主要由风洞试验所可能采用的天平的最大设计量程来确定。一般校准系统对天平各分量的加载能力,应为天平各分量的设计量程的 120% 以上,以便于对天平进行超载情况下的校准。

2）天平受力状态模拟准确性

天平进行静态校准时,校准系统必须能正确地模拟天平在风洞试验中的受力状态,即要能准确地对天平施加力和力矩。对于六分量天平校准系统而言,则必须能准确地按天平坐标轴系施加 3 个力和 3 个力矩。

3）系统精准度或不确定度

天平校准系统的精准度或不确定度,将直接影响天平校准数据的精准度或不确定度,从而对风洞试验中气动力测量数据的精准度或不确定度造成直接影响。所以,天平校准系统应具有较高的精准度或不确定度。

目前,国内外对天平校准设备的精准度或不确定度都还没有统一的标准,一般来说,天平静校系统的精准度或不确定度应该比天平所要求的精准度或不确定度高 3 倍以上。如目前,我国对于常规风洞试验所采用的应变天平的不确定度合格指标要求达到 X、Mx 分量 0.6%,其余分量为 0.5%,那么,天平校准系统的不确定度指标则应该优于 0.1%,而国外风洞先进的应变天平校准系统不确定度指标可优于 0.02% ~ 0.03%。

4）系统刚度

天平校准系统的刚度,是保证天平静校时天平正确受力状态的基本条件。较好的刚度,可以保证天平校准过程中,校准系统不致产生过大的变形而引起对天平校准数据的干扰,这样有利于提高天平校准的精准度。特别是对于地轴系天平校准系统,如果刚度不足,在受载荷作用下则会引起较大的变形,造成校准过程中加载和天平坐标轴系的不正常变化,以及校准载荷加载的失真,从而得出失真较大,甚至是错误的天平校准系数。

5）自动化程度

由于在整个天平校准过程中,需要进行校准载荷的施加、天平输出信号的采集处理,以及天平空间姿态变化的检测等。对于体轴复位式天平校准系统,还需要进行天平或加载系统的姿态调整,同时,整个校准过程需要进行几十、几百甚至上千组的加载、卸载等操作,工作量大。因此,天平校准系统自动化程度的高低将直接影响天平校准的效率。所以,进行天平校准系统研制时,要考虑加载、姿态调整、测量与控制系统的自动化。

3. 天平校准系统组成

天平校准是一个较为复杂的过程,以体轴系天平校准过程为例,它涉及天平/支杆安装、初始姿态调整、载荷施加、天平姿态测量、天平姿态复位、信号采集与处理等多个环节。

下面将以结构、功能较为复杂的全自动复位式天平校准系统为例介绍天平校准系统的基本组成,主要包括天平支撑与姿态调整机构、校准载荷加载系统、测量系统、控制系统及数据处理分析系统等,一种典型的体轴复位式天平校准系统的结构示意图如图 2 - 52 所示。

1）天平支撑与姿态调整机构

在体轴复位式的天平校准系统中,天平支撑与姿态调整机构不仅是校准时天平的安装基座,也是校准过程中进行天平位置补偿的机构。它具备与天平或天平支杆的安装接口,并能够保证可靠连接;还具有一个或多个的运动自由度,以便调整天平的位置和姿态,使校准载荷坐标系与天平测量坐标系始终能够保持一致或特定的相对关系,以便能够获得天平测量坐标系下精确的校准载荷。

为了实现天平姿态的多自由度调节,天平支撑与调整机构通常采用两种多

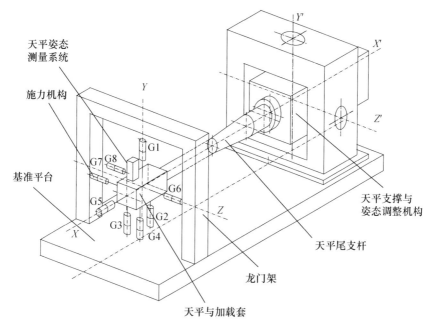

图 2-52　体轴复位式天平校准系统结构示意图

自由度运动机构形式:串联式和并联式。其中,串联式是天平校准系统中最为常见的运动机构形式,即机构由若干个单自由度的基本机构按一定的顺序串联、叠加而成,每一前置运动机构的输出是其后置运动机构的输入,通过各自由度的运动叠加,实现天平空间位置、姿态的调整。串联机构虽没有并联机构刚度大、承载能力大的特点,但串联机构具有结构简单、控制方便、工作空间大等优点,因此许多天平校准系统的姿态调整机构仍然采用串联机构的结构形式。图 2-53 为法国 ONERA 的 B1-4 天平校准系统姿态调整机构,它可以通过 3 个单自由度转动,实现天平俯仰、偏航和滚转姿态调整。

有的天平校准系统采用并联机构,多个单自由度的做动机构同时并行连接到天平/支杆安装平台,并协调驱动安装平台进行多自由度的位置、姿态调节。图 2-54 和图 2-55 分别为日本 JAXA 全自动天平校准系统和中国空气动力研究与发展中心(CARDC)的 LBCS-50K 天平校准系统及其并联式姿态调整结构。

天平校准系统的姿态调整机构的各运动自由度,可以采用手动或自动的调节方式,但为了提高效率,通常采用自动调节的方式。

2)加载系统

天平校准系统的加载系统通常包括加载头、力源和力传递部件等。

(1)加载头。加载头是用于对天平施加力和力矩载荷、模拟风洞试验中天

图 2 - 53　法国 ONERA 的 B1 - 4 天平校准系统姿态调整机构

图 2 - 54　日本 JAXA 全自动天平校准系统

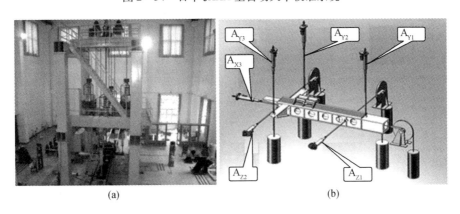

(a) (b)

图 2 - 55　CARDC 的 LBCS - 50K 天平校准系统及并联姿态调整机构

平受气动载荷作用状态的特殊装置。加载头的结构形式、尺寸等与被校准天平的结构形式、载荷范围等紧密相关,如常规杆式应变天平校准系统加载头通常采用套筒式的结构,而盒式天平加载头通常采用框式的结构形式。

对加载头的基本要求包括通用性较强、结构优化、质量轻、刚度大、施力点布置合理、位置精确、连接可靠、调节方便,具备精确的测量基准。

加载头通常结构较为复杂、加工精度要求高,制造的周期长、费用高,一般仅系列化配置少量的加载头,为了适应不同尺寸和接口形式天平进行校准的需要,天平与加载头之间通常通过适配件或过渡套连接,以增强加载头的通用性。如图 2-56 所示的某杆式天平的校准加载头主要由外加载套和过渡套组成。过渡套通过锥面配合与天平的模型端连接,外加载套和过渡套可沿轴向精确调整定位,以便调节天平校准力矩参考点位置,使其与天平的力矩载荷设计中心接近。

图 2-56　某天平校准系统杆式天平校准加载头

通常而言,要求在最大设计载荷作用下,加载头变形后施力点位置变化造成的力矩变化应小于 0.01%。若将加载头本体作为天平位置变化的检测对象,则还应计算分析位置测量精度指标对加载头变形的约束条件。

加载头上的施力点的位置必须精确,才能保证力矩加载的准确性和精度,通常要求加载点之间的定位精度优于 0.01~0.02mm。

天平与加载头的连接方式包括直接连接和通过转接件连接两种方式。加载头与过渡套、过渡套与天平之间,又可通过柱面、锥面或法兰等方式进行连接定位,并通过拉、压等方式进行紧固,保证连接可靠、调节方便。

在体轴复位式的天平校准系统中,加载头不但是施力机构与天平之间力和力矩的传递结构部件,同时也是测位系统检测天平空间姿态和位移变化的测量对象。加载头的设计,既要考虑校准载荷的传递,即施力点的布置,还要考虑给测位系统位移传感器的布置留有足够的空间;既要保证各施力点之间空间几何位置的位置精度,还要保证各位置测量基准面之间严格的正交关系。

(2)力源。力源是产生天平校准所需力载荷的装置。根据力产生方式的不同,可分为砝码和力发生器两类。其中,力发生器可采用不同的驱动方式,主要包括液压驱动、气压驱动和电机驱动等形式。

砝码是最早,也是目前应用最为广泛、可实现精度最高的力源。它利用砝码的重力,可直接或通过换向装置换向后对天平施加力载荷,并通过改变砝码质量实现力载荷的变化。砝码可以通过人工加、卸载,也可采用砝码自动加载装置实现自动加、卸载(图 2 - 57),以提高自动化程度。采用砝码作为天平校准力源的最大优点是精度高、稳定性好,并且使用、维护和检定等均相对简单,但也存在大载荷时人工加载劳动强度大、砝码数量多、质量大时配置费用高等不足;此外,单组砝码只能施加单向载荷。

图 2 - 57　砝码自动加载装置

气动、液动两类力发生器的工作原理基本类似,即作动筒在气压或液压作用下产生运动,并通过力传递件对天平产生作用力,实现力载荷施加。施力大小通过高精度力传感器测量,并通过闭环控制实现预设载荷加载。通过恰当的加载机构设计,气动/液动式力发生器可实现双向力载荷加载。

电机驱动力发生器一般是通过电机驱动丝杠运动副等运动机构运动,然后通过力传递件对天平产生作用力,实现力载荷施加。与气动/液动式力发生器相类似,其施力大小通过高精度力传感器测量并通过闭环控制实现预设载荷加载,也可实现双向力载荷加载。

(3)力传递部件。力传递部件主要包括施力点结构、传力件、力换向与比例缩放部件。

施力点结构将力载荷传递到天平加载头上。在施力载荷较小时,施力点通常可采用“顶尖—顶窝”的形式,并采用超高强度钢加工,以防止磨损或被压溃;而在力载荷较大(大于 2000N)时,施力点通常需要采用组合刀口或弹性铰链等结构形式,以防止损坏、保证施力点位置精度和力传递的方向性。

传力件主要是指用于力传递的拉索(钢带、钢丝等)、拉/推杆,在需要进行力载荷值测量时,可将单分量的力传感器安装在传力件的一端或中间。

当力源施力方向与需要施加的校准载荷方向不一致(如以砝码重力施加横向载荷时),需要力换向部件,可采用的主要结构形式包括定滑轮、等比例杠杆和换向刀口等。而当力源加载范围与校准载荷范围不一致时,需要力比例缩/放部件,可采用的主要结构形式包括变比例的定滑轮和杠杆机构。

3)测量系统

在天平校准系统中(图 2 - 58),主要的测量子系统包括天平与力传感器信

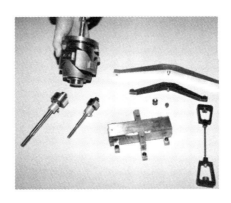

图 2 – 58　法国 ONERA 天平校准系统采用的刀口和顶尖施力装置

号采集分系统、天平空间姿态测量分系统,以及校准系统状态信息采集分系统。

（1）天平与力传感器信号采集分系统。准确测量天平在校准过程中的输出信号是最基本的要求。不同类型的天平,其输出信号类型及需要采用的测量系统也不尽相同,本节主要就最常见的应变测力天平信号测量进行介绍。

应变天平信号测量由天平信号采集子系统完成,测量系统主要由信号放大器、滤波器、数模转换器（A/D）、数据采集器和存储显示设备等组成。在采样速率要求不高时,也可以采用高精度、高分辨率（一般不低于 6 位半）的数字直流电压表完成天平信号测量、记录。

由于常规应变天平的输出为低电平信号,幅值较小（一般小于 20mV）,在进行 A/D 转换前必须进行放大,以提高测量精度,放大倍率一般在 100 ~ 10000 倍之间,一般要求增益程控可调,综合精度优于 0.02%,共模抑制比在100 ~ 120dB。

由于天平信号通常包括直流分量和脉动分量。直流分量反映的是天平感受校准静态气动载荷的输出,脉动分量通常包括校准载荷波动、天平与支杆振动,以及背景干扰噪声等导致的输出信号脉动。天平校准信号采集需要精确测量获得天平信号中的直流分量信号,脉动信号则通过滤波、信号补偿等方式,减小其对直流分量测量的影响,提高测量精准度。

在应变天平校准过程中,有效信号通常为静态信号,通常采用低通滤波,一般要求滤波器的最低滤波截止频率不高于 5Hz,并最好能达到 1Hz 以内,可取 0.5 ~ 1Hz。硬件滤波器包括有源和无源两类,其中,无源滤波器由电阻和电容网络组成,一般置于放大器输入的前端;而有源滤波器一般放在放大器的输出端。

在完成信号调理（放大、滤波）后,天平信号由 A/D 转换器将模拟信号转变为数字信号并进行存储。A/D 转换器的主要性能参数包括:①模拟信号输入幅值范围:一般为 ±5V 或 ±10V;②输入通道数:根据天平及力传感器等需要的实际通道数设计,一般不小于 8 通道;③A/D 转换位数:一般不低于 16 位;④转换速率:一般不低于滤波截止频率的 10 倍;⑤综合测量精度:优于 0.02% 。天平信号经 A/D 转换后,通过数据传输存储到计算机上,用于后期的数据处理。

天平信号测量精准度将直接影响天平校准数据的质量,选用的数据采集系统应参数合理、性能稳定、时漂和温漂较小,通常系统的综合测量不确定度小于 0.02% 。可能的情况下,可选用与风洞试验一致的数据采集设备,以更真实地反映天平在试验条件下的测试性能。

(2)天平空间姿态测量系统。天平或加载头的姿态测量是非常重要。采用地轴系加载方式进行天平校准时,必须测量天平的空间位置和姿态,以便将地轴系载荷转换到天平体轴系,保证校准系数的准确性;而在体轴系校准系统中,在天平校准过程中,必须测量得到天平或加载头在载荷作用下的位移量,才能进行天平体轴复位,保证加载坐标系与天平测量坐标系始终处于预设的状态。

对天平和加载套进行空间位移测量,包括线位移(x,y,z)测量和角位移(α,β,γ)测量。测量对象定义如图 2 – 59 所示。其中,坐标原点为天平静校中心。

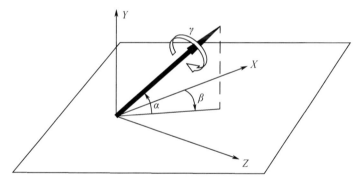

图 2 – 59　测量对象定义坐标

对于线位移测量,可以选用的测试手段很多,一般可以分为接触式测量和非接触式测量两类。接触式线位移传感器,一般为数字千分表,其测量原理一般为光栅测量或电磁测量。而非接触式线位移测量,主要有光电式测量、电涡流和电容式测量等。

对于天平校准过程中的俯仰角和滚转角,通常可以采用光学倾斜仪或倾角传感器测量。目前,单轴或双轴的倾角传感器测量精度可达到 0.01°乃至更高,可以满足天平校准中对天平姿态测量精度的要求。但小型化、高精度的 3 轴角度仪极少,并且也很难应用于天平校准。对于天平校准而言,直接用角位移传感器测量角位移,传感器选型和布置位置是比较棘手的问题。

另一种方法是通过线位移传感器测量转换而得到角位移。采用对称布置直线位移传感器,通过传感器的测量值之差来间接求得角位移使问题变得简单易行。该测量方法原理如图 2 - 60 所示。即在两线位移传感器之间的距离已知的条件下,当待测平面有角位移运动时,通过测量平面上两测点处的线位移量,计算得到两测点之间的位移量差值 ΔX,即可计算得到待测平面的角度变化值 β:

$$\beta = \arctan(\Delta X/L) \tag{2.60}$$

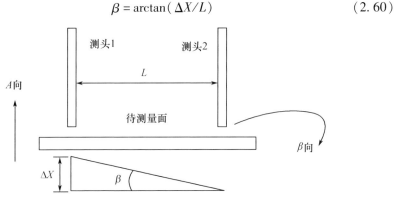

图 2 - 60　由线位移测量角位移原理图

而在体轴复位式的天平校准系统中,由于需要同时测量天平的多个角位移和线位移,常规的测量系统一般难以满足要求,通常需要研制专用的天平姿态测量装置。

(3) 校准系统状态信息测量分系统。其主要用于测量校准系统自身的状态信息和参数,如运行状态、运动参数、限位和故障报警等信息。

4) 控制系统

天平校准系统的控制系统主要包括天平校准设备运行控制子系统和天平校准流程控制子系统两部分。

天平校准设备运行控制子系统包括校准载荷加/卸载控制、姿态调整结构运行控制以及天平姿态测量与复位控制等。

天平校准流程控制子系统包括天平校准流程和参数设定、天平校准全过程的流程控制等,即将天平校准运行控制与数据采集等整合在一起,实现天平校准的功能要求。

不同天平校准系统的自动化程度不一,控制对象和功能也差距很大。本节主要以自动化程度较高的全自动体轴复位式校准系统为例进行简单介绍。

(1) 天平校准设备运行控制子系统。为了保证天平校准过程的高效性和复位补偿控制实时性,减少控制对测量系统的干扰性,测控系统总体构成一般遵从"操作管理集中、单元控制独立、测控系统隔离、系统信息共享"的设计思路。

天平校准控制子系统不仅要求精度高,而且要求加载过程平稳,同时保证复位机构能够实时跟踪、复位补偿,在条件满足后,控制数据采集子系统尽快完成数据采集和处理功能。

控制子系统一般包括主控计算机、嵌入式控制系统、加载驱动控制、复位驱动控制和天平位置测量及天平信号采集控制部分。

主控计算机一般采用工业控制用计算机,根据系统具体设计方案和需求配置相应的硬件和软件系统,包括总线适配器、各类接口卡等,其功能主要是对天平校准系统运行及校准流程等进行集中控制。

嵌入式控制系统用于校准系统中的底层控制,实现相对单一特定的控制或其他功能,如完成系统需要的信号采集、驱动控制等。

加载驱动控制主要通过选用恰当的驱动方式和器件,实现校准载荷加载、卸载功能。常用的加载驱动方式包括电机驱动、液压驱动和气压驱动等。

复位驱动控制根据主控系统指令,实现天平姿态调整和复位功能。

天平位置测量及天平信号采集系统进行天平位置测量,并提供给控制系统进行天平姿态复位控制,同时进行天平信号采集和存储。

(2)天平校准流程控制子系统。在实现天平校准系统各子系统功能的基础上,通过校准流程控制软件,即可完成天平校准的流场控制。图 2-61 给出了体轴复位校准系统进行天平校准的一般流程框图。

5)数据处理分析系统

天平校准数据处理分析子系统是专门用于天平静态校准数据处理、分析的软件系统,其主要功能包括校准原始数据坏值判断与剔除、校准系数计算、校准结果误差分析,以及弹性角修正系数计算等。

在天平校准系数计算前,需要将校准数据中因偶然因素、人为失误等造成的问题数据(坏值)进行判断、剔除,以保证天平校准结果的准确性。坏值判断的方法很多,较常用的有格拉布斯判据。

校准系数的计算主要包括两个方面的内容:一是校准原始数据的规整。即将校准的原始数据规范、整理为计算天平校准系数需要的数据,通常应包括天平校准载荷轴系修正、天平弹性角修正、零点修正和温度效应修正等。二是天平校准系数计算。计算天平校准系数时,通常根据最小二乘法原理采用全回归或逐步回归分析方法。

校准结果误差分析包括校准精度分析、天平校准准度分析、不确定度分析等,校准精度分析考查天平在校准状态下的测量重复性指标;天平校准准度分析考查天平校准状态下测量得到的载荷估计值(按校准公式得到的计算值)与标称载荷之间的相对偏差大小;不确定度分析评估由标准衡器、校准系统误差和随机误差等造成的天平校准结果误差。

由天平校准载荷与弹性角校准数据,计算得到天平弹性角修正系数。弹性

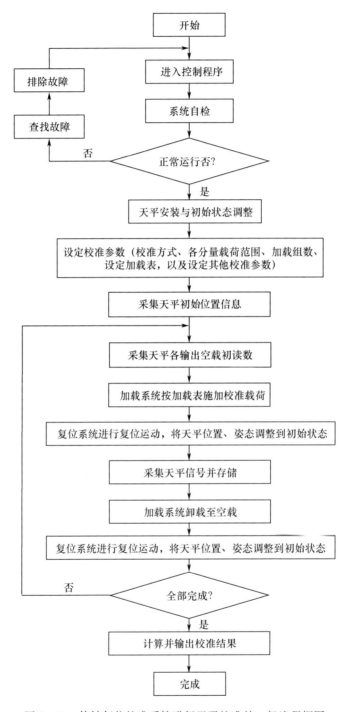

图 2 – 61　体轴复位校准系统进行天平校准的一般流程框图

角修正系数应计及包括天平、支杆和风洞支撑等在内的所有可能引起天平姿态角变化的弹性变形。必要时,可在风洞中进行弹性角校准试验,以获得更为准确的弹性角修正系数。通常,在气动载荷相对较小、模型支撑刚度足够大时,可以只考虑天平和支杆的弹性变形。

4. 典型天平校准设备介绍

1）德国 ETW 风洞的非补偿式体轴系天平校准设备（图 2 - 62）

该设备的法向力量程为 25kN。该校准设备主要包括基准测力天平与加载系统。基准测力天平是一台六分量参考天平,由 6 个测力传感器组成。天平校准时,被校准天平的模型端与参考天平连接,使被校准天平的校准中心与参考天平的设计中心重合,在被校准天平的支杆端加载,这样参考天平就能测量出被校准天平所承受的力和力矩。加载系统有 7 个气压式力发生器对天平施加单分量或者是多分量载荷,各个分量的加载准度可达 0.015% ~ 0.025%。气压式力发生器的最大量程为 20kN,工作气体为 1.5MPa 的压缩空气或氮气,由电磁阀控制其输入与输出,以保持施加载荷的稳定性。

图 2 - 62　ETW 风洞非补偿式体轴系天平校准设备

2）NASA 兰利研究中心单矢量校准设备（图 2 - 63）

NASA 兰利研究中心根据单矢量加载的天平校准方法,并研制了单矢量加载六分量校准设备。

3）国内 CARDC 低速所 LBCS - 50K 天平校准设备（图 2 - 64）

该设备主要用于低速风洞气动力试验所用的杆式天平和盒式天平校准。校准设备采用砝码自动加载、六自由度并联复位、天平体轴系校准的总体技术方案。校准量程为 5 ~ 50kN,可以用于直径 250mm 以内的杆式天平和高、宽分别小于 200mm 和 400mm 的盒式天平静态校准,系统总不确定度小于 0.03%。复

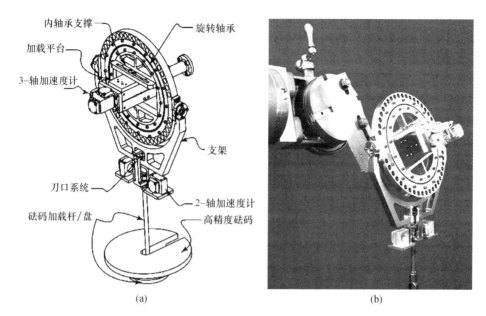

内轴承支撑
旋转轴承
加载平台
3-轴加速度计
支架
刀口系统
2-轴加速度计
砝码加载杆/盘
高精度砝码

(a)   (b)

图 2-63   NASA 兰利研究中心单矢量加载校准设备

位机构采用六自由度的并联运动机构。天平加载头复位测量采用由 8 台线阵 CCD 相机组成的六自由度位移测量系统测量,线位移测量精度优于 0.005mm, 而姿态角测量精度优于 0.0001°。

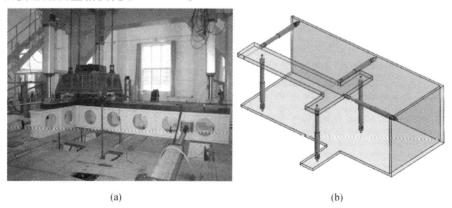

(a)   (b)

图 2-64   CARDC 低速所 LBCS-50K 天平校准设备

4) CARDC 高速所 BCL-30000 六分量复位式体轴系天平校准设备

该设备法向力量程为 30kN。它由加载系统、调整系统、测量系统与控制系统等组成。加载系统由 6 个机电式力发生器在三维空间组成一个可精确定位的空间力源系统,对天平单分量或多分量施加载荷,其载荷值由拉压测力传感器测定,分辨率为满量程的 0.005%,准度优于 0.02%。调整系统包括复位子系统与位移测量子系统。复位子系统是一个六自由度的运动机构,可实现 3 个线位移与 3 个角位移,以保证天平较准过程中加载架的准确复位。其位移值由高精度涡流探头组成的位移测量子系统进行测量,控制复位精度,线位移为 0.002mm,角位移为 1"。测量系统由高精度数据检测装置对力源系统的施加载荷值、天平的输出信号值与加载架的位移值进行测量。

5) CARDC 高速所 BCL – 70000 四自由度全自动大载荷天平校准设备 (图 2 – 65)

该天平校准设备主要用于常规杆式和环式应变天平的校准,基于传统的单元校准方法,采用四自由度复位式体轴系自动校准方案,加载力源为标准砝码,采用砝码独立控制技术的自动加载装置实现天平校准载荷的自动加载。砝码产生的重力通过双十字铰链施力定位装置和刚性加载头准确地传递到天平上,无间隙复位传动机构可以保证天平的精确复位。该校准系统可满足 20 ~ 70kN 量程范围的杆式天平和环式天平等不同类型天平的校准需求,系统标准不确定度优于 0.05% 。

图 2 – 65 CARDC 高速所 BCL – 70000 四自由度全自动大载荷天平校准系统

天平姿态角和位移测量控制分别选用美国 Jewell 公司 LCF – 2000 – 1 双轴倾斜仪和英国真尚 ZLDS102 – 250 – 65 – 232 – I – IN – AL – CG – 2 型激光位移传感器,其检测精度为 0.001° 和 0.1mm。通过闭环控制,校准系统最终复位精度达到了 0.002°。

砝码加载机构(图 2 – 66)采用 6 套砝码组设计,其中法向砝码加载机构设计为 4 套砝码组,用以实现 Y、M_z、M_x、Z 和 M_y 5 个分量载荷施加;轴向砝码加载机构设计为 2 套砝码组,用以实现 X 分量载荷施加。砝码组均采用单块砝码独立控制设计,砝码质量 5 ~ 500kg,砝码质量误差小于 0.005% ,其中前端法向砝码组设计选用特征砝码 13 块,可以实现 5 ~ 2105kg 不同砝码质量的自由组合,后端阻力砝码组设计选用特征砝码 9 块,实现 5 ~ 1105kg 的不同砝码质量的自由组合。砝码采用膜片汽缸驱动,通过膜片汽缸的顶升运动实现砝码加卸载。砝码吊杆采用分段设计,吊杆与砝码采用锥盘连接定位。锥盘锥度设计为 45°,具有自动导正功能。为满足天平法向变形要求,砝码加载机构设计自动升降补偿机构,可实现与天平的法向随动。

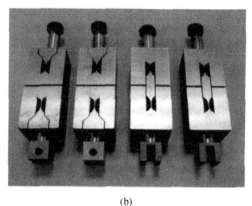

(a)   (b)

图 2 - 66   砝码加载机构与十字铰链施力定位装置

此外,国内还研制了一些非常专用的天平校准系统,如 CARDC 的低密度风洞配套的微量天平校准系统(图 2 - 67),以及用于压电天平校准的单矢量加载多元校准系统(图 2 - 68)。

图 2 - 67   微量天平校准系统   图 2 - 68   CARDC 压电天平校准系统

由上述典型的天平校准系统可以看出,各天平校准系统的天平校准轴系、加载方式、天平空间位移测量方式等都有较大的差异,但都通过不同的技术途径提高系统的总体精度,减小系统误差。

5. 天平校准系统不确定度分析

风洞天平校准系统是一种特殊的多力值、多量程计量设备。但由于测量误差、加工误差、方法原理缺陷和随机干扰等方面的原因,校准结果总会存在误差。

为了评估这些误差大小、确定系统可能导致的校准结果误差水平,需要对天平校准系统进行不确定度评估。

(1) 天平校准系统误差源。在天平校准系统中,影响天平校准结果准确性的因素(误差源)很多,但可以简单地归结为三个方面:一是载荷施加误差;二是信号测量误差;三是数据处理方法引入的误差。

(2) 载荷施加误差源。天平校准系统作为施力装置,应紧扣力的"三要素"(力的大小、作用点及作用方向)来分析影响其施力准确度的误差来源。这三个方面的误差既相互区别,在一定条件下又可以相互转化。例如:由于存在力的方向误差,会导致力的作用线偏离理论坐标轴,从而产生力的大小误差;由于存在力的作用点误差,会导致施加力载荷时"附加"一个力矩载荷,从而对力矩载荷的大小产生影响;由于存在力的作用点误差,会导致力的作用线偏离理论坐标轴,从而产生力的方向误差。

因此,对于可能引起上述误差的因素,都可以归结到载荷施加误差源方面,主要有以下几方面:

力源因素。如砝码、力发生器产生的力值或其测量等因素引入的不确定度。

力传递因素。包括:换向滑轮/杠杆摩擦力矩引入的不确定度;换向滑轮/杠杆传力杠杆比引入的不确定度;换向滑轮质量偏心引入的不确定度;传力杠杆姿态偏差引入的不确定度;等等。

施力系统位置坐标误差因素。包括:加载头施力点位置坐标引入的不确定度;加载头变形(线位移)引入的不确定度;换向滑轮位置安装误差引入的不确定度;加载头角位移/线位移测量误差引入的不确定度;加载头角位移/线位移复位误差引入的不确定度;等等。

(3) 信号测量误差源。信号测量误差源相对较为简单,主要包括测量系统本身、标准源(如天平供电电源等)和环境因素。

(4) 数据处理方法误差源。尽管天平校准系数处理只是校准系统软件中的一部分,但对天平校准的不确定度仍然有着重要影响,这主要是由天平的测量原理、结构特点和输入、输出特性等决定的。如对于常规的杆式应变测力天平,由于其多分量耦合,输入、输出往往呈现非线性,存在一定的非对称和迟滞效应等现象,而天平校准系数计算过程中,所采用的拟合公式往往很难完全真实表达天平的输入、输出特性,只能做到一定程度的逼近,因此必然造成计算系数或表达式存在一定的不确定度。

(5) 天平校准系统不确定度要求

天平校准系统是风洞天平的计量标定设备,其不确定度水平既影响天平测量数据的不确定度水平,同时也受风洞试验对天平测量的不确定度水平约束。目前,国内常规应变天平校准系统的不确定度水平通常在 0.03% ~ 0.1% ,而国内外常规应变天平校准系统的不确定度通常要求达到 0.02% ~0.05% 。

6. 天平静态校准

1) 天平校准公式

一台六分量天平,其各分量的输出信号是 6 个待测量载荷分量的函数。允许采用隐式或显式两种公式来表达天平各分量校准公式。

以隐式表达,非线性干扰项取到三阶立方项的天平各分量校准公式表达为

$$F_i = a_i \cdot \Delta U_i + \sum_{\substack{j=1 \\ j \neq i}}^{6} (b_i^j \cdot P_j) + \sum_{j=1}^{6} \sum_{k=j}^{6} (c_i^{jk} \cdot P_j \cdot P_k)$$

$$+ \sum_{j=1}^{6} (d_i^{jjj} \cdot P_j^3) (i = 1, 2, \cdots, 6) \tag{2.61}$$

式中　F_i——天平第 i 个分量的载荷测量值;

　　a_i——第 i 分量的主项系数;

　　ΔU_i——第 i 分量信号输出增量值;

　　b_i^j——其他分量载荷对第 i 分量的一阶干扰修正系数;

　　P_j——对第 i 分量产生干扰的第 j 分量载荷;

　　c_i^{jk}——各分量载荷对第 i 分量的二阶平方项干扰修正系数($j = k$)和交叉项干扰修正系数($j \neq k$);

　　P_k——对第 i 分量产生干扰的第 k 分量载荷;

　　d_i^{jjj}——各分量载荷对第 i 分量的三阶立方项干扰修正系数。

以显式表达,非线性干扰项取到三阶立方项的天平各分量校准公式表达为

$$F_i = \sum_{j=1}^{6} (e_i^j \cdot \Delta U_j) + \sum_{j=1}^{6} \sum_{k=j}^{6} (f_i^{jk} \cdot \Delta U_j \cdot \Delta U_k)$$

$$+ \sum_{j=1}^{6} (g_i^{jjj} \cdot \Delta U_j^3) (i = 1, 2, \cdots, 6) \tag{2.62}$$

式中　F_i——天平第 i 个分量的载荷测量值;

　　e_i^j——第 i 分量的主项系数($i = j$)和其他分量载荷对第 i 分量的一阶干扰修正系数($i \neq j$);

　　f_i^{jk}——各分量载荷对第 i 分量的二阶平方项干扰修正系数($j = k$)和交叉项干扰修正系数($j \neq k$);

　　g_i^{jjj}——各分量载荷对第 i 分量的三阶立方项干扰修正系数;

　　ΔU_j、ΔU_k 为第 j、k 分量信号输出增量值。

天平校准公式无论用隐式或者显式表达,公式中的干扰修正项原则上不少于二阶项。

对一个 n 分量天平,式(2.62)及式(2.63)中等式右边的项数 T 取决于天平的测量分量数 n:

$$T = \frac{n(n+5)}{2} \tag{2.63}$$

2)天平校准前的准备工作

在对天平进行静态校准前,应进行如下项目检查,确保各项指标符合要求后方可开始校准工作:

(1)绝缘性能检查。

(2)电桥输出正确性检查:按照天平坐标轴系用手动加载试验进行检查。

(3)天平在校准装置上的安装姿态应与校准坐标轴系相一致,各方向的角度极限偏差为 $\pm 1'$。

(4)根据设计要求,准确调节天平各分量测量电桥的供桥电压,并做好记录。

(5)对天平各分量按照天平坐标轴系分别加载,检查输出极性是否正确并做好记录。

(6)在进行正式的校准和信号测量前,应对天平、测量系统进行通电、预热,时间一般不小于半小时,并待天平输出稳定后方可进行数据采集。

3)天平校准方法

天平校准方法应根据校准设备类型、载荷源形式、加载方式等实际情况,按照天平地轴系校准或者体轴系校准要求,选择单元校准或多元校准方法。

单元校准方法及流程如下:

(1)编制加载表。单分量加载表编制过程是:按天平各分量的设计载荷,分成若干个加载点。每个分量的加载阶梯,单向加载时一般不少于 5 个阶梯,正负向加载时一般不少于 7 个阶梯(均含零载点在内),最大加载点的载荷允许与天平设计载荷相差 $\pm 10\%$。

两分量组合加载表编制过程是:分别固定一个分量正或者负设计载荷的 $60\% \sim 80\%$,再按照单分量加载表阶梯加载另一分量正、负载荷值。

(2)施加校准载荷。按编制好的加载表,依次实施单分量加载和两分量组合加载。

(3)数据处理,计算出天平校准公式。依据加载校准所得数据,按最小二乘法计算各分量相应的待定系数,获得天平校准公式。待定系数的具体计算方法读者可参阅《风洞应变天平规范》(GJB 2244A—2011)。

(4)进行重复性综合加载,计算天平精度。综合加载重复性是指天平静态校准时,在相同条件下,所有测量分量在设计载荷范围内多次重复加载时电桥输出值的标准差。用各分量天平设计载荷上限时电桥输出值的百分比表示。一般而言,重复性测量次数 $n \geqslant 6$。

(5)进行综合加载,计算天平的准度。综合加载误差是指天平静态校准时,各分量多组同时加载,按天平校准公式求得的各载荷分量测量值与所加载荷基准值之差的标准偏差。用各分量天平设计载荷的百分比表示。一般而言,综合加载载荷组数,6 分量天平应不小于 15 组,等于或少于 5 分量的天平应不小于9 组。

(6)测量不确定度的分析与评定。天平静校测量不确定度的主要来源包括:综合加载重复性引入的天平各分量不确定度分量、综合加载误差引入的天平各分量不确定度分量、载荷源不确定引入的天平各分量不确定度分量、数据采集系统不确定度引入的天平各分量不确定度分量、校准设备不确定度引入的天平各分量不确定度分量。首先分别评估计算上述不确定度分量,然后合成天平各分量的合成标准确定度已经扩展不确定度。

(7)进行弹性角测量,给出弹性角修正公式。对天平进行加载,测量天平(或带天平支杆)的变形,计算弹性角,给出弹性角修正公式。

多元校准过程与单元校准过程类似,按照多元校准方法给天平各测量分量施加校准载荷时,其校准载荷组应遵循如下要求:

(1)加载组数 m 应不少于待定系数数目 T 的 3～5 倍。

(2)所加载荷要覆盖天平使用的载荷范围,选取的各加载点应在载荷范围内均匀分布。

(3)按照正交多元法或者混合多元法编制校准载荷加载表。

4)压电天平的校准

由于压电天平采用压电材料作为敏感元件,压电片所产生的电荷会由 RC 电路按指数规律递减,因此压电天平的校准不能采用常规应变天平的静态校准方法,只能采用快速施加阶跃载荷的办法实现压电天平的准静态校准。

为了实现阶跃载荷的快速施加,在压电天平的校准中,一般采用快速卸载的方法将作用在压电天平上的载荷卸掉,模拟压电天平受力情况的反过程。

压电天平的校准均采用地轴系的校准方式。校准方法按施加载荷方式分为两种:单元校准方法和多元校准方法,通过砝码的重力施加校准载荷。为避免滑轮的摩擦对校准结果的影响,在压电天平的校准中,尽量避免使用滑轮来改变加载载荷的施力方向。

单元校准方法是一次只施加一种校准载荷,并阶梯式改变该校准载荷的大小,依次完成所需校准分量的校准。在每个校准点进行 5～10 的重复加载,使用最小二乘法得到天平各分量的主系数,以及该分量对其他分量的干扰系数。单元校准方法的优点是设备构造简单、方法精确、校准精度高,但校准过程烦琐、劳动强度大。

　　多元校准方法是同时施加多个分量校准载荷的天平校准方法,多元校准能够更好地模拟天平的工作状态。由于压电天平的校准采用快速卸载的方式实现校准载荷的施加,因此压电天平的多元校准只能采用单一载荷的多元校准方法,即在天平校准的时候,只施加一个校准载荷,通过天平支杆与载荷的空间位置的变化实现不同的校准载荷的加载。压电天平多元校准安装示意图如图 2 - 69 所示。

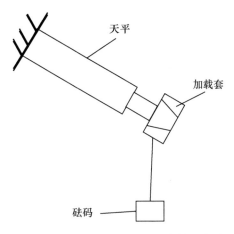

图 2 - 69　压电天平多元校准安装示意图

　　使用一个力矢量来实现对天平 6 个分量的加载,需要准确测量施加的载荷与天平的位置关系,在数据处理的过程中根据载荷与天平的位置关系进行力的分解,从而得到不同分量的校准载荷。

　　在校准过程中,通过改变天平安装的滚转、俯仰角度、加载砝码的质量,以及加载点在加载套上的位置来综合改变不同分量的载荷。在多元校准加载表的编制中,按照正交多元法或者混合多元法进行设计,所加载荷要覆盖天平使用的载荷范围,选取的各加载点应在载荷范围内均匀分布。多元校准中,对每一个加载点进行 5 ~ 10 次重复加载,取平均值作为该加载点的输出。

　　压电天平多元校准数据根据最小二乘原理,采用逐步回归的方法进行处理,获得天平校准公式。压电天平的刚度非常大,一般校准公式只取到一阶干扰。

　　天平的精度和准度是天平性能的一个重要的指标,压电天平校准重复性精度一般以校准最大载荷 40% ~ 80% 中一个的载荷点作为重复性校准加载点,在该加载点上对压电天平实施 21 次校准,将重复性校准结果的相对偏差作为压电天平校准精度结果。

　　压电天平的校准准度,通过使用检验载荷加载时的输出按天平使用公式计算得到的载荷与所施加砝码载荷的偏差来表示。

2.4　风洞数据采集系统

风洞试验要求测试大量的参数,这些参数包括压力、力、力矩、温度、角度、流量、位移等。这些物理量通过各种传感器转换成电压、电流和频率等信号,并将传感器输出的模拟信号转换成数字信号并送计算机存储的过程称为数据采集;把所采集得到的数据进行整理、分析、计算、滤波、压缩、扩展、预测、评估以提取数据中所包含的信息,并以文字、图标、图形、图像或声音方式表达出来的过程称为数据处理。

数据采集处理系统所涉及的技术包括信号调理、采样保持、各种信号处理(模数转换、数模转换、电压频率转换、频率电压转换等)、总线接口、数字信号处理、显示记录、数据库、计算机网络、抗干扰技术等。数据采集系统主要由信号调理器、数据采集器和信号分析处理主机组成。

信号调理器的作用是供给传感器激励电源,并把传感器输出信号进行放大、衰减、滤波、线性化的处理,是决定数据采集系统精度的关键性设备,也是高精度测试领域成本最高的设备。

数据采集器包括多路开关、程控放大器、采样保持电路、模数转换电路等。它将多个模拟信号逐个采样,再将量化成数字信号后的数据送往计算机。这种形式适用于稳态常规吹风试验的数据采集。对于高速动态试验的数据采集系统就不采用多路采样开关,而是每个通道采用一个单独的高速模数转换器,转换好的数据直接送到大容量缓冲存储器,试验结束后再对缓冲区的数据进行相应的处理。

微机接口用来传送数据和状态到计算机,或把控制命令送往采集系统。微机用来接收处理数据并进行显示和记录,或向数据采集系统发送控制命令。

数模转化器是将微机输出数字信号转换成模拟信号,以实现系统要求的显示、记录与控制任务。

数字量(频率量)输入输出部件把由传感器输出的数字量(频率量)信号送往计算机,并把计算机输出的数字量(开关量)送往需要数字信号的部件,如信号指示、开启设备、编码机构等。

2.4.1　风洞常规数据采集系统要求

设计一个数据采集系统首先确定主要的技术指标,如通道数、采集速度、系统精度、输入信号大小、抗共模电压能力等。

通道数是根据系统测试项目多少而定,在风洞试验中6分量天平就需要6个测力通道,还有总压、静压总温、模型底部压力等大约有12通道,所以采用16

通道数据采集系统就能应付一般测力试验的要求,但在一些大风洞试验中往往需要几个天平同时测量,就需要 64 ~ 128 个测量通道。

系统速度是根据一个试验周期内测多少个通道数据、每通道重复测了多少次来确定最低速度。测量速度低,一次试验周期就长。一般风洞常规测力试验数据采集系统在每秒 10 万次已经足够。而动态试验要求每通道每秒几万次到几百万次,动态试验精度要求相对低一些。

系统精度是根据试验任务的要求和设备可能达到的能力来确定的。在 20 世纪 70 年代大多在 0.2% ~ 0.1%,在 80 年代达到 0.1% ~ 0.05%,在 90 年代可以达到 0.02% ~ 0.01%,目前最高精度可以达到 0.0025%。

系统增益由传感器、天平信号大小确定。目前传感器、天平信号输出一般在 0 ~ 20mV,所以系统增益一般在 500 倍。

抗共模电压能力是根据现场环境要求提出的,有的共模电压高,要求系统抗共模电压能力强一些,要求抗共模电压 100 ~ 300V,共模抑制比大于 120dB。

风洞数据采集系统一般包括激励电源、信号调理器、A/D 转换板、控制器和机箱等主要部件。从传感器出来的信号首先进行信号调理,它包括信号放大、滤波、供给传感器激励电源、电桥补偿、线性化、电平转换等,根据传感器不同配置,信号调理器结构也各不一样。在风洞常规测量系统中,信号调理包括无源滤波器、通道放大器、有源滤波器等。无源滤波器一般加在放大器输入端,有源滤波器加在放大器输出端。传感器电源有的用一台大容量精密电源集中供给多个传感器;有的一路一个紧密电源给各传感器单独供电;有的信号调理器根据传感器性质自己给相连传感器激励,可方便进行激励补偿。通道放大器根据不同系统有不同选择,它有浮置隔离式、差分直耦式;根据传感器输出信号的不同又分为应变放大器和电荷放大器。目前,风洞数据采集系统通道放大器都用应变放大器,超高速风洞数据采集系统中经常采用电荷放大器。A/D 转换板一般采用 18 位或 24 位,采样总速率 100kHz 左右。控制器采用 PXI 嵌入式控制器。机箱采用 PXI3U 机箱。

系统误差分配,数据采集系统由许多部件组成,每个部件误差指标的高低直接影响系统精度。数据采集系统总精度确定以后,就应该把这些精度指标分配到各个部件,系统误差在最坏情况下是各部件误差之和。分配部件误差不能平均分配,有些部件精度可以做得很高,分配给它的误差就应该小一点,有的部件很难做到高的精度,分配给它的误差就应该大一点。

如果要求采集系统精度 0.03%,放大器部分就要求线性度 0.005%,增益稳定性、噪声、漂移等在 0.01%,模数转换精度在 0.01% 以上。精度指标的确定根据必要性、可能性和合理性来确定。必要性就是该系统是否一定要提那样高的精度,因为系统精度越高,研制价格越贵,而且系统速度也不可能太高;可能性是指提了这样高的精度,根据当前的器件、部件水平,结构工艺水平是否能够实现;合理性是指数据采集系统精度和传感器精度是否匹配。如果传感器精度0.01%、数据采集系统精度0.1%,或者传感器精度只有0.5%,数据采集系统精度提高0.02%,这样显然不合理。如果传感器精度在0.05%,数据采集系统精度提高0.03%就是合理的。

风洞常规数据采集系统各部分主要技术要求如下:

1. 通道放大器

放大器的功能是信号放大,提高系统抗共模电压能力,过滤信号中的噪声。

(1)增益:根据风洞测试系统中传感器输出信号大小可分不同档次,一般分档为1、2、4、8、10、20、40、50、100、200、300、400、500、1000。

(2)增益精度:根据不同系统可定为0.05%,0.02%。

(3)增益线性度:根据不同系统可定为0.02%,0.01%,0.005%。

(4)增益精度控制:计算机程控、手动控制。

(5)噪声:在滤波器频带内10Hz以下,定为0.2μV(折合到输入端),在滤波器频带内10~100Hz,定为1μV(折合到输入端)。

(6)漂移:温漂定为±0.1μV/℃,时漂定为2μV/24h。

(7)抗共模电压:根据不同系统,抗共模电压能力可定为50V、100V、200V、300V。

(8)抗共模抑制比(CMMR):CMMR直流定为130dB,交流(50Hz)定为120dB。

(9)输入信号范围:一般定为±5mV、±10mV、±20mV、±50mV、±100mV、±2V、±5V、±10V、0~10mA、4~20mA。

(10)滤波器频带:一般定为0.5Hz、1Hz、10Hz、100Hz、1kHz、10kHz、100kHz。

(11)滤波器频带设置方式:一般定为程控设置和手动设置。

(12)结构形式:一般采用独立仪器式、模块式、机箱插件式等。

2. 传感器、天平激励电源(精密电源)

(1)输出量程:输出电压量程为2V、5V、6V、10V、12V、24V。输出电流量程为0.1A、0.2A、0.5A、1A、2A、3A。

(2)输出电压精度:电压精度包括电源负载从空载到满载的电压变化率,输入交流电压从180~260V变化时输出电压的变化率,电源输出噪声,电源输出纹波,温度从-10℃~50℃时的输出电压温漂,24h输出电压时漂等综合精度定为0.005%。

(3)输出电压取样方式:内取样、外取样。一台电源输出二组等值电压,以供传感器按平衡供电方式连接。一台电源输出一组电压,传感器以单端供电方式连接,传感器信号线的屏蔽层接电源低端。

（4）结构形式:仪器式,一台电源供几个或几十个传感器用电。插件或模块式,一个电源供一个传感器或桥路用电。

3. 风洞稳态试验的数据采集系统

（1）模拟量输入通道数:一般根据测量规模定为 16、32、64、128 等通道。

（2）通道放大器设置:每通道前端有一个通道放大器时在多路开关与 A/D 转换器之间有一个程控增益放大器,程控增益为 0.5、1、2、4、8、16 倍等。无通道放大器时在多路开关之后加一个高精度、高增益（一般为 100 倍或 500 倍）的数据放大器。

（3）输入信号量程:一般定为 ±5mV、±10mV、±20mV、±50mV、±100mV、±2V、±5V、±10V。

（4）多路采样开关选择:干簧开关,用于速度在 100 点/s 以下的低速数据采集系统。集成多路开关,用于高速数据采集系统。

（5）采样速率:根据系统要求,一般定为 100SP/s、1kSP/s、5kSP/s、10kSP/s、50kSP/s、100kSP/s、500kSP/s。

（6）A/D 转换分辨率:一般定为 12 位、14 位、16 位、18 位、20 位、24 位。

（7）系统精度:定为 0.1%、0.05%、0.02%、0.01%、0.005%、0.0025%。

（8）抗共模电压:50V、100V、200V、300V。

（9）共模抑制比:直流为 130dB;交流（50Hz）为 120dB。

（10）数据传送方式:中断式、查询式、DMA 方式、缓冲存储式。

（11）总线形式:PXI、VXI、LXI、PCI、PVIB、CPCI、ISI、STD、Multibus。

（12）结构形式:仪器式、机柜式、插件式、模块式等。

（13）可选用系统:工业 PC 数据采集系统、PXI 总线结构的数据采集系统、LXI 总线结构的数据采集系统、VXI 总线结构的数据采集系统、HBM 数据采集系统、PVIB 总线结构的数据采集系统、DH5900 系列和 DH8300 系列数据采集系统。

2.4.2　风洞常用数据放大器

数据放大器是数据采集系统中的重要设备,其主要功能是对信号进行放大和滤波处理,是保证数据采集系统测量精度的关键设备,常用数据放大器有以下几种。

1. 70A 放大器

70A 是美国太平洋公司高精度放大器,其特点为低漂移、低噪声、高精准、宽动态范围和高共模抑制比,同时又提供非常快的过载恢复和稳定时间,符合风洞对仪器放大器的需要。包含如下特性。

输入阻抗:50MΩ,200pF。输入电压范围:±50V 输入及±350V 共模电压保护。模拟量输入耦合方式:DC。模拟量输入共摸抑制比:130dB(DC~50Hz)。增益线性度:±0.01%。增益准确度:±0.02%。增益稳定度:0.01%(6 个月)。温度系数:±0.002%/℃。零点稳定度:±5μV RTI,±0.5mV RTO。温度系数:±0.4μV/℃ RTI,±0.15mV/℃ RTO。噪声:1μV RTI,0.5mV RTO(10Hz)。放大倍数:1、2、5、10、20、50、100、200、500、1000、2000 倍可选。低通波器的频率:1Hz、2Hz。输出电压范围:±10V。输出电流范围:0~100mA。操作温度:0~+55℃。相对湿度:最大 95%。储存温度:-25~+75℃。供电电源:115V 或 230V。

2. SCXI – 1102 信号调理模块

SCXI – 1102 美国 NI 公司提供的,适用于多种传感器信号的通用信号调理模块。集成有 32 个差分模拟输入通道,每一个通道有独立的滤波、放大电路,带输入电压保护。32 个通道输出信号通过多路开关输出。SCXI – 1102 性能指标如下。

信号调理通道数:32 路。输入信号范围:±100mV ~ ±10V。增益:1、100。滤波频率:2Hz。输入阻抗:大于 10GΩ。增益误差:0.02%。温度系数:10×10^6/℃。噪声:$5\mu V_{RMS}$(输入短路,在最大增益和最大带宽时折合至输入端)。滤波方式:巴特沃斯有源低通滤波器。

3. SCXI – 1143 信号调理模块

SCXI – 1143 是美国 NI 公司提供的,适用于动态信号的通用信号调理模块,它实现了对 8 通道信号的程控放大、滤波及输入过压保护,并能实现自校准的功能。SCXI – 1143 板卡性能如下。

信号调理通道数 8 路。输入信号范围:±50mV ~ ±5V。输入阻抗大于 10GΩ。增益误差:0.02%。温度系数:20×10^6/℃。偏移漂移:小于 20μV/℃。噪声:5μVRMS(输入短路,在最大增益和最大带宽时折合至输入端)。滤波方式:巴特沃斯有源低通滤波器。增益:1、2、5、10、20、50、100。滤波频率:10Hz ~ 25kHz 可编程设置。工作环境:0 ~ 50℃。湿度:10% ~ 90%。

4. SCXI – 1104 信号调理器

SCXI – 1104 是美国 NI 公司提供的适用于降压型信号调理器,由于桥路激励电源有时高达 30V,而一般数据采集板卡的信号输入范围为 ±10V,需要将电源信号进行信号调理,以达到采集板卡的输入要求,可选 SCXI – 1104 来进行降压处理。如 15V 的天平激励电源信号经过 SCXI – 1104 信号调理后,再进入数据采集卡进行采集从而对电源影响进行校准。SCXI – 1104 信号输出为多路开关转换的方式,性能如下。

32 路差分输入,输出为 1 路信号。输入信号范围:±42VACpeak,±60VDC。

最大采样速率:333kHz/s。输入阻抗:1MΩ。非线性:为满度的 0.01% FSR。增益误差:0.02%。增益温度系数:$20×10^6/℃$。偏移误差:300μV。偏移漂移:小于 50μV/℃。噪声:$500μV_{RMS}$。CMRR:70dB(DC)。带宽:2Hz。增益:0.1。输出范围:±10V。

5. 8300AU 放大器

8300AU 放大器是风洞数据采集系统中用到的高性能信号调理器,其基本技术参数如下。

输入阻抗最小 100 MΩ,共模抑制 130dB(DC ~ 60Hz)。共模电压:交流或直流,350V(峰值)。最大保护电压 20V。增益标准步进:1、2、5、10、20、50、100、200、500、1000。精度标准:0.1%,0.01% 可选。线性度:0.01%。稳定性:0.01%(6 个月)。温度系数:每摄氏度 0.002%。微调:可选增益,前面板可调节至 0.005%。零点稳定性:5uV RTI(增益小于 1 时为 50uV RTI),每摄氏度增/减 1mV RTO。温度系数:1uV RTI(增益小于 1 时为 10uV),每摄氏度增/减 0.1mV RTO。微调:前面板可调至 0.5mV RTO。输出功率:10V 峰值最大 20mA(1 号输出),最大 50mA(2 号输出),最大 20mA(3 号输出)可选。输出阻抗小于 1Ω。无条件的短路保护。带宽 100kHz 衰减小于 3dB。过载恢复时间最大 50us。噪声:3.25uV RTI(增益小于 1 时为 32.5 RTI),宽带时为 100uV RTO(RMS)。

6. PFI28108 信号调理器

PFI28108 信号调理器可测试多种类型传感器,可以选择电荷、电压(滤波放大器)、应力、热电偶、RTD、电位计、电流、频率或其他的传感器,通用的桥路调理。

PFI28108 每个机箱可以插 16 张卡,每张卡有 8 个通道;可编程桥路激励电源最大 20V;带宽 100kHz;自动的桥路平衡功能;可编程的放大器 x1/4 到 x8192,精度 0.05%;四阶低通滤波器;可编程激励电压最大输出 20.475V,30mA,精度 ±0.1% 或 5mV;最大输出电流 40mA;噪声 100μVrms,3 ~ 50Hz;温度漂移 ±50μV/℃。

每通道差分输入;抗共模电压 ±10V;共模抑制比 100dB(DC ~ 500Hz,全桥输入,输入增益 x16 时更大);输入保护 ±45V 连续信号,±100V 瞬态信号;输入阻抗 200MΩ/500pF 差分,最大输入电平 ±10V,偏移漂移最大 1μV/℃。

滤波前增益为 x1 ~ x512;滤波后增益为 x1/4 ~ x16;任何增益校后 DC 精度为 0.1%;稳定性 ±0.02%(6 个月);温度系数 ±0.004%/℃;线性度 ±0.005%;频率响应 DC ~ 50kHz。

输出为 DC 耦合单端输出;输出阻抗 10Ω/100PF;最大输出 ±10V,±5mA;偏移漂移 1μV/℃,噪声 3μVrms/℃;串扰 −80dB。

2.4.3 风洞常用数据采集系统

1. PXI 总线数据采集系统

美国国家仪器公司 NI(National Instruments) 专为测试和测量应用提出 PXI (PCI eXtensions for Instrumentation) 总线技术。PXI 基于成熟的 PCI 总线技术,具有更快的总线传输速率 132Mbyte/s(132MB/s),更小的体积。PXI 能够提供纳秒级的定时和同步功能,坚固的工业结构特性,灵活的软件和不断更新的模块化硬件,使得基于 PXI 模块化仪器平台的系统集成更加普遍。PXI 控制器运行于 Windows 操作系统,采用最快速的处理器、内存等 PC 技术,并能连接各种外部总践接口(如 USB、串口等)。此外,NI 等一些厂商还提供与 PXI 控制器配合的 GPIB 控制器。因此,PXI 是混合系统中理想的核心部分。在机械电气特性方面,PXI 总线完全与 Compact PCI 总线兼容。所不同的是 PXI 总线系统为满足测控仪器、设备或系统的要求,增加了系统参考时钟、触发器总线、星型触发器和局部总线等内容。PXI 系统具有多个插槽。利用 PCI 桥技术扩展多台 PXI 系统,可以使扩展槽的数量在理论上最多达到 256 个。

现在基于 PC 的测试应用对于总线带宽的要求越来越高,即使 132Mb/s 的 PCI 总线带宽,也难以满足许多新兴应用的需求,因此 PCI-SIG(PCI 总线标准的制定实体)推出了新一代的高速内部总线,即 PCI Express。作为对 PCI 总线的一个革新,PCI Express 保持了与 PCI 总线的软件兼容性,并用高速串行总线代替了传统的并行总线。

对于测试测量领域而言,PCI Express 总线的推出使得许多高速的测试应用成为可能,例如,每秒高达几百帧的图像采集与存储、上吉赫兹的数字化仪器和信号发生器、数字通信协议的测试与验证等,因此 PCI Express 总线将在未来成为新一代的模块化仪器总线。通过在背板使用 PCI Express 技术,PXI Express 能够将带宽提高 45 倍,从原来 PXI 的 132Mb/s 提高到现在的 6Gb/s,同时保持了和原来 PXI 模块在软硬件上的兼容性,后续将会出现全新模块化仪器总线 PXI Express 带来的先进技术和高速性能仪器和系统。

PXI 总线的系统架构:PXI 系统由 3 个基本部分组成:机箱、系统控制器和外设模块。PXI 机箱为系统提供了坚固的模块化封装结构。按尺寸不同,机箱有 4~18 槽不等,还可以有一些专门特性,如 DC 电源和集成式信号调理。机箱具有高性能的 PXI 背板,它包括 PXI 总线、定时和触发总线,这些定时和触发总线使用户可以开发出需要精确同步的应用系统。为每个仪器模块增加了 1 根 10MHz 的系统同步参考时钟线,可以在系统中同步不同的仪器模块,保证系统测量的一致性和连续性。增加了两组同步触发总线。一组是 8 根公共同步触发总线,用于各仪器模块之间的一般同步,同步精度小于 10ns,既可以同步不同

PXI 模块的操作,也可以通过一个模块,精确控制系统中其他模块上进行操作的时序,触发信号还能在模块间传递,以实现对所控制或监督的外部异步事件做出确定响应;另一组是由专用触发模块发出的星形同步触发总线,每个模块有一根专用触发信号,同步精度小于 lns,可以为系统提供高精度的触发基准;增加了菊花链式连接的 13 根局部高速专用数据传输通道,用于两个仪器模块之间高速传输测量数据,而不需要占用共享的 Compact PCI 总线。

基于 PXI 总线的某风洞数据采集系统如图 2 - 70 所示,风洞模型静态和动态信号通过信号调理器进行放大滤波后,在 PXI 嵌入式采集系统内进行 A/D 转换,转换后的信号通过以太网传给测量上位机进行分析和处理。通过万用表模块对桥路激励电源进行测量,实现桥压修正,以提高静态测力精度。整个系统主要包括数据分析处理系统(工控机)、一个 PXI 机箱(PXI-1044)、一个信号调理机箱(SCXI-1000)、一个 PXI 主控制器(PXI-8110)、3 张 16 通道静态 PXI 采集板(PXI-6281)、2 张 8 通道动态高速 PXI 采集板(PXI-6123)、2 张 32 通道静态信号调理卡(SCXI-1102)、2 张 8 通道动态信号调理卡(SCXI-1143)、1 台高性能 8 通道的 70A 信号调理器、4 块万用表输入模块(PXI-4070)、接线端子、电缆及配件等。

系统中有 3 块 PXI-6281、2 块 PXI-6123 和 4 块 PXI-4070 数据采集卡共占用了 9 个插槽,嵌入式控制器 PXI-8110 占用 1 个插槽,共占用个 10 个槽位。为了防止某些插槽接触不良或以后增加使用板卡,选用 14 槽的 PXI-1044 机箱,为以后应用留出扩展空间。

2 块静态信号调理卡 SCXI-1102 和 2 块动态信号调理卡 SCXI-1143,插入 SCXI-1000 机箱,共占用了 4 个插槽。

SCXI-1303 端子板和 SCXI-1304 端子板通过专用的接口分别连接到信号调理卡 SCXI-1102 和 SCXI-1143 上。

整个系统的设备主要分为几大部分:1 台隔离稳压源;1 台工控机;1 个 PXI-1044 机箱(内部包括所有的采集卡:3 块 PXI-6281、2 块 PXI-6123 和 4 块 PXI-4070);1 个 SCXI-1000 机箱(内部包括信号调理器:2 块 SCXI-1102,2 块 SCXI-1143,2 块 SCXI-1303,2 块 SCXI-1304);1 个接线盒 SCB-68;1 台信号调理器 70A(8 通道);2 台天平电源。

工控机和隔离稳压源位于测控间,其他设备集成到一个测量柜内,测量柜通过网线与测量工控机进行通信。

1 台 8 分量天平的信号包括 8 路应力信号,为了减少电缆敷设量和接线使用的方便,采用 1 根 16 芯电缆分别将这部分信号连接数据采集柜,可以减少电缆敷设量,减少柜内插头的数量,接线使用方便。

为了减少干扰,柜外电缆均采用双绞双屏蔽电缆,每一对导线分别屏蔽,整个外部为一总的屏蔽。

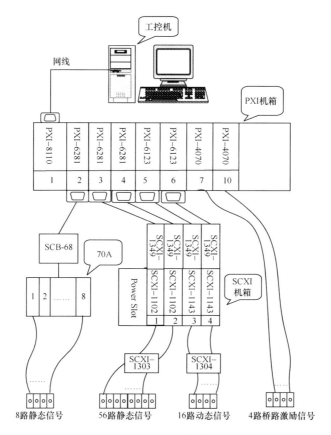

图 2 – 70　基于 PXI 总线的某风洞数据采集系统

测量系统计算机通过 TCP/IP 以太网与控制计算机和 PXI 系统进行通信，采集风洞试验信号，具有数据实时处理与监视功能。测量系统软件由 PXI 系统软件和测量计算机系统软件两部分构成，软件基本功能如图 2 – 71 所示，系统软件流程如图 2 – 72 所示。

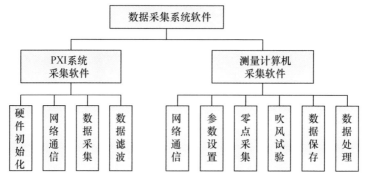

图 2 – 71　系统软件基本功能示意图

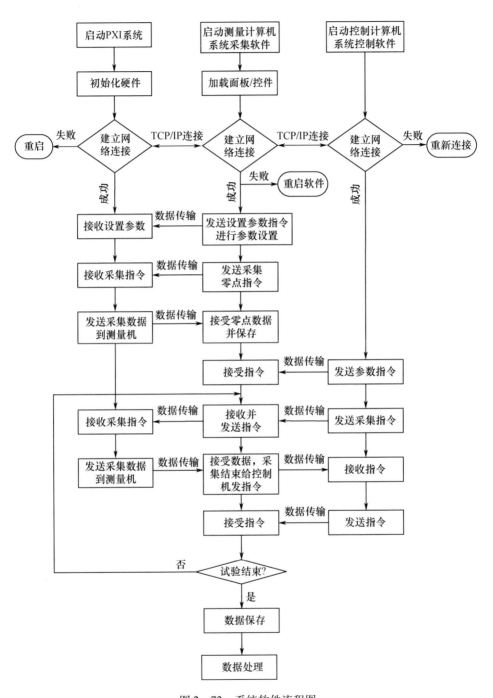

图 2 - 72　系统软件流程图

2. VXI 总线数据采集系统

VXI 总线是 VMEbus Extension for Instrumentation-VME 总线在仪器领域的扩展,于 1987 年问世。它是一种工业微机标准总线,是一种用于模块化仪器总线,它的标准是一种适合于多供货厂商的,在世界范围内完全开放的标准。

VXI 总线系统最多可以包含 256 个器件(或称装置),每个器件都是具有唯一逻辑地址的单元。在 VXI 总线中地址线和数据线均可高至 32 位,在数据线上数传率的上限为 40Mbit/s(40Mb/s)。

VXI 总线系统集中了智能仪器、个人仪器和 GPIB 系统的很多特长,具有小型便携、使用灵活方便、数传率高、开放式模块化结构、标准化程度高、兼容性强、可扩性好、器件可重复使用、便于充分发挥计算机效能、易于利用数字信号处理等新的原理和方法以及构成虚拟仪器的优点,并且便于接入计算机网,构成信息采集、传输和处理一体化的网络。

VXI 总线系统由总线机箱、总线模块、总线连接器和控制器等组成。

1)VXI 总线机箱

系统中的每个主机箱为单位构成一个子系统,多数情况下,一个主机箱可放置 5~13 个模块。主机箱的背板为高质量的多层印制电路板,其上印制着 VXI 总线,总线板上有 13 个欧式插座,插槽间距为 3.05cm,插槽从左到右依次按递增顺序编号,最左边的 0 槽,0 槽模块具有特定的功能,通常是对总线板的管理,如提供时钟、总线仲裁、插槽或模块的识别等。其他插槽则是仪器模块,其功能由用户确定。主机箱的最后面是冷却风扇和 7 种电源。

2)VXI 总线模块

VXI 总线是从 VME 总线扩展而来的,VME 总线标准规定了两种小型的模块(即 3U 单高的 6U 双高)尺寸,称之 VXI 总线的 A 尺寸模块和 B 尺寸模块。VXI 总线又定了两种较大的 C 尺寸和 D 尺寸模块。

目前使用最多的是 C 尺寸模块,它高度为 23.335cm,深度为 34cm,宽度为 3cm 或其整数倍。C 尺寸模块具有良好的电气干扰屏蔽性能,因而其测量灵敏度高,非常适合那些需要复杂高精度模块。

3)总线连接器

模块和总线通过欧式 96 插脚连接器进行信号传递,所有模块必须至少备有一个连接器称为 P1。P1 上所有标脚完全是由 VME 总线技术规范定义的。这些定义在 VXI 总线中被保留下来。P1 包含有必要的 16 位数据传输线、24 位地址线、挂钩线、总线仲裁器、中断链路和电源线。B 尺寸和 C、D 尺寸模板添加可选的 P2 连接器。这将使数据线和地址线都扩展到 32 位。P2 上插脚的中间一列(32 条线)是由 VME 总线技术规范定义的。在 VXI 总线中完全保留下来,

VXI 总线定义了外两列插脚的信号以满足仪器的需要。这些信号包括：一个精密的 10MHz 时钟、8 条 TTL 和 2 条 ECL 触发线、12 条用于模块与模块之间进行高速通信的本地总线、模拟相加线、模块识别线和更多的电源线。在 D 尺寸模块上，可以增加另一个选用连接器 P3，从而增添一些专门仪器资源。P3 的信号定义包括：一个精密的 100MHz 时钟和一个 SYNC100 同步线、6 条 ECL 触发线、ECL STAR 触发总线、24 条附加本地总线、更多的电源分配线。

4）控制器

VXI 总线 0 槽控制器可有三种类型，分别代表不同的配置，第一种类型是通过 GPIB 接口总线（或 RS232 接口总线）将主机连接一个外部计算机（控制器）。VXI 主机箱 0 槽中插入一块 GPIB 转 VXI 接口模块。该模块透明地在 GPIB 协议与 VXI 的字节行协议之间进行双向转换。第二种类型是用一个专门设计的基于 VXI 的嵌入式 CPU 模块控制器。这种嵌入式 VXI 控制器直接连到 VXI 总线母板上。如 NI 公司的 VXIPC – 486 系列，其模块包括 100MHz486 DX2 微处理器，可达 32MB 的 RAM，集成 IEEE488·2 标准的 GPIB 接口控制，硬盘驱动可达 1GB 的存储空间，1024 × 768 分辨率 VGA 显示器和完整的 VXI 能力。控制器上可运行 DOS、Windows 和 UNIX 操作系统。第三种类型是用高速 MXI 总线连接外部计算机和 VXI 总线母板。这种配置其功能与第二种类型等同，只是它对于使用各种计算机和工作站有广泛的灵活性，外部计算机对 VXI 的操作如同它被直接嵌在主机箱一样。

3. LXI 总线数据采集系统

自从 20 世纪 70 年代惠普公司推出通用接口总线（General Purpose Interface Bus，GPIB）以来，测试测量行业相继推出了 VXI、PXI/PXIe 等多种总线技术。为进一步解决被测对象之间分布距离较远或测试设备与被测对象之间分布距离较远的问题，利用现有的网络通信技术，2004 年 9 月，安捷伦公司和 VTI 公司联合推出了 LXI 总线技术。此后，安捷伦于 2004 年 11 月联合业界的公司，成立了 LXI 联盟。在 2005 年 9 月 26 日的 AUTOTESTCON 上，LXI 联盟发布了 LXI 总线协议的 1.0 版本，截至 2015 年 7 月份，最新的 LXI 协议为 2011 年发布的 1.4 版本。

LXI 作为一种新型的测试总线，具有之前其他各种测试总线所不具备的许多优点。

（1）LXI 总线用 LAN 代替 VXI/PXI 所使用的机箱背板。LXI 仪器不需要专门的背板总线机箱和零槽控制器，可以直接利用 LAN 口进行通信，很大程度上降低了开发和应用成本。而且 LAN 也是业界最为稳定、生命周期最长，并且还在不断发展的开放式工业标准，各厂商很容易将现有的仪器产品移植到 LAN 平台上,这些都为组建更大范围的分布式自动测试系统提供了方便。

（2）LXI 总线可以通过 IEEE 1588 进行同步。IEEE 1588 是 LXI 的一项关键技术,其目的是同步系统内的各类时钟,从而实现跨本地和远程设备的同步测量。系统内各仪器的时钟经 IEEE 1588 协议同步后,各仪器可以按照预定时间同步触发。这项技术不仅使得远程分布式系统的同步触发成为可能,而且在测试和测量行业首次引进了时间触发的概念。

（3）模块化。LXI 仪器模块可以设计为半机架或全机架宽度,体积上可与VXI/PXI 仪器相当。真正模块化的测试系统体系结构能任意混用不同类型的测量资源,并按需要增加测量通道、数字 I/O 线、开关和信号源,能通过重新配置而快速建立多种仪器,从而减少硬件的冗余度,以实现更小的系统体积和更低的硬件成本。

（4）高性能。目前的 LXI 数据传输速率已经达到了 1Gb/s,而在未来10Gb/s 以太网环境下,LXI 的性能将 10 倍于 VXI3.0(160MB/s)。同时,在由基于 LXI 协议的智能仪器组成的高速分布式系统中,仪器彼此间以并行方式进行通信和工作,提高了系统的吞吐率。

（5）灵活性。LXI 仪器既可单台使用,又可上架组成系统。用户在使用时只需通过 Web 浏览器对仪器进行访问即可,而不需要编写其他控制软件;同时,符合 IVI 规范的仪器驱动,保证了不同厂商间模块的互操作性,从而能够高效、灵活地组合成面向目标服务的各种测试单元,提高系统的机动性和灵活性。

4. 高精度数据采集系统(MGCplus)

MGCplus 是 HBM 公司的通用数据采集系统,采用数据采集与数字滤波相结合的方式,实现信号的高精度测量,测量精度可高达 0.0025%。其工作原理是先对信号进行 A/D 变换,然后再对信号进行数字滤波等进行信号处理。

该系统主要包括 TG003D 机箱,ML38B 信号放大器,CP22 通信卡和显示操作面板及附件等。

1）机箱 TG003D

TG003D 机箱插槽数为 16,主要指标如下。电源供给(AC):电源电压115V/230V(-25% ~ +15%),最大输入额定电流 2.2/1.3A,启动电流小于30A。电池供给(DC):电池电压 12V/24V(-25% ~ +15%);最大输入额定电流 11.5/5.5A;最大功率消耗 83W;最大插槽数目 16。

2）ML38B 信号放大器

精度:0.0025%。载频:225.05 Hz ± 0.02Hz。桥路激励电压(± 5%):2.5V,5V。电桥阻值:30 ~ 4000Ω,典型值为 350Ω。线性偏差:小于 0.002%。

传感器与放大器之间电缆允许最大长度：500m。低通滤波器：1Hz，1.5Hz，2.5Hz，…，10Hz。采样率：1/1.18/2.34/4.69/9.38/18.75/37.5/75Hz。

3）CP22 通信卡

TCP/IP，10/100Mb/s。接口：RS-232C、RS-485、并行接口。

5. 并行数据采集系统

1）并行数据采集系统基本构成

并行数据采集系统一般是由高性能动态数据采集器、电荷放大器、测热/测压放大器、测速触发装置、传感器以及配套的控制软件及分析软件等几部分构成。

系统基本组成原理如图 2-73 所示。

并行测试系统各模块功能：

（1）传感器。传感器采用压阻式（扩散硅）压力传感器、压电式压力传感器或薄膜电阻/热电偶温度传感器。

（2）前置放大器。可对微弱的电荷信号或电压信号进行调理放大及预处理，并可程控切换增益和桥压、配置恒流源（测热）和恒压源（测压），测热时可切换到 30 阶 RC 积分网络，直接输出热流信号。

（3）压电式压力传感器输出为高阻电荷信号，分布电容会严重影响信号质量，这种信号通过普通接插件从风洞穿墙法兰引出，会导致压力信号失真，将电荷放大器置于风洞内，电荷信号转换为电压信号再引出风洞即可有效解决该问题。

（4）滤波器。根据实际信号的频率，设置合适的滤波器，能够滤除与测试目的无关的信号。

（5）二级增益。对信号进行二次放大，以满足 A/D 转换器的输入范围。

（6）热流模拟网络。独特的 30 阶 RC 网络，可以将被测信号直接转换成热流信号输出，无须再通过软件计算。

（7）A/D 转换器。采用 18 位逐次逼近型（SAR）ADC，将模拟信号转换为数字信号。

（8）数字隔离。实现通道与通道隔离，通道与系统隔离，具有抗 500V 共模电压，及 120dB 共模抑制能力，实现微弱信号的测量。

（9）DSP 处理器。对采集的信号进行实时抗混滤波，进一步提高测量信噪比和抗干扰能力。

（10）可编程逻辑器（FPGA）。实现数字电路的时序逻辑。

（11）通信控制。实现数据采集器与计算机通信的所有功能。

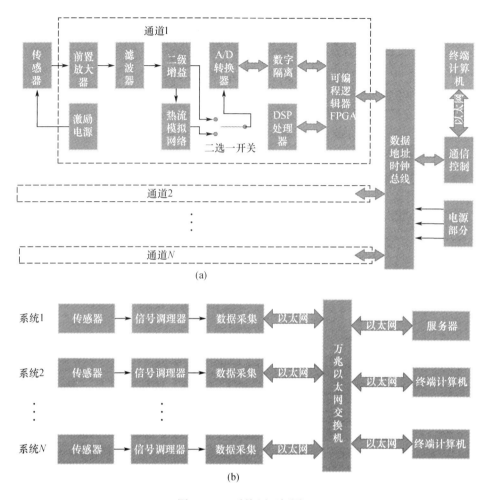

图 2 – 73　系统原理框图

(a)单测试系统原理框图；(b)多测试系统原理框图。

(12) 电源部分:提供各部分所需的电源。

2) 并行数采系统特点及指标

并行数采系统应当具有灵敏度高、分辨率高、响应时间快、可靠性好、抗过载能力以及抗冲击和电磁场干扰能力强、防振性能好、测量范围宽和精度高等特点。主要特点和指标要求如下:

(1) 系统采用更为合理的模块化设计,每通道独立信号调理、放大、滤波、ADC、DSP,完全无相位差的同步采样,通道间无串扰影响,任何通道(或传感器)的异常或失效不会对其他通道产生任何影响。

(2) 系统的网络架构,采用以太网拓展模式,相对其他总线结构来说,这种模式可靠性高、实时性好,通信距离远、使用、维护、更换方便,更适用于多通道、大规模测试系统设计,通道数可随时无限制扩展,最大限度保护用户既有和未来投资。

（3）系统采用片上系统（SoC）,控制千兆以太网,配合 DMA 方式数据传输和存储,在主 CPU 占用率极少的前提下,整个系统所有通道可以做到每通道几百千赫兹的高速同步连续采集,海量存储,记录时间仅受硬盘剩余空间容量限制。真正实现稳定、高速、实时和大容量的数据采集。

（4）系统实现了高速采集。即在瞬态记录模式下,所有通道独立且同步工作,每通道采样频率从几兆赫兹至 20MHz 不等,每通道 8M 数据点存储深度,能够准确捕捉稍纵即逝的瞬态信号。

（5）系统需采用先进的屏蔽隔离技术,力求有效抑制电场干扰、磁场干扰和电磁场干扰,噪声水平不大于 2μVRMS。

（6）系统和配套使用的电荷、电压放大器均运用先进的隔离技术,多层屏蔽设计,旨在高效地抑制辐射和传导干扰。因此,可以抗 500V 共模电压,具有 120dB 共模抑制能力。

（7）为了便于结果的分析,系统采用 30 阶热流模拟网络,直接输出热流信号。

（8）为实现系统的高稳定度,整体稳定度误差小于 0.01%/天,线性度误差小于 0.005%（F.S）,零位漂移小于 0.5μV/8h。

（9）为保证传感器激励电压的高精度和高稳定度,激励电压精度误差小于 0.01%,稳定度小于 0.005%/天。

3）系统关键技术

（1）抗干扰、高精度。考虑到风洞环境的特殊性,系统应当采用隔离技术,多层屏蔽,从而有效抑制辐射和传导干扰,可以保证测量更加精准。

若每通道采用独立的 18 位逐次逼近 ADC,可实现多通道并行同步采样,使其具备优良的相位特性,确保通道间无串扰影响及采样速率不受通道数的限制,以至抗干扰能力得到大大提高。

在电路设计方面,可以采用多层屏蔽来有效抑制电场干扰、磁场干扰和电磁场干扰。先进的隔离技术能保证将输入、输出高度隔离,抗共模电压可达 ±500V,从而有效抑制各种传导干扰。

系统经过隔离,对于 ±500V（DC 或 AC 峰值）范围内的共模电压,共模抑制（CMR）大于 120dB。

系统抗干扰技术的实现原理如图 2-74 所示。

（2）宽频响放大器。放大器的带宽决定了采集信号的频率范围,很多时候容易和采样频率混淆,例如,数据采集系统的采样速率为 10MHz,而放大器带宽

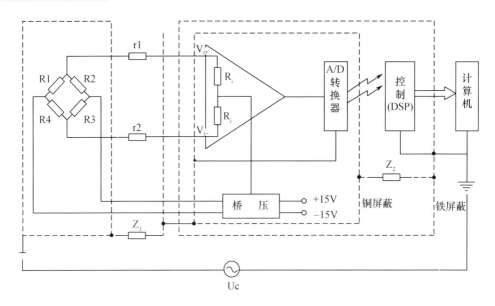

图 2 – 74　系统抗干扰技术原理框图

只有 100kHz,那么系统所采集到的有效信号频率不超过 100kHz。所以,采样速率再高,放大器带宽不够,再高的采样速率也是无济于事。当然,放大器带宽高了之后,如果没有先进的抗干扰和屏蔽技术加以辅助,随之带来的是严重的噪声干扰,淹没有效信号,直接影响到微小信号的采集。

系统经常用到电荷放大器、电压放大器,频带宽度一般要求在 0.3Hz ~ 300kHz,有的场合需要高达 1MHz。在保证放大器有效带宽的前提下,电荷放大器采集通道的噪声不得大于 10^{-3} pC,应变放大器采集通道噪声水平不得大于 $10\mu VRMS$。

（3）同步采集。采集的同步性是动态数据采集最关键的指标,涉及压力建立时间和风速等相关分析,所以系统要求所有通道同步误差需控制在纳秒级水平。目前,风洞试验使用的动态信号数据采集系统主要采用的还是硬件同步方法。

所有数据采集系统共用一路时钟信号作为数据采集的时钟信号,即所有的数据采集通道采样时钟一致,保证同步精度。

（4）ADC 选择。ADC 作为数据采集系统的核心器件,直接影响到数据采集系统的采样性能。

逐次逼近型 A/D 转换器具有低功耗、小尺寸的特点,因此有很宽的应用范围,故从综合性能来考虑,传统的逐次逼近型（SAR）ADC 转换器依然存在很多优势,特别是对精确测试的场合。对于时域和频域精确测量,逐次逼近型（SAR）A/D 转换器提供了更好的解决方案。

（5）高速通信传输技术。为了使多通道高采样速率的大数据系统能够稳定可靠地持续运行，采集系统采用千兆以太网传输技术，多台数据采集模块通过千兆/万兆交换机通信并由万兆光纤传输至服务器磁盘阵列进行数据存储。

2.4.4　风洞数据库管理系统

风洞试验是进行飞行器空气动力学研究的三大手段之一，风洞试验数据是飞行器的气动外形设计的重要依据，风洞试验数据的处理与分析至关重要。

随着飞行器设计师对风洞试验数据的要求越来越高以及风洞数据采集技术的迅猛发展，风洞试验数据数量越来越多，为此，风洞数据库管理系统的设计尤为重要，也提出了更高要求。

1. 风洞数据库管理系统设计的一般原则

风洞数据库管理系统设计一般应遵循以下几个方面原则：

（1）易用性。系统简单适用，界面友好，自动化程度高，具备提醒、警示等功能，尽量避免人为失误。

（2）稳定性。使用成熟的技术，确保系统稳定、正常地运行。

（3）安全性。风洞试验数据的授权访问，不同用户具备不同业务数据的访问权限，确保风洞试验数据的安全。

（4）可靠性。错误发生时，系统能够做出快速、准确的响应，为用户提供可靠的预警信息。

（5）高效性。面对庞大的风洞试验数据，提供高效的数据查询、统计和分析功能。

（6）可扩充性。能够灵活地扩充其他业务功能模块，满足不断增长的用户需求。

（7）完整性原则。数据和数据操作必须完整，保证整个系统数据的一致性。

2. 风洞数据库管理系统的方案设计

1）硬件设计

风洞数据库管理系统的网络平台如图 2-75 通常是一个以风洞试验网络系统为基础的局域网，通过网络把控制风洞运行的各个子系统连接，一般应覆盖风洞试验中所有的主要操作岗位。风洞试验数据管理系统的客户端通常包括风洞控制、测控、模型姿态控制、数据采集、图像采集、数据分析等，服务器通常包括数据库服务器、WEB 服务器和身份认证服务器，必要时可合并使用。如风洞试验数据管理系统需提供更大范围或者远程服务，可以将风洞数据库网络通过防火墙等网络安全控制设备与其他网络连接，进一步实现风洞试验各岗位间、试验指挥管理人员与各岗位间、甚至与用户间的数据传输和信息交互。

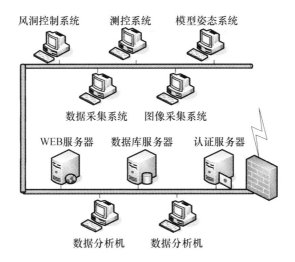

图 2 – 75　风洞数据库管理系统网络结构图

2）软件功能设计

风洞数据库管理系统除实现风洞试验数据管理的基本功能外,通常还包括系统用户信息管理、试验项目管理、试验运行管理等功能;更为全面风洞数据库管理信息系统还应包括风洞模型管理、设备管理、资源管理和故障诊断等。各系统的主要功能描述如下:

风洞试验数据管理是风洞数据库管理系统的核心功能。试验数据管理主要是对试验数据基本信息、模型状态信息、开车任务单、试验参数(气源压力、总温、总压、试验段压力、大气压力等)、试验原始测量数据、试验结果数据等数据进行管理。一般要求实现对以上信息的记录、修改、查询、读取、统计、报表制作等功能,达到规范试验数据存储、查询和综合分析的目的。在试验数据管理中,还应记录风洞试验流程中各个岗位的运行情况等相关信息,为保证试验数据质量和故障分析提供数据支撑。

(1）系统信息管理。从信息安全的角度考虑,系统信息管理一般应包括用户管理、角色管理、权限管理和日志管理。可以实现用户建立、修改、删除;用户角色及角色权限分配;还可以对用户的操作进行简要记录,实现日志查询功能。

(2）试验项目管理。风洞试验项目管理一般应包含批准进行风洞试验的项目,完成试验项目中试验数据信息、过程质量管理信息的规范管理。试验项目管理涵盖了试验准备、试验吹风和试验结束三个阶段。

(3）试验运行管理。风洞试验运行管理一般应包括风洞试验吹风流程控制、试验当前状态信息发布、现场监测参数显示、试验数据和监测数据上传、试验信息查询等功能。

(4）模型管理。模型管理包括模型基本信息、模型部件信息、模型图纸及相关文件的管理。实现对模型信息的记录、修改、查询等功能。

（5）设备管理。设备管理主要包括天平基本信息、天平校准信息、压力传感器基本信息、压力传感器校准信息、热电偶基本信息、测试系统基本信息及测试系统校准信息等常用设备的信息管理。如条件允许，可以纳入这些设备的生产厂商、维修记录等相关信息，实现对各设备信息的记录、修改、查询和统一管理功能。

（6）风洞资源管理。风洞资源管理包括风洞基本信息、风洞流场品质信息、风洞设计与改造相关文件、风洞部件故障信息管理。实现风洞资源相关信息的记录、修改、查询、统计、报表等功能，达到规范风洞试验设备管理的目的。基于故障通常具有重复性的特点，通过比对当前故障现象与历史故障信息，以便确定故障原因以及解决措施，减小故障诊断和故障排除的时间。

3）软件结构设计

目前，信息管理系统较常用的结构主要有 C/S 结构和 B/S 结构两种。

（1）C/S 结构。C/S 结构（Client/Server）即客户端和服务器结构，是网络通信中常见的一种模式。它一般由仪器、客户端和服务器组成，仪器通过某种总线接入客户端。传统的 C/S 模式是两层结构，由于必须把系统业务逻辑放在客户端或服务器端，使得客户端或服务器过度"臃肿"。当客户增多时，系统负载过大，运行缓慢，甚至崩溃；并且当客户较多时，系统安装及升级都不方便。C/S 模式多用于局域网，程序交互性强、加载比较快，响应速度快，适合于传送大量数据的场合，但程序更新和维护时需要对每个客户端进行更新，费时费力。

（2）B/S 结构。B/S 结构（Browser/Server）即浏览器和服务器结构。用户以浏览器为客户端，无须任何安装、升级和维护。几乎所有业务逻辑都是在服务器端实现，减轻了系统维护与升级的工作量和用户的总体成本。

由于客户端不承担任何计算任务，不保存任何数据，因此，B/S 结构对于整个系统的数据安全性、实时性、同步性、一致性和完整性都有巨大的优势。例如，客户端软硬件受损对系统数据不会造成影响。

B/S 结构随着服务器负载的增加，可以平滑地增加服务器的个数并建立集群服务器系统，然后在各个服务器之间做负载均衡，有效地保护原有硬件投资。

近年来的发展表明，尽管 C/S 结构仍有优势，但 B/S 结构已成为未来网络应用的事实标准。

根据风洞数据库管理系统的网络规模、投入资金情况、将来的扩展情况等因素综合考虑，科学决策，选择一种适合风洞自身实际情况的结构。

4）数据库的选择

数据库在系统开发中占有重要地位，数据库的选择直接影响到风洞数据管理系统的功能和性能。

目前，市场上较为常见的数据库主要有 DB2、ORACLE、SQL SERVER、MySQL 和 Access 5 种。

（1）微软公司的 Access 是面向办公应用的桌面型数据库，虽小但易用性好，应用较为普遍。

（2）MySQL 是一个开放且免费的中小型数据库，其经典组合是 Linux + Apache + MySQL + PHP，这种 LAMP 平台被很多网站使用。

（3）微软公司的 SQL Server 在中小型商业机构和院校、研究机构中应用极为普遍。

（4）甲骨文公司的 ORACLE 是一种大型高性能数据库，各方面的性能都较为突出，应用较广但价格较高。

（5）IBM 公司的 DB2 性能也不错，通常和 IBM 硬件系统搭配，在大型企业中应用较多。

但上述这些国外开发的数据库可能存在泄密的安全隐患，不满足国家对于一些保密要求较高数据库的信息安全管理要求。因此，必要时风洞数据库还是选择自主可控国产化数据库系统比较安全。目前，我国自主开发且技术相对成熟的数据库主要有华中科大自主研发的达梦数据库、北京人大金仓信息技术股份有限公司自主研发的人大金仓数据库、神州通用公司自主研发的神通国产数据库。

选择风洞试验数据库时通常应考虑数据库管理数据的规模、数据库工作的稳定性、安全性、可靠性、兼容性、可维护性、软件开发成本和开发周期等因素。

3. 风洞数据库管理系统设计的常用技术

（1）数据库冗余。风洞试验数据库设计中常常需要设计试验数据表，一些设计人员喜欢将试验数据表设计成一个大而全的数据表，从数据库角度分析符合第一范式的条件，看起来似乎所有数据都一目了然，但是存在大量冗余数据，也不利于更新操作。为了便于操作，可将这些数据表拆分为两个或者多个相关联的数据表，这样设计结构清晰，便于维护和扩展。

（2）数据完整性设计。为了保持数据的相关完整性，可采用触发器的形式监控数据库中的有关联表的动作，将数据一致性问题交由数据库后台处理。如当删除某条试验计划，与其相关的某些数据都应删除，这是通过触发器实现的。

（3）数据库响应速度的设计。在风洞数据库系统中通常要接受大量的查询操作，采用系统高速缓存可以减少访问数据库的次数，从而提高数据库管理系统反应速度等性能指标。

当客户端频繁访问数据库时，往往会给数据库服务器造成巨大压力，严重时可能导致服务器瘫痪。为了缓解这种情况，数据库操作通常应采用存储过程的形式，每次调用存储过程，数据库引擎能够快速找到相应的执行计划，然后重复调用该执行计划,只需插入更新的参数值,省去了重新编译代码的过程,从而可以大幅度提高性能。

（4）安全性设计。安全性对于信息系统来说至关重要,部署在网络上的系统往往因为系统漏洞、开发人员的疏忽而导致安全隐患,严重还会造成数据信息泄露,数据销毁等不可撤销的灾难,这都将给单位和国家带来重大的损失。风洞数据库管理系统中存储的数据都是涉密信息,因此做好系统的安全防护至关重要。系统的安全防护可从硬件和软件两方面采取安全措施。

第3章 非接触测量技术

3.1 概述

非接触测量是以光电、电磁等技术为基础,在不接触被测物体表面的情况下,获取物体表面参数信息的测量方法。风洞中的非接触测量方法主要是通过光学方法对风洞中的流场进行显示以及对模型参数进行测量。

风洞试验时大多数情况下是可压缩流场,流场密度的变化会引起气体的光学折射率变化,由于折射率变化而改变光束传输的路径,表现为光束偏离原来的方向,形成一个偏折角,以及被扰动的光束发生相位变化。阴影法和纹影法是根据光线在气流场中的偏折来确定折射率的分布,利用了光线偏转角很小的假设,没有考虑衍射影响,主要用于流场的定性显示与分析。阴影法只对密度的二阶导数敏感,适用于最强的密度梯度的变化显示,如激波。纹影法对密度梯度敏感,可以分辨比阴影法更多的细节,能够显示连续变化的密度场,目前逐渐发展了彩色纹影、干涉纹影和聚焦纹影等技术,最新已发展了纹影技术结合PIV算法的背景纹影技术(BOS),由流动的定性显示发展到了流场的定量测量。干涉法则对密度本身敏感,是利用光的波动性,根据光线穿越流场后相位的变化来研究气体折射率的空间分布,利用干涉图中干涉条纹的变化来推算出气流密度的变化。

风洞试验中阴影技术常用于确定激波的形状和位置,显示通过圆柱体的亚声速和跨声速流动、直升机旋翼的翼尖涡、激波/湍流边界层干扰特性等。纹影技术是空气动力学和热力学试验中用得最多的光学流场显示与测量技术,常用于喷流/射流、自由剪切混合层、自然/强制对流、亚声速和超声速燃烧机理,以及爆炸现象等研究。干涉测量技术具有比阴影和纹影技术高得多的灵敏性,常用于密度梯度较小的流场,是一种风洞试验时定量测量流场的理想技术。

红外热像技术是一种定性的表面测量技术,主要用于进行边界层特性的研究,它的工作原理就是利用风洞试验过程中层流与湍流有不同的表面热传递效率,从而确定层流向湍流转捩的物理过程。20多年来,红外热像技术已在空气动力学领域内获得了许多有用的成果,试验条件已扩展为从高速、高熔设备到低温、跨声速风洞的全部范围。尤其是在非定常热状态下测量热传递系数具有独到的特点,红外热像技术的主要优点是光学流场显示与测量、响应快(可以得到微秒级至纳秒级)、测温范围宽、灵敏度高和空间分辨率高。

从 20 世纪 60 年代初 Yeh 和 Cummins 首次观察到水流中粒子的散射光频移现象并设计出第一台激光流速仪以来,激光测量技术已发展为当前科学研究和实际工程中测量复杂流场不可或缺的测量手段,应用范围也从最初的流速测量扩展到风洞速度场测量、边界层流动测量、两相流测量以及喷气过程和燃烧过程等方面的研究。

在风洞试验应用中,具有代表性的激光测量技术包括激光多普勒测速技术(LDV)、相位多普勒粒子分析技术(PDPA)、粒子图像测速技术(PIV)和激光跟踪测量技术等。激光多普根据光源与信号接收器之间的多普勒频移来测量流体的速度。通过调节激光光束,LDV 可以精确地控制被测空间的大小,因此空间分辨率很高,典型的分辨率达 $20\sim100\mu m$,在测量精度上超过了其他任何方法。LDV 还具有输出信号的频率与速度呈线性关系的优点,能够覆盖一个很宽的速度范围,从每秒几毫米的速度到超声速都可以测量,并且不受压力、温度、密度和黏度等流场参数的影响。采用近代机电一体化技术后,可以比较容易地实现二维、三维流动的测量。PDPA 是在 LDV 技术基础上的重大拓展,根据运动微粒的散射光与照射光之间的频差来获得速度信息,而通过分析穿越激光测量体的球形粒子反射或折射的散射光产生的相位移动来确定粒径的大小。

PIV 技术以粒子成像为基础,并将自相关和互相关技术应用于最终的粒子图像,以获得速度场。目前,PIV 测量的速度范围已逐渐扩展到了高速,即跨声速、超声速和高超声速。

航空航天科学研究者对高超声速流场和气动光学效应研究的普遍兴趣进一步推动了新一代激光分子流场测量技术的形成和发展。在高超声速流场中用常规的传感器测量技术会对流场产生强烈的干扰,导致测量数据的精准度大为降低,甚至达到失真的程度。因此在现代高超声速空气动力学模拟试验研究中,光学流场显示与测量技术对流场无干扰的特点显得尤为重要。

新一代激光分子流场测量技术也称为激光光谱诊断技术,主要包括激光诱导荧光(LIF)、瑞利散射(Raleigh Scatterring)、拉曼散射(Raman Scatterring)和吸收光谱(Absorption Spectroscopy)技术等。这些光谱诊断技术均有各自的特点,有的测量组分浓度较有优势,有的测量温度较为方便,有的适合测量拉曼活性的物质,有的只适合测量红外活性的物质等。激光光谱诊断技术本质是通过感受与被测对象内部能量分布和能级跃迁相关的电磁场来得到测量信息,具有高灵敏度、非接触和高时空分辨率等的特点,测量能力更为突出。由于激光光谱技术非接触的特性,它不再受到像燃烧流场那样的高温、高压和强湍流等恶劣条件的制约。在测量环境恶劣的燃烧流场中,光谱测量技术可以提供对温度、组分、速度等多种参量的测量能力。LIF 技术的特点使其适合于定量测量许多光学测量技术(如阴影、纹影、LDV 和 PIV 等)不能应用的稀薄气体流场,对于航天飞行器的试验研究尤其具有重要意义。

高速摄影技术是一种时间放大技术,是研究高速流动过程的不可缺少的重要测试手段,与空气动力学试验研究有着密切的关系,而空气动力学试验的需求也促进了高速摄影技术的发展。高速摄影技术具有光学流场显示与测量、响应速度快、测点连续、信息采集量大的特点,广泛地应用于各类风洞试验中。在风洞试验中,高速摄影技术可以探测记录可见光图像、红外或紫外等不可见辐射,以及由自发辐射和受激辐射过程产生的发光现象等,更可以方便地研究风洞试验中模型的快速变形和高速运动,高温、高速湍流边界层、涡流和混合层等复杂流场,传热、燃烧和烧蚀过程等。

在风洞试验中,尤其是进行高雷诺数试验时,试验模型刚性变形假设会导致试验结果失真,飞行器的形状不一样,气动特性就不一样。模型气动弹性变形的精确预测和相应的气动特性的测量越来越重要,尤其是对于细长体和一些大展弦比翼和飞翼构型的跨声速飞行。在高雷诺数风洞试验中,由于天平、支杆和模型偏移或支杆抖动引起的模型姿态随时间的变化必须以最高的精度进行测量,以使气动技术人员区分出气动力效应、气动弹性效应和雷诺数效应。在跨声速和超声速时的高动态载荷下发生的动态振动环境中,需要新的测试仪器对试验模型姿态即攻角、滚转角和侧滑角提供精确、非接触、随时间变化的光学测量结果。为此,人们在高速摄影测量技术基础上发展了视频模型变形技术(VMD)和投影莫尔干涉技术(PMI),并已在国内外风洞试验中成功应用。

随着计算流体动力学(CFD)技术的快速发展,数值模拟技术在很大程度上减轻了风洞试验的负担,极大地提高了飞行器研发的效率。人们已经在对飞行器绕流流场和风洞主要部段流场性能等进行计算分析评估的基础上,大力开展数值风洞技术研究。CFD 计算的验证需要,对精确测量风洞试验流场提出了更高的要求,光学流场显示与测量技术的发展使得研究人员可以得到更加真实准确的风洞试验数据,可以实现瞬时和动态测量,可以像 CFD 技术一样呈现各种各样的流场图谱和动态图像。计算流动显示技术(CFI)将 CFD 技术和光学流场显示与测量技术完美地结合起来,有助于提高风洞试验的效率。与真实试验和测量相比,CFI 技术可以相对容易地改变各种条件,研究费用和效率比试验高得多,并且能够得到比试验测量结果更多的细节,可以对风洞试验起到优化研究方案、补充试验条件不足的作用。表 3-1 是各种光学流场显示与测量技术特点对比。

表3-1　各种光学流场显示与测量技术特点对比

名称	原理	优点	缺点	测量对象
阴影技术	平行光通过气体折射率分布不均匀的测试段扰动区,光线将发生偏折,在屏上呈现出亮暗不均匀的图像	装置简单,适合快速检验流场	只能作定性显示,无法定量	扰动光线的位移量
纹影技术	利用刀口切割光源像,得到光线偏折引起的相应部分的光强变化	使用最频繁的流动显示工具,构造简单,灵敏度高	只能作定性显示,无法定量	扰动光线相对于未扰动光线的角偏差
干涉技术	利用可压缩流中扰动光线与未扰动光线的互相干涉,通过比较它们的相位获得流场信息	①可定量分析;②显示精度高	①系统较为复杂;②造价较高	对精度要求较高的密度场测量
红外成像	采用红外探测器获得物体自身辐射的能量,经过黑体标定,从而获知物体温度值	①不破坏模型,实时录像,事后回放;②试验前准备比较简单	①测量精度受环境影响较大;②而且观察窗价格昂贵	模型表面温度
LDV	利用粒子的光散射原理,通过测量多普勒频移得到速度	可实时测量流场中微粒速度	单点测量,时间统计;粒子难于植入某种流动状态如漩涡中心、附面层;在高速梯度(如横过激波)流动会带来错误的结果	流场中微粒速度
PIV	在流场中布撒示踪粒子,使用脉冲激光片光源照亮所测流场区域,通过连续两次或多次曝光,粒子的图像被记录在底片或CCD上,采用光学杨氏条纹法、自相关法或互相关法,处理PIV图像,计算出流场中各点的流速矢量,并计算出其他运动参量	①既具备单点测量技术的精度和分辨率,又能获得流动显示的整体结构和瞬态图像;②具有获得流动中小尺度结构的逼真图像的能力	①在高速条件下存在粒子跟随性问题;②在大型风洞中存在粒子播撒均匀性问题	流场中微粒速度,包括流场速度矢量图、速度分量图、流线图等

（续）

名称	原理	优点	缺点	测量对象
PDPA	依靠运动微粒的散射光与照射光之间的频差来获得速度信息,而通过分析穿越激光测量体的球形粒子反射或折射的散射光产生的相位移动来确定粒径的大小	①可实时测量流场中微粒大小和速度;②精度高	①单点测量;②时间统计	喷射、雾化、两相流或多相流过程中的液滴、气泡、固体微粒粒径及速度
激光诱导荧光技术	特定波长激光与物质相互作用产生一定波长范围荧光,荧光强度与谱分布特征与物质所在环境(流场)的参数(温度、压力、速度等)相关,通过分析荧光特征可以得到环境(流场)参数	①不接触流场;②高时间分辨;③多参数同时测量;④适用于常规方法无法探测的高温流场	①荧光产生于特定物质,且寿命较短,探测效率较低;②多参数影响测量精度	目前主要针对气体分子(也可应用与固体、液体)实现温度、速度、密度测量
滤波瑞利散射法	当线宽很窄的一束片激光投射到待测流场时,将产生瑞利散射,瑞利散射光中的多普勒频移包含着流场的速度信息,瑞利布里渊散射谱形包含着流场的温度、压强信息,瑞利散射的强度包含着流场数密度信息,因此可通过对流场瑞利散射信息的分析,完成流场温度、速度、压强、数密度等参数的诊断	①非接触、多参数同时测量;②基于光散射原理,不受流场物质种类的限制,不需要外加诱导物质;③单一波长,瞬态测量	①信号较弱,对激光线宽、波长稳定性要求较高;②在数密度极低的情况下,由于散射信号较弱,测量精度会受一定影响;③不能实现对组分的测量	气体流场、脉冲燃烧风洞、高温高超声速度风洞等流场的温度、密度、速度测量
拉曼光谱法	基于两作用光束的差频与待测介质拉曼散射频移相共振的四波混频效应。通过研究拉曼光谱情况,可以得到相关的流场信息	可遥测、快速、不干扰流场,具有很好的分辨率和极高的温度测量能力。具有以下特点:①高强度;②高的抗干扰能力;③相干特性;④CARS光谱的频移值与入射光频率无关,只与待测介质有关,它正好等于介质的拉曼光谱频移值	光路复杂,调试较难	通过测量燃烧产物(如 N_2、CO、H_2 等)的拉曼散射光谱得到相应的速度、浓度及温度等流场信息

（续）

名称	原理	优点	缺点	测量对象
可调谐二极管激光器吸收光谱法燃烧诊断技术	对可调谐二极管激光器输出激光频率上进行调节,对待测气体分子的单一吸收谱线进行扫描;通过实时测量穿越待测气体区域前后的输出激光功率,可以解算出待测气体的组分、浓度和温度等信息	① 测量精度高、速度快,可达 100kHz 以上; ② 器件成熟,成本较低; ③ 基于光纤技术,便于组网形成阵列,可实现二维浓度和温度场测量	单路测量的结果只能反应沿光路上的积分或平均效果	燃烧场中燃烧产物(CO_2、CO、H_2O、CH_4 等)气体的组分、浓度和温度,用于推算燃烧效率
计算流动显示（CFI）技术	利用 CFD 技术及成像原理,获取计算阴影、纹影及干涉	经济、适用性强、运用灵活	数值误差会影响图像质量,同时引入很多的理想化处理	用于 CFD 与风洞试验的比较论证以及流场结构特征的可视化分析等

3.2　图像测量在风洞中的应用

图像测量(Image Measurement)技术是近年来在测量领域中新兴的一种高性能测量技术。它以光学技术为基础,将光电子学、计算机技术、激光技术、图像处理技术等多种现代科学技术融合为一体,构成光、机、电、算综合体的测量系统。图像测量是把测量对象的相关图像当作检测和传递信息的手段或载体,结合视频图像和计算机识别的图像处理技术。通过对获得的二维图像进行处理和分析,得到需要的三维场景的信息,最终实现测量的目的。

3.2.1　风洞中常用的图像测量技术

随着图像测量技术的发展,多种新技术应用于风洞试验过程中。目前应用较多的主要包括风洞模型表面压力测量、模型表面温度测量、气流速度场测量、模型表面摩擦应力测量以及模型变形和姿态测量。

1. 模型表面压力测量技术

模型表面压力测量在风洞试验中有着重要的作用,特别是在飞行器机翼的改良设计中,整个模型表面的受力情况尤为重要。通常,压力的测量是通过在模型表面打测压孔来测得,这些测压孔与压力扫描系统连接。为了提高测量精度,大量的压力传感器被安装在模型表面的压力孔中。这样会导致模型结构发生变化,导致测量结果产生误差。随着图像测量技术的发展,采用压敏漆(PSP)技术测试模型表面压力已经越来越多地应用于风洞试验之中。由于压敏漆是直接涂在模型的表面,不会对模型的结构产生破坏,从而彻底消除了测试设备安装导致的模型测量误差。压敏漆的发光强度取决于空气压力,这种性质可以应用到风洞试验中测量模型表面压力分布,通过对检测到的光强图像进行分析处理得到模型表面压力分布图。

2. 模型表面温度测量技术

与压敏漆类似,温敏漆(TSP)技术被应用于风洞模型表面温度的测试。温敏漆是一种利用颜色变化来指示物体表面温度及温度分布的特种涂料,其原理是涂层被加热到一定温度时,涂料中对热敏感的颜料发生某些物理或化学变化,导致分子结构、分子形态的变化,致使外在的表面颜色变化,借以指示温度,又称为变色涂料或热敏涂料。

根据温敏漆变色后出现颜色的稳定性,可以分为可逆型温敏漆和不可逆型温敏漆,不可逆温敏漆是指涂层受热到某一温度时,呈现出一种新的颜色,而当涂层冷却至常温时,不能恢复到原色。

按照涂层颜色变化而发生颜色改变的次数不同,可分为单变色和多变色温敏漆,在温度变化时,单变色温敏漆只发生一次色变,温度继续改变时,其色相不再改变。

按其示温温度范围可分为高温温敏漆(变色温度 $T > 100℃$)与低温温敏漆($T < 100℃$)。温敏漆测试模型表面温度分布如图 3 – 1 所示。

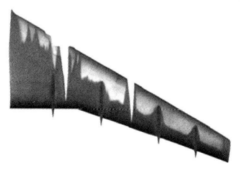

图 3 – 1　温敏漆测试模型表面温度分布

温敏漆与常规的测温方式(如温度计、热电偶等)相比,有以下优点:

(1)温敏漆特别适宜在连续运转机件和复杂结构物件上进行测温,而这些部件往往是温度计难以测温或不可能测温的。

(2)温敏漆适宜测量大面积的温度分布,又可同时测量许多元件部位的温度。

（3）温敏漆有较宽的测量范围,其使用方便,操作简单。

（4）温敏漆,特别是低温可逆温敏漆广泛应用于民用方面,有着很好的装饰美化和示警作用。

（5）温敏漆用来测量航空、燃气轮机发动机高温零部件表面温度及温度分布具有突出的优点,例如:使用方便,不破坏物体表面形状;不改变气流状态;可以完成其他方法无法测量的零部件表面温度测试等。

其主要缺点是:温敏漆受使用条件(加热速度、时间、环境污染等)影响较大,与一般测温方式相比,测量精度低,一次性使用,一般要通过构件拆卸才能做到上漆和判读其温度,除了等温线位置其他部位不能定量测试,且耐久性差,也不具备高温计所具有的多种功能,因此应用受到限制。

随着对测温技术要求的提高,世界各国都开始重视对多变色不可逆示温涂层材料的研制。目前已有几十个品种,温度跨度为 $60 \sim 1400℃$,主要有英国、俄罗斯、德国、法国、美国、日本及中国。国外的示温涂层材料已成功并大量应用于发动机热端部件的测温,其测温范围为 $240 \sim 1600℃$,测温点有些品种多达 12 个,间隔为 $50 \sim 70℃$,美国 TPTT 生产的温敏漆等温线测量精度也可达 $±17℃$。

3. 速度场测量技术

粒子图像测速(Particle Image Velocimetry,PIV)技术是 20 世纪 70 年代末由固体力学散斑法发展起来的,突破传统单点测量的限制,可瞬时无接触测量流场中一个截面上的二维速度分布,且具有较高的测量精度。在流场中散布示踪粒子,并用脉冲激光片光源入射到所测流场区域中,通过两次曝光,粒子的图像被记录在底片或 CCD 相机上。采用互相关法,逐点处理图像,并获得流场速度分布。目前广泛应用的是二维 PIV。二维 PIV 目前已经可以在一个切面上测得瞬时 $3500 \sim 14400$ 个点的速度矢量,其误差约为 $1\% \sim 0.1\%$。目前,三维 PIV 技术也在不断发展,开始应用于显示目标立体速度场。

4. 模型表面摩擦应力测量技术

对于风洞试验模型表面摩擦力,通常使用油膜法来进行测试。油膜法的基本原理是利用涂在模型表面的硅油在流场中受到流体的推动发生移动,由于附面层内的流体速度分布的差异,形成楔形油膜,通过试验手段测量、计算得出油膜的厚度或者直接测出楔面的斜率变化率,从而得到物体的表面摩擦应力。由于油膜的厚度很薄,对流场的影响很小,因此基本可以视作无干扰测量。油膜的布置不需要破坏模型表面,几乎可以在任意位置布置,且可以方便地进行多点和线测量。

油膜法具体的测量又可以分为干涉法和非干涉法。干涉法主要利用油膜的透光性和折射率差异,将楔面的斜率以干涉条纹的形式表现出来,通过测量条纹宽度来计算油膜的厚度,进而得到物体的表面摩擦应力。干涉法最大的优势在于设备及操作简单易行,试验结果清晰明确。自1962年Squire提出了薄油膜相关公式后,Tanner and Blows首次提出干涉法测量的概念。

对油的稀释率进行定量,通过激光来观测油膜厚度随时间的变化,由不同时刻的厚度和油膜相关等式计算表面摩阻。后来Monson和Mateer论证了在发散光源的照射下油膜的二维干涉图案可以确定表面摩阻。NASA在Ames国家实验室中进行了基于干涉法的大量油膜试验。

由于干涉法测量对模型表面处理以及油膜运动时间都有比较苛刻的要求,非干涉法测量也逐步发展了起来。Bandyopadhyay和Weinstein使用了反射法测量楔形油膜坡度,O'Brien和Christiansen使用了示踪粒子来测量油的流速,Liu和Sullivan研究了使用荧光探针技术测量油膜厚度的方法。与干涉法相比,非干涉法在操作性、适用性和精度上有了大幅改善,但技术难度和成本均大幅提高。综合各种因素分析,油膜干涉法是一个简易、可靠、精确、高效的表面摩擦应力测量技术,是一个很有发展前途的现代测量技术。油膜干涉法原理如图3-2所示。

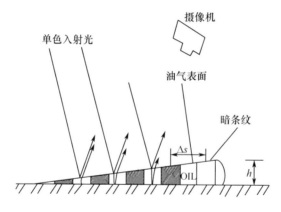

图3-2 油膜干涉法原理

5. 模型变形和姿态测量技术

在飞机风洞试验的过程中,试验模型受气动载荷作用,将会不可避免地发生弹性变形。一般说来,飞机机翼的弹性变形将会严重影响其气动特性,这种影响将会为飞机的设计带来极大的不确定性,严重影响飞行器的性能评价。国内已有的相关研究表明:大展弦比机翼受载变形后,飞机的升阻比降低、滚转力矩和偏航力矩显著增大,对飞机的纵向和横向气动性能均产生不利影响。理论上在某些情况下,机翼发生弹性变形后的升力系数比理想刚性条件下的升力系数的减小量可高达25.3%。在现阶段,风洞试验模型的设计和制作还很难完全模拟真实飞机的情况,其在风洞试验气动载荷作用下发生的弹性变形也并不与真实飞机的弹性变形一致。因此,为了能够在飞机的设计阶段就能够充分地考虑到机翼的弹性变形对其飞行性能的影响,研究设计人员通常利用 CFD(Computational Fluid Dynamics)的方法,先得到理想刚性条件下飞机的气动特性,然后在其基础上进行气动弹性修正,来计算真实飞机的气动性能。在这个过程中,首先需要得到理想刚性条件下飞机的气动特性,因此需要对该飞机的试验模型在风洞中的试验数据进行气动弹性修正。而对风洞试验数据进行气动弹性修正的关键,则是要准确地测量出风洞试验过程中该模型机翼的弹性变形量。

目前,广泛采用的模型变形测量有三种方式:即采用主动目标识别的图像测量技术、莫尔条纹干涉技术(Projection Moiré Interferometry,PMI)和采用被动目标识别的模型变型测量技术(Videogrammetric Model Deformation,VMD)。

根据对试验模型表面目标点位移的变化分析,进一步可以获得试验模型在试验过程中的实时姿态。

1)主动目标识别图像测量

主动目标图像测量技术使用多个线阵 CCD,捕捉发出光线的标识点,当系统工作时,在同一时刻只有一个标识点发光,通过快速扫描的方式轮流捕捉不同的标识点,并实时计算出该标识点的三维坐标。兰利研究中心曾经使用该种方式在 14ft × 12ft 亚声速风洞中测量半模试验模型的攻角。欧洲的研究机构 DNW、德国和荷兰风洞也在高超声速风洞和低速风洞中使用主动目标图像测量技术进行风洞机翼变形测量。该测试方法有较高的测量精度,主动发光的标识点能够有效地避免环境光的干扰,扫描的工作方式也不需要对标识点额外进行跟踪识别,简化了系统软件的设计与计算。但主动目标图像测量在进行风洞试验模型的机翼变形时,需要在模型的机翼表面嵌入主动发光的标识点,并埋入电源和信号线,导致试验模型的设计和加工困难。

2)莫尔条纹干涉测量

莫尔条纹干涉测量方法的主要工作原理是把一个等间距明暗相间的光栅投影到被测试验模型的机翼的表面,这个投影光栅由于受到机翼表面三维形状的调制而发生变形,通过对变形后的莫尔条纹图案进行解调处理,就可以得到模型机翼表面的位置变化信息。莫尔条纹干涉测量如图 3 – 3 所示。

莫尔条纹干涉技术测量方法早在 20 世纪 70 年代就开始应用于物体表面形状和特征测量,但直到 1996 年 NASA 的兰利研究中心才开始其在风洞试验模型变形测量方面的应用研究。莫尔条纹干涉技术测量方法对风洞试验模型的表面处理要求不高,无须在试验模型上预先布置标识点,风洞试验的前期准备比较方便且可以计算出模型机翼表面的三维连续形貌。其缺点是要求模型表面不能发生镜面反射,后期的数据处理相对复杂,测量结果的不确定度也比其他光学测量方法都要低。目前,莫尔条纹干涉技术测量方法大多用于旋翼叶片的变形测量以及自适应机翼的表面形貌测量。

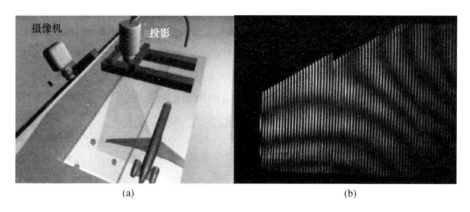

(a)   (b)

图3-3　莫尔条纹干涉测量

3）图像的模型变形测量

采用图像的模型变形测量技术（VMD）是目前应用最为广泛的风洞试验模型变形测量方法，早期从摄影测量法发展而来，最早使用胶片相机，后来发展为使用高速数字摄像机。概括起来，目前在风洞中使用的 VMD 测量技术可以分为两种：一种是基于单摄像机的 VMD 测量方法；另外一种是基于立体视觉的 VMD 测量方法。

（1）基于单摄像机的 VMD 测量方法。基于单摄像机的 VMD 测量系统由计算机、摄像机、模型表面的标识点和放置在摄像机附近的照明光源共同组成。根据标识点在图像平面中的位置和摄像机针孔成像的原理，可以在已知标识点的某一约束的情况下计算还原出该标识点在试验模型体坐标系中的位置。基于单摄像机的 VMD 测量原理如图3-4所示。

由于该方法只使用了一个摄像机根据机器视觉测量的原理，它只能够在已知标识点在某一方向的位置约束（一般是沿机翼翼展方向上的位置固定）以后，才能计算出该点在其他两个约束方向上的位置。一般来说，受模型机翼变形的影响，标识点的横向位置仍然会发生微小的变化，这将降低系统的测量精度，目前为了解决这个问题一般采用迭代算法来提高系统的测量精度。

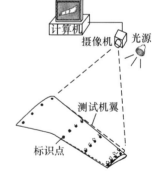

图3-4　基于单摄像机的
VMD 测量原理

单目视觉的应用领域很广泛，其常用的测量方法主要有以下几种：

① 几何相似法测量。几何相似法测量是测量参数处于相同平面内的目标物体，此时被测目标表面同摄像机光轴延长线垂直，同时物体表面同 CCD 像元平面平行。根据透视投影模型可知，世界坐标系下的

物体通过成像模型投影至 CCD 摄像机图像坐标系中,两者满足相似关系,通过获得图像中特征点间的相互位置关系参数,乘以投影的放大系数,就可以获得世界坐标系下物体的真实几何参数。但是几何相似法测量只能进行二维参数的测量,其主要有位置坐标、位移、速度、形状、变形等测量。

② 结构光法测量。结构光法使用特定的光源照射被测物体。根据光源照射到平面上形成的特征的不同,可以分为点、线、十字、网格、圆等形状的照明光源和运用色彩编码的照明光源等。由于光源的形状特性预知,因此将这种视觉测试方法称为结构光视觉测试。在工业机器人领域中,结构光视觉测试一般使用激光投射特定形状的照明光到工件表面,形成特征区域,然后利用 CCD 摄像机采集工件表面图像,经过图像处理,提取出特征点,并根据三角测量原理求解得到目标物体的三维坐标。

③ 几何光学法测量。因为相机光学镜头是薄透镜,根据透镜成像公式,在已知焦距和像距的情况下,即能求得目标物体的物距。可将几何光学法测量分为聚焦法和离焦法。

倘若此时焦距可以调整且被测物体与 CCD 摄像机之间的距离固定的情况下,调整焦距使得被测点处于焦点位置,然后根据透镜成像公式可以求解得到物距,即为被测点相对于 CCD 摄像机镜头中心的距离,从而达到测量几何参数的目的。这种方法被称为聚焦法,应用此方法进行测量要求镜头焦距连续可变,其硬件造价昂贵、处理效率较低,同时由于摄像机靶面偏离聚焦位置会带来额外的测量误差,寻求精确的聚焦是位置测量的关键。

离焦法不要求被测点处于 CCD 摄像机的聚焦位置,根据已标定的摄像机离焦模型计算得到被测点与摄像机间的距离。它避免了在测量过程中需要寻求精确的聚焦位置而造成测量效率低下的问题,但准确标定离焦模型的参数是该方法应用的主要难点。中国空气动力研究中心采用离焦法对模型攻角进行测量如图 3 - 5 所示。

④ 辅助测量棒法测量。在使用带有 3 个及以上特征标志点的测量棒辅助时,即能够实现使用空间目标物体三维坐标的单目视觉测试。通过图像获取预先定义的测量棒中的世界坐标系和已知标志点间的相对坐标信息,可以确定标志点在世界坐标系下的坐标。在测量过程中,使用测棒接触待测点,测棒上标志点即为特征点,当图像采集到 3 个以上的特征点,利用单像空间后方交会就可以解算出测棒坐标系与测量坐标系的坐标变换关系。又因为特征点在测棒坐标系中的坐标为已知的,就可以通过坐标转换得到接触的待测点在测量坐标系中的坐标,也就是待测物体的坐标信息。

⑤ 光辅助测距法测量。由于缺少被测物体至镜头中心的深度信息,因此无法利用单张图像进行三维信息测量。测距仪能够测得 CCD 摄像机中心至被测

图 3 - 5　离焦法测量模型攻角

物体表面的距离,即可解决单张图像不包含目标物体的深度信息的问题。在此集成激光测距仪和 CCD 摄像机进行测量,利用测距仪测距得到距离信息,并根据此距离参数结合 CCD 摄像机拍摄的单张图像即能够求解得到被测物体的二维信息,最后变换得到待测点的三维坐标。

（2）基于立体视觉的 VMD 测量方法。基于立体视觉的 VMD 测量至少需要使用两个摄像机,分别从不同角度、不同位置对被测物体成像。根据摄像机针孔成像的原理以及立体视觉共线方程的计算方法,不需要标识点额外的位置信息就可以直接计算出该点的三维位置坐标。该方法不受标识点横向位移的影响,能够适应模型有横向位移或变形的情况,可在全模试验段中测量机翼的变形量,目前该方法已经成为各研究机构在风洞中应用最为广泛的模型变形测量方法。立体视觉 VMD 测量在国外风洞中应用如图 3 -6 所示。

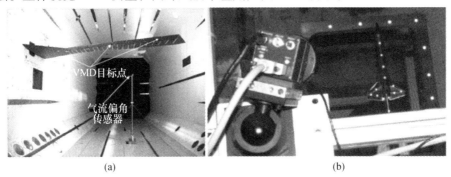

(a)　　　　　　　　　　　　　　(b)

图 3 -6　立体视觉 VMD 测量在风洞中的应用

3. 2. 2　单目视觉模型姿态测量

使用动态图像进行模型姿态测量的方法在国外已经被用于多座风洞中,而在国内的多数风洞中,基本采用间接测量模型姿态的方法。近些年,动态图像测量模型姿态技术逐渐开始在国内风洞中获得广泛的应用研究,其中,在 0.3m 跨超声速风洞中进行了多次基于单目视觉的模型姿态测量研究。

1. 单目视觉模型姿态系统的组成

应用于 FL – 26 风洞的单目视觉模型姿态测量系统主要设备包括工业数字 CCD 摄像机(含镜头)、光源、数字图像采集卡、高性能计算机、图像处理和分析软件、试验模型以及其他辅助设施。模型姿态测量系统在风洞中的应用如图 3 – 7 所示。

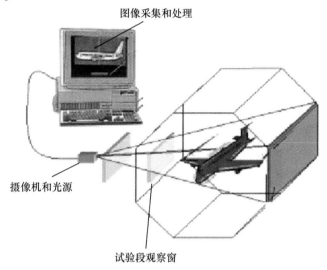

图像采集和处理

摄像机和光源

试验段观察窗

图 3 – 7　模型姿态测量系统在风洞中的应用

图 3 – 7 中,工业数字 CCD 摄像机实时地获取风洞中被测模型的图像,通过图像采集卡由计算机进行处理和计算。为了能够反映模型在试验过程中的状态并且获得清晰的运动模型图像,摄像机需要达到一定的帧频,对摄像机的曝光时间能够进行精确控制,曝光时间足够短。试验中使用的工业摄像机采用面阵 CCD,具有可程控的增益和偏置。

直流光源用于在曝光时间很短的情况下,提供足够的光照度。图像采集卡将工业摄像机的图像传送至计算机的内存。图像采集卡和工业摄像机之间采用 Camera – Link 标准接口进行连接。该图像采集卡的数据传输率可以达到 120MB/s;它具有 8MB 的板上 SDRAM 图像存储器,频率为 80MHz,确保拍摄图像的连续性。

图像传送至计算机后,由图像处理和分析软件对图像进行快速的处理和计算,实时地计算出模型的角度。试验时,可以将图像和处理结果一同保存下来。

2. 单目视觉测量模型姿态的基本原理

测量时,将 CCD 摄像机置于模型迎角运动平面一侧,使 CCD 摄像机光轴垂直于模型迎角运动的平面,如图 3-8 所示。在 CCD 摄像机获取的图像中,通过模型表面两个位置相对固定的特征点的坐标,获得这两点的连线与 CCD 摄像机成像面水平轴线的夹角。

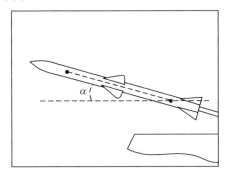

图 3-8 模型迎角测量示意图

由于模型两个特征点设置的位置不同,特征点连线与模型本身的轴线存在一个初始安装角度;另外,CCD 成像面水平轴线与风洞水平轴线也存在安装角度。这两个角度可以在静态情况时,模型迎角为零或者已知角度的条件下,测出系统的测量角度作为系统初始角度值,试验过程中测出的角度减去这个初始角度,从而获得模型的实际迎角。这样既避免了对 CCD 摄像机和特征点标志的安装过程中烦琐的对准工作,又给系统的安装带来很大的灵活性。

3. 摄像机成像畸变和矫正

由于实际透镜系统不满足理想透镜的条件,实际的成像存在图像的畸变,尤其在图像的边缘附近更加严重,会给基于图像的测量方法带来很大误差。因此,需要对 CCD 的光学系统进行校准,精确测定透镜的光学畸变参数。光学畸变包括径向畸变和切向畸变两部分,通过校准,可以得出 CCD 摄像机的内、外部参数。通过摄像机的校准方法来矫正获得的图像,如图 3-9 所示。

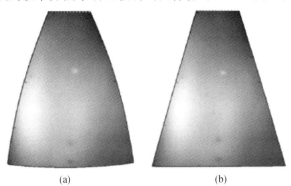

(a)   (b)

图 3-9 光学镜头成像畸变的影响

(a)原始图像; (b)修正后的图像。

4. 模型特征标志设计

模型上设置特征标志是为了能够准确、快速地对特征点进行识别和跟踪。特征标志采用在模型表面设置特定图案标识的方法进行。为了不影响模型自身特性和保证测量的准确性,对特征标识的厚度和大小有一定的限制。由于标识的材质轻、厚度薄,对模型本身没有损伤。系统采用如图 3 – 10 所示的标志,该标志点由白色圆形标记衬以黑色背景构成。这样可以加大特征标志的图像灰度反差,便于图像系统将特征标志与图像其他部分区分开来,有利于识别和跟踪。

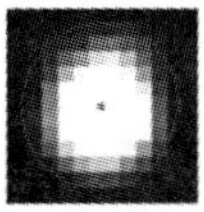

图 3 – 10   模型上的特征标志及其中心

在图像系统识别出标志后,由图像处理获得标志的中心坐标,将其作为模型上的特征点进行角度计算。特征标志的中心不会随模型位置的变化而改变。

5. 快速图像处理算法

模型特征标志的识别与跟踪采用图像模式匹配的方法实现。首先获取图像中的目标图像,即模板图像,将模板图像与测量过程中采集的模型姿态图像在计算机中进行相关性计算,这种计算以图像像素的灰度为基础,其相关性由下式得出:

$$r = \frac{N \sum IM - \left(\sum I \right) \sum M}{\sqrt{\left[N \sum I^2 - \left(\sum I \right)^2 \right] \left[N \sum M^2 - \left(\sum M \right)^2 \right]}}$$

式中: N 为模板图像中像素点的个数; M 为模板图像中各个像素点的灰度; I 为测量图像中的某个位置处,与模板图像同样大小的子图像中各像素点的灰度。当测量图像中某个位置的子图像与模板图像越相似,它们的相关性就越高, r 的值就越大,完全一样时, r 的值为 1;否则, r 的值就越小。

这种归一化的相关性计算公式较好地保留了图像的特征,即使图像的光照度差别较大,也能够正确地识别。将模板图像在测量图像中的各个位置进行遍历的相关计算,具有特征标志处的图像相关性计算值 r 最高,因而可以准确地识别出模型特征标志的位置。

由于图像的数据量庞大,一幅图像包含上百万个像素点,模板图像一般包括几百个像素点或者更多,如果对测量图像中的所有像素点进行相关性计算,会涉及数十亿次的乘法运算,计算量很大,耗时很长。在一副图像中仅识别和跟踪可能长达几秒至几十秒量级,不能够及时地对图像进行处理。

为了提高目标识别和跟踪的速度,采用图像分层的快速算法对图像进行处理。即在保留模板图像和测量图像基本特征的前提下,采用像素合并的方法,尽可能地缩小图像的尺寸,在缩小后的图像中进行模式匹配运算,找到特征标志图像的位置,再到上一层图像的相应位置处进行更精确的搜索,直到在原始图像中获得特征标志图像的精确位置,这个过程如图3－11所示。

模板图像的分层

测量图像的分层

图3－11　使用图像分层的方法进行模式匹配

在图像分层的基础上,通过提取模板图像的特征,仅对足够描述模板图像特征的部分像素点进行相关性计算,这样大大减少了模式匹配的计算量。通过开发快速算法,对一幅测试图像的识别和跟踪速度可以达到27ms左右,1s可以处理和计算30多幅图像,满足了模型迎角的实时测量要求。

6. 自适应阈值分割和特征点坐标计算

将特征标志的形状中心作为模型的特征点,通过模型上两个特征点的坐标,可以获得特征点连线相对于CCD摄像机水平基准的角度,进而得到模型的角度。针对系统中采用的特征标志,它的形状中心即白色区域的中心坐标。实际测量时,为了有效地提取白色区域的形状,避免由于光照度的变化等因素的影响,对识别出的测量图像区域采用最佳阈值分割法将白色标志与背景区分开来。分割阈值采用如下所示迭代过程来确定:

求出特征图像区域的最小和最大灰度值 Z_L 和 Z_K,设初始分割阈值为

$$T_0 = (Z_L + Z_K)/2$$

根据阈值 T_K 将特征图像分割成目标和背景,求出两个部分的平均灰度值 Z_0 和 Z_B。

求出新的阈值

$$T_{K+1} = (Z_O + Z_B)/2$$

如果 $T_{K+1} = T_K$，则分割结束，否则转第二步继续进行。

通过以上步骤求出最佳分割阈值，将特征图像区域中灰度值大于等于 T_K 的像素点划分为目标点，否则为背景。将所有目标点的坐标进行平均，即可以求得目标区域形状中心的坐标 (X_C, Y_C)，如下式所示：

$$X_c = \sum_N X_i \Big/ N$$

$$Y_c = \sum_N Y_i \Big/ N$$

式中：(X_i, Y_i) 为目标形状区域中各个点的坐标；N 为区域中像素点的个数。

模型图像特征区域的分割和特征点坐标计算在图像识别出目标后进行，由两个特征点的坐标可以计算出角度。

$$\alpha = \arctan\left(\frac{Y_{C1} - Y_{C2}}{X_{C1} - X_{C2}}\right)$$

通过以上的算法和程序设计，模型姿态测量系统实现了对模型迎角的实时测量，测试结果如图 3 – 12 所示。

图 3 – 12　模型迎角的实时测量

7. 试验研究及结果

为了检验图像系统的测量精度，对图像模型姿态测量系统性能进行了检测。测试结果表明，图像系统的测量精度在 2′ 以内。由于风洞试验时的测量环境与计量实验室的环境条件不一致，在风洞试验前，安装好 CCD 摄像系统和试验模型后，对系统测量精度进行检验。在某跨超声速风洞试验前，采用哈尔滨量具刃具厂的精度为 1′ 的光学倾斜仪直接对模型的角度进行测量，与图像系统的测量结果进行比对。通过与光学倾斜仪测量结果相比较，CCD 摄像系统的测量精度为 2′ 左右，与实验室的计量结果相吻合。

8. 振动对测量的影响

根据模型迎角图像测量的特点，系统对角度的测量会受到风洞试验时振动的影响。这个影响包括两个方面:一是振动对 CCD 摄像机安装基准的影响;二是振动对 CCD 摄像机本身功能的影响。后者可以通过采取隔振和工业摄像机本身的抗振能力得到克服,而前者对系统测量的精度影响较大。如果振动造成 CCD 摄像机成像面的水平轴线与风洞水平轴线的夹角发生变化,系统测量角度的基准就会发生变化,进而造成系统的测量误差。

因此,对 CCD 摄像机的安装既要考虑减振,同时又要保证模型迎角测量的基准在风洞试验过程中不发生变化。安装支架在采取振动缓冲措施后,允许 CCD 摄像机在沿风洞水平轴线方向和垂直于水平轴线的上下方向上有小幅度的位移,禁止 CCD 摄像机相对于风洞水平轴线的转动运动。这样,CCD 摄像机相对于风洞水平轴线仅会存在平动运动,根据系统测量的原理,这不会影响模型迎角的测量,同时克服振动的影响,如图 3 - 13 所示。经过实际试验表明,振动对系统测量精度的影响小于 1′。

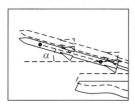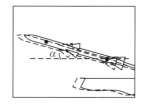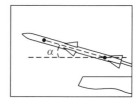

图 3 - 13 CCD 摄像机的平动对测量的影响

9. 试验及结果

CCD 图像测量系统在 0.3m 跨超声速风洞对某标准模型的迎角进行了多种条件下的风洞试验。试验时,将模型在各个角度阶梯的试验图像和测量结果完整地记录下来,与模型在吹风前后的测量角度进行对比。图 3 - 14 给出了试验马赫数为 2.0 时,模型攻角为 0°、5°和 10°几个条件下的测量结果。

由以上试验结果可以看出,由于气动载荷的存在,模型的攻角越大,在吹风试验过程中模型的角度变化就越大。

实际的风洞应用测试结果表明,在风洞的吹风试验过程中,由模型支撑引起的弹性角变化对模型迎角的影响是十分可观的。因此,有必要对模型的迎角进行实时的非接触测量。

3.2.3 图像测试技术在国外风洞中的应用

随着图像测试的发展,图像测量目标由原来的单目标点变形测量向模型的全场三维变形测试发展。模型变形测量技术也已应用于高超声速风洞试验的极热和不易观察的环境测量、螺旋桨桨叶变形测量、降落伞打开和降落测量、大型空间结构和太阳帆等柔性材料变形测量、全模撞击测量等领域。在风洞试

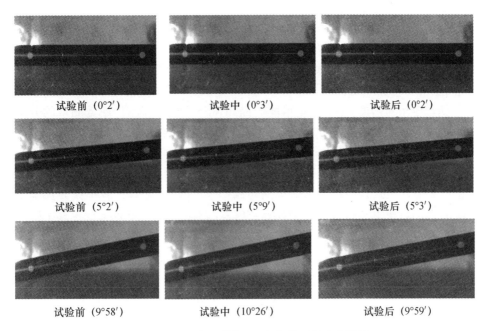

<table>
<tr><td>试验前 (0°2′)</td><td>试验中 (0°3′)</td><td>试验后 (0°2′)</td></tr>
<tr><td>试验前 (5°2′)</td><td>试验中 (5°9′)</td><td>试验后 (5°3′)</td></tr>
<tr><td>试验前 (9°58′)</td><td>试验中 (10°26′)</td><td>试验后 (9°59′)</td></tr>
</table>

图 3 – 14 几种不同模型迎角条件下的试验结果

验中,NASA 通过 3DDIC(三维数字图像相关)和 IPCT(图像模式相关)技术实现全模试验机翼全场变形测量,ETW 风洞在半模试验机翼试验中实现全场变形测量,A380 在飞机测试中机翼实现了全场变形测量。目前,国外风洞中的全场变形测量还应用于试验模型的精细化振动测量以及电机旋转叶片角度变形测量。NASA 在 1995 年开始利用激光三角测量和三维扫描仪实现了结冰冰形的测量。

近年,由于太阳帆在太空推进研究中的巨大应用潜力,对大面积柔性材料表面形变的研究越来越受到关注。由于这类材料重量轻、弹性好,普通接触式测量方法很难对其动态和静态参数进行测量。兰利研究中心采用摄像测量技术,实现了柔性材料的非接触、全范围、高精度测量。通过 4 个摄像头组成的图像测试系统对类似太阳帆的薄、柔、大面积物体表面形变进行测量研究。通过激光向被测平面物体投射标识点,通过 4 台位置确定的摄像机对所有标识点进行空间位置测量,从而获得整个被测表面各标识点的位置变化信息。在整个 2m 长的被测物体,变形测量精度达到 0.16mm,整个区域的测量精度达到 0.008%。

NASA 通过在风洞中采用图像测量技术对气动弹性变形的研究,进行亚声速和超声速环境下尾撑模型和半模模型的参数修正。目前,视觉测量技术主要应用于 NTF 风洞和 TDT 风洞的相关研究中,NTF 风洞通过 VMD 测试技术实现对波音 777 模型和一体化机身模型的相关应用研究。在 NTF 风洞中,VMD 测试技术还应用于验证标模稳态流动特性和雷诺数的影响。在 TDT 风洞中,1994 年已经开始了 VMD 技术的应用研究,目前主要用于智能机翼变形的相关研究。

在 NASA 的 78.74cm 马赫数 10 风洞中,采用 VMD 测试技术对模型姿态角进行测量,并对影响 VMD 测量精度的相关因素进行了研究,其中包括风洞振动、测量系统光照环境、目标点成像方法以及相机参数校准精度等。

随着应用需求的扩大,测量精度的提高,相机性能的改善,视觉测试的分析方法也发生着明显的变化。首先,在相机的成像模型中更多地考虑了误差因素,以校正各种物理畸变,采用多参数的非线性模型代替简单的线性模型,并从数学角度研究了很多误差补偿方法,大大提高图像测量的精度;其次,将精密测量领域的标定方法、设备和技术,引入到图像测量中,为补偿和修正各种误差提供了更加专业的解决方法;再次,图像处理和模式识别技术的发展也大大提高了图像测试技术的精度。

3.3　粒子图像测速技术

随着近几十年来光学、计算机、电子、图像等技术的迅速发展,如今流场的瞬态速度场是可以通过多种方式定量测量的。粒子图像速度场测量(Particle Image Velocimetry,PIV)技术便是其中运用最广泛的方法之一。

PIV 技术是一种非接触式、瞬态、多点流场速度测量方法。它的基本原理是用记录媒体记录流场中的示踪粒子,得到粒子图像,然后分析粒子图像获得流场的速度信息。与 PIV 类似的技术有 PTV(Particle Tracking Velocimetry)和 LSV(Laser Speckle Velocimetry)。当示踪粒子浓度极低时,跟踪单个粒子的轨迹,从而得到单点的速度,称为 PTV。当示踪粒子浓度高到使粒子图像重叠时,用统计技术来处理粒子的散斑图像得到速度信息,这种方法即是 LSV。当粒子浓度较高,但粒子图像又没有达到重叠的程度时,即是我们所说的 PIV 技术。

PIV 技术源于固体应变位移测量的散斑技术,因而最先称为激光散斑测速技术(LSV)。它是由单色光照射散布在流体中的粒子形成散斑,用已知时间间隔的两次曝光记录散斑的位移,由判读记录散斑位移底片形成的杨氏干涉条纹,确定位移的大小和方向,由此确定流场多点的速度。LSV 从原理成为可以应用的技术,首先要归功于 Adrain 和 Merzkirch 的贡献。数十年来,由于判读技术的进展,不必在流体中加入高浓度的粒子,判读已不是流动的散斑图像,因而名称演变成更通用的粒子图像速度场技术。

总体上讲,目前 PIV 的测速范围从 0.1cm/s 到几百米每秒,可以在一个切面上测得瞬时 3500～14400 个点的速度矢量,其精度约 1%(个别达到 0.2%),与 LDV 相当。其物理测量容积也已与 LDV 相当,而且特殊处理还可更小。其数据需要事后处理,一个切面的数据耗时从几分钟到几小时不等;采用阵列处理器时速度最高可达100点/s(杨氏条纹干涉法266点/s)。

PIV技术目前已在分离涡、湍流初步应用中取得重要成果。在某些试验中,其空间分辨力已接近黏性尺度(低 Re 数下,2000左右),与热线风速仪、LDV和直接数值模拟DNS的分辨率进行比较,结果表明PIV可以取得可靠数据,今后将会进一步广泛应用。

3.3.1　PIV原理及组成

1. PIV 基本原理

粒子图像测速(Particle Image Velocimetry,PIV)技术的基本原理就是在透明不可见的流动中添加示踪粒子,让示踪粒子跟随流体一起运动;然后记录流场中可见的示踪粒子的运动图像,通过示踪粒子的运动图像获取流场的速度信息。其测速的基本原理基于最直接的流体速度测量方法。

PIV技术通过记录第一个时刻 t_0 的粒子图像(粒子的初始位置),经过一定的时间间隔 Δt 之后,记录第二个时刻 $t_0 + \Delta t$ 的粒子图像(粒子的新位置),通过两幅图像获取粒子在两个时刻之间的相对位移 Δs,然后通过速度的定义式:

$$\bar{u} = \frac{\Delta s}{\Delta t}$$

计算得到粒子在 Δt 时间内的平均速度。对比瞬态速度的定义式:

$$u = \lim_{\Delta t \to 0} \frac{\Delta s}{\Delta t}$$

可知:当 Δt 足够小时,平均速度可以近似为瞬态速度。PIV原理如图3-15所示。

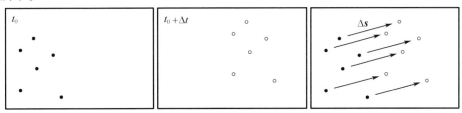

• 粒子初始位置图像 。粒子的新位置图像

图3-15　PIV原理示意图

图3-16表示一个典型的PIV系统。它包括成像系统和分析系统两大部分。成像系统用来记录流场中的粒子图像,分析系统则用来分析成像系统记录的粒子图像,从而得到流场的速度。

成像系统主要由光源系统和记录系统组成。光源系统发出脉冲片光照亮流场中的粒子,同时垂直片光的记录系统记录粒子的位置。过程如下:光源系统发

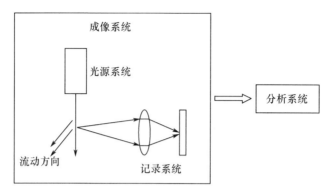

图 3 – 16　典型 PIV 系统示意图

出第一次脉冲片光照亮粒子,记录系统记录粒子位置;过若干时间后,光源系统发出第二次脉冲片光再次照亮粒子,记录系统记录粒子的新位置;光源系统可发出多次脉冲,从而每个粒子可以产生多个映像。

分析系统将整个粒子图像划分成若干个小区域,每个小区域称为查问区。在查问区里用分析算法计算该查问区中的位移矢量,实际是查问区中粒子的平均位移。从该查问区的位移和两次脉冲之间的时间间隔就可确定速度矢量。所有查问区的速度矢量之和即组成了整个流场的速度场。

整个 PIV 处理过程可总结如下:在播种粒子流中连续两次照明;用摄像机或相机记录粒子图像;用数值方式分析图像以获得速度场。

2. PIV 系统组成

作为最基本的二维 PIV 系统,其技术系统主要由以下部分组成:示踪粒子系统、光源系统、成像系统、同步控制系统以及数据分析系统。图 3 – 17 所示为根据 PIV 技术原理所构建的 PIV 测试系统的示意图。

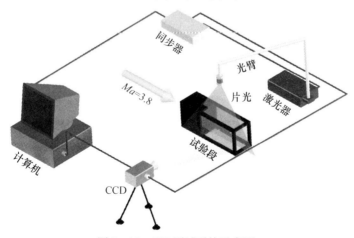

图 3 – 17　PIV 测试系统示意图

示踪粒子系统:主要负责向流场提供示踪粒子,主要实现设备为粒子发生器。PIV 技术是非直接测量,它测量的是粒子速度而不是流场速度。因此,必须对粒子流体力学特性进行考查,以免出现粒子与流场运动差异显著的状况。

首先,要求示踪粒子无毒、无腐蚀、化学性能稳定和清洁,这是工作人员和工作场地及设备不受侵害的基本保证。其次,对 PIV 示踪粒子还有两个基本要求:第一,粒子跟随流体的流动性好;第二,粒子应是良好的散射体,其成像可见性好。这是 PIV 测量真实、可靠的基本保证。常用的示踪粒子可以分为液体和固体两类,液体示踪粒子中最常用的是植物油滴,固体示踪粒子有二氧化钛、氧化铝和二氧化硅粉末等。

为保证示踪粒子的撒布符合试验要求,需要使用专用的粒子发生器。粒子发生器分为液态粒子发生器和固态粒子发生器。

由于液态粒子发生器受流化粒子的有机溶剂的限制,常常不能用于高温流场的测量环境,固态粒子发生器就没有这种限制,其生成的粒子适用范围更广。

光源系统:主要负责提供照亮流场的激光片光,由激光器、导光臂和片光组件三部分组成。激光由于其高亮度、相干、优良的聚焦特性及单色性而成为流场成像的主要光源。由于实际使用过程中,激光器工作频率约为几十赫兹,使得相邻图像之间没有相关性,因此很难捕捉到流动参数随时间的变化,更多的是在不同时刻对流场进行随机抽样。为了解决这个问题,人们通常采用双腔 Nd:YAG 激光器,并通过外部信号控制实现两束激光在给定的时间间隔内发出脉冲,从而实现时间相关性测量。

激光从激光器到流场之间需要使用光臂进行传输,这样可以方便地从不同角度照明流场。为实现大范围测量,并提高测量的空间分辨率,从光臂出来的激光束需要通过透镜系统转换为具有一定厚度的片光,其结构如图 3-18 所示。图中柱透镜将准直光转换为具有固定发散角的光束,凸透镜将较厚的发散光束汇聚为 PIV 试验所需的片光。片光的发散角和厚度取决于柱透镜和凸透镜,在使用焦距为 -12.5mm 的柱透镜、焦距为 500mm 的凸透镜的状态下,校测得到的片光厚度约为 0.5mm。

成像系统:主要负责获取数字化粒子图像,由跨帧 CCD 和镜头组成。

受到图像传输速率的限制,我们无法在极短的时间内捕获两幅图像,从而无法进行互相关处理,提取速度场信息。然而,通过跨帧 CCD 的使用,不但可以实现二次光脉冲曝光分别记录在相继的两帧图像上,而且保证了跨帧时间可以调整,与脉冲激光器同步工作。但是,目前跨帧时间的最小值受信号从光电转换单元传输到存储单元的速度限制,其值可以达到 0.2μs。

同步控制系统:主要负责控制激光器、CCD 照相机等部件按预定的次序工作,主要实现设备为同步控制器。同步控制器(Synchronizer)是整个 PIV 系统的

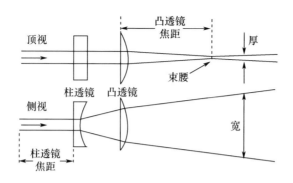

图 3 - 18　激光束转换为片光的示意图

控制核心,其他的各个部件都通过同步器来控制协调,通过软件或触发装置来发送控制信号。同步控制器的控制精度要求很高,目前同步控制器的精度为 250ps。

PIV 系统工作时,首先通过一定的撒播方式使纳米粒子与来流充分混合,待观察区域内建立所需流场之后,同步控制器控制激光与 CCD 的同步。

PIV 系统中激光脉冲与 CCD 工作的时序如图 3 - 19 所示,工作时,同步控制器发出信号触发相机,相机接收到触发信号后会将反馈信号传回同步器,与此同时,CCD 相机的第一帧开始曝光,其曝光时间在微秒量级。通过设定的激光器脉冲延时之后,激光器发出第一束脉冲在相机的第一帧曝光时照明流场中的纳米粒子,完成第一幅粒子图像的捕捉。随后,CCD 第二帧开始曝光,同时在后台将第一帧图像存储至计算机,在该曝光时间间隔内第二束激光脉冲发出,实现在给定时间间隔内第二幅粒子图像的捕捉与存储。在消除背景光的影响下,CCD 的实际曝光时间就是激光脉冲的持续时间,由此保证超声速流场中的粒子不会因为曝光时间过长而出现"拖影"的现象。

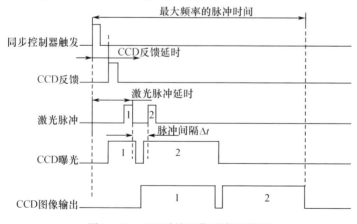

图 3 - 19　PIV 系统工作时序示意图

数据分析系统:主要负责分析 PIV 图像、计算流场参数,由计算机和分析软件组成。PIV 分析系统的关键是确定两幅图像中查问区里粒子的位移,这里用相关算法确定粒子位移。

处理图像时,把获得的整个视场的粒子图像分成许多小查问区,然后再对查问区进行分析,从而得到流场的速度等信息。一般可以用三种算法确定位移:自相关法、单帧互相关法和双帧互相关法。随着计算机、电子、图像等技术的发展,目前主要采用双帧互相关法进行数据分析,获得速度场结果。

3. PIV 技术特点

(1) 非接触式速度测量。与其他一些流动测量手段(如压力探针、热线等)相比,PIV 测量技术是一种非接触式的方案。这使得 PIV 能够用于壁面边界层或者带激波流场的测量。

(2) 瞬态、多点测量。一般流场设备只能测量某一时刻某一点的速度矢量,要测试整个面需要大量的传感器。PIV 技术既可以测平均流场,又可以测瞬态流场,并且可以实现对某一时刻整个面或流场的测量。

(3) 精度高,测速范围大。测量速度范围可从 0 到超声速流场。

(4) 可以测量两相流,包括粒径测量。

3.3.2 PIV 典型应用

当前,PIV 技术已经成为流体试验研究的主要方法之一。其测速范围十分广泛(从低速到超声速),并且可以在一个切面上测得瞬时 3500 ~ 14400 个点速度矢量,其精度约为 1% (个别达到 0.2%)。此外,PIV 技术已日益广泛地应用于非定常复杂流动研究之中,揭示了许多传统测试技术和平均测量技术无法观测的瞬态流动现象。受篇幅所限,下面仅对 PIV 技术的几种典型应用作简要介绍。

1. 跨声速流动

PIV 在高速流场的应用遇到了新的问题:示踪粒子能否满足跟随性要求,尤其是能否呈现流场中的一些强速度梯度结构。为了更好地理解速度图,位于激波下游的示踪粒子能够跟随附近流场多远是一个很重要的问题。经验表明,如果跟随距离在大约一到两个查问区,那么可以找到一个兼顾示踪粒子跟随性和其光散射强度的折中方案。

流场中的强速度梯度会导致查问区中图像示踪粒子的转移距离不统一。这种现象可以通过图像平移的方式来减弱,通过减少两个激光脉冲之间的时间和增加示踪粒子在两幅图像之间的位移来达到最佳效果。这种方法在使用自相关和光学评估方法时尤为重要,因为示踪粒子的位移尺度要与光学评估尺度(也就是 $200\mu m$)相适应。

在光学评估方法的例子中图像平移同样可以帮助解决 PIV 图像记录中示踪粒子跟随位移不统一的问题，由此获得了一个示踪粒子跟随距离 $150\mu m \leqslant d_{opt} \leqslant 250\mu m$ 的成功评估。光学粒子图像转移的上下限由试验的流动条件决定，并且要求能够适应运用图像转换技术的记录介质的转移光学范围，而且在平均流动方向有额外的平移。采用这种方法时，数据损失会更少。

包含激波的流场的强速度梯度得以呈现，就像在跨声速风洞中所呈现的一样。通过减弱声速，由速度矢量可以清晰地看到超声速结构以及激波。由于图像平移的运用（$U_{shift} = 174m/s$），即便是在激波位置，振动小于或者等于粒子图像直径时也可以由合适的查问区直径（0.7mm）来实现。即使在激波前后查问区（速度为 $280\sim520m/s$）也没有发现数据的损失。

前面的两个例子已经证明，早在十多年前与 PIV 应用于跨声速相关联的物理问题可以通过试验手段得到解决。至今，许多类似问题借助更好的方式得以解决，例如应用跨框架使激波脉冲延迟小于 1ms（粒子图像最佳转移时间）。而且，经验性的评估算法在即便有强梯度存在的情况下仍可以提供比较高的局部分辨率，更强的激波脉冲可以提供更高的灵敏度，使得不管是更大的观测区域还是更小光圈成为可能，小光圈导致在风洞以及 PIV 设置参数在剧烈变化的条件下形成突变的粒子图像。

2. 超声速流动测量

超声速流场相对跨声速流场而言，可压缩效应更强，而且广泛存在激波等结构，从而导致密度场空间分布不均匀，从而对示踪粒子的跟随性提出了更高的要求。如图 3 - 20 所示为基于纳米粒子平面激光散射技术（NPLS 技术）获得气动光学窗口流动结构示意图。流场中存在膨胀波、激波及边界层等结构，这就要求在进行速度场求解时，必须综合使用迭代算法、多分辨率算法、窗口变形修正和亚像素拟合等方法，用以提高超声速流动速度场的计算精度。

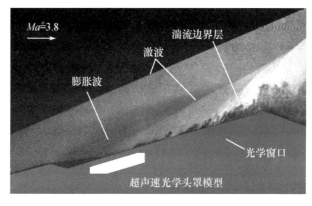

图 3 - 20　粒子图像

图 3-21 所示为采用上述算法得到的模型对称面上光学窗口附近的瞬态速度分布。图 3-21(a)所示为合速度云图,图 3-21(b)为 X 方向速度分量 U 的云图,图 3-21(c)为 Y 方向速度分量 V 的云图,图 3-21(d)为相应的涡量场,图 3-21(e)为速度矢量分布,图 3-21(f)为流线图。由图 3-21 可以看出,经过激波之后,气流方向和大小突然改变,Y 方向的速度分量变化尤为明显;图 3-21(c)中两条直线表示粒子图像中激波的位置,与 Y 方向速度云图展现的激波位置几乎重合;受壁面剪切的作用,靠近壁面的流场区域涡量变化较大,其他区域较为均匀;来流经过模型头部产生脱体激波,波后气体进入光学窗口上面的凹腔时膨胀,之后又受到光学窗口的压缩,产生一系列压缩波,在光学窗口上方汇聚成一道激波(图 3-21(c)),这些导致了光学窗口上方流场密度分布的非均匀性,对超声速光学头罩的光学传输性能造成不利影响。

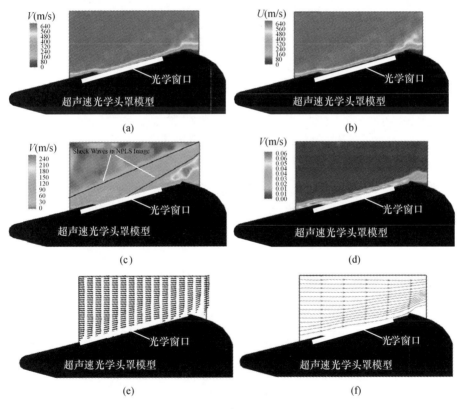

图 3-21 $Ma = 3.8$ 流场中超声速光学头罩对称面速度场
(a) 合速度云图;(b) X 方向速度分量 U 的云图;(c) Y 方向速度分量 V 的云图;
(d) 涡量大小云图;(e) 速度矢量图;(f) 流线。

随着 PIV 技术的不断进步和发展,不断提高人们对复杂流动结构的认知和理解。激波/湍流边界层相互作用(SWTBLI)速度场结构十分复杂,速度分布极不均匀,流场中不仅存在激波等速度的强间断,还同时存在低速的回流区和高速的主流区,这些对采用 PIV 技术进行速度场测量提出了更高的要求。

图 3 - 22 SWTBLI 流向平均速度场测量结果($\theta = 14°$)所示为 SWTBLI 流向平均速度场测量结果,对应激波发生器的偏折角 $\theta = 14°$,激波角 $\beta = 31.2°$,测量范围为 $x/\delta = -5.2 \sim 2.8$,$y/\delta = 0 \sim 2.5$,流动方向从左往右。从图 3 - 22 中可以比较清晰地看出激波导致气体流动方向改变,回流区内的流动分离等现象。

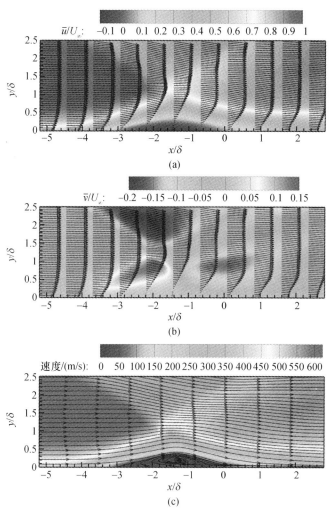

图 3 - 22　SWTBLI 流向平均速度场测量结果($\theta = 14°$)
(a) x 方向平均速度场云图;(b) y 方向平均速度场云图;(c) 平均速度场流线图。

3.3.3　PIV 技术发展

伴随着科学技术的不断进步,人们对于 PIV 技术的需求不再局限于单平面、宏观和流动现象的速度场测量。与此同时,也正是依托于相关技术的不断发展,PIV 技术才拥有了向多维、全空间尺度以及大速度跨度发展的技术基础。这一小节,将简要介绍几种正处于发展中的新型 PIV 技术,以此增加读者对 PIV 技术发展的理解。

1. 三维 PIV 技术

基于传统的 PIV 技术进行测量时,只能获得二维的速度场结果。然而实际流体在流动过程中很少有严格的二维流动,流动中广泛存在的涡、激波以及膨胀波等结构都具有三维性,尤其是在涡本身的动力学原理还没有得到完全理解的情况下,如果可以通过试验获得流动的三维速度场结果,将对流动机理研究产生十分重要的作用。

就目前而言,常用的三维 PIV 技术包括层析 PIV(Tomographic PIV 或 Volume PIV)、全息 PIV(Holographic PIV)和多平面 PIV(Dual-plane PIV)等技术。一般而言,三维 PIV 技术为了实现 3 个方向上的位移测量,必须使用两个以上的相机。受到篇幅的限制,本书主要以层析 PIV 为例,介绍三维 PIV 技术。

当前,层析 PIV 技术已经可以用于观测流动结构的发展过程,并且可以完整地测量三维度的梯度张量。层析 PIV 是一种可在三维区域内测量粒子运动的测量技术,而没有必要去追踪单个粒子的运动。与立体 PIV 算法一样,这种最近发展的技术是基于布置在一定观察方向上的被照亮粒子的实时图像。这种方法的革新部分是层析算法,可以用来从单个图片中重构三维粒子场。三维光强分布是在一系列的体元上离散化的,然后用三维互相关解调方法进行分析得到在测量范围内 3 个方向的瞬时速度矢量。

层析 PIV 是为实验室应用而开发的,至今在工业风洞环境中未得到应用。到 2007 年为止,在欧洲多个实验室中,这种技术已经成功应用在气流和水流的测量中。已证实层析 PIV 在低重复率的水流测量和高重复率的气流边界层试验中是可行的。层析 PIV 原理如图 3 - 23 所示。

层析 PIV 技术已经应用在一些流动条件中,从更多的理论模型如圆柱尾迹流,到更具挑战性的诸如低速湍流边界层和马赫数为 2 时的激波边界层相互作用。该技术与高重复率的硬件协同工作,已经在边界层过渡到湍流的时间分辨率测量中得到了应用。

4 台高速 CMOS 相机用于成像示踪粒子,其通过使用双腔 Nd∶YAG 相干脉冲激光,以 5kHz 频率照亮边界层内的流动(图 3 - 24)。这些相机获得的瞬时单粒子图像被用于一个三维断层重建光强分布的粒子图像的体素(体积微元)以

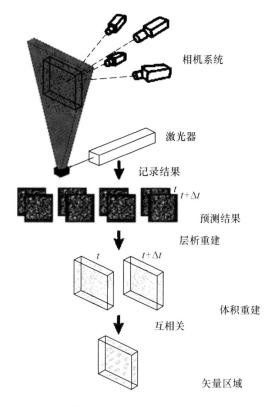

相机系统

激光器

记录结果

t
$t+\Delta t$

预测结果

层析重建

t $t+\Delta t$

体积重建

互相关

矢量区域

图 3 - 23 层析 PIV 原理

代表微元的测量体积。每两个相继拍摄和重构的颗粒分布图像被加以体积变形迭代的多重网格的相关性计算,以确定一个时间序列的瞬时三维速度矢量场。被测量的体积控制体有 34mm × 19mm × 30mm 大小,位于壁面附近在零压力梯度平板边界层流和本地干扰源的下游。在一个速度 $v = 7m/s$ 的自由流中,通过测量体积引入一个短的初始流动注射和对流后,湍流斑在下游生长于层流平板边界层内。时间分辨断层 PIV 方法实现了捕获完整的流场结构的时空发展,尤其是在后缘处发夹涡快速形成过程。

三维和时间分辨 PIV 测量技术的进展显示了光学测量技术作为重要工具和辅助 CFD 数据源的适用性,有助于理解壁面的高雷诺数湍流,以及流体力学中更复杂、不稳定的现象。

2. 显微粒子成像测速(Micro PIV) 技术

在工程和科学研究的很多方面,确定微观流场是很重要的。微流体装置目前已经应用在航空航天、计算机、汽车和生物医学等工业部门。在航空航天领域,例如,为 NASA/JPL 设计尺寸大约 35μm 的微米级别的超声速喷管用作微型卫星的微型喷气发动机或者为 AFOSR/DARPA 设计一个流动控制装置用在巴

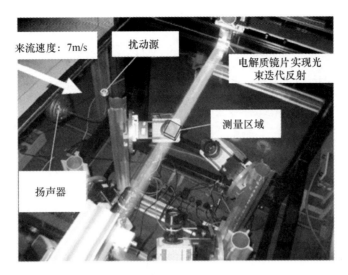

图 3-24　在速度 $u=7\text{m/s}$ 情况下的包括 4 个 Photron APX-RS CMOS
摄像头的自由流平板边界层流动试验装置,实现了 DLR Gttingen 1m 风洞的
开放试验段湍流斑的时间断层 PIV 测量

掌大小的飞行器上。在计算机产业上,喷墨打印机由一组有直径 $10\mu\text{m}$ 量级小孔出口的喷管组成,这种打印机占据了打印机市场 65% 的份额。生物医药行业目前正发展并使用微流体装置为病人诊断,病人监视和药物输送。I-STAT 装置是用在医药行业做血液分析的第一款微流体装置。其他微流体装置在医学研究上的应用实例包括用来判读癌细胞的微流体血细胞计数器,用做 DNA 分馏的微机械电泳通道,用作 DNA 扩增的聚合酶链式反应腔室。通过小通道的流动运动情况,与高分子、细胞和通道的面控制物理耦合在一起,形成很复杂的现象,很难进行数值模拟。

到目前为止,许多诊断技术已经被开发应用在了试验微流体研究中,Micro PIV 技术便是其中应用最广泛的方法之一。相对于传统 PIV 技术,Micro PIV 由于受到观测区域小,流动速度慢以及粒子散射光强弱等条件的限制,其设备组成发生了许多变化。但是,测试的思路并未发生根本性的转变。

Santiago 等开发了一种微 PIV 系统使用一种具有高数值孔径(NA)物镜的表面荧光显微镜和一个 CCD 相机。该系统采用连续照明汞灯和低帧速率相机捕捉粒子图像,故图像之间的时间间隔是比较大的。他们使用微 PIV 系统成功地测出了约为 $50\mu\text{m/s}$ 低速 Hele-Shaw 流动(图 3-25)。连续光源和 CCD 相机的结合是适合于低流速的流量测量,在电渗流的情况下也适用。

Meinhart 等研究出了使用双脉冲 Nd:YAG 激光器照明系统的跨帧微 PIV 系统。图 3-26 显示了使用具有高功率的双脉冲 Nd:YAG 激光器的反射照明系统

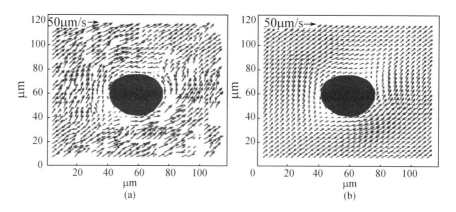

图 3 – 25　由表面张力驱动的 30μm 宽阻碍的 Hele – Shaw 流动的矢量图
（a）瞬间；（b）时间平均。

的标准 Micro PIV 系统。PIV 的动态范围可以通过应用框架跨界方法来延伸,这在常规的 PIV 系统中经常使用。帧跨 Micro PIV 可以直接从外面用脉冲 Nd:YAG 激光束照明流场而不是使用反射光照明。

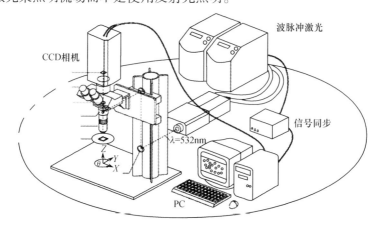

图 3 – 26　Micro PIV 系统的示意图

　　Micro PIV 和标准宏观 PIV 在几个方面有显著的不同。其中的一个差别是示踪粒子的布朗运动的影响。在 Micro PIV 中,布朗运动的影响是不可忽略的,因为示踪粒子的直径小于 1μm。在显微镜下可以看到,这些亚微米的粒子由于布朗运动具有比较大的随机运动。示踪粒子的布朗运动对 PIV 速度的估计有很大的影响。因为 PIV 方法本身是基于示踪粒子和流体具有严格跟随性的假设这一基础上实现的,为了减少布朗运动的影响,通常使用时间的平均相关方法,尽管时间平均法在减少与布朗运动相关的测量误差时是有用的,但是它不适用于非定常流现象。

另外一个主要的不同在于获取示踪粒子图像的照明方法不同。在传统宏观尺度的 PIV 中,流播种粒子通过薄平面片光来照亮以便测量横截面的可视化。另外,在显微镜下片光照明证明是不切实际的,因为在流路和观察区域肯定小于1mm 并且难以产生厚度大于 $100\mu m$ 的片光。出于这个原因,几乎所有的 Micro PIV 系统使用容积照度方法的荧光显微镜如反射或透射光照明,而不是片材的照明。因此,显微镜的景深(DOF)在 Micro PIV 中起着非常重要的作用。Meinhart 等特别定义了 Micro PIV 分辨率测量的测量深度(MD),它依赖于示踪粒子的直径和物镜的相对孔径(NA)。仅在 MD 中的颗粒影响 PIV 的分析,而在焦点外部的颗粒不用于评估。因此,所获得的速度数据作为二维投影平面速度场中的焦平面。

最近,发展了一种新的微 PIV 技术。目的在于解决与卷照明和 DOF 的相关问题。它就是"共焦显微 PIV 技术"。共焦显微镜是一个先进的技术,它比传统的光学显微镜更有优势,诸如浅景深和离焦光的光学截止。共聚焦成像技术在微 PIV 上的应用可以让我们精确地获得聚焦面上的信息,就像宏观 PIV 中使用薄片光一样。共焦显微镜曾经几乎从不被使用,因为它的扫描速率太慢,直到现在微 PIV 才开始使用。虽然 PIV 需要在很短的时间间隔(纳秒到毫秒)内连续曝光两次,而传统的共焦显微镜却需要几秒到几分钟才可完成整个平面区域的扫描。这个问题近年来得到解决,高速共聚焦扫描仪已经发展起来了,它能够以2000 帧/s 的速度在 0.5ms 内扫描单个截面平面。

图 3-27 示出了共焦 Micro PIV 系统的示意图。测试对象固定在倒置型显微镜的机械阶段,操作者从底侧观察它。共焦摄像单元由一个高速共焦扫描仪,一个连续式的二极管激光器和一个高速照相机组成,被组装在倒置型显微镜的端口。由共焦扫描仪产生的共聚焦图像记录在像素为 800×600,12 位单色CMOS 图像传感器的高速和高感光摄像头。在这种情况下,帧速率是固定在2000 帧/s,每帧的曝光时间为 0.5ms。该系统使我们能够测量微流体的跨帧速度分布,流动区域为 $228 \times 171\mu m^2$,聚焦深度为 $1.8\mu m$。共焦深度是指共焦Micro PIV 系统的外平面分辨率,实际上是通过测量在不同焦点位置的实际成像示踪粒子外平面的测量分辨率。共焦 Micro PIV 的主要优点在于:焦点外的粒子的光被切断,只有光在焦平面上相当浅的粒子能够看到,并且对比度很高。

共焦 Micro PIV 曾经在一个小墨滴的内部流动中应用过,它是通过方形微通道进行输送。图 3-28 显示了每个横截面瞬时速度分布,为了阐明液滴内的流动现象,与墨滴移动速度相关的速度估计和映射在图 3-28 中进行了标示。对轴对称循环流中每一个横截面都进行观察,尽管顶/底壁区域和信道的中心方向不同,此结果表明了当液滴穿过方形微通道壁时,由于阻力和表面接触所形成的封闭液滴内的三维流体循环过程。

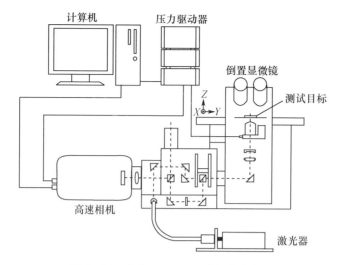

图 3 - 27　共焦 Micro PIV 系统的示意图

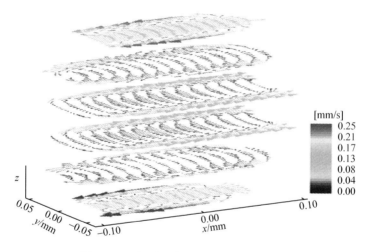

图 3 - 28　相对于移动的墨滴的速度分布

3. 数字图像相关变形测量

　　流体力学中最主要的测量对象就是流体相互作用产生的力和动量。这些流体力学的力经常导致模型的变形和部分装置的位移。因为尺度和形状因子是很重要的试验因素,所以在试验过程中必须重复监测模型的形状和位置。逐点方法通常用作此目的,但有时很费力,还可能错过关键区域。全场光学方法可以用作模型变形和位移的非侵入测量。莫尔干涉就是这样一种技术,可以在很大的区域同时获得高度准确的结果。莫尔干涉法的缺点是试验复杂度高,评估软件和其他干涉系统中一样,不能一直自动运行。因此,从 20 世纪 70 年代起,基于相关的变形、位移、应力分析过程发展应用越来越广泛,一般将其称为数字图像相关(DIC)变形测量。

　　下面将以 DIC 变形测量技术在高压设备变形测量中的应用为例,介绍此方法的发展情况。

　　由于复杂激光测量在全尺度测试条件下的高耗资和有限的可行性,大多数高速列车的空气动力试验研究在风洞设备的亚尺度运行。然而,在大多数情况下模型的雷诺数和马赫数不能同时匹配全尺度的列车。大多数现代低速风洞马赫数大约为 $0.1 < Ma < 0.3$,而如果模型和全尺度列车的相对空气速度大致相同,那么风洞里的雷诺数显然会远小于全尺度列车。对于空气动力学设计良好的设备,雷诺数不匹配会导致测量阻力和动量值的一定差距,这样可以使特殊的高雷诺数设备,如高压设备能够使用。这些设备允许相关马赫数和雷诺数在更小尺度上实现。因为模型载荷随着压力增加而增加,所以在试验中模型的变形和挠度必须仔细监测。

　　DNW(HDG)的高压风洞是回流式低速风洞,可以加压到 100Bar,如图 3 - 29 所示。测试区域的截面为 $0.6m \times 0.6m$,长 1m。通常使用 1∶50 和 1∶66 的模型保证阻塞比小于 10%。最大速度 35m/s,最大压力 100bar① 实现雷诺数和全尺度的雷诺数在同一个数量级(如 $Re = O[10^7]$)。在整个雷诺数范围内流体保持不可压缩。

　　列车头车和第一节拖车的模型设计载着六分量内式天平,如图 3 - 29 所示。应变天平相对紧凑,测量力可以达到 1000N。所有方向的力和动量都可以测量,测量的偏航角范围在 $-30° < \beta < +30°$,头车和拖车侧向安装在支杆上。

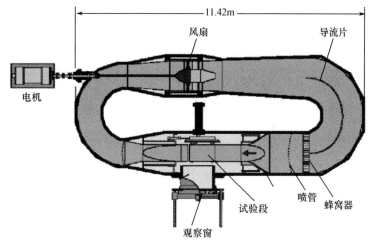

图 3 - 29　DNW 的高压风洞(HDG)示意图

①　1bar = 10^5 Pa。

DIC 被应用在通用高速列车模型中,来测量由于风载导致的模型挠度和变形。在高压风洞中模型的刚度一般更加重要,因为模型尺寸很小,风载相比于传统风洞很大。先前提到过,DIC 从根本上说是一种计算随机点图像位移的图像处理技术,点图像是通过相关技术连接或投影在目标上。现在,应用在 DIC、BOS 和 PIV 的数字相关算法是鲁棒性的,相对误差小于 0.1%。现代变形测量中,DIC 允许小变形的测量,其 CCD 传感器的标准差大约为 0.1 像素。这相当于在 HDG 风洞中列车模型位置测量的精度达到 0.01mm。该模型上涂有黑墨水的随机点图像,安装在支杆上,配有内式六分量天平(图3-30)。安装有附加的地面平台来切开风洞边界层,确保边界条件的良好定义。平台通过测量中心位置(偏航角 $\beta = 0°$)的压力分布来保证平行于风洞地板。在高压风洞中进行

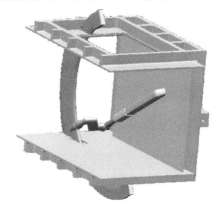

图3-30　HDG 试验段列车模型结构示意图

力的测量,DIC 技术用来纠正偏航角。在图3-31 很容易看出,不管支杆和支撑怎样,模型的偏航角明显根据来流速度变化(如 20m/s 时为 ±1.3°)。

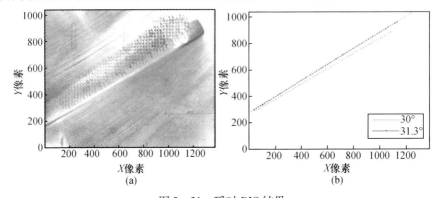

(a)　　　　　　　　　　　(b)

图3-31　瞬时 DIC 结果

(a)当地位移矢量,灰度程度代表数量级;(b)随机点在 $\alpha = 30°$ 参考点的测量
像素位置(直线)和在风载为 $P_0 = 30$bar、$U_\infty = 20$m/s 的测量像素位置(点线)。

图3-31(a)显示了一个瞬时图像相关的例子,图3-31(b)用 100 个矢量的场来表示平均角度。可以看出位移随着支杆弯曲线性增加。附加模型变形导致的更加复杂的位移图像没有观察到。DIC 技术的这种应用方式,只有 $X - Z$ 平面的变形可以确定。但是如果使用两个或更多的相机,这项技术可以很好地适应三维测量。

3.4 压敏漆测压技术

20 世纪 80 年代发展起来的压力敏感涂料（Pressure Sensitive Paint，PSP）测量技术是一种非接触式光学测量方法。它是利用光致发光材料的某些光物理特性来进行试验模型表面的压力测量，可在接近传统压力测量精度的前提下，获得测量表面全域的压力分布，且准备过程也相对简便，只需将 PSP 覆盖于模型测量面并开设必要的测压孔即可开展试验测量，时间和经济效益显著提高。不仅如此，该测量技术还可对测量所得的数据进行二次开发，因而被视为 21 世纪最具发展潜力和应用前景的风洞试验技术之一。

3.4.1 压敏漆测量原理

PSP 测量物体表面压力基于光致发光和氧猝灭原理。PSP 中的高分子聚合物称为探针分子。探针分子受到一定波长的光源激发后，从基态被激发到激发态，受激发的探针分子可以通过辐射和无辐射的过程回到基态。其中辐射过程为光致发光，即激发态探针分子通过发出荧光释放能量的形式回到基态；无辐射过程中，激发态探针分子在发出荧光前与基态氧分子碰撞，发生能量转移，基态氧分子获得能量形成激发态氧分子，激发态探针分子回到基态，这就是发光的氧猝灭。由 Henry 定律可知 PSP 聚合物内氧浓度与当地氧分压成正比，即空气压力越高，PSP 中氧分子越多，探针分子被淬灭也越多，因此发光强度与压力成反比。发光强度和氧浓度之间的关系可用 Stern – Volmer 关系来描述。对试验空气动力学而言，发光强度 I 和空气压力 P 之间简化的 Stern – Volmer 关系式：

$$\frac{I_{\text{ref}}}{I} = A + B \frac{p}{p_{\text{ref}}}$$

式中　　I_{ref} 和 p_{ref}——参照条件下的发光强度和压力；

I——压力为 p 时的发光强度；

A、B——Stern – Volmer 系数，可通过校准系统测得，且 $A + B = 1$。

理论上 I_{ref}/I 可以消除非均匀照射、涂层的不均匀和探针分子中浓度不均匀分布等因素的影响。在典型风洞试验中，I_{ref} 常取风洞未启动是时的发光强度值，因此 I_{ref} 常称为无风时的发光强度，对应压力为大气压，I 则被称为有风时的发光强度。

通常，光致发光的波长比激发光的波长要长，这种光致发光波长的变化称为红移，因此可以通过在光检测设备前加带通滤光片滤除激发光，获得探针分子发出的荧光强度 I_{ref} 和 I。通过校准装置对 PSP 进行校准后，即可用 Stern – Volmer 关系从发光强度计算压力。

气动载荷引起模型变形,导致有风图像和无风图像不重合,因此在图像比之前需要将"有风"图像与"无风"图像进行配准。开发双组分 PSP 的一个初始目的是简化 PSP 的数据处理流程,用来免除采集无风参考图像的需求。一般来说,双组分 PSP 是由压力敏感的探针分子和压力不敏感的参照探针分子。两种探针分子使用同一激发光源,释放出的两种波长的荧光,且光谱不交叠,因此两种探针分子的光可以使用滤光片完全分离。令 $I\lambda_1$ 和 $I\lambda_2$ 分别为两种发光强度,$(I\lambda_1/I\lambda_2)/(I\lambda_1/I\lambda_2)_0$ 可以消除光源对模型不均匀照射、涂层厚度和探针浓度的影响,下标 0 是无风条件下的比值。

Stern-Volmer 系数 A 和 B 有温度依赖性,需要进行温度校正,温度修正有两种方法:一种是在校准系统中对 PSP 工作压力及工作温度进行覆盖,对不同的温度给出不同的 Stern-Volmer 系数,由于风洞运行过程中 PSP 温度分布不均,且会发生改变,该校正方式存在较大缺陷。另一种是针对温度校准需求提出的一种双组分 PSP,包含一种对温度敏感而不能被氧猝灭的探针分子与氧敏感探针分子,这种含双发光探针的温度/压力敏感涂料可用于校正 PSP 的温度效应。特别是当两种探针分子的温度依赖性十分接近时,这两种探针之间光强比表现出十分低的温度依赖性,图 3 – 32 为压敏漆工作原理图。

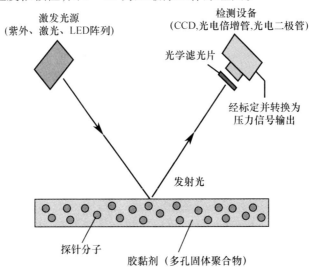

图 3 – 32　压敏漆工作原理图

3.4.2　压敏漆测量系统

1. 压敏漆测量系统构成

压敏漆测量系统通常由涂层、激发光源、光检测器和数据采集处理单元组成。基于光学 CCD 的 PSP 测压系统构成如图 3 – 33 所示。

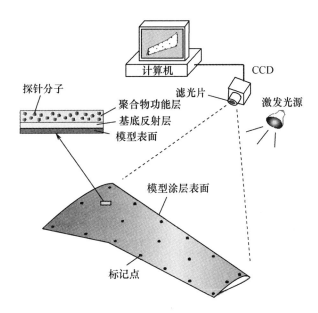

图 3 – 33　基于光学 CCD 的 PSP 测压系统构成

压敏漆涂层由聚合物功能层和基底反射层两部分组成。聚合物功能层是含探针分子的工作层,由尺寸均匀的颗粒组成的多孔性固体薄膜,具有一定的厚度、浓度、均匀性和透气性。基底反射层,通常用含二氧化硅的白色底漆,用于增强探针分子发光强度,提高涂层的黏结性。

激发光源有紫外灯、LED 阵列和激光器。合理照射光源的选择取决于发光涂料的吸收光谱和特定设备的光路。在探针分子吸收波长范围内,照射光源必须能够提供足够多的光子,并使光不达到饱和,不致产生严重的光降解。常用的激发光可通过在 LED 阵列加带通滤镜得到,LED 阵列具有重量轻,几乎不产生热量,便于合理布置产生相当的均匀照射区域,可产生连续或脉冲光等优点。

光检测器有光二极管、光电倍增管和 CCD 相机。光电倍增管具有响应速度快的特点,一般用于动态 PSP 测压系统。对于稳态测压系统,常用的检测装置为高信噪比、高光强分辨率(12 位 ~ 16 位)和高空间分辨率的科学级 CCD 相机。CCD 前需添加带通滤镜,过滤掉激发光。对于某些双组分 PSP,一台彩色 CCD 可同时采集得到两个组分的光强。

数据采集处理单元为含数据采集设备及数据处理软件的计算机。

2. 压敏漆校准技术

在应用 PSP 定量测量气流压力之前,应通过校准试验测定 PSP 发光强度与空气压力之间的关系。校准系统由压力室、激发光源和检测装置组成,PSP 样片放在压力室内,其压力及温度可调。激发光通过压力室的窗口激发 PSP 样片,涂料样片发射的光经过带通滤光片后,用光检测器测量,光检测器的输出信号由采集设备采集。按 PSP 工作压力及温度范围给定一组序列,采集 PSP 在不同压力及温度状态下的发光强度,得到不同温度下的 Stern-Volmer 关系参数。

3. 压敏漆性能指标

典型的 PSP 是将发光染料和聚合物胶黏剂溶于溶剂而制得,然后将混合物用喷涂、刷涂或浸涂在模型表面,溶剂挥发后,在表面形成一层薄的涂层,涂层内探针分子固定在聚合物介质中。在某些组合中,聚合物介质仅仅是一种惰性的固定物。探针分子和聚合物大分子之间存在复杂的相互作用,组分混合顺序及其浓度的变化可能会改变涂层特性。因此,探索探针分子和聚合物之间最优化组合是一个比较复杂和困难的过程。对空气动力学应用而言,不同的应用环境要求 PSP 涂料应该具备不同的物理和化学性质。主要包括压力灵敏度、温度灵敏度、发光强度、涂料稳定性、响应时间、物理性能、化学性能。

4. 压力灵敏度

PSP 的 Stern-Volmer 系数的选择应与试验表面的压力范围和所用光检测器的性能要求相匹配。一般情况下,Stern-Volmer 系数 $B(T)$ 越大,表明涂料有越好的压力灵敏度。但是,在高压下的空气动力学试验表明,PSP 的系数 $B(T)$ 过大,可能引起在常压条件下严重的氧猝灭,大大降低 PSP 发光强度,降低光检测器的信噪比。

5. 温度灵敏度

性能良好的 PSP 应该受温度影响较小,温度灵敏度来自两个方面:探针分子的温度依赖性以及氧在聚合物介质中的溶解度和扩散系数的温度依赖性,主要贡献来自后者。

6. 发光强度

PSP 的发光强度通过光检测器进行测量,一般要求发光强度越高越好,以增强光检测器的信噪比。在一定的浓度范围内,探针分子浓度与发光强度成正比,当浓度太高,就会发生光的自猝灭。同理,在高强度激发光照射下,发光强度不再随激发光强度增加而线性增加,当激发光进一步增强时,发光强度将会达到饱和。

7. 涂料稳定性

理想 PSP 的发光强度应该不随激发时间而改变。实际由于探针分子的光降解,发光强度会随着光照时间增长而降低。发光强度降低还有可能是存在能猝灭探针分子激发态的某些化学物质。聚合物胶黏剂老化造成氧在聚合物胶黏剂的溶解性和扩散性,导致 PSP 的 Stern-Volmer 系数发生改变。

8. 响应时间

当探针分子的发光寿命比氧扩散的时间尺度短很多时,PSP 的响应时间主要由氧通过涂层的扩散决定,涂层的多孔性可加快时间响应,快速响应 PSP 可用于非稳态空气动力学试验,但是对于稳态测压,并不需要使用快速响应 PSP。而且快速响应 PSP,Stern-Voleme 系数 $B(T)$ 通常较大,在环境条件下 PSP 的发光强度很弱造成较低的信噪比。

9. 物理性能

聚合物胶黏剂的物理性能如黏结力、硬度、涂层的均匀性和厚度,都应在试验前有所考虑。黏结力应该足以经受住模型表面与空气的摩擦力。硬度主要与聚合物种类、分子量以及交联度有关。为避免对模型的空气动力学特性有任何影响,要求尽量降低涂料的粗糙度和涂层的厚度,一般来说,涂料的最大均方粗糙度应小于 $0.25\mu m$,涂层厚度范围为 $20\sim40\mu m$。

10. 化学性能

涂料的毒性对安全性很重要,有毒溶剂应避免使用,喷涂人员必须得到保护以防止和涂料喷雾接触,可以使用新鲜空气的吸气设备和合适的通风设备。

3.4.3 压敏漆数据处理

本节以单组分 PSP 为例,介绍使用单台 CCD 相机的基于光强的 PSP 数据处理流程,如图 3-34 所示。PSP 数据处理的最终结果是根据图像数据、PSP 校准参数、CCD 相机校正参数转换为映射到模型三维网格的压力数据,并进一步得到模型力及力矩。需要附加的校正程序来消除(或减少)由于模型变形、PSP 温度影响、自照射修正、相机噪声(暗电流和固定模式)和非线性响应产生的误差。

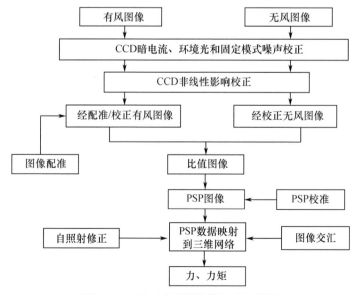

图 3-34 基于光强的数据处理流程图

通常情况下,与常规图像噪声处理方法一致,可通过图像的数列平均化来减少随机噪声。从数据图像中减去暗电流图像和环境光图像,以消除 CCD 相机的暗电流和环境光成分。暗电流图像通常在关闭相机快门时采集,环境光图像在快门打开而所有可控光源关闭时采集。采集暗电流图像和环境光图像的曝光时间应该与试验过程中数据图像一致。之后用数据图像除以平面场图像以校正固定模式噪声,平面场图像从均匀发射场采集。科学级的 CCD 相机对于入射光强度具有良好的线性响应,传统的 CCD 相机对入射光强度往往表现出非线性,此时需对相机进行非线性校正。

数据处理将"有风"图像和"无风"图像做比值从而消除照射光强度、探针分子浓度,以及涂料厚度不均匀的影响。然而,由于气动载荷引起模型变形,导致有风图像和无风图像不重合,因此在图像比之前需要将"有风"图像与"无风"图像进行配准。PSP 图像处理最常用的配准方法为基于特征点的图像配准,通过人工在模型表面布置特征点或使用模型表面的测压孔,这些特征点要求便于识别,且均匀布于模型表面。数据处理时,试验人员可手动定位特征点,并确定特征点在有风图像和无风图像中的对应关系,进而计算出变换参数,将"有风"图像配准到"无风"图像。对于生产型风洞,一次试验可能产生大量图像数据,如果采用手动定位特征点的方式将会大大降低数据处理效率,因此需要使用自动配准算法完成图像配准。

得到比图像后,可根据校准关系计算得到压力图像。由于 PSP 的比图像不仅与压力相关,也是温度的函数。温度效应往往对 PSP 的测量不确定性有重要影响,需要进行修正。校准 Stern-Volumer 系数 $A(T)$、$B(T)$ 时覆盖试验过程中 PSP 的工作温度,此时压力场可由比图像计算。由于风洞中某些不可控的因素,经温度校正的 PSP 校准系数仍然会导致压力测量的系统误差。修正由此引起的系统误差,必须用一些位置上的测压孔数据来修正比图像,此过程被称为 PSP 的原位校正。

相机几何校准是通过共线性方程获取相机内外参数及镜头畸变参数,建立物空间三维坐标和对应的图像平面中的二维坐标间的透视关系,相机几何校准是映射二维图像数据到模型三维网格的基础,这一映射过程称为图像交汇。光强数据映射到三维网格后须进行自照射修正。所谓的自照射是指从模型表面的某一部分发出的光照射到另一部分表面的现象,使得接收光表面上可观察的光强增加,进而引入误差,因此需要对光强数据进行自照射修正。自照射取决于表面几何形状、发光区域以及涂层的反射特性。自照射修正需建立修正涂层表面二次发射效应的分析模型和数值方案。

上述处理步骤完成后,根据相机几何校准确定的参数即可将图像上 PSP 数据映射到模型三维网格上。大多数的 PSP 测量,图像数据都映射到模型的刚性

CFD 或者 CAD 表面网格上。然而,当风洞模型有显著的弹性变化时,刚性网络映射会导致压力的失真。因此,必须生成变形模型网格满足 PSP 数据映射需求。最后,通过表面压力分布可以计算出气动力和力矩的积分值。

3.4.4 压敏漆技术应用

压敏漆测量技术以其非接触测量方式、真实反映物理表面连续压力分布、高空间分辨率以及高效、经济等突出优势,在低速、亚跨超声速和高超声速风洞都得到大规模应用,涵盖航空航天、高速车辆、高层建筑、大型桥梁等领域。

1. 低速风洞中的应用

低速流动条件下,气压变化小,要求 PSP 具有较高的压力敏感度,测压误差主要来源于温度效应、图像失准和 CCD 相机噪声。Brown 等在低速条件下用 PSP 进行了 NACA0012 翼型的引导性测量试验,共进行了三组对比试验,系统地分析和总结了低速条件下影响 PSP 测量的主要误差,以达到误差最小化的目的,图 3 – 35、图 3 – 36 为最终优化试验方案结果。总结出低速流动 PSP 测压的经验:①振动和模型相对于照相机和激发光源的位移应降到最

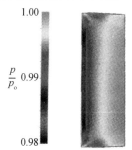

流动速度30m/s, 攻角 $\alpha = 5°$

图 3 – 35　NACA0012 校正过的压力敏感涂料图像

低,以减小图像对准的误差。②温度导致的误差应降至最低。在试验图像采集之前,风洞需运行一段时间,不仅是试验段,包括模型表面都应达到稳定平衡的温度;要求风洞停止运行就立即采集相应的参考图像。③PSP 的喷涂质量对于表面粗糙度至关重要,粗糙度降到 $0.46\mu m$ 后得到令人满意的试验结果。④使用数量充足的测压孔进行原位校正,以消除系统误差,获得定量的测量结果。⑤图像配准对于降低空间噪声至关重要。⑥应采用科学级 CCD 相机(14 ~ 16 位),对一组图像求平均,有助于减小光子散粒噪声和其他随机噪声。

解决涂料温度效应的最常用方法是在假设模型表面温度分布均匀的前提下通过原位校正将涂层局部发光强度与对应的测压孔结果相关联。这样,温度引起的测量误差被计入原位校正的总体拟合误差。即使消除了一些系统误差,单独应用此方法也不可能使测量的误差达到与风洞试验中热不均匀表面上 0.1K 温度变化相当的误差水平。Bell 等对低速条件下压力敏感涂料在 NASA 艾姆斯研究中心大型生产风洞中的应用进行研究之后指出,最大测量误差源于压力敏感涂料的温度效应和试验中模型的位移。因此,更好的解决方案就是将原位校正与采用温度不敏感的压力敏感涂料结合起来。法国 ONERA 开发的 PyGd 双组分涂料,对压力敏感度高,温度敏感度非常低,达到了 0.05% /K,这是因为其

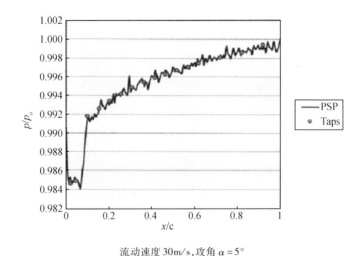

流动速度 30m/s,攻角 $\alpha = 5°$

图 3 – 36　NACA0012 翼展中点位置弦向压力分布图

参考组分的温度敏感度几乎与压敏组分相同,两种成分发光强度之比抵消了压敏组分的温度效应。

2. 亚跨超声速风洞中的应用

绝大多数 PSP 测量应用于高亚声速、跨声速和超声速流动条件,这是因为压力敏感涂料在马赫数 0.3 ~ 3.0 范围内最有效。各种各样覆盖了压力敏感涂料的气动模型分别在 NASA 下属三个研究中心(兰利、艾姆斯、格伦)、位于西雅图和圣路易斯的波音公司、阿诺德工程发展中心和莱特—帕特森空军基地的大型生产风洞中进行了试验。同样,压力敏感涂料还广泛地应用于俄罗斯中央流体动力学研究院(TsAGI)、英国航空航天研究中心和国防研究机构(DERA)、德国航空航天研究院(DLR)、法国航空航天研究院(ONERA)和日本国家宇航实验室(NAL)的各种风洞之中。除了主要应用于外流研究之外,压力敏感涂料还被用来对涡轮机械内部具有复杂激波结构的超声速内流进行研究。

Engler 等在马赫数 0.6 ~ 0.95、攻角 – 4° ~ 36° 和侧滑角 – 13° ~ 13° 范围内对 AerMacchi M – 346 先进教练机模型进行了压力分布和气动力载荷的测量,试验结果如图 3 – 37 所示。他们的试验测量是在生产风洞中对附有襟翼、减速板、方向舵和副翼的复杂气动模型应用压力敏感涂料的绝好范例,其测量系统包括双组分压力敏感涂料、8 台 CCD 照相机和 16 个光纤照明装置,系统结构如图 3 –38 所示。

Mebarki 和 Le Sant 研究了 Dash 8 – 100 飞机的超临界机翼在马赫数 0.74 巡航速度下的压力分布。测量试验在加拿大国家科学研究委员会下属的宇航研究所(IAR,NRC)跨声速暂冲式增压风洞中进行。试验结果如图 3 – 39 所示。

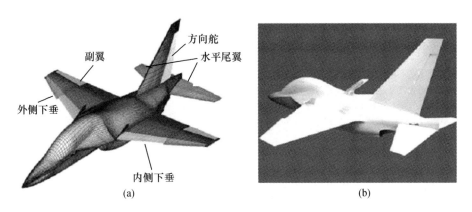

图 3 – 37　AerMacchi M-346 先进教练机模型

（a）表面网格；（b）涂有压力敏感涂料的模型。

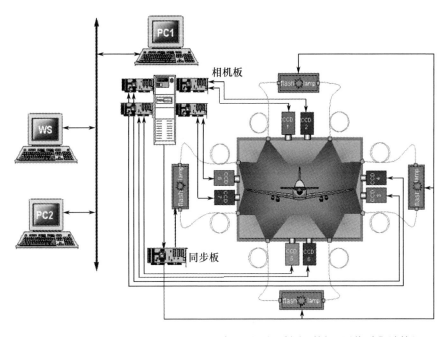

图 3 – 38　PSP 系统,包括双 CCD 相机单元、光纤照射头、数据/图像采集计算机

Shimbo 等在日本国家宇航实验室的 2m 跨声速风洞中对 Mitsubishi MU-300 商用喷气机的 8% 模型应用压力敏感涂料进行了马赫数 0. 6 ~ 0. 8 和 0° ~ 4. 6° 攻角下的压力测量。Bencic 在 NASA 格伦研究中心的 1ft × 1ft 超声速风洞中应用压力敏感涂料进行了以抽吸方式控制超声速进气道边界层的试验。该试验研究了因边界层分离引起进气性能下降的激波与边界层相互作用。

国内航空工业气动院于 20 世纪 90 年代从俄罗斯 TsAGI 引进了压敏漆测量

157

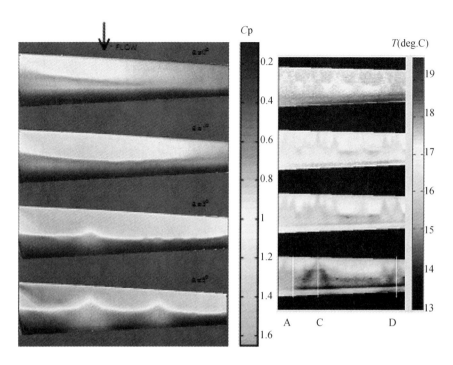

图 3 – 39　马赫数 0.74,Rec 为 3.8×1061/m,攻角为 0,1°,3°,5°时,
FIB 压力敏感涂料获得的机翼上表面的压力系数分布 Cp 及
红外相机获得的对应的温度分布

技术,与中科院化学所合作进行了压敏漆研发,并在跨声速风洞中开展了翼型、翼—身融合体试验,航天空气动力研究院在跨超声速风洞中开展了压敏漆测量技术在民机和三角翼模型压力测量应用,2000 年以后上海交通大学、北京航空航天大学、南京航空航天大学、西北工业大学、清华大学和中航工业燃气涡轮研究院等开展了该技术在内流场、涡轮叶片气膜冷却效率和低速风洞模型压力测量试验。

气动中心在 2.4m 跨声速风洞发展了压敏漆测量技术,建立了满足工程化应用要求的多光源、多 CCD 压敏漆测量系统,使用多个测压模型进行了压敏漆测压试验,对比了压敏漆测量结果与传统电子扫描阀 PSI 测量结果,系统地验证了压敏漆测量技术精准度与可靠性,图 3 –40,图 3 –41 给出了大飞机模型压敏漆试验与压力分布试验结果 Cp 云图。

3. 高超声速风洞中的应用

高超声速流动条件下压力敏感涂料应用难度更大的原因在于高超声速气流的高焓将会引起模型表面温度发生较大幅度的增加,从而使涂料的温度效应非常严重。由于高超声速风洞通常运行时间较短,因此非常薄的压力敏感涂层不

图 3 - 40　大飞机模型压敏漆试验

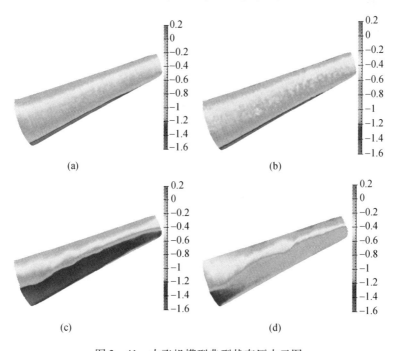

图 3 - 41　大飞机模型典型状态压力云图

（a）$Ma = 0.4$，$\alpha = 4°$；（b）$Ma = 0.6$，$\alpha = 4°$；（c）$Ma = 0.785$，$\alpha = 4°$；（d）$Ma = 0.82$，$\alpha = 4°$。

仅可以承受气流的高摩擦力，而且能够保持对表面压力的快速反应。可是，非常薄的涂层所发出的光也是非常微弱的，信噪比低。风洞短的运行时间限制了 CCD 相机采集光子的曝光时间，无法通过延长曝光时间提高信噪比。Nakakita 等应用阳极氧化铝压力敏感涂料（AA-PSP）在日本国家宇航实验室运行时间为 30ms 的中等规模激波风洞中进行了马赫数 10 条件下气流在拐角处膨胀与压缩的压力分布测量。附带图像增强装置(滨松 C4880-07 型)的致冷式 14 位 CCD 相机(滨松 C6245MOD)用来探测压力敏感涂料的发射光。增强装置提高了相机在较短曝光时间内测量涂层微弱发光的能力,这需要以引入额外的噪声为代价。每个模型表面都布置了 6 个与库利特压力传感器(Kulite:XCS-093-5A)相连的测压孔,以提供用以进行参考压力数据的对比。试验结果如图 3 – 42 所示。

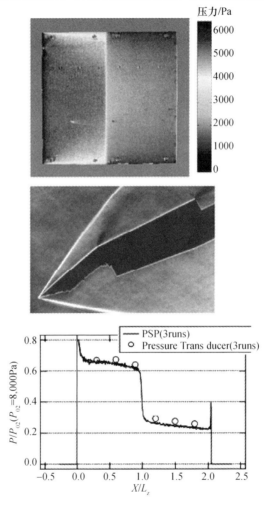

图 3 – 42　马赫数 10,攻角 40°压力敏感涂料图像、纹影照片和膨胀角模型上的压力分布

第4章 风洞在线监测故障诊断技术

4.1 概述

风洞在线监测故障诊断系统利用各种传感器在线监测、定期巡检和离线检测相结合的方法,广泛获取设备状态信息,借助各种智能推理算法(物理模型、神经元网络、数据融合、模糊逻辑、专家诊断系统等)来评估设备本身的健康状态。在系统发生故障之前,结合历史工况信息、故障信息、试车信息等多种信息资源对其故障进行预测,并提供维修保障决策及实施计划等,以实现系统的视情维修。风洞在线监测故障诊断系统的目的是完善风洞装备状态监测能力和提高风洞装备的故障诊断智能化水平,从而增强参试装备维修的预见性和及时性,为型号任务的圆满完成提供可靠保障。

跨声速风洞在线监测故障诊断系统监测对象主要包括压缩机系统、半柔壁系统、第二喉道段系统、试验段、弯刀机构和承压洞体等。健康管理及故障诊断系统的功能包括:

(1)故障监测。实时监测并检查系统、子系统或组件是否存在工作不正常的情况,并确定系统发生故障的位置。

(2)故障预测。根据对设备当前状态的描述,预测所有任务和关键部件的健康指数(即退化程度)、故障将发生的概率及发生的时间等,使得设备管理与维修人员可以预知故障的发生,从而采取一系列维修或预防措施。

(3)辅助决策和资源管理。综合所需要的信息,基于与系统健康相关的信息,为维修资源管理和其他健康管理过程提供支撑,为维修提供建议等。

(4)信息融合。综合多种信息源、多参数、多传感器信息,以及历史与经验信息,把这些信息融合成有用的、有关系统健康的知识,以减少故障诊断与预测的差错,提供系统的性能及自主性。

(5)信息管理。将准确的信息在准确的时间通报给相关的人员。

低速风洞风机是风洞正常运行的大型重要关键动力设备,它的正常运行是保障风洞试验正常开展的根本保证。风机由于长期运转、安装质量不达标等问题引发很多故障,且风机系统在运行中的故障类型多,这些故障隐患会严重影响到风洞试验的安全性和经济性,因此,需对风机进行在线监测及故障分析,保证风机的正常运行具有重要的意义。

（1）避免风机机组在运行过程中发生故障而造成重大的生产安全事故，并避免因此而产生的巨大经济损失，保证设备在规定的时间内无故障安全可靠地运行。

（2）向运行人员提供及时的信息，有效地支援运行，提高设备使用的合理性、运行的安全性和经济性，充分挖掘设备的潜力，延长设备的使用寿命。

（3）实现设备的有效维修，降低设备的维修成本，提高设备的使用效率，减少事故的发生。

4.2 连续式跨声速风洞在线监测技术

4.2.1 系统组成及总体框架

在线监测故障诊断系统主要由传感器系统、数据采集系统、数据分析处理系统和软件平台组成。传感器系统把测量点的应力、应变、振动、温度等物理信号转化为电信号；数据采集系统主要功能是完成信号调理、AD 转换和信号存储等；数据分析系统主要功能是从采集到的信号中提取故障特征值数据，并与标准数据库中数据比较，对设备的健康状态做出判断，对设备寿命做出评估，并提供维护保障建议等。

在线监测故障诊断系统采用分布式架构。在线监测采集器安装在风洞现场，通过在现场加装传感器方式，将传感器的输出信号隔离变送后，送入在线监测采集器进行实时的监测分析，获取设备运行过程中的各项特征参数指标。一方面通过对各种被监测的实时参数进行实时分析，得到设备当前的状态信息；另一方面通过实时传输发送到客户端存储，客户端通过软件对数据进行实时和事后分析处理，实现对风洞的在线监测与健康管理，并在事后把原始数据和分析结果存储到服务器。在线监测故障诊断系统框图如图 4 - 1 所示。

4.2.2 监测点布置及传感器选型

1. 压缩机系统

主压缩机系统主要由电机、压缩机、轴、联轴器和轴承等组成，测点布置如图 4 - 2 所示。

采用速度传感器或加速度传感器监测每个轴承位水平和垂直的径向振动；采用位移传感器监测驱动端轴承的轴向振动。采用频谱分析技术监控轴系的基础松动、对中不良、不平衡等问题。

测点与方向分布如表 4 - 1 所列。

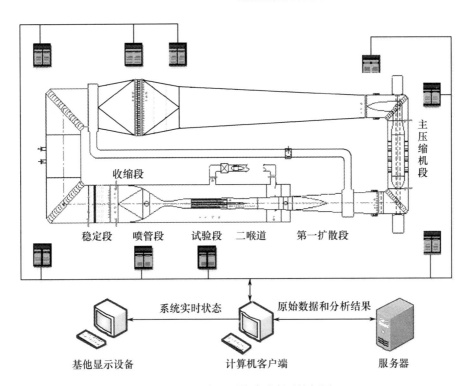

图 4-1　在线监测故障诊断系统框图

图 4-2　主压缩机系统测点布置

表 4-1　主压缩机系统测点列表

测点	特征量	方向	传感器类型	备注
①	振动	x、y、z	速度/加速度/位移	X—径向振动水平方向；Y—径向振动竖直方向；Z—轴向振动。X/Y 方向推荐使用速度传感器；Z 方向推荐使用电涡流位移传感器
①	温度		热电偶	
②	振动	x、y	速度/加速度	
②	温度		热电偶	
③	振动	x、y、z	速度/加速度/位移	
③	转速		光电	
④	振动	x、y	速度/加速度	
⑤	振动	x、y、z	速度/加速度/位移	
⑤	温度		热电偶	

163

（续）

测点	特征量	方向	传感器类型	备注
⑥	振动	x、y	速度/加速度	
	温度		热电偶	
⑦	振动	x、y、z	速度/加速度/位移	
⑧	振动	x、y	速度/加速度	
⑨	振动	x、y、z	速度/加速度/位移	
	温度		热电偶	
⑩	振动	x、y	速度/加速度	
	温度		热电偶	

副压缩机系统主要由电机、压缩机、轴、联轴器和轴承等组成,测点布置如图4-3所示,测点、传感器数量统计如表4-2所列。

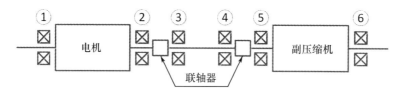

图4-3　副压缩机系统测点布置

表4-2　副压缩机系统测点列表

测点	特征量	方向	传感器类型	备注
①	振动	x、y、z	速度/加速度/位移	
	温度		热电偶	
②	振动	x、y	速度/加速度	
	温度		热电偶	X—径向振动水平方向;
③	振动	x、y、z	速度/加速度/位移	Y—径向振动竖直方向;
	转速		光电	Z—轴向振动。
④	振动	x、y	速度/加速度	X/Y方向推荐使用速度传感器;
⑤	振动	x、y	速度/加速度	Z方向推荐使用电涡流位移传感器
	温度		热电偶	
⑥	振动	x、y、z	速度/加速度/位移	
	温度		热电偶	

2. 半柔壁系统

半柔壁系统主要是由推杆与壁板组成,推杆一共16组,每组5根,共80根。布置120个应变测点,分布于各组推杆之间,每组推杆间布置4个测点,使用单向应变计,监控壁板变形过程中的应力变化,判断壁板工作状态。

布置10个温度测点,均匀分布于柔壁外侧,用于监控柔壁温度变化。

布置32个振动测点,均匀分布于壁板外侧,使用三向加速度传感器,用于监控型面振动变化。

3. 第二喉道系统

第二喉道系统主要是由三段调节片、驱动系统和中心调节片组合而成,二喉道三维示意图和测点位置示意图如图4-4所示。

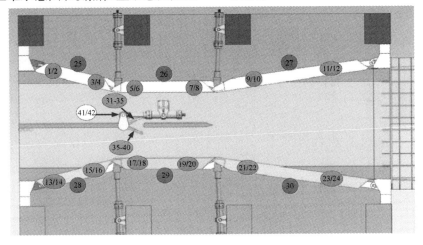

图4-4 第二喉道系统测点布置

测点布置如下:

(1)测点1~24。布置在调节片上,每片4个点,分别布置在左上、左下、右下、右上4个位置。测量量为振动,此处振动较大,使用加速度传感器。左上和右上用三向加速度传感器,左下和右下用单向加速度传感器。

(2)测点25~30。布置在每张调节片的中间位置。测量量为应变,使用三向应变花。

(3)测点31~40。布置在中心调节片上,从上到下依次布置传感器、应变花、传感器、应变花、传感器。测量量为振动和应变,此处振动较大,使用加速度传感器。振动使用三向加速度传感器、应变使用三向应变花。

(4)测点41。中心体驱动油缸与中心体转轴链接处布置加速度传感器,上下两只油缸各一只。测量量为振动,此处振动较大,使用三向加速度传感器。

4. 试验段

本风洞含有3个试验段(不同时使用),每个试验段布置16个(每一侧面4个)测点,均匀分布于试验段上、下、左、右壁,共计48个测点,每个测点采集三向振动加速度信号,使用三向加速度传感器,用于监控试验段工作状态下的振动情况。

试验段共需要三向加速度传感器48只,通道数144。

5. 弯刀机构

测点均匀分布于弯刀机构,共计8个测点,每个测点采集三向振动加速度信号,用于监控弯刀工作状态下的振动情况。

弯刀机构共需要三向加速度传感器8只,通道数24。

6. 承压洞体结构监测

共布置128个振动和128个应变测点,均匀分布于洞体内壁上,包括稳定段2个截面、拐角出入口8个截面、大开角2个截面、驻室2个截面、防喘振旁路2个截面,共16个截面,每个截面沿圆周均匀布置8个测点,每个测点分别采集三向振动加速度、径向扩张应变信号,用于洞体结构的工作状态。

承压洞体结构共需要三向加速度传感器128只,单向应变计128只,通道数512。

7. 洞体轴向位移监测

共布置4个位移测点,分布于洞体四角,用于监测风洞的轴向移动。

洞体轴向位移监测共需要4个拉线式位移传感器。

跨声速风洞在线监测故障诊断系统测点布置汇总如表4-3所列。

表4-3 跨声速风洞在线监测故障诊断系统测点布置汇总

监测部位	特征值	传感器类型	数量	通道数	备注
主压缩机	振动	速度传感器	20	20	单向
	振动	电涡流位移传感器	5	5	
	温度	热电偶	6	6	
	转速	光电转速传感器	1	1	
副压缩机	振动	速度传感器	12	12	单向
	振动	电涡流位移传感器	3	3	
	温度	热电偶	4	4	
	转速	光电转速传感器	1	1	
半柔壁	应变	应变花	120	120	单向
	温度	热电偶	10	10	
	振动	加速度传感器	32	96	三向
二喉道	振动	加速度传感器	20	60	三向
	振动	加速度传感器	12	12	单向
	应变	应变花	10	30	三向
试验段	振动	加速度传感器	48	144	三向

（续）

监测部位	特征值	传感器类型	数量	通道数	备注
弯刀机构	振动	加速度传感器	8	24	三向
承压洞体	振动	加速度传感器	128	384	三向
	应变	应变计	128	128	单向
	位移	拉线式位移传感器	4	4	

4.2.3 数据采集分析处理系统

1. 数据采集系统

健康管理及故障诊断系统数据采集系统整合了传感器、激励器、信号调理、数据采集设备和应用软件，能够自动采集与预处理信号数据，能将数据发送到服务器中保存。数据采集信号主要包括振动信号、温度信号、应变信号、位移信号和转速信号等。

2. 数据分析处理系统

1）试验数据判断与存储

作为一个长期的监测项目，如何从海量数据中提取出需要的数据才是整个监测系统的重点，例如，结构在试验过程中与非试验时的最大区别是振动加速度的量级不同，在吹风试验过程中，结构部分测点的振动量级较高，可以通过振动加速度的大小来进行数据的判断与存储；同样，风洞壁、柔壁和喉道等在风洞工作时，会由于正面或侧面风的吹打，表面产生一定压力，产生形变，振动时的应力残余也会导致后期的缓慢应变等。对于有效数据的判断，由于风洞的健康管理没有可供参考的数据，因此可以考虑在监测过程中给监测数据设定一个阈值，当特征值（振动、应变、温度、转速等）的绝对值达到这个阈值的时候，数据中心开始存储数据，试验完成的时候停止存储数据。后期，系统对多次采集的不同风速下特征参量幅值进行绝对值平均运算，计算结果作为该参数的预警值。这样就能够在存储珍贵的试验数据的前提下，舍弃大量的垃圾数据，为结构的监测、评估提取珍贵数据。

2）异常数据处理

对于原始采集数据，由于环境噪声、仪器设备等原因，在长时间的连续采集中不可避免地会出现异常数据，因此健康监测数据处理流程的第一步就是进行数据可靠性检验，分析数据异常原因，剔除异常数据。

3）统计分析

对于单一研究对象在时域范围内进行处理分析通常采用统计分析方法，主要包括趋势统计和特征值统计。首先，主要分析该研究对象在时间轴上的变化情况，通过绘制研究对象的时程图形分析该研究对象有无周期性、单个周期内的变化规律及多个周期内的变化趋势等;其次,对研究对象绘制频率分布直方图,统计其概率分布规律并计算分布特征值,如平均值、极值和方差等。

在监测系统运行的前期,可通过一段时间的数据积累,通过对吹风过程的结构振动、位移等幅值进行统计分析,研究其变化规律来对风洞结构振动劣化和损伤做出评估。

4)故障诊断分析

故障诊断主要通过专家诊断系统实现,专家诊断系统作为后台服务器软件的一个子模块,可根据现场实时采集振动数据进行故障特征提取处理,根据故障特征规则对采集单元进行设置,采集器根据规则采集提取各个故障对应的特征值,并根据故障诊断规则进行故障判断,系统报警同时,诊断系统将自动给出故障原因和处理措施建议。

专家诊断系统一般由知识库、推理机、人机接口、解释机构等部分组成。知识库主要用来存放领域专家的专门知识。知识表示要解决的问题是如何用计算机能够理解的形式表达和存储。知识库是推理机工作的重要对象,推理机用于记忆所采用的推理规则和控制策略,使整个专家系统能够以逻辑方式协调地工作。推理机能够根据知识进行推理和导出结论,而不是简单地搜索现成的答案,它包括推理方法和控制策略两部分。推理机具体表现在程序中就是整个程序的逻辑控制算法,逻辑控制算法是程序正确运行的先决条件。

3. 软件平台

在线监测故障诊断系统的数据分析功能是基于软件平台实现的,主要包括数据采集模块、数据分析模块和健康诊断模块等。数据采集模块用于数据采集与预处理;数据分析模块用于对数据计算并提取故障特征值;健康诊断模块则依据故障特征值对设备的健康状态做出判断、对设备寿命做出评估,并提供维护保障建议等。其详细功能如下:

1)数据采集网络组态

数据采集网络组态程序用于设计数据采集网的构成,即设计全系统的数据采集通道、报警策略、调节控制、数据采集策略、数据存储等。

在数据采集网络中,数据采集通道、调节通道等抽象为变量,为方便管理提供了如下类型的变量:全局系统变量、全局调节变量、本地常量、本地过程变量、本地用户变量等。

2)数据采集

数据采集程序提供了简单的变量查看界面,用于调试。它负责本地数据采集、I/O设备控制、实时数据库的组建、实时数据发布、本地数据存储、本地报警等功能,包括定义采样速度、开始和停止触发(包括前触发和后触发)时间、手动选择开始和停止的时间点、开始和停止测量的时间点。

3）监控网络组态

监控网络组态提供了多种监控界面控件、监控界面设计,利用各控件搭建的模块程序可以完成对检测数据的预处理。

4）监视程序

监视程序主要用于检测测量过程中的异常情况,包括传感器故障、激励电路故障等,具备数据回放、手动调节检测参数、实时报警等功能。

5）数据报表

提供数据报表的导出和打印等功能,数据报表模块生成用户要求的数据报表。

6）平台安全

平台安全是整个数据采集进行前的模块,系统根据用户身份管理表中登录人员的身份以确保数据的安全性。

4.3 低速风洞的风机在线监测故障诊断技术

4.3.1 风洞风机常见故障类型及产生原因

风机是一种将原动机的机械能转换为输送气体、给予气体动能的机械。虽然风机的故障类型繁多,原因也很复杂,但根据调查,实际运行中风机故障较多为风机振动故障、温度过高、保护装置误动、电机电源缺相等,如能针对不同的现象分析原因采取恰当的处理办法,往往能收到事半功倍的效果。

1. 风机叶片振动故障

风机的振动会引起轴承和叶片损坏、螺栓松动、机壳和风道损坏等故障,主要表现为风机在运行中振动突然上升。这是因为当气体进入叶轮时,与旋转的叶片工作面存在一定的角度,根据流体力学原理,气体在叶片的非工作面一定有旋涡产生,于是气体中的灰粒由于旋涡作用会慢慢地沉积在非工作面上。机翼型的叶片最易积灰。当积灰达到一定的重量时由于叶轮旋转离心力的作用将一部分大块的积灰甩出叶轮。由于各叶片上的积灰不可能完全均匀一致,聚集或可甩走的灰块时间不一定同步,结果因为叶片的积灰不均匀导致叶轮质量分布不平衡,从而使风机振动增大。

2. 轴承温度过高故障

风机轴承温度异常升高的原因有三类:润滑不良、冷却不够、轴承异常。离心式风机轴承置于风机外,若是由于轴承疲劳磨损出现脱皮、麻坑、间隙增大引起的温度升高,一般可以通过听轴承声音和测量振动等方法来判断,如是润滑不良、冷却不够的原因则是较容易判断的。而轴流风机的轴承集中于轴承箱内,置于进气室的下方,当发生轴承温度高时,由于风机在运行,很难判断是轴承有问题还是润滑、冷却的问题。

3. 轴承箱或电机轴承加油是否恰当

应当按照定期工作的要求给轴承箱加油。轴承加油后有时也会出现温度过高的情况,主要是加油过多。这时现象为温度持续不断上升,到达某点后(一般在比正常运行温度高 10~15℃)就会维持不变,然后会逐渐下降。

4. 风机轴承振动故障

由于设计、制造、安装中转子材质不均匀、结构不对称、加工和装配误差等原因,以及机器运行时结垢、热弯曲、零部件脱落、电磁干扰力等原因而产生质量偏心。转子旋转时,质量不平衡将激起转子的振动,这是旋转机械最常见的故障。

风机及其驱动电机均属于旋转机械,由多根转子组成多转子系统,转子间一般采用刚性或半绕性联接轴连接。由于制造、安装及运行中支承轴架不均匀膨胀、管道力、机壳膨胀、地基不均匀下沉等多种原因影响,造成转子不对中故障,进而引起机组的振动。

5. 滚动轴承故障

风机及其驱动电机的支撑轴承一般为滚动轴承,在长期工作运转过程中滚动轴承发生的常见故障类型有磨损、表面损伤、锈蚀、断裂、胶合、保持架损坏等,滚动轴承不同故障所占相对比例如图 4-5 所示。滚动轴承的故障也会引起风机或驱动电机的振动加剧、轴承温度过高等。

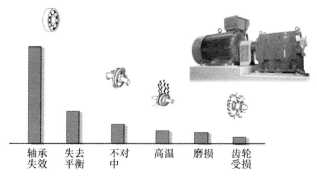

图 4-5　轴承不同故障相对比例

4.3.2　风机在线监测与故障分析系统组成

1. 在线监测诊断系统分类

在线监测诊断系统根据其系统结构组成形式不同,可分为单机在线监测诊断系统、集中式在线监测与故障分析系统、分布式在线监测与故障分析系统及远程在线监测与故障分析系统,不同类型的在线监测系统结构框图如图 4 - 6 所示。

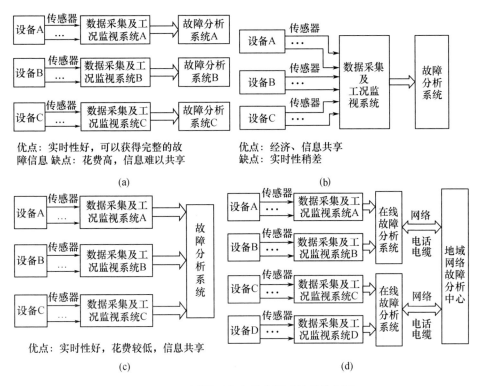

图 4 - 6 不同类型的在线监测系统结构框图

(a)单机在线监测与故障分析系统;(b)集中式在线监测与故障分析系统;

(c)分布式在线监测与故障分析系统;(d)远程在线监测与故障分析系统。

风洞在线监测数据采集系统框图如图 4 - 7 所示,通过在风机设备上安装传感器方式,将传感器的输出信号送入在线监测系统进行实时的监测分析,获取机组运行过程中的各项特征参数指标。各种被监测的实时参数通过实时传输发送到数据存储服务器存储,同时远程客户端通过 OPC 或其他标准通信协议进行数据显示、查询,从而可远程监控风洞风机的运行状态,进而保证风机设备的安全运行。

2. 监测系统的硬件及软件组成

1)硬件组成及功能

风洞风机在线监测与故障分析系统的硬件一般主要由传感器、数据采集系统、交换机、服务器、客户端以及相应的信号线等组成。风洞风机在线监测与分析系统硬件实现过程如图 4-8 所示。

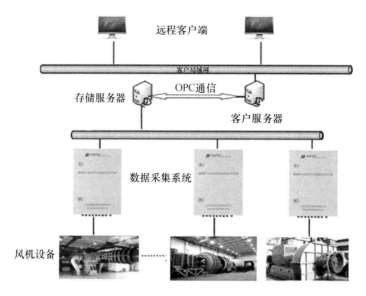

图4-7 风洞在线监测数据采集系统框图

图4-8 某风洞风机在线监测与分析系统硬件实现过程

相应各部分的功能如下所示：

（1）通过各类型传感器（如振动加速度传感器、铂电阻温度传感器、压力传感器、应变计、转速传感器等）监测风机设备运行状态，并将相应的信号进行变换处理，最终转换为模拟电压信号。

（2）数据采集系统将表征风机运行状态的振动、温度、应力、压力、转速等模拟电压信号进行 A/D 转换，即将模拟电压信号转换为数值电压信号并进行相应的低通抗混滤波。

（3）各数据采集系统将表征风机设备运行状态的数值电压信号经交换机汇总，采用以太网传至数据存储服务器，在服务器中对信号进行相应的分析处理。

（4）远程客户端可通过网络，远程调用显示、查询风机的运行状态参数，实现远程监测，保证设备安全。

2）软件组成及功能

风洞风机在线监测与故障分析系统的软件一般由数据采集软件、数据库软件、在线监测与分析软件、远程客户端软件等组成。各部分功能如下所示：

（1）数据采集软件。数据采集软件安装在数据采集系统中,采集风机运行时的原始信号数据;对原始数据进行预处理,计算特征值;断网时可存储原始数据及特征值,待网络恢复后,可继续向存储服务器发送数据。

（2）数据库软件。一般是以 SQL 数据库软件作为监测的数据库软件,安装在存储服务器中,可以组织管理任何数据;可以将结构化、半结构化和非结构化文档的数据直接存储到数据库中;可以对数据进行查询、搜索、同步、报告和分析之类的操作。

（3）在线监测与故障分析软件。安装在存储服务器中,在线监测软件包括底层驱动程序、通信协议等,可自动识别系统参数,完全程控仪器量程、滤波及采样参数设置;对表征风机运行状态的信号进行实时显示处理,得到相应的振动、应力及压力等信号的时域波形图;进一步对相应的时域信号进行后处理和故障分析进而掌握风机实时运行状态,保障风机的安全运行;另外,系统具有数据窗口显示和存储报表打印、趋势曲线显示、越限声光报警和历史报警摘要显示查询、工况点合理范围分析、设备故障诊断和手自动控制、报警阀值设定、用户及权限管理、操作记录、日志查询、在线联机帮助等功能。

（4）客户端软件。客户端软件安装在远程客户端计算机中,可供客户远程显示终端实时显示,同时可进行历史数据查询,最终实现风机的远程监测与故障诊断。

4.3.3 风机的监测信号的选取及分析

1. 监测信号的选取

通过各种传感器监测风机的运行状态是风机在线监测与故障分析系统的基础。结合信号处理技术、计算机技术、数据通信技术和风机原理,全面地对风洞的总回风中的风压(负压、静压、动压、全压及其效率)、风速、风量、出口气体温度、主通风机前后轴承温度、运行状态、正反转状态、轴承温度等通风机性能参数进行监测,同时对风机设备振动位移、速度、加速度、振动主频、频率分量及其烈度等振动参数进行采集分析。对于风机的动力设备,驱动电机的三相电压、电流、有功无功电度、有功无功功率、总有功功率、总无功功率、功率因数、频率等电量参数也进行实时在线监测。通过综合分析所监测的参数,从而在机组的运行过程中及时准确诊断机组性能劣化趋势,使运行维护管理人员心中有数,进而保证设备的安全运行。

对风洞中的不同风机对象进行监测时,选取监测的信号类型不完全相同。根据风洞现场的实际情况以及风机在线监测系统所必需测量的物理量要求,某基地风洞风机的监测方法采用振动监测和风机工艺变量在线监测融合为一体的新型风机在线监测系统,相应的监测信号点数及类型如表 4 - 4 所列。

表 4 – 4　某风洞风机的在线监测信号点数及信号类型

序号	类别	测点名称	测点数量	备注
1	工艺量监测	负压	1	
2		静压	1	
3		动压	1	
4		全压	1	
5		有功功率	1	
6		轴承温度	4	
7		定子绕组温度	4	
8		转速	1	
9	振动量监测	振动速度	5	电机 2 个、风机 3 个
10		振动包络	5	电机 2 个、风机 3 个

2. 监测信号的分析

针对某基地风洞风机监测的实际情况来看,除了需要监测风机的工艺参量如风量、风压、温度等外,还需要监测风机的振动情况。也就是说要从风机的振动和工艺参量的复合角度来判断风机的运行性能好坏。

在风机在线监测中一般是对监测的振动信号进行故障分析后处理,找出故障特征,实现故障诊断。振动参量的采集一般要求同步整周期采集和自动跟踪滤波。所谓同步整周期采集是指以键相位信号为基准,实现多通道的同步采样,采样速率受控于机组转速,每周期(转)采集的数据样本长度相同,每次采集的周期数相同,瞬态与非稳态数据自动采集;自动跟踪滤波包括跟踪抗混滤波和跟踪数字矢量滤波,前者采用特殊设计的八阶椭圆低通滤波器,后者以数字处理技术为核心,实现以机组转速为中心频率的带通滤波功能。振动信号的主要分析方法有以下几种:

(1)基本分析。时间波形、轴心轨迹、频谱图、振动矢量区域分析、统计特性分析、倒频谱分析、细化谱分析、相位谱分析、特征谱分析、自相关、互相关分析、相干分析等。

(2)数据融合分析。矢谱分析、矢功率谱分析、全信息分析、轴心位置(稳态)。

(3)瞬态过程分析。波德图、极坐标图、三维频谱图、轴心位置(瞬态)、坎贝尔图。

3. 监测系统基本功能

系统集合振动和工艺参数在线监测的双重优点,因此在系统特点上也融合了二者的特长,具有全新的监测画面和特点。

1）监测预报功能

风机在线监测系统中的振动监测系统具备完善的稳态分析、瞬态分析外，还增加了非稳态过程分析和振动与工艺参数相关分析，以可视化主动数据驱动技术进行数据快速查询，对所有被监测机组在不同时刻、不同状态下的动态信号快速、准确地进行各种信号分析和数据处理，以简洁、直观、信息量丰富非图谱表达出来，并将其数据值信号特征传递至故障诊断专家系统。某风洞风机监测系统报警查看界面如图4－9所示。

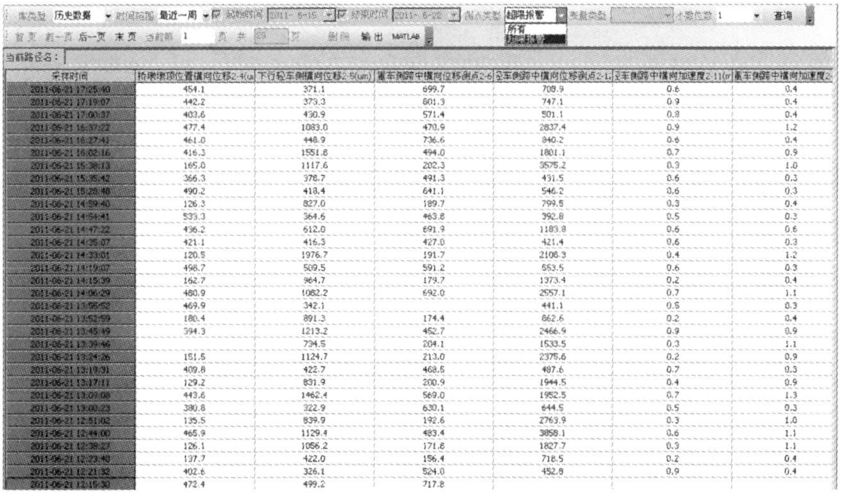

采样时间	挤压辊顶位置横向位移2-4(u	下行轮车侧横向位移2-5(um)	重车侧跨中横向位移测点2-6	空车侧跨中横向位移测点2-1	空车侧跨中横向加速度2-11(r	重车侧跨中横向加速度2-
2011-06-21 17:25:40	454.1	371.1	699.7	708.9	0.6	0.4
2011-06-21 17:19:07	442.2	373.3	601.3	747.1	0.9	0.4
2011-06-21 17:00:37	403.6	430.9	571.4	501.1	0.8	0.4
2011-06-21 16:37:22	477.4	1083.0	470.9	2837.4	0.9	1.2
2011-06-21 16:27:41	461.0	448.9	736.6	840.2	0.6	0.4
2011-06-21 16:02:16	416.3	1551.8	494.0	1801.1	0.7	0.9
2011-06-21 15:38:13	165.0	1117.6	202.3	3575.2	0.3	1.0
2011-06-21 15:35:42	366.3	378.7	491.3	431.5	0.6	0.3
2011-06-21 15:28:48	490.2	418.4	641.1	546.2	0.6	0.3
2011-06-21 14:59:40	126.3	827.0	189.7	799.5	0.3	0.4
2011-06-21 14:54:41	533.3	364.6	463.8	392.8	0.5	0.3
2011-06-21 14:47:22	436.2	612.0	691.9	1183.8	0.6	0.6
2011-06-21 14:35:07	421.1	416.3	427.0	421.4	0.6	0.3
2011-06-21 14:33:01	120.5	1976.7	191.7	2108.3	0.4	1.2
2011-06-21 14:19:07	498.7	509.5	591.2	553.5	0.6	0.3
2011-06-21 14:15:39	162.7	964.7	179.7	1373.4	0.2	0.4
2011-06-21 14:06:29	460.9	1082.2	692.0	2557.1	0.7	1.1
2011-06-21 13:56:52	469.9	342.1		441.1	0.5	0.3
2011-06-21 13:52:59	180.4	891.3	174.4	862.6	0.2	0.4
2011-06-21 13:45:49	394.3	1213.2	452.7	2466.9	0.9	0.9
2011-06-21 13:39:46		734.5	204.1	1533.5	0.3	1.1
2011-06-21 13:24:26	151.5	1124.7	213.0	2375.6	0.2	0.9
2011-06-21 13:19:31	409.8	422.7	468.5	487.6	0.7	0.3
2011-06-21 13:17:11	129.2	831.9	200.9	1944.5	0.4	0.9
2011-06-21 13:09:08	443.6	1462.4	569.0	1952.5	0.7	1.3
2011-06-21 13:00:23	380.8	322.9	630.1	644.5	0.5	0.3
2011-06-21 12:51:02	135.5	839.9	192.6	2763.9	0.3	1.0
2011-06-21 12:44:00	465.9	1129.4	483.4	3858.1	0.6	1.1
2011-06-21 12:38:27	126.1	1056.2	171.8	1827.7	0.3	1.1
2011-06-21 12:23:40	137.7	422.0	156.4	718.5	0.2	0.4
2011-06-21 12:21:32	402.6	326.1	524.0	452.8	0.9	0.4
2011-06-21 12:15:30	472.4	499.2	717.8			

图4－9　某风洞风机监测系统预警查看界面

2）信号分析功能

风机在线监测系统除提供常规的信号分析功能外，还将目前独有的双通道数据融合技术应用到工程实际中，其中包括矢量谱分析、二维矢功率谱分析等。另外，还提供短时傅里叶分析、小波分析、魏格纳分布等时频分析方法。

4.3.4　风机在线监测与故障分析系统安装调试

1. 设备现场安装准备

（1）确定信号线、以太网线长度。根据数据采集系统与传感器的位置，确定数据信号线的长度；根据监控中心与数据采集系统之间的位置确定以太网线的长度（若距离过远，则需选择光纤传输）。

（2）监测传感器的安装准备。各种传感器准备到位，信号导线拉到信号调理数据采集器旁边。对加速度传感器安装采用磁吸座＋航空胶粘贴方式，准备好磁吸座，打磨安装位置；对于焊接式应变计，则准备点焊机等设备；对于压力传感器，则准备好相应的螺纹扳手或夹具等；传感器输出线接入现场的接线箱。

（3）供电电源。数据采集系统旁边提供 220V 稳压电源。

2. 设备安装调试

（1）数据采集器安装。根据监测现场要求,选定采集器安装位置;在设备安装位置上使用冲击电锤打好膨胀螺栓的固定孔,并将膨胀螺栓固定;将监测数据采集器安装在指定位置。

（2）传感器安装。以振动加速度传感器安装为例,给出其安装时步骤及注意事项。振动加速度传感器通过磁性转接块固定在风机设备上。用航空胶将磁性转接块粘贴在轴承座上,转接块上配有螺丝孔,传感器通过螺丝安装在转接块上。这样方便传感器拆装,又不影响设备表面。振动加速度传感器安装示意图如图 4 - 10 所示。

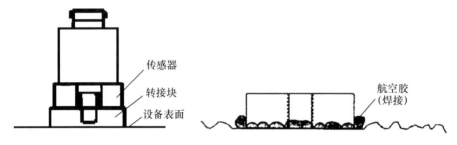

图 4 - 10　振动加速度传感器安装示意图

（3）硬件系统调试。完成传感器与监测系统的连接;完成数据采集系统与计算机控制系统间的连接;完成监测系统的电源接入。

（4）软件系统调试。打开监测系统电源,并确定设备工作正常;打开服务器电源,并确定设备工作正常;从光盘中读取系统软件,按照说明书上的步骤进行安装,软件安装及使用过程中关闭计算机的杀毒软件及防火墙,并在安装过程中注意是否有异常提示,若有异常重新安装;根据系统组态的信号通道、信号类型、信号量程等资料,对每一通道进行 25%、50%、75% 三点测试,并记录相应数据,确定设备正常工作。

（5）系统联调联。

① 系统联调前现场应具备的条件:具备系统安装调试阶段所需的一切条件;传感器全部安装完成;传感器与监测设备间的接线工作全部完成;现场接线工作大部分完成;确定联调配合人员。

② 联调步骤:确定整套监测系统已经满足系统联调条件;在被监测设备未运行的时候采集一段数据;分析监测数据,以确定整套监测系统是否正常运行。

第5章　风洞流场校测技术

5.1　概述

风洞按照气动设计、结构设计和控制系统设计建设完成后,是否能够达到预期的设计流场品质指标,需要通过流场校测来评定;既有风洞经过一定时期的运行后,常常需要进行设备更新或改造,更新改造后的风洞流场品质是否发生变化,也需要通过流场校测来评定。因此,流场校测是检验风洞流场品质,确认风洞是否满足试验要求的必不可少的重要环节。

低速风洞的风速范围从 $1\sim2\mathrm{m/s}$ 至约 $130\mathrm{m/s}$,涵盖了用于飞行器试验的航空风洞,用于地面交通工具(公路车辆、铁路车辆)及工业设施、设备试验的工业空气动力学风洞,用于建筑物、构筑物、桥梁等试验的大气边界层风洞,用于质量迁移及大气污染扩散试验的环境风洞、气象风洞、仪器标定风洞等。因风洞内空气介质的工作物理状态,又可分为常温常压风洞、增压风洞、低温结冰风洞等。高速风洞则根据马赫数进行划分,$0.3\leqslant Ma\leqslant1.4$ 称为跨声速风洞,$1.4<Ma\leqslant5.0$ 称为超声速风洞,$Ma>5$ 称为高超声速风洞。

从风洞的气动布局上则有回流风洞与直流风洞之分;而从风洞规模上,其试验段截面积最小仅有几十平方厘米,最大则达到 $1000\mathrm{m}^2$ 以上。由于风洞的性能和用途不同,其对流场品质的要求也不相同,因此,应该用不同的流场品质标准来检验其是否满足使用要求。为此,针对不同类型的风洞,常常制定出不同的规范或标准,例如,国家军用标准 GJB 1179A—2012《低速风洞和高速风洞流场品质要求》适用于以航空、航天飞行器试验为主要任务的低速风洞和高速风洞;由中华人民共和国住房和城乡建设部发布的中华人民共和国行业标准 JGJ/T338—2014《建筑工程风洞试验方法标准》适用于建筑工程的风洞试验;由中华人民共和国交通部发布的中华人民共和国推荐性行业标准 JTG/T D60 - 01—2004《公路桥梁抗风设计规范》以附录的形式规定了适用于大跨度桥梁风洞试验的风洞流场品质要求;美国汽车工程师协会以技术报告形式给出了汽车风洞的流场品质建议。

5.1.1　术语、符号和定义

术语、符号和定义说明表详见表 5 − 1。

表 5 − 1　符号及说明表

符 号	说 明	单位	符 号	说 明	单位
A	风洞试验段横截面积	m^2	α_{0U}	模型正装时零升迎角	(°)
C_P	压力系数	—	α_{0D}	模型反装时零升迎角	(°)
C_{prms}	气流脉动压力系数	—	β	侧滑角	(°)
C_L	升力系数	—	δ	边界层厚度	m
C_Y	侧向力系数	—	δ^*	边界层位移厚度	m
D	模型直径	m	ε	湍流度	—
dC_p/dx	轴向静压梯度	1/m	η	动压稳定性系数	—
dMa/dx	轴向马赫数梯度	1/m	μ	动压系数	—
L	模型区长度	m	μ_i	第 i 点动压场系数	—
Ma	马赫数	—	ρ	密度	kg/m^3
Ma_{ref}	参考点马赫数	—	σ_{Ma}	马赫数分布均方根偏差	—
Ma_∞	来流马赫数	—	σ_q	动压均方根偏差	—
$\overline{Ma}$	平均马赫数	—	σ_ζ	动压修正系数均方根偏差	—
P	静压	Pa	ξ	标准风速管校准系数	—
P_0	总压	Pa	ζ	参考点动压修正系数	—
P_0'	波后总压	Pa	ΔC_P	方向仪测压点压差系数	—
$\overline{P_0}$	平均总压	Pa	ΔC_{P_α}	探头上、下测点压差系数	—
P_{ref}	参考点静压	Pa	ΔC_{P_β}	探头左、右测点压差系数	—
P_{rms}	气流噪声声压均方根值	Pa	ΔMa	马赫数分布偏差	—
q	动压	Pa	$\Delta Ma_{ref_{max}}$	参考点马赫数最大波动量	—
$\overline{q}$	模型区内各测点动压平均值	Pa	ΔP_{0max}	总压最大偏差	Pa
SPL	声压级	dB	$\Delta\alpha$	铅垂面内的局部气流偏角	(°)
x	轴向距离	m	$\overline{\Delta\alpha}$	铅垂面内的平均气流偏角	(°)
α	迎角	(°)	$\Delta\beta$	水平面内的局部气流偏角	(°)

5.1.2　流场品质要求

1. 低速风洞流场品质指标及要求(表5-2)

表5-2　低速风洞流场品质指标及要求

校测内容			性能指标及要求	
动压或风速	参考点动压修正系数(落差系数)		$\sigma_\xi \leqslant 0.002$	
	动压场	项目	常规风洞/结冰风洞/声学风洞	立式风洞
		合格	模型区内 $\|\mu_i\| \leqslant 0.5\%$ 的区域达到75%	模型区内 $\|\mu_i\| \leqslant 0.8\%$ 的区域达到75%
		先进	模型区内 $\|\mu_i\| \leqslant 0.2\%$ 的区域达到75%	模型区内 $\|\mu_i\| \leqslant 0.3\%$ 的区域达到75%
方向场	局部气流偏角	项目	常规风洞	立式风洞
		合格	模型区内 $\|\Delta\alpha_i\| \leqslant 0.5°$, $\|\Delta\beta_i\| \leqslant 0.5°$ 的区域达到75%	模型区内 $\|\Delta\alpha_i\| \leqslant 0.8°$, $\|\Delta\beta_i\| \leqslant 0.8°$ 的区域达到75%
		先进	模型区内 $\|\Delta\alpha_i\| \leqslant 0.1°$, $\|\Delta\beta_i\| \leqslant 0.1°$ 的区域达到75%	模型区内 $\|\Delta\alpha_i\| \leqslant 0.3°$, $\|\Delta\beta_i\| \leqslant 0.3°$ 的区域达到75%
	平均气流偏角		$\|\overline{\Delta\alpha}\| \leqslant 0.2°$, $\|\overline{\Delta\beta}\| \leqslant 0.2°$	
	轴向静压梯度		$L \times \left\| \dfrac{\mathrm{d}C_P}{\mathrm{d}x} \right\| \leqslant 0.005$	
	气流温度		常用动压下,气流温升每小时不超过15℃,最高不超过45℃	
湍流度	模型区中心处湍流度	常规风洞	结冰风洞	声学风洞	立式风洞
		$\varepsilon \leqslant 0.2\%$	$\varepsilon \leqslant 0.5\%$	$\varepsilon \leqslant 0.2\%$	$\varepsilon \leqslant 0.5\%$
	模型区湍流度分布		给出模型区湍流度分布	
	动压稳定性	项目	常规风洞/结冰风洞/声学风洞	立式风洞
		合格	$\eta \leqslant 0.005$	$\eta \leqslant 0.008$
		先进	$\eta \leqslant 0.002$	$\eta \leqslant 0.003$

（续）

校测内容	性能指标及要求		
气流噪声	项目	常规风洞/结冰风洞/立式风洞	声学风洞
	背景噪声	—	≤80dB
	中心气流噪声	给出模型区中心气流噪声随试验段动压的变化曲线及频谱曲线	

注:1. 低速风洞试验段气流速度低于最大速度的30%时,流场品质可不按本标准要求;

2. 模型区的选取:闭口试验段取试验段高度、宽度和长度的75%,开口试验段取试验段高度、宽度和长度的70%;

3. 结冰风洞是指未注水时的情况

2. 亚跨声速风洞流场品质指标及要求（表5-3）

表5-3 亚跨声速风洞流场品质指标及要求

校测内容		性能指标及要求		
速度场	模型区核心流马赫数分布均方根偏差	马赫数	$0.3 \leqslant Ma \leqslant 0.9$	$0.9 < Ma \leqslant 1.2$	$1.2 < Ma \leqslant 1.4$
		合格	0.005	0.010	0.011
		先进	0.002	0.005	0.006
	模型区马赫数分布	给出 ΔMa 大于 $2\sigma_M$（σ_{Ma} 为合格指标）的测点数及其占总测点数的百分比,并给出 ΔM_{max} 量值		
	模型区轴向马赫数梯度	绘制 $Ma \sim x$ 曲线,模型区轴向马赫数梯度应达到: $\dfrac{\mathrm{d}Ma}{\mathrm{d}x} \leqslant \begin{cases} 0.01 & Ma < 1.0 \\ 0.02 & 1.0 \leqslant Ma \leqslant 1.4 \end{cases}$ 为合格 $\dfrac{\mathrm{d}Ma}{\mathrm{d}x} \leqslant \begin{cases} 0.066 & Ma < 1.0 \\ 0.01 & 1.0 \leqslant Ma \leqslant 1.4 \end{cases}$ 为先进		
	参考点马赫数	给出模型区平均马赫数与参考点马赫数 Ma_{ref} 的关系,即给出 $\overline{Ma} \sim Ma_{ref}$ 曲线或 $(\overline{Ma} - Ma_{ref}) \sim Ma_{ref}$ 曲线		
方向场	局部气流偏角*	给出试验段模型区局部气流偏角分布图		
	平均气流偏角	$\left| \Delta \bar{\alpha} \right| \leqslant 0.3°$, $\left| \Delta \bar{\beta} \right| \leqslant 0.3°$		
通气壁板消波特性		给出20°锥柱体模型表面压力分布 $P/P_0 \sim x/D$ 曲线,并与无干扰曲线比较。无干扰数据		
洞壁边界层		给出模型区至少两个位置的壁面边界层厚度、位移厚度及速度分布		
气流噪声		给出试验段洞壁及10°锥模型表面的气流噪声声压级 SPL 和气流脉动压力系数 C_{Prms} 以及噪声频谱图		
气流湍流度*		给出试验段气流的湍流度及其频谱		
气流不稳定度		要求试验段参考点马赫数最大波动达到:合格指标:$\Delta Ma_{refmax} \leqslant 0.003$,先进指标:$\Delta Ma_{refmax} \leqslant 0.001$;并给出参考点马赫数 Ma_{ref} 随时间变化曲线		

注:1. 模型区长度不小于 $\sqrt{A}$,宽度和高度分别不小于试验段宽度和高度的2/3;

2. *为非必测项目

3. 超声速风洞流场品质指标及要求(表 5 - 4)

表 5 - 4 超声速风洞流场品质指标及要求

校测内容		性能指标及要求				
速度场	模型区马赫数分布均方根偏差	Ma	$1.4 < Ma \leqslant 1.5$	1.75	2.0	2.25	2.5
		合格	0.011	0.013	0.014	0.015	0.016
		先进	0.006	0.006	0.007	0.008	0.008
		Ma	3.0	3.5	4.0	4.5	—
		合格	0.018	0.020	0.022	0.024	—
		先进	0.009	0.01	0.011	0.012	—
	模型区马赫数分布	给出马赫数偏差 ΔMa 大于 $2\sigma_{Ma}$(σ_{Ma} 为合格指标)的测点数及其占总测点数的百分比,并给出 Ma 最大偏差 $\Delta Ma_{\max}$ 量值					
	模型区轴向马赫数梯度	绘制 $Ma \sim x$ 曲线,模型区轴向马赫数梯度应达到: $\dfrac{dMa}{dx} \leqslant 0.035$ 为合格 $\dfrac{dMa}{dx} \leqslant 0.018$ 为先进					
方向场	局部气流偏角*	给出试验段模型区局部气流偏角分布图					
	平均气流偏角	$\mid \Delta \bar{\alpha} \mid \leqslant 0.3°$, $\mid \Delta \bar{\beta} \mid \leqslant 0.3°$					
洞壁边界层		给出模型区至少两个位置的壁面边界层厚度、位移厚度及速度分布					
气流噪声		给出试验段洞壁及 10°锥模型表面的气流噪声声压级 SPL 和气流脉动压力系数 C_{prms} 以及噪声频谱图					
气流不稳定度		稳定段总压最大波动量达到:合格指标:$\Delta P_{0\max}/P_0 \leqslant 0.3\%$,先进指标:$\Delta P_{0\max}/P_0 \leqslant 0.1\%$;并给出稳定段总压 P_0 随时间变化的曲线					

注:1. 模型区长度不小于 $\sqrt{A}$,宽度和高度分别不小于试验段宽度和高度的 2/3;
    2. * 为非必测项目

5.2 低速风洞流场校测

5.2.1 校测内容

低速风洞流场校测项目及内容主要包括:

(1)动压或风速。

① 参考点动压修正系数(落差系数);

② 动压场或速度场。

(2)气流方向。

① 方向场(点流向分布);

② 平均气流偏角。

（3）轴向静压梯度。

（4）气流温升。

（5）湍流度。

① 模型区中心湍流度；

② 模型区湍流度分布。

（6）动压稳定性。

（7）风洞噪声。

① 风洞气流噪声；

② 环境噪声。

（8）风洞最大风速及最小风速。

5.2.2 校测仪器

随着电子技术和计算机技术的飞速进步，低速风洞流场校测的常用仪器也在不断发展和更新，目前应用较多的主要有：

（1）皮托—静压管（动压探头），用于动压测量。

（2）五孔探针，用于方向场点流向测量。

（3）方向动压组合探针，电子式压力扫描阀，用于动压场和方向场测量。

（4）热线（热膜）风速仪，用于湍流度测量。

（5）眼镜蛇式（四孔探针）风速仪，用于低频成分（2kHz以下）为主的湍流度测量。

（6）数字式温度计，用于气流温度测量。

（7）数字式声级计，用于风洞及环境噪声测量。

上述仪器已在前面相关章节做详细介绍，这里不再赘述。

5.2.3 校测方法

1. 空风洞最大风速

此项检验实际上属于风洞控制系统设计调试内容，作为风洞验收，其意义：一是检验风洞是否达到最大风速设计要求；二是检验风洞风速控制系统参数设置是否匹配合理。空风洞试验段最大风速的含义是，调速器和风扇电机的功率和转速均达到额定值时，空风洞试验段所能达到的风速值，未经精细调试的风速控制系统，常会出现这样的情况，风扇电机的功率和转速，一个参数已经达到额定值，而另一参数却有较大冗余，这种情况下，尽管有时也达到了风洞最大风速设计要求，然而从充分发挥风洞功能和节能考虑，仍宜将电机的功率和转速调试到大体上同步达到额定值。空风洞试验段最大风速并非是不可逾越的指标，质量良好的电机和调速器，其额定值设定均有一定的安全冗余度，在确保试验安全的前提下,短时的适量超载运行是允许的,但应咨询你的产品生产厂商。

1)测试原理

由皮托风速管测出试验段内一定时间内的气流平均动压,按下列公式计算:

$$\bar{V}_{max} = \sqrt{\frac{2\bar{q}_{max}}{\rho}} \tag{5.1}$$

式中 $\bar{V}_{max}$ ——最大平均风速(m/s);

$\bar{q}_{max}$ ——最大平均动压(Pa);

ρ ——空气密度(kg·m³)。

测量时,应同时记录大气温度、湿度及风洞内的温度变化,并对 ρ 值做出修正。还应同时记录风扇电动机的功率(电压、电流)和转速值,以对最大风速值点做出判断。测量可以从较低风速起始按一定步长逐级增大,接近风机额定值时应减小风速的增加步长。

有些风洞,例如用于风工程及环境试验的低速风洞,常常关注风洞所能提供的可用最低风速值,这时,往往涉及风洞风速控制系统的风速比设计值、调速系统的差压传感器量程及精度等,这些在仪器选型时即应予以关注。所谓可用最低风速值,则应由不同试验对象的不同精度要求所确定。

最大风速测试框图如图 5-1 所示。

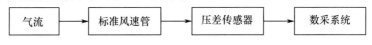

图 5-1 最大风速测试框图

2)注意事项

由于最大风速测量是风洞在风扇电机最大功率及最大转速下运行,设备与人员安全至为重要,对于新建及重大改造后的风洞,应确保风洞的安全监测(如风机转速、温度、振动)、报警及紧急停车装置工作正常;风洞内移出所有不必要的设施;注意监听风洞运行的声音异常。

2. 参考点动压修正系数

低速航空风洞参考点动压修正系数的测定方法,如下:

在风洞运行动压范围内,在动压测点(或参考点)处测量参考点动压修正系数(落差系数),绘制修正系数随试验段动压变化曲线。要求在任一动压下重复测量不小于 6 次。使用 A、B 两台测量精度达到 0.5Pa 的精密压力计或压力传感器分别与模型区中心的标准风速管和试验段入口的参考点相连,同时测量出两处的动压值。将 A、B 两台压力计或压力传感器对换重复上述测量。参考点动压修正系数:

$$\zeta = \xi \sqrt{\frac{\Delta p_{1A}}{\Delta p_{2B}} \frac{\Delta p_{1B}}{\Delta p_{2A}}} \tag{5.2}$$

式中　ξ——标准风速管校正系数；

Δp_{1A}——采用 A 精密压力计或压力传感器测得的模型区中心动压值；

Δp_{1B}——采用 B 精密压力计或压力传感器测得的模型区中心动压值；

Δp_{2A}——采用 A 精密压力计或压力传感器测得的参考点动压值；

Δp_{2B}——采用 B 精密压力计或压力传感器测得的参考点动压值。

在运行动压范围内，选 9 ~ 13 个动压值进行上述测量。动压修正系数的均方根偏差 σ_ζ：

$$\bar{\zeta} = \frac{1}{n} \sum_{i=1}^{n} \zeta_i \tag{5.3}$$

$$\Delta\zeta_i = \zeta_i - \bar{\zeta} \tag{5.4}$$

$$\sigma_\zeta = \sqrt{\frac{1}{n-1} \sum_{i=1}^{n} (\Delta\zeta_i)^2} \tag{5.5}$$

上述方法同样适用于非航空低速风洞，只是根据风洞的不同试验精度要求，所采用的压力计或压力传感器的精度可以适当降低。需要指出，有的风洞并未将大气压力、温度、湿度等参数计入调速系统，而是代以固定的标准大气压，这将增大参考点与模型区中心的风速读数偏差，使模型区风速精度降低，这样简化处理显然是不合适的。

3. 动压场

由于气流在风洞内流动存在壁面效应，使之在风洞洞壁与中央区域之间形成一个速度呈梯度变化的边界层，且边界层厚度沿试验段轴向长度逐渐增加，中华人民共和国军用标准，低速风洞和高速风洞流场品质要求（GJB 1179A—2012）中规定了低速航空风洞检验动压场均匀性的模型区区域，闭口试验段取试验段高度、宽度和长度的 75%，开口试验段取试验段高度、宽度和长度的 70%。

非航空风洞没有给出模型区区域的具体规定，对于边界层风洞，由于试验段长度常达到同样截面尺寸航空风洞的数倍以上，其检验动压场均匀性的模型区区域可以适当减小，或者降低模型区动压场均匀性的指标要求。

1）测试原理

用动压探头测出试验段模型区内的动压分布，按下列公式计算动压场系数：

$$\mu_i = \frac{q_i - \bar{q}}{\bar{q}} = \frac{q_i}{\bar{q}} - 1 \tag{5.6}$$

$$q_i = (p_{0i} - p_i) \cdot \xi_i \tag{5.7}$$

$$\bar{q} = \frac{1}{n} \sum_{i=1}^{n} q_i \tag{5.8}$$

式中　q_i——第 i 点动压（Pa）；

p_{0i}——第 i 点总压(Pa);

p_i——第 i 点静压(Pa);

ξ_i——第 i 点动压探头校正系数;

$\bar{q}$——模型区内各测点的动压平均值(Pa);

N——模型区内动压测量点数。

2)测试仪器及框图

动压场测试仪器主要有:

(1)动压探头(皮托—静压管)。

(2)电子式压力扫描阀。

(3)横向移测架。

(4)数据采集系统。

测试框图如图 5-2 所示。

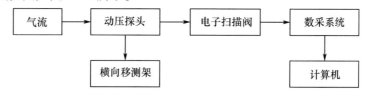

图 5-2　动压场测试框图

3)测试方法

用动压探头组成排管测量试验段的动压场分布。由于测点通常都在 150 点以上,不大可能通过一次同步测量完成整个模型区截面的动压场分布测试,常规的做法是做成探针排管移测架,沿试验段横截面逐列移动探针排管完成整个截面的测量,探针排管的横向移动可以做成电控自动方式,也可采用人工手动移动方式。自动方式虽然效率高,但由于机构铰接节点多,探针排管的支撑点难以做成固结支点,容易造成高风速时探针排管支杆的振动,若增加锁定机构,装置将体积大且复杂,常常难以避免对流场的干扰。手动方式虽然移动速度慢些,但连接牢固,容易消除探针排管支杆的振动。不论是自动方式还是手动方式,移测架的所有部件都应该进行防止流动分离的流线化处理。另外,由于是多次数据采集,加之受到风洞调速系统动压稳定性能的限制,在同一名义风速下,难免不出现各次测试之间的给定风速偏差,因此,为了得到同步测量意义下的动压场真实分布,应该在模型区动压场每次测量同时,同步记录风洞调速系统的参考点动压值,并对各次采集的参考点动压值进行归一化处理,对模型区各次测量的动压值进行相应的修正。

4. 方向场

方向场测量可以采用两种方法:一种是局部方向角测量,即通常所说的点流向测量,采用排管移测架,测量整个模型区各截面上的点流向分布;另一种是平均气流偏角测量,采用具有对称面的三维校验模型,通过在对称面内正、反安装并在小范围内变换角度,检验气流对整个模型的平均偏角。点流向测量的优点是获得的信息量大,可以得到整个模型区内各个位置处的气流偏角,缺点是测量工作量大,对方向探针及排管移测架的安装、定位精度要求极其严格;平均气流偏角测量的优点是测量工作量小,容易控制模型的安装精度,缺点是不能得到模型区内各个局部位置的气流偏角信息,需要制作高精度的具有对称面的校验模型,并且要求风洞具有高精度的竖直及水平角度机构。通常,主要用于整体模型气动力测量的风洞较适于采用平均气流偏角测量方法,许多风洞没有同时配备 α 机构和 β 机构,需要采用局部方向角测量方法。

1)测量原理

(1)局部流向角。用标定过的五孔方向探针或方向动压组合探针测出待测点的压力,按下列公式计算出局部气流偏角:

$$C_{p\alpha} = \frac{(P_{\mathrm{D}} - P_{\mathrm{U}})}{q} = C_{pD} - C_{pU} \tag{5.9}$$

$$C_{p\beta} = \frac{(P_{\mathrm{R}} - P_{\mathrm{L}})}{q} = C_{pR} - C_{pL} \tag{5.10}$$

$$\Delta\alpha = K_{\alpha} \cdot C_{p\alpha} + a + \Delta\alpha_{安} + \Delta\alpha_0 \tag{5.11}$$

$$\Delta\beta = K_{\beta} \cdot C_{p\beta} + b + \Delta\beta_{安} + \Delta\beta_0 \tag{5.12}$$

式中　$C_{p\alpha}$、$C_{p\beta}$——垂直方向和水平方向压差系数;

$\quad\quad\Delta\alpha$、$\Delta\beta$——垂直方向和水平方向气流偏角(°);

$\quad\quad P_{\mathrm{D}}$、$P_{\mathrm{U}}$、$P_{\mathrm{R}}$、$P_{\mathrm{L}}$——方向探头下、上、右、左测孔测得的压力(Pa);

$\quad\quad C_{PD}$、C_{PU}、C_{PR}、C_{PL}——方向探头下、上、右、左测孔所得压力系数;

$\quad\quad K_{\alpha}$、K_{β}、a、b——方向探头标定曲线的斜率和截距;

$\quad\quad\Delta\alpha_{安}$、$\Delta\beta_{安}$、$\Delta\alpha_0$、$\Delta\beta_0$——方向探头相对排管架及排管架对风洞轴线的安装角(°);

$\quad\quad q$——测试气流动压(Pa)。

用算出的探头压差系数,从探头标定曲线上查出相应的角度,再经探头安装角修正,即得到该点气流偏角。

(2)平均气流偏角。将相对于纵向平面左右对称的校验模型正、反向安装在 $\beta = 0°$,$\alpha \in [-2°, 2°]$ 的姿态下,得到 CL ~ α 曲线,从而得到校验模型的 α 方向平均气流偏角:

$$\overline{\Delta\alpha} = -\frac{1}{2}(\alpha_{0U} + \alpha_{0D}) \tag{5.13}$$

式中　α_{0U}——模型正装时的零升力迎角；

$\quad\quad\alpha_{0D}$——模型反装时的零升力迎角。

同理，将相对于水平平面上下对称的校验模型正、反向安装在 $\alpha = 0°$，$\beta \in$ $[-2°,2°]$ 的姿态下，得到 CY ~ β 曲线，从而得到校验模型的 β 方向平均气流偏角：

$$\overline{\Delta\beta} = -\frac{1}{2}(\beta_{0R} + \beta_{0L}) \qquad (5.14)$$

式中　β_{0R}——模型正装时的零侧向力迎角；

$\quad\quad\beta_{0L}$——模型反装时的零侧向力迎角。

2）测试仪器及框图

局部方向场测试仪器主要有：

（1）方向探头或方向动压组合探头。

（2）电子式压力扫描阀。

（3）横向移测架。

（4）数据采集系统。

测试框图如图 5-3 所示。

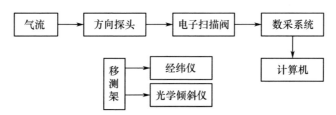

图 5-3　局部方向场测试框图

平均气流偏角测试主要仪器有：

（1）测力天平。

（2）α 机构和 β 机构。

（3）数据采集系统。

5. 轴向静压梯度

控制轴向静压梯度对于保证沿风洞轴向尺寸较大的模型及长细比较大的模型的测量精度具有重要意义，测量应至少保证在模型区内有足够密集的测点数，国军标准、低速风洞和高速风洞流场品质要求（GJB 1179A—2012）中要求低速航空风洞测点间距不大于试验段长度的 5%，对于边界层风洞，测点间距应在试验段长度的 2.5% 以下。

1）测试原理

用皮托—静压管或静压探测管逐点测出沿试验段中心线上的静压分布，并

用精密传感器测量参考点静压 P_c,由式(5.15)求出各测点的静压系数:

$$C_\mathrm{p}(x) = \frac{\xi(p(x) - p_\mathrm{c})}{q} \tag{5.15}$$

式中 $C_\mathrm{p}(x)$——轴向静压系数分布函数;

$p(x)$——轴向静压分布函数(Pa);

p_c——参考点静压(Pa);

q——试验段参考点动压(Pa);

ζ——风速管静压孔修正系数。

再按下式求出试验段的轴向静压梯度:

$$\frac{\mathrm{d}C_\mathrm{p}}{\mathrm{d}X} = \frac{m \sum\limits_{i=1}^{m} X_i C_{\mathrm{p}i} - \sum\limits_{i=1}^{m} C_{\mathrm{p}i} \sum\limits_{i=1}^{m} X_i}{m \sum\limits_{i=1}^{m} X_i^2 - \left(\sum\limits_{i=1}^{m} X_i \right)^2} \tag{5.16}$$

式中 X_i——第 i 测点距试验段入口的距离;

$C_{\mathrm{p}i}$——第 i 测点的压力系数;

m——测量点数。

2)测试仪器及框图

轴向静压梯度测试仪器主要有:

(1)皮托—静压管或轴向静压探测管。

(2)电子压力扫描阀。

(3)轴向移测架。

(4)数据采集系统。

测试框图如图5-4所示。

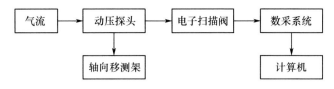

图5-4 轴向静压梯度测试框图

6. 湍流度

湍流度是风洞流场品质的一个重要指标,通常情况下,严格进行气动设计的风洞的模型区湍流度离散性不大,国家军用标准、低速风洞和高速风洞流场品质要求(GJB 1179A—2012)中只对航空风洞模型区中心提出指标要求,整个模型区只要求给出湍流度分布。对于边界层风洞或环境风洞,由于工作风速较低,试验模型占用模型区区域较大,应对整个模型区进行湍流度分布测量;有的风洞动力系统采用多台风扇形式,更有必要对整个模型区进行湍流度分布测量。通常,湍流度分布的离散性明显小于动压场及方向场,因此,湍流度分布测量的测点密度可以适当低于动压场及方向场的要求。

湍流度测量可有采用紊流球、热线风速仪、激光测速仪等多种方法,热线风速仪出现后,由于它极小的体积和极高的频响特性,逐渐成为低速风洞湍流度测量的主要手段,而以往采用较多的紊流球测量方法,由于体积大、频响低、加工和标定要求高等缺点,已逐渐退出应用,激光测速仪用于湍流度测量存在仪器昂贵、测试效率低等缺点,极少采用。近年来,澳大利亚 TurbulentFlow 仪器公司研制出频响达到 2kHz 的四孔探针式风速仪,俗称眼镜蛇探头,在边界层风洞湍流度测量中得到广泛应用,其工作原理与压力探头相同,最大特点是探头部分精细小巧,连接传感器的管路短而纤细。

1)测试原理

当采用热线风速仪或眼镜蛇探头进行湍流度测量时,气流湍流度可由下式给出:

$$I = \frac{\sigma}{U} \tag{5.17}$$

式中　　I——为湍流强度;

　　　　σ——为脉动风速的均方根值;

　　　　U——来流的平均风速。

2)测试仪器

(1)热线风速仪。

(2)眼镜蛇式(四孔探针)风速仪(仅适用于 2kHz 以下低频成分为主的湍流度测量)。

(3)横向移测架。

(4)数据采集系统。

7. 动压稳定系数

1)测试原理

由皮托—静压管测出试验段内一定时间内的最大动压 q_{max} 和最小动压 q_{min},按下式计算出动压稳定性系数:

$$\eta = \frac{q_{max} - q_{min}}{q_{max} + q_{min}} \tag{5.18}$$

2)测试仪器及框图

动压稳定性系数测量的仪器与动压场测量相同,通常只需测量模型区截面中心点的动压稳定性系数即可。

（1）皮托—静压管。

（2）电子式压力扫描阀。

（3）数据采集系统。

测试框图如图 5 - 5 所示。

图 5 - 5　动压稳定性测试框图

3）测试方法

由皮托—静压管感受风洞运行稳定后的试验段气流动压,经电子式压力扫描阀转换成电信号由数据采集系统采集,记录给定风速下达到稳态后 1min 的时间历程,获得 1min 内气流动压的最大值 q_{max} 和最小值 q_{min},按式(5.18)计算即可得到动压稳定系数。

需要指出,动压稳定性测量主要是检验风洞在给定风速下的时间稳定性,影响动压稳定性的因素主要有:

（1）风速控制系统的稳定性。

（2）电机温度变化及风扇转速的稳定性。

（3）洞体温度变化的影响。

（4）外界电磁场环境对风速控制系统及风机的干扰。

前三项因素属于风洞本身产生的,通常其变化较为缓慢,第四项因素属于外界干扰,常无法预测,由于现在的数据采集系统的采样速率都很高,往往会将外界的高频干扰信号也作为有用信号采集进来,使得按照式(5.18)计算得到的动压稳定系数出现畸变。为了使测量真实反映风洞本身的性能,应该采用滤波处理,也可以将高速采集的数据按照国家军用标准,低速风洞和高速风洞流场品质要求(GJB 1179A—2012)中的基本要求,在 1min 内按 120 个时间段进行分段数据光滑处理,使其剔除外界因素干扰,且仍不失反映风洞本身的动压稳定性能。

8. 风洞能量比测量

风洞能量比定义为试验段气流的动能流率(即单位时间通过的动能)与动力系统输入风洞的功率之比。根据计量输入功率的方法不同,又可分为总能量比、风扇能量比、洞体能量比三种不同的能量比。

1）测试原理

（1）总能量比。计算风扇电机、风扇和洞体总损失,以输给风扇电机的总功率作为输入功率,按下式计算:

$$E_R = \frac{\frac{1}{2}\rho V^3 A}{U \cdot I}$$
（5.19）

式中　　V——试验段气流速度（m/s）；

　　　　ρ——试验段气流密度（kg/m）；

　　　　A——试验段横截面积（m²）；

　　　　U——输入风扇电机的电压（V）；

　　　　I——输入风扇电机的电流（A）。

（2）风扇能量比。计算风扇和洞体的总损失，以输给风扇电机的功率作为输入功率，按下式计算：

$$E_{\mathrm{R}} = \frac{\frac{1}{2}\rho V^3 A}{U \cdot I \cdot \eta_{电机}} \qquad (5.20)$$

式中　　$\eta_{电机}$——风扇电机效率。

（3）洞体能量比。只计算洞体能量损失，以风扇输给气流的功率作为输入功率，按下式计算：

$$E_{\mathrm{R}} = \frac{\frac{1}{2}\rho V^3 A}{U \cdot I \cdot \eta_{电机} \cdot \eta_{风扇}} \qquad (5.21)$$

式中　　$\eta_{风扇}$——风扇系统效率。

2）测试方法

（1）总能量比。在试验风速（动压）范围内，由低到高选 8~12 个点，准确测出试验段风速，同时记录输入风扇电机的电流、电压，计算出风洞总能量比，并绘制风洞总能量比 E_R 随风速（动压）的变化曲线。

（2）风扇能量比和洞体能量比。若要计算风扇能量比和洞体能量比，要从风扇电机特性表中查出风扇电机效率 $\eta_{电机}$，风扇系统效率 $\eta_{风扇}$ 则要通过试验方法测出，再进行计算。

风扇效率是指风扇（或风扇整流系统）的输出功率与输入功率之比，即

$$n_{\mathrm{f}} = \frac{风扇的输出功率}{风扇的吸收功率} = \frac{N_{出}}{N_{入}} \qquad (5.22)$$

风扇的吸收功率一般认为是风扇电机输出的轴功率

$$N_{入} = I \cdot U \cdot \eta_{电机} \qquad (5.23)$$

测出风扇电机电枢的电流、电压值，从电机特性表中查出电机效率 $\eta_{电机}$，即可求出 N_{λ}。

风扇的输出功率，即风扇产生的拉力在单位时间内所做的功，等于风扇前后气流单位时间内功的增量，即

$$N_{出} = T \cdot V_{\mathrm{f}} = \iint_s \Delta p_0 V_{\mathrm{f}} \mathrm{d}s \qquad (5.24)$$

式中　　T——风扇产生的拉力（N）；

V_f——经过风扇的风速(m/s);

Δp_0——在微元 ds 面积上风扇前、后总压差。

因此,只要把风扇前、后两截面按一定规律分成许多微元(如分成许多同心环带),测出风扇前、后各环带上的总压差和经过风扇的风速,然后用数值积分就可求出风扇的输出功率。如果只测风扇自身的效率,在风扇前、后截面之间只有风扇,没有导流片等,两管道截面积相同,按连续方程可认为两截面上的平均速度相等。式(5.24)可改写为

$$N_{出} = V_t \left(\sum_{i=1}^{n} \overline{p_{0后1}} \cdot \Delta s_{后i} - \sum_{i=1}^{n} \overline{p_{0前1}} \cdot \Delta s_{前i} \right) \tag{5.25}$$

式中 $\overline{p_{0前1}}$——风扇前截面某环带面积上 $\Delta s_{前}$ 的总压平均值;

$\overline{p_{0后1}}$——风扇后截面某环带面积上 $\Delta s_{后}$ 的总压平均值。

在靠近风扇较近的截面上由于风扇旋转,气流速度、方向、压力沿径向是变化的,要测准风扇前、后各测点的总压和风速是比较困难的,测量点要在上、下、左、右4个区域布置,每个区域测点要多一些。实际测试经验表明,若单用上、下、左、右4个区域之一的压力计算风扇效率,结果可相差5%~10%,因此要取4个位置测点的平均值。若在同一个环带上4点压力相差较大,可适当增加测量点数。测试中使用的总压探头或者排管要求对方向不敏感,流过风扇的风速可以实测或者近似用试验风速换算得出。

5.2.4 低速风洞流场校测的几点注意事项

为了保证流场校测结果的正确,避免发生校测事故,应该严格遵循以下原则:

(1)所有校测仪器在流场校测前应进行检验和标定。

(2)所有校测仪器的综合精度应至少高于校测指标要求的3倍以上,最好能高于一个数量级。

(3)校测仪器的量程应尽可能与测量要求相匹配,防止过载或降低测量精度。

(4)校测前应检查并排除风洞及周围环境对校测仪器的干扰。

(5)移测架等校测装置应保证结构坚固并与洞体可靠连接,探针安装应定位准确、牢固。

(6)检查确认风洞及测试系统的仪器、设备、人员的安全措施。

5.3 跨超声速风洞流场校测

5.3.1 校测内容

常规跨超声速风洞流场校测项目及内容主要包括:

（1）速度场。

① 亚跨声速范围（$0.3 \leqslant Ma \leqslant 1.4$）。

a. 中心线马赫数分布；

b. 侧壁马赫数分布；

c. 参考点马赫数。

② 超声速范围（$Ma > 1.4$）。

试验段截面马赫数分布。

（2）气流方向。

① 方向场（局部流向分布）；

② 铅垂面内的平均气流偏角；

③ 水平面内的平均气流偏角。

（3）跨声速通风壁消波特性。

（4）洞壁边界层。

（5）气流噪声。

（6）亚跨声速气流湍流度。

（7）气流不稳定度（气流的低频脉动）。

根据《低速风洞和高速风洞流场品质规范》（GJB 1179A—2012）规定，上述项目中的局部气流偏角、水平面内的平均气流偏角和亚跨声速范围的侧壁马赫数分布为非必测项目。

5.3.2 校测方法

1. 速度场

轴向探测管为锥柱形，头部圆锥应延伸到收缩段，在试验段的阻塞度不大于 0.5%，柱段开测压孔，第一个测压孔距肩部距离 $L_0 \geqslant 10d$（d 为探测管柱段直径），以免受头部扰动影响，测压孔直径为 0.5～0.8mm。

国家军用标准《低速风洞和高速风洞流场品质要求》（GJB 1179A—2012）中规定了速度场流场校测时测量间距的选取。亚跨声速马赫数校测时，模型区内沿轴向的测点间距不大于 $\sqrt{A}/15$（A 为试验段入口几何横截面积）；超声速截面马赫数校测时，在模型区内测量面积的间距不大于 $\sqrt{A}/10$，每个截面在水平对称线上必须有测点，其测点间距不大于 $\sqrt{A}/15$。模型区的长度应不小于 $\sqrt{A}$，宽度和高度分别不小于试验段宽度和高度的 2/3。

1）测试原理

无论亚跨声速风洞，还是超声速风洞，都可以用稳定段总压代替试验段总压 p_0。根据稳定段总压及各测点静压，根据下式计算测点马赫数：

$$Ma = \sqrt{5\left[\left(\frac{p_0}{p}\right)^{2/7} - 1\right]} \tag{5.26}$$

在超声速风洞中,用总压排管测得各测点波后总压 p_0'。按下式计算测点马赫数:

$$\frac{p_0'}{p_0} = \left(\frac{6Ma^2}{5 + Ma^2}\right)^{3.5}\left(\frac{6}{7Ma^2 - 1}\right)^{2.5} \tag{5.27}$$

模型区平均马赫数按下式计算:

$$\overline{Ma} = \frac{1}{n}\sum_{i=1}^{n}Ma_i \tag{5.28}$$

马赫数偏差按下式计算:

$$\Delta Ma_i = Ma_i - \overline{Ma} \tag{5.29}$$

最大马赫数偏差按下式计算:

$$\Delta Ma_{max} = |\Delta Ma_i|_{max} \tag{5.30}$$

马赫数分布均方根偏差按下式计算:

$$\sigma_{Ma} = \sqrt{\frac{1}{n-1}\sum_{i=1}^{n}(\Delta Ma_i)^2} \tag{5.31}$$

式中　$\overline{Ma}$——模型区平均马赫数;

　　　σ_{Ma}——马赫数分布均方根偏差;

　　　ΔMa_{max}——最大马赫数偏差;

　　　Ma_i——模型区内各测点的马赫数;

　　　n——模型区内测点总数。

轴向马赫数梯度按下式计算:

$$\frac{dMa}{dx} = \frac{m\sum_{j=1}^{m}x_j Ma_j - \sum_{j=1}^{m}x_j\sum_{j=1}^{m}Ma_j}{m\sum_{j=1}^{m}x_j^2 - \left(\sum_{j=1}^{m}x_j\right)^2} \tag{5.32}$$

当进行亚跨声速试验段中心线或侧壁一排测点的马赫数校测时:

式中　Ma_j——模型区内第 j 测点的马赫数;

　　　x_j——第 j 测点距试验段入口距离(m);

　　　m——模型区内测点总数。

当进行超声速试验段截面马赫数校测时:

式中　Ma_j——模型区内第 j 截面的平均马赫数;

　　　x_j——第 j 截面距试验段入口距离(m);

　　　m——模型区内校测截面总数。

2)测试方法

以稳定段总压探头测量的总压值作为试验段总压 p_0,稳定段总压通常位于稳定段内同一截面上均布的 4 根总压探头压力输送管汇成一点进行测量。

（1）亚跨声速速度场。

① 中心线马赫数分布。亚跨声速速度场校测主要是测试试验段中心轴线（核心流）马赫数分布的均匀度。进行试验段中心轴线马赫数校测时，用轴向探测管测试试验段中心线的静压分布，利用静压测值与试验段总压测值计算试验段中心线马赫数。

② 试验段侧壁马赫数分布。一般测量试验段侧壁中心线上一排测压孔的静压，利用静压测值与试验段总压测值计算试验段上侧壁马赫数。

③ 参考点马赫数分布。参考点可选择在驻室内，也可以选择在模型前方的试验段侧壁上（要在加强区之后，模型影响区之前）。尽量选择静压最接近空风洞模型区平均静压的点为参考点。

测量参考点静压，利用静压测值与试验段总压（可用稳定段总压代替）测值计算参考点马赫数。将参考点马赫数与模型区中心轴线平均马赫数比较，找出二者关系。

（2）超声速速度场。超声速流场中的扰动在马赫锥内向后传播，故试验段核心流中心轴线上的马赫数分布不足以代表试验段马赫数分布，超声速速度场校测应进行截面马赫数分布的校测。

截面马赫数的校测用总压排管进行，通过由总压排管测得的波后总压与试验段总压计算测点马赫数。

2. 方向场

1）局部流向

用锥形方向探头或楔形方向探头测局部流向。

根据方向探头上下测压点压差系数 ΔC_p 及方向探头校准曲线（$\Delta\alpha - \Delta C_p$ 曲线），求铅垂面内气流偏角 $\Delta\alpha$。

根据方向探头左右测压点压差系数 ΔC_p 及方向探头校准曲线（$\Delta\beta - \Delta C_p$ 曲线），求水平面内气流偏角 $\Delta\beta$。

方向探头测压点压差也可以用 $\Delta p/p_0$ 的形式表示。

2）平均气流偏角

用模型正反装试验获得的 $C_L - \alpha$ 曲线通过作图或计算求得正装时的零升迎角 $\Delta\alpha_{0U}$ 和反装时的零升迎角 $\Delta\alpha_{0D}$。

若 C_L、α 采用风洞坐标系，按下式求得平均气流偏角：

$$\overline{\Delta\alpha} = -\frac{1}{2}(\alpha_{0U} + \alpha_{0D}) \tag{5.33}$$

若 C_L、α 采用相对于模型的气流坐标系（反装时 C_L、α 应反号），按下式求得平均气流偏角：

$$\overline{\Delta\alpha} = -\frac{1}{2}(\alpha_{0D} - \alpha_{0U}) \tag{5.34}$$

这样求得的结果主要反映了模型升力面所处区域的平均流向。因此,用不同外形的模型或同一模型处于试验段中的不同位置,所测的平均气流偏角可能是不同的。因此,平均气流偏角修正最好采用本模型测得的值。

3. 跨声速通风壁消波特性

采用锥角为20°的锥柱体测压模型的表面压力测量值来检验跨声速试验段通风壁消波特性。将测量值与国家军用标准,低速风洞和高速风洞流场品质要求(GJB 1179A—2012)中提供的用锥柱体(头锥角20°,阻塞度不大于1%)在迎角 $\alpha = 0°$ 时的表面压力分布测值与理论计算获得的无干扰数据比较来判断跨声速试验段通风壁消波特性。

4. 洞壁边界层

用梳状皮托排管、可移动皮托单管或其他仪器测定模型区内至少两个位置的洞壁边界层总压分布。边界层测量排管上也可以不安装静压探管,而用测量位置的壁面静压代替边界层静压。

由测量位置的壁面静压(或排管上的静压管测值)p 和边界层内总压 p_0 的比值求得边界层内马赫数分布。

当 $\frac{p}{p_0} > 0.528$ 时,按等熵公式计算:

$$Ma = \sqrt{5\left[\left(\frac{p_0}{p}\right)^{2/7} - 1\right]} \tag{5.35}$$

当 $\frac{p}{p_0} \leqslant 0.528$ 时,按等熵公式计算:

$$\frac{p}{p_0} = \left(\frac{7Ma^2 - 1}{6}\right)^{2.5}\left(\frac{5}{6Ma^2}\right)^{3.5} \tag{5.36}$$

按下式计算边界层内的速度分布:

$$\frac{u}{u_1} = \frac{Ma_a}{Ma_{a_1}}\sqrt{\frac{1 + 0.2Ma_{a_1}^2}{1 + 0.2Ma_a^2}} \tag{5.37}$$

以比值 $\frac{u}{u_1} = 0.99$ 处距壁面的距离为边界层厚度 δ。

边界层位移厚度 δ^* 按下式计算:

$$\delta^* = \int_0^\delta \left[1 - \frac{\rho u}{(\rho u)_1}\right]\mathrm{d}y \tag{5.38}$$

$$\frac{\rho u}{(\rho u)_1} = \frac{Ma}{Ma_1}\sqrt{\frac{1 + 0.2Ma^2}{1 + 0.2Ma_1^2}} \tag{5.39}$$

式中:下标 1 表示边界层外缘条件。

最后给出壁面边界层厚度、位移厚度及速度分布结果。

5. 气流噪声

1) 测量原理

在试验段中心线上用装有传声器的 $10°$ 锥模型(阻塞度小于 1%)测气流噪声。传声器输出信号经信号调节放大器放大,由数据采集、处理装置采集和处理。

$$SPL = 20\lg\left(\frac{P_{rms}}{P_{ref}}\right) \tag{5.40}$$

$$P_{rms} = \lim_{r \to \infty} \sqrt{\frac{1}{T}\int_0^T (p_t - p)^2 dt} \tag{5.41}$$

$$C_{prms} = \frac{P_{rms}}{q} \tag{5.42}$$

式中　SPL——传声器测得的噪声分贝值(dB);

　　　P_{rms}——气流噪声声压均方根值(Pa);

　　　P_{ref}——基准声压,其值为 2×10^{-5} Pa;

　　　P_t——瞬时压力(Pa);

　　　$\overline{P}$——平均压力(Pa);

　　　q——来流动压(Pa);

　　　C_{prms}——气流脉动压力系数。

噪声频谱用以下两种形式表示。

(1) 噪声的功率谱密度函数 $G(f)$,定义为

$$G(f) = \lim_{\Delta f \to 0} \frac{1}{\Delta f}\left[\lim_{T \to \infty}\int_0^T (p_t - p)^2 dt\right] \tag{5.43}$$

通常采用数字式数据处理技术,功率谱密度($p_t - p$)的快速傅里叶变换求得,为了减少噪声功率谱密度分析中的随机误差,至少要取 64 个以上的样本进行总体平均。

(2) 按频率加权的频谱函数 $\sqrt{nF(n)}$,定义为

$$\sqrt{nF(n)} = C_p(n, \Delta n) \cdot \sqrt{\frac{n}{\Delta n}} \tag{5.44}$$

式中 $C_p(n, \Delta n)$ 为在减缩频率 n 处,带宽 Δn 内的噪声脉动压力系数;n 为减缩频率,减缩频率定义为

$$n = \frac{fB}{V_\infty} \tag{5.45}$$

式中　f——频率(1/s);

　　　B——风洞试验段宽度(m);

V_∞——来流速度(m/s)。

2)测量方法

将脉动压力传感器安装在10°锥削平的锥面上(10°锥平台),感受气流脉动压力。在洞壁上,位于模型旋转中心位置安装气流脉动压力传感器,用于测量洞壁处的气流脉动压力。特别要注意的是,传感器的表面一定要与10°锥模型平台或洞壁内表面平齐,否则将导致测量结果的很大偏差。

在试验段上下游的风洞回路洞壁上配置若干个必要的洞壁气流噪声测量点有利于系统、完整的对风洞试验段及回路气流噪声的声源、发展及抑制效果进行全面考察。噪声测点布置时应注意的是,在所需测量截面位置的洞壁上、下、左、右4个测点同时进行噪声测试并同步记录,以提供同一截面上个测点的总声压级、1/3倍频带的噪声频谱特性等数据,即可对上下游测点的噪声时间历程、相位、声压级及噪声频谱等参数进行分析。

6. 亚跨声速气流湍流度

用热线风速仪测定试验段气流3个分量的湍流度,给出试验段气流3个分量的湍流度及其频谱。

7. 气流不稳定度(气流的低频脉动)

1)亚跨声速

当气流达到给定马赫数后,在20s内测量试验段参考点马赫数 Ma_{ref} 不少于200次,按下列公式计算马赫数的波动量:

$$\overline{Ma_{ref}} = \frac{1}{n}\sum_{i=1}^{n} Ma_{ref_i} \tag{5.46}$$

$$\Delta Ma_{ref_{max}} = |Ma_{ref} - \overline{Ma_{ref}}|_{max} \tag{5.47}$$

2)超声速

在同一马赫数下,当稳定段总压达到给定值后,在20s内测量稳定段总压 p_0 不少于200次,按下式计算总压波动量:

$$\overline{p_0} = \frac{1}{n}\sum_{i=1}^{n} p_{0i} \tag{5.48}$$

$$\frac{\Delta p_{0max}}{p_0} = \frac{|p_{0i} - \overline{p_0}|_{max}}{p_0} \tag{5.49}$$

5.3.3 亚跨声速风洞流场校测的几点注意事项

为了保证流场校测结果的正确,应该严格遵循以下原则:

(1)风洞流场校测周期一般不超过4年。

(2)高速风洞气流相对湿度应小于0.05%。

在进行雷诺数变化范围大的试验前,应在相应雷诺数下进行流场校测。

第6章 风洞电磁兼容仿真与设计

6.1 概述

随着现代科学技术的发展,各种电子、电气设备已广泛应用于航空、航天、航海和地面装备等军事领域以及工科医等民用领域。电子、电气设备数量和种类日益增加,且呈现小型化、数字化、高速化和网络化的趋势,造成军用装备和民用产品的电磁兼容(Electromagnetic Compatibility,EMC)问题日益突出,电磁兼容性已成为影响装备和产品功能与性能乃至安全的重要因素。为保证装备和产品兼容工作,需要综合考虑电磁干扰、敏感机理和干扰传输,开展全面的 EMC 设计。

欧美国家对 EMC 问题认识和重视比较早。早在 20 世纪 40 年代,美国学者就提出了 EMC 的概念。而在 1944 年,德国电气工程师协会制定了世界第一个 EMC 规范 VDE – 0878。1945 年美国颁布了美国最早的军用 EMC 规范 JAN – I – 225。20 世纪 60 年代以后,电气与电子工程技术迅速发展,其中包括计算机、信息技术、测试设备、电信、半导体技术的发展。所以在这些领域内,电磁噪声和克服电磁干扰的问题引起了人们的广泛关注,促进 EMC 技术的研究。进入 20 世纪 80 年代后,随着通信、自动化、电子技术的飞速发展,电子设备的集成度越来越高,大规模、超大规模集成电路在科研、生产、军事等领域中得到了广泛应用,与此同时,集成电路的线宽、间距越来越小,功耗越来越低,对外界及系统内部各类电磁脉冲能量的敏感度越来越高,电磁干扰问题日益突出,电磁干扰也日益受到人们的重视。美国、西欧和日本等发达国家对电磁干扰开展的研究较早,这些国家在 EMC 标准与规范、分析预测、设计、测量及管理等方面处于世界领先水平。

我国开展电磁干扰性研究较晚,但是自从 20 世纪 90 年代以来,航空、航天、通信和电子等部门投入了较大的人力物力建立了一批电磁干扰性试验和测试中心,国家也陆续颁布了 80 多项有关电磁干扰性设计要求和测试方法的国家标准和国家军用标准。

就技术原理而言,EMC 设计技术发展先后经历过问题解决法、规范设计法和预测分析法三个阶段:

(1)问题解决法。在电子电气系统设计时不作统筹的 EMC 设计考虑,出现电磁干扰问题时再分析原因,寻找解决办法。该方法的主要缺陷是对于复杂系统不易分析电磁干扰原因所在,易导致系统设计失败。

（2）规范设计法。严格按照 EMC 标准或规范,采用通用的 EMC 指标或限值去控制系统内所有设备或分系统。该方法由于没有设备或分系统与整个系统的关联模型,很容易造成 EMC 欠设计与过设计。

（3）预测分析法。采用系统级 EMC 分析技术,对系统、分系统和设备的电磁发射和敏感特性,以及系统内电磁耦合路径进行建模和分析,对系统的电磁兼容性进行全面预测,合理分配各分系统和设备的 EMC 指标要求,并且在系统的整个设计过程中不断进行修正补充,完善系统的 EMC 设计。预测分析法集成了一套先进的 EMC 设计理论和数学模型,能够克服问题解决法和规范设计法的局限性,是现代电子电气系统 EMC 设计技术的发展方向。

6.2 电磁兼容仿真

6.2.1 风洞测控系统 EMC 仿真的目的

美国贝尔实验室的研究结果表明,在产品设计阶段可采取的 EMC 技术手段最多,且所需成本最少;而随着产品研制阶段的推进,到生产阶段可采取的技术手段已较少,却需要花费大量时间和高昂的成本,并带来严重的安全隐患,如图 6-1所示。

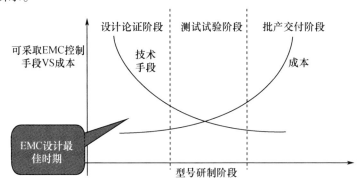

图 6-1　EMC 设计手段与成本关系

风洞现场既存在着各种干扰源,如变频调速系统、伺服驱动系统、开关电源等,同时也存在着各种敏感设备,如天平系统、动态测量系统、信号采集系统等,且由于干扰源和敏感设备存在相互耦合,使得天平系统、动态测量系统、信号采集系统等设备的精度往往无法达到标称精度,因此通过 EMC 仿真可以分析风洞现场的干扰源,确定电磁干扰对现场敏感设备的耦合模式和作用机理,找到降低风洞现场电磁干扰、提高测控系统抗干扰能力的设计方法,并通过仿真进行验证,从而为测控系统的电磁设计提供依据。

6.2.2　EMC 仿真研究内容

系统和设备之间的电磁耦合机理非常复杂,要全面地分析系统 EMC 问题,必须依据电磁干扰三要素,分别建立干扰源、耦合路径和敏感设备的通用模型,如图 6-2 所示。

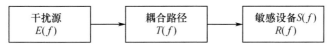

图 6-2　电磁干扰三要素

干扰源可以是系统内任一台具有辐射发射与传导发射特性的设备,如交流电机、发射机和机壳等。敏感设备可表现为系统内任一台具有辐射敏感或传导敏感特性的设备,如接收机、传感器和控制计算机等。系统设备间的耦合通道主要表现为辐射耦合与传导耦合,$T(f)$ 表示其耦合系数。其中,f 为工作频率。耦合方式包括场—线耦合、线—线耦合、共地阻抗耦合和共电源阻抗耦合等。

如图 6-3 所示,干扰源耦合到敏感设备的信号 $R(f)$ 可表示为

$$R(f) = E(f) \times T(f) \tag{6.1}$$

式中　$R(f)$——敏感设备接收到的干扰信号幅值;

　　　$E(f)$——干扰源发射的干扰信号幅值;

　　　$T(f)$——耦合系数。

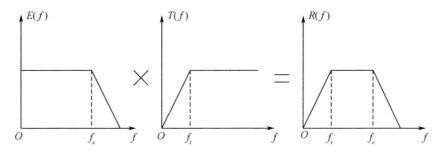

图 6-3　电磁干扰耦合图

敏感设备的电磁兼容状况可用图 6-4 表示。若以 $I(f)$ 表示敏感设备的干扰余量,则 $I(f)$ 可表示为

$$I(f) = R(f) - S(f) \tag{6.2}$$

式中　$R(f)$——敏感设备接收到的干扰信号幅值;

　　　$S(f)$——敏感设备所能承受的干扰信号幅值;

$I(f)$——敏感设备的干扰余度。

对于敏感设备的工作性能可以用 $I(f)$ 值的大小来评价：

$I(f)<0$，则表示敏感设备不会受到干扰，这时 $|I(f)|$ 值为安全裕度；

$I(f)=0$，则表示敏感设备处于干扰临界状态（如图 6-4 中所示频率点 f_l、f_h），即设备有可能受到干扰，安全裕度为 0；

$I(f)>0$，则表示敏感设备将受到干扰，这时 $|I(f)|$ 表示干扰大小。

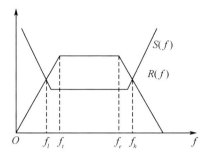

图 6-4 敏感设备的电磁兼容状况

1. EMC 建模方法

在一个复杂系统内，任何一个发射端口都可能是一个干扰源；而每一个接收端口都可能是一个敏感器。因此，要全面地评估系统的电磁兼容性，须考虑所有可能的干扰源与敏感器之间的兼容程度。系统 EMC 仿真模型就是以系统内收、发端口对为基本分析单元而建立的。

为了较方便地采用系统模型完成系统级 EMC 分析，须对系统模型提出以下两点假设：

（1）假设所有的端口和耦合媒质具有线性特性。

（2）假设不同发射端口的电磁发射信号统计独立。

如图 6-5 所示，通常一个系统内存在多个收、发端口，$T_{ij}(f)$ 代表发射端口 j 和接收端口 i 之间耦合路径的传输函数。所有发射端口的输出均采用发射功率谱描述，而所有的接收端口的响应采用敏感度阈值表示。当系统中同时存在多个发射端口的电磁能量耦合至同一接收端口时，需要考虑多个干扰信号的合成效果。

2. 干扰源和敏感器建模

设备上电磁能量流出与流入点可分别定义为发射端口与接收端口，按照端口功能可将其分为射频（RF）、电源、信号与控制、壳体等多种类型。

无论是干扰源或敏感器，即发射端口或接收端口，都存在有意的和无意的电磁发射或响应，如图 6-6 所示。开展干扰源和敏感器建模需要了解以下基本概念。

（1）有意发射：端口设计工作频段上的发射。

（2）有意接收：端口设计工作频段上的响应。

（3）无意发射：端口在除设计工作频段以外任何频段上的发射。

（4）无意接收：端口在除设计工作频段以外任何频段上的响应。

有意发射和接收模型主要来自于产品的设计参数，例如，信号线上的矩形脉

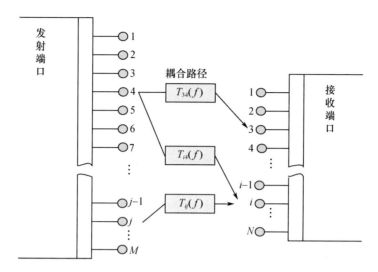

图 6 - 5　系统模型描述

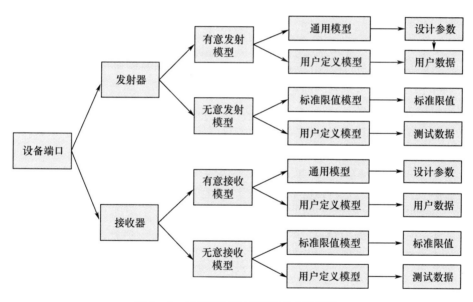

图 6 - 6　干扰源与敏感器模型功能框图

冲、梯形脉冲等,也可由试验测试数据给出。而无意发射和接收模型通常需要通过测试获取,在系统设计初期可借助相关标准限值进行分析,甚至可使用经验数据,例如,发射机的谐波发射。

3. 耦合路径建模

一般而言,从各种电磁干扰源传输电磁能量至敏感设备的通路或媒介,即耦合路径;系统内常见的耦合路径包括线—线耦合、场—线耦合、共阻抗耦合、天线—天线耦合以及壳体—壳体耦合等。

1）线—线耦合建模

线—线耦合分析通常基于传输线模型和容性/感性模型开发,其中,导线耦合长度大于波长的 1/16 时,采用传输线模型,导线耦合长度等于或小于波长的 1/16 时,采用容性/感性模型。

线—线耦合建模需要实现单发射线对单接收线、单发射线对双绞接收线、双绞发射线对单接收线、双绞发射线对双绞接收线、单发射线对屏蔽接收线、屏蔽发射线对单接收线以及屏蔽发射线对屏蔽接收线等多种线—线耦合形式的分析。

2）场—线耦合建模

场—线耦合分析用于计算线缆由于环境场或者天线产生的辐射场而感应的终端电流,一般基于传输线模型进行建模,其计算结果与矩量法能够较好地吻合。

场—线耦合建模需要实现单线、非平衡接法双绞线、平衡接法双绞线以及它们对应的屏蔽线等多种线型的场—线耦合模型。

3）共阻抗耦合建模

共阻抗耦合分析用于分析具有公共阻抗的电路间的耦合,根据耦合途径不同,共阻抗耦合分析包括共地阻抗耦合分析和共电源阻抗耦合分析。其中,共电源阻抗耦合是因为两个或多个设备或分系统由同一电源供电引起,噪声可通过交流或直流供电电源的公共电源阻抗产生公共电源阻抗耦合;共地阻抗耦合主要在两个或多个电路、网络或分系统共用同一个接地平面或安全线汇流条,并同时采用多点接地的情况下发生,噪声会通过印刷电路板电路或机壳接地线、设备的公共安全接地线以及接地网络中的公共地阻抗产生公共地阻抗耦合。

共阻抗耦合建模需要同时针对多个电路的共阻抗干扰耦合量,获取公共阻抗阻值,并可根据分析结果针对性地给出共阻抗耦合抑制措施,为系统的供电及接地系统的 EMC 设计提供依据。

4）天线—天线耦合建模

天线—天线耦合分析用于计算复杂系统内天线间的耦合度。天线耦合度可定义为接收天线的输出功率与发射天线的输入功率之比,与天线的辐射特性、间距、极化等多种因素有关。对于复杂系统内的天线,分析它们的耦合就需要考虑天线的安装位置、安装载体等各种因素的影响。

5）壳体—壳体耦合建模

壳体—壳体耦合分析用于计算设备的壳体作为辐射源向周围空间辐射电磁干扰情况,以及计算壳体的辐射场作用于其他设备壳体,在其他设备壳体上产生的感应电流大小及分布情况。

6.2.3 EMC 仿真软件简介

目前,市场上的主流 EMC 仿真软件仍以国外的仿真软件为主,主要有美国 ANSYS 公司的 Electronics Desktop 仿真软件,德国 CST 公司的 CST 仿真软件,美国的 EMC Studio 仿真软件,而国内也有公司开发了 EMC 仿真软件。

1. ANSYS 仿真软件简介

ANSYS 公司于 2006 年收购了在流体仿真领域处于领导地位的美国 Fluent 公司,于 2008 年收购了在电路和电磁仿真领域处于领导地位的美国 Ansoft 公司。通过整合,ANSYS 公司成为全球最大的仿真软件公司。目前,ANSYS 整个产品线包括结构分析(ANSYS Mechanical)系列、流体动力学(ANSYS CFD(FLU-ENT/CFX))系列、电子设计(ANSYS Electronics Desktop)系列以及 ANSYS Work-bench 和 EKM 等。产品广泛应用于航空、航天、电子、车辆、船舶、交通、通信、建筑、电子、医疗、国防、石油、化工等众多行业。

ANSYS 具有从部件级,到电缆级,再到系统级的全套分析方案,可完成系统 EMC 各个主要问题的仿真,通过不同层级分析工具的协同仿真,得到包括电路、系统、电缆,以及环境电磁效应在内的 EMC 性能仿真。EMC 仿真方案主要由板级电磁场仿真环境;线缆连接器电磁场仿真和参数提取环境;电机和变压器等电磁场仿真和机电控制系统设计仿真环境;第三方设计软件接口;机箱结构屏蔽和系统电磁场仿真环境;以及防静电和雷击,高性能计算等选项等构成。

ANSYS 公司的 EMC 仿真平台包括:机箱结构屏蔽和系统电磁场兼容仿真环境;线缆连接器电磁场仿真和参数提取环境;电机和变压器等电磁场仿真和机电控制系统设计仿真环境;第三方设计软件接口;以及高性能计算等选项。这个平台可以覆盖风洞实验室电子设备中,各个部分 EMC 仿真需要,以及考虑电力电子装备在内的系统级 EMC 仿真的需要,具体构成如图 6-7 所示。

2. CST 仿真软件简介

CST 软件在国际上享有很高的声誉,是全球最大的电磁场软件公司,占有 42% 的全球电磁软件市场份额,用户 5000 多家。在国防领域,主要用户包括 NASA、ESA(欧洲航天局)、LOCKHEED MARTIN(洛克希德·马丁)、休斯、波音、空客、THALES、EADS(欧洲防务中心)、DASA(德国宇航局)等。其他跨国公司,如 CPI、诺基亚、西门子、索尼、松下、夏普、宝马、三菱、汤姆森、日本电信、德国电信、韩国电信、三星、北京首信、西门子(中国)、飞利浦(上海)研究所、安德鲁(苏州)、飞创(苏州)等。科研机构和高校,如康乃尔大学、斯坦福特大学、美国费米国家实验室、美国洛斯阿姆洛斯国家实验室、美国罗伦兹国家实验室、麻省理工学院、东京大学、日本高能物理所、德国同步加速器实验室、欧洲核子中心、英国

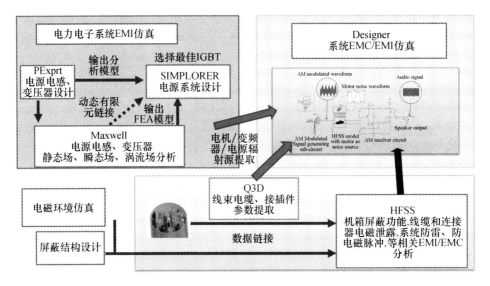

图 6 – 7　ANSYS 软件构成

罗瑟福国家实验室等。

CST 软件现已成为一个工作室套装软件,CST 工作室套装™是面向三维电磁场、微波电路和温度场设计工程师的一款最有效、最精确的专业仿真软件包,共包含 7 个工作室子软件,集成在同一平台上。可以为用户提供完整的系统级和部件级的数值仿真分析。软件覆盖整个电磁频段,提供完备的时域和频域全波算法。典型应用包含各类天线/RCS、EMC/EMI、场路协同、电磁温度协同和高低频协同仿真等。

CST MICROWAVE STUDIO(简称 CST MWS,中文名称"CST 微波工作室")是 CST 公司出品的 CST 工作室™软件之一,是 CST 软件的旗舰产品,广泛应用于通用高频无源器件仿真,可以进行雷击 Lightning、强电磁脉冲 EMP、静电放电 ESD、EMC/EMI、信号完整性/电源完整性 SI/PI、TDR 和各类天线/RCS 仿真。结合其他工作室,如导入 CST 印制板工作室™和 CST 电缆工作室™空间三维频域幅相电流分布,可以完成系统级 EMC 仿真;与 CST 设计工作室™实现 CST 特有的纯瞬态场路同步协同仿真。CST MICROWAVE STUDIO 集成有 7 个时域和频域全波算法:时域有限积分、频域有限积分、频域有限元、模式降阶、矩量法、多层快速多极子、本征模。支持 TL 和 MOR SPICE 提取;支持各类二维和三维格式的导入甚至 HFSS 格式;支持 PBA 六面体网格、四面体网格和表面三角网格;内嵌 EMC 国际标准,通过 FCC 认可的 SAR 计算。

3. INTRA – EMCA&S 仿真软件简介

INTRA – EMCA&S 基于集总参数电路理论、传输线理论、经典容性/感性线缆耦合等分析方法可以在中低频时实现较为精确的计算,在高频时以包络形式表征精确结果的最大值或平均值,基于 Worst-Case 保守原则对系统的 EMC 进行分析与评估,确保系统电磁兼容。INTRA-EMCA&S 实现了系统级电磁兼容性的建模与仿真方法,通过抽象端口模型,建立干扰源—传输路径—敏感器模型,可将一个复杂系统分解为多个部分,根据需要以整体或部分来考虑,从而实现全系统或分系统的电磁兼容性预测分析与设计,使得 EMC 工程师可以将更多精力用于 EMC 问题的识别、分类和排序等。

1)自顶向下的系统级 EMC 建模和分析策略

INTRA-EMCA&S 采用自顶向下的"系统→子系统→设备或组件→端口"的系统级 EMC 建模和仿真分析策略,其建模思路为抽象端口模型,建立干扰源—传输路径—敏感器模型,实现系统级电磁兼容性预测分析与设计。基于该策略,INTRA-EMCA&S 将一个复杂系统分解为多个部分,根据需要以整体或部分来考虑,以便于 EMC 工程师将主要精力用于系统 EMC 问题的识别、定位、分类和抑制等,而不必针对每个设备进行深入的 EMC 机理研究。

系统级 EMC 设计通常不关注设备级 EMC 设计,因为具体设备的 EMC 问题的产生机理往往也非常复杂,由系统设计人员向各设备供应商提出设备的 EMC 指标要求,并由供应商对设备的 EMC 指标进行保证,这样才能更有效地开展复杂系统的 EMC 设计。

2)"Worst-Case"的分析思路

实际电子系统由于边界条件复杂,实现 EMC 问题的精确仿真非常困难,因此对与复杂系统的 EMC 仿真,关注电磁干扰的产生机理及影响规律更具有实际工程意义。仅以电缆的 EMC 仿真为例,实际工程应用中的线缆束往往随机捆扎、布线复杂,且大量使用金属连接件,导致仿真模型的参数与边界条件很难与实际情况相符,而通用电磁计算软件需要获取线缆束的精确位置信息以及电磁边界条件,计算结果的准确性难以得到有效保证。这种情况下,考虑"Worst-Case"情况进行 EMC 性保守分析,更具有实际意义。

INTRA-EMCA&S 采用"Worst-Case"的分析思路,实现系统内电磁干扰的快速定位,以及 EMC 变化趋势和影响规律的仿真。INTRA-EMCA&S 作为复杂系统 EMC 仿真分析和计算机辅助设计工具,其定位与常规的电磁场分析工具不同,由于采用了"Worst-Case"的保守分析原则,可以在测控系统关注的中低频实现精确计算,在高频时以包络形式表征精确结果的最大值或平均值,为系统设计人员提供 EMC 设计指导。

3)基于安全裕度的系统内 EMC 评估方法

针对复杂电子系统开展 EMC 仿真的最终目的是掌握系统内的 EMC 状况,

用于指导系统 EMC 设计以及为解决系统 EMC 问题提供参考。常规电磁仿真软件只能针对单一的 EMC 问题进行仿真,所获取的分析结果不能直观地指导 EMC 设计,也不具备针对复杂系统 EMC 状况的评估方法和技术手段。

INTRA – EMCA&S 采用系统内干扰设备的干扰余量以及敏感设备的安全裕度作为复杂系统 EMC 评估依据,能够通过一次建模和分析获得整个系统所有电磁干扰和电磁敏感的状态,用直观的耦合结果云图向用户提供系统内干扰最严重的干扰对,便于用户快速定位复杂系统的干扰原因和针对性地采取整改措施。

6.2.4 风洞测控系统 EMC 仿真工程应用

以 INTRA – EMCA&S 仿真软件为例,通过对图 6 – 8 所示的某风洞测控系统进行仿真建模,从而描述 EMC 仿真的方法。

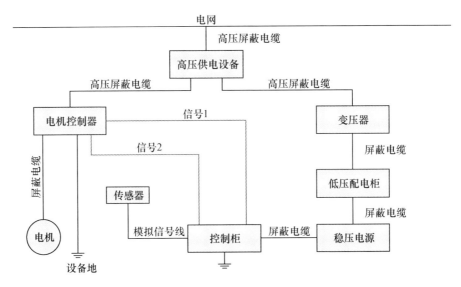

图 6 – 8 小型风洞测控系统组成

风洞测控系统中各种强电弱电设备,通过电或磁的联系彼此密切相连、相互影响。由于开关操作、运行方式的改变、故障等引起的电磁现象会波及很多电气设备,使其性能受到影响,甚至遭到破坏。即使在正常运行状态下,整流设备及非线性元件等产生的谐波也可能危害其他设备,大电流、高电压输变电设施所产生的无线电干扰、工频电磁场都会对环境造成影响,如果不经过系统的 EMC 设计,风洞测控系统存在较多 EMC 隐患。

1. 风洞测控系统的 EMC 概况

风洞测控系统的 EMC 概况总结如下:

（1）风洞测控系统建设在大厂房中,强电和弱电共存。

（2）目前风洞测控系统的 EMC 设计主要依靠工程师的经验,虽有手段进行控制,如隔离电设备、电源滤波、浮地、就近测量等,但缺乏定量分析手段。

（3）风洞测控系统静态工作时 EMC 性较好,动态工作时易出现 EMC 性问题,其干扰来源主要为瞬态信号。

（4）主要干扰源为电机,功率较高使得工作状态切换瞬间产生很大的脉冲信号,且造成浮地间较大的电势差。

（5）主要敏感器为通过线缆传输的微小测量信号,且距离电机较近。

2. 风洞测控系统 EMC 仿真建模

风洞测控系统的 EMC 仿真系统关注的频段较低,方案将采用保守原则进行以下仿真建模:

1）大型电机

大型变频伺服电机为主要的干扰源,考虑到关注的频率较低,伺服电机的传导发射形式主要为"共电源阻抗耦合"和"线线耦合",辐射发射形式主要为"壳体辐射"和"线缆辐射"。同时,考虑到风洞测控系统静态工作时的 EMC 状况良好,而动态工作时易出现 EMC 问题,因此电机的主要干扰信号为瞬态信号。

2）测量信号

测量信号的敏感电平极低,且距离电机较近,非常容易受到干扰,为 EMC 设计的重点关注对象,主要干扰耦合路径主要为"线线耦合"和"场线耦合"。

3）控制机柜

控制机柜内部的耦合路径主要为"共电源阻抗耦合"和"线线耦合";控制机柜外部,控制信号通过线缆对外连通,主要干扰耦合路径为"线线耦合"。

3. 风洞测控系统 EMC 仿真算例

1）电机控制器和电机的 EMC 建模

整个风洞测控系统中,电机控制器和电机为中压大功率用电设备,其他设备为低压用电设备。在没有相关测试数据的前提下,可保守采用标准测试限值定义干扰或敏感参数。

在电机控制器和电机系统中,经常采用霍尔效应电流传感器,且传感器被设计成能够在高电平磁场的场所(紧靠电力导线)工作,其磁场的幅值要比标准规定的试验等级高得多。因此,可以忽略电机控制器和电机的敏感特性,只定义其发射特性。

电机控制的典型控制信号为 PWM 信号,采用 Wosrt – Case 原则定义其发射谱包络,如图 6 – 9 所示。

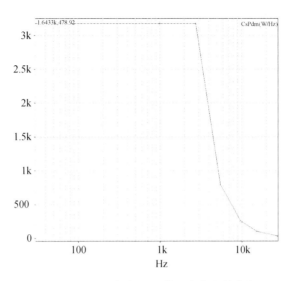

图 6 - 9　电机控制器的传导有意发射曲线

　　参考标准中规定的传导发射限值，定义电机控制器的无意发射谐波和间谐波的无意发射，其发射谱曲线如图 6 - 10 和图 6 - 11 所示。

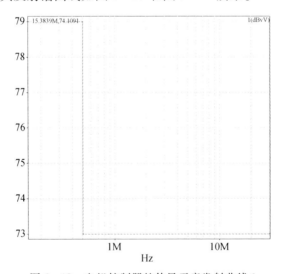

图 6 - 10　电机控制器的传导无意发射曲线 1

　　参考标准规定的壳体辐射发射限值，定义电机控制器和电机的辐射发射水平，场强曲线如图 6 - 12 所示。

　　2）低压供电系统 EMC 建模

　　低压供电系统中非线性元件的存在将使系统产生更多的频率分量。若要精

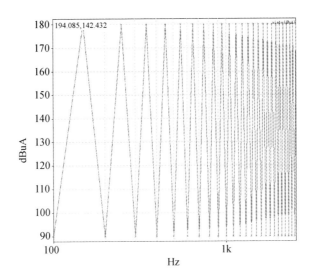

图6-11 电机控制器的传导无意发射曲线2

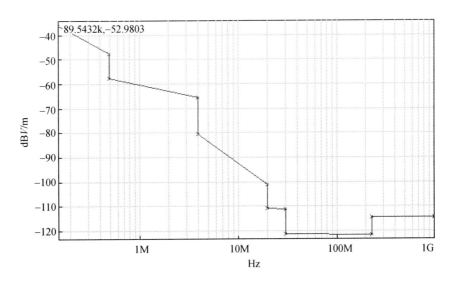

图6-12 电机控制器的辐射发射曲线

确分析电磁干扰在上下级电网之间的传递关系,必须深入到电路级甚至元器件级,同时必须考虑元器件的非理想特性、无意电磁路径等,这是个很难完成甚至不可能完成的任务。

对低压供电系统进行建模的有效方法为将低压供电设备等效为一个组件,整个系统的行为通过端口进行定义,其内部的干扰传递关系通过测试进行初步定位。因此,将低压供电系统包括变压器、低压配电柜、交流参数稳压电源、开关电源等作为一个系统进行处理。

3）干扰传递关系建模

采用保守原则处理低压供电系统——设置变压器、低压配电柜的干扰传递关系为1（考虑变压比），跨交流参数稳压电源和开关电源的干扰传递关系采用测试获取，如图6-13所示。

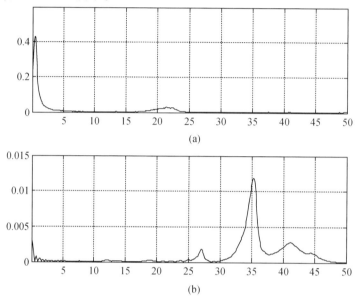

(a)

(b)

图6-13 干扰信号和响应信号的频谱

（a）干扰信号频谱；（b）响应信号频谱。

4）小信号和传感器EMC建模

传感器为压阻式压力传感器，将压力信号转换为电信号，本身对电磁信号无响应，电磁干扰主要通过互连线缆进入采集卡，因此在建模时可忽略其内部结构将其等效为大电阻。

信号采集回路的敏感度建模主要参照GJB151B中的CS101测试项，并对高频部分进行了扩展，敏感度曲线如图6-14所示。

5）系统EMC建模

对小型风洞测控系统进行系统级EMC建模，建立包括大型伺服电机、变压器、低压供电设备和传感器等设备的端口级模型，其简化模型如图6-15所示。

4. 仿真结果及分析

运行预测分析软件，对小型风洞测控系统进行仿真。如图6-16所示，系统的耦合路径主要为场线耦合和共电源阻抗耦合，其中包括共电源阻抗耦合2组和场线耦合2组；如图6-17所示，系统中共有2个接收端口受到干扰。

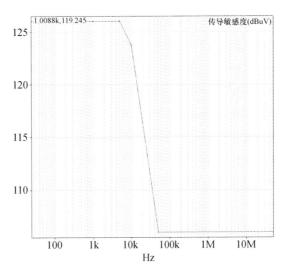

图 6-14　采集卡的敏感度曲线

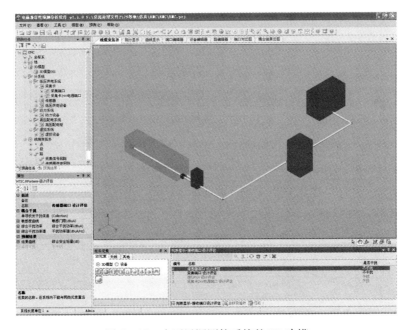

图 6-15　小型风洞测控系统的 3D 建模

1）共电源阻抗耦合

以采集卡电源端口为例，其 EMC 仿真的综合曲线如图 6-18 所示。在该系统中，共电源阻抗耦合通过电机控制器、高压供电设备、变压器、低压配电柜等进行传递。

213

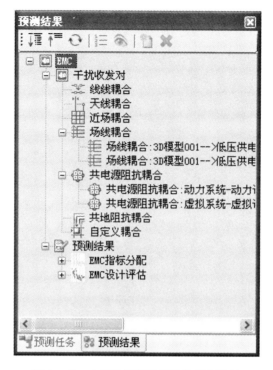

图 6-16　小型风洞测控系统的耦合路径

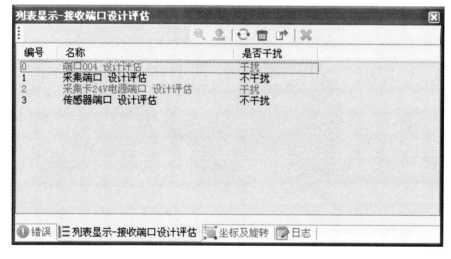

图 6-17　小型风洞测控系统的 EMC 设计评估结果

2）场线耦合

以采集端口为例,其 EMC 仿真的综合曲线如图 6-19 所示。由于相关标准对设备辐射发射的要求甚严,且铠装屏蔽双绞线在该频段有很强的抗干扰能力,

214

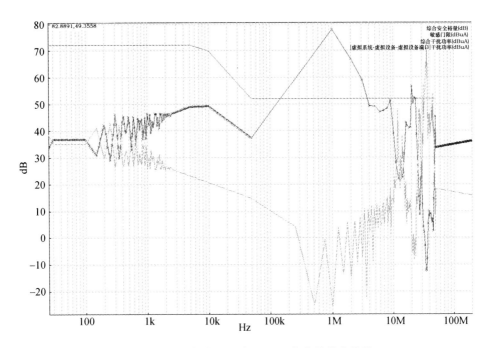

图 6 - 18 采集卡电源端口 EMC 仿真的综合曲线

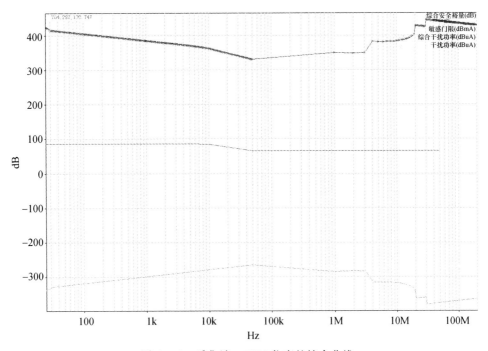

图 6 - 19 采集端口 EMC 仿真的综合曲线

因此采集端口的安全裕量较高。

6.3　EMC 设计

6.3.1　设计内容

1. 分析系统所处的电磁环境

对于气动力测控现场的电磁环境,主要的干扰来自低频,而这些低频干扰主要由变频调速系统、伺服控制系统及控制系统中的开关器件动作时产生,主要干扰信号的频率在几千赫兹到几百千赫兹。因此在对气动力测控系统进行设计前,首先可以根据 EMC 仿真建模计算或者是现场测量的结果,分析测控系统可能会受到的干扰,以及受干扰的方式和机理,以此作为测控系统 EMC 设计的依据。

2. 选择频谱和频率

在进行测控系统设计时,对于测控系统的频谱进行分配,一些敏感系统或设备的频谱应尽量与干扰源的频谱(从几千赫兹到几百千赫兹)分开。

3. 制定 EMC 要求与控制计划

为了保证测控系统的 EMC,必须制定 EMC 大纲。在此大纲中,应规定测控系统的 EMC 性要求,选取 EMC 标准与规范,以及 EMC 的保证措施,制定 EMC 的控制计划,控制计划的内容包括对测控系统提出电磁干扰及 EMC 要求。

4. 设备及电路的 EMC 设计

设备及电路的 EMC 设计是系统 EMC 设计的基础,是最基本的 EMC 设计,其内容包括控制发射、控制灵敏度、控制耦合及接线、布线与电缆网的设计、滤波、屏蔽、接地与搭接的设计等。在设计中,可针对风洞测控现场可能出现的 EMC 问题,灵活运用这些技术,并要同时采取多种技术措施。

6.3.2　EMC 设计的主要参数

1. 敏感度门限和干扰允许值

敏感度门限指敏感设备对干扰所呈现最小的不希望有的响应电平。敏感度门限越小,设备的抗干扰能力就越差,因此敏感度门限是进行保护性设计确定干扰允许值的基本出发点。干扰允许值必须小于能在设备中引起错误响应的电平值,在进行保护性设计时,应考虑设备或系统工作受干扰时,在最敏感的频率和最危险的状态下所允许的干扰电平。

2. 费效比

通常将采取 EMC 措施所投资的费用与系统效能之比称为费效比。从安全角度考虑,希望 EMC 安全裕度越高越好,但选得过高,要采用的干扰抑制措施就越多,费用也就越高。从经济观点来考虑,安全裕度不能太高,因此在设计中应采用投资少而系统效能高的设计方案,来降低费效比。

6.3.3 EMC 设计的要点

1. 抑制电磁骚扰源的设计要点

(1) 尽量去掉对设备用处不大的潜在骚扰源。

(2) 合理选择数字信号的脉冲形状,不盲目追求脉冲的上升速度和幅度。

(3) 控制电弧放电,尽量选用工作电平低、有触点保护的开关或继电器。

(4) 应用良好的接地来抑制接地干扰、地环路干扰。

2. 抑制干扰耦合的设计要点

(1) 把携带电磁噪声的元件和导线与连接敏感设备的连接线隔离。

(2) 缩短干扰耦合路径,使携带噪声干扰的导线尽量短,必要时选用屏蔽线或加屏蔽套。

(3) 运用屏蔽等技术隔离或减少辐射路径电磁骚扰,运用滤波、脉冲吸收器、隔离变压器和光电耦合器等滤除或减少传导途径的电磁骚扰。

3. 对敏感设备的设计要点

(1) 对于电磁骚扰源的各种防护措施,一般也同样适用于敏感设备。

(2) 在设计中尽量少用低电平的器件。

6.3.4 EMC 设计的程序

(1) 成立电磁兼容组,协调各种电磁兼容事宜。

(2) 制定 EMC 大纲,规划各种 EMC 计划,协调各种 EMC 参数。

(3) 选用分析适用的标准规范,对标准规范中各项要求进行分析和选择,必要时进行修改、删减或补充,以达到最佳费效比。

(4) 分析设备或系统所处的电磁环境和提出 EMC 要求,正确选择设计的主攻方向。

(5) 拟定电磁干扰控制计划,对元器件、模块、电路采取合理的干扰抑制和防护技术。

(6) 拟定 EMC 分析预测方案。

6.3.5 EMC 机柜设计

1. 控制柜机箱材料的选用

由于风洞现场的电磁干扰以低频为主,因此在选用控制柜材料时,主要选用铸铝或钢制钣金,厚度为 0.2 ~ 0.8mm。

2. 装配表面处接缝泄漏的抑制

1）增加金属的搭接面

不同部分的结合处构成的缝隙是一条细长的开口。再平整的结合处也不可能完全接触,只有在某些离散点上是真正接触,就构成了一个空洞阵列。当缝隙很窄时,缝隙之间的电容较大,其阻抗可以等效为电阻和电容并联。由于容抗随频率的升高而降低,因此在频率较高时,屏蔽效能较高。增加金属之间的搭接面可以有效减小阻抗,从而减少泄漏。

2）增加缝隙深度 d

根据电磁场理论,具有一定深度的缝隙均可以看作波导,而波导在可以对在其内部传导的电磁脉冲进行衰减,深度越深,衰减越多,如图6-20所示。

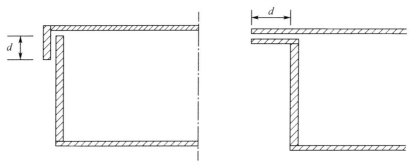

图6-20 增加缝隙深度 d 的结构

3）装配表面加入电磁密封衬垫

在不同部分的结合处,即使使用铣床等机械加工,结合处也不可能完全接触上。因此,缝隙是在所难免的,这些缝隙构成了电磁波的泄漏源。最理想的方法是将这些缝隙焊接起来,但在很多场合是不现实的,如控制柜的大门。因此,常用的方法是在缝隙处使用电磁密封衬垫(图6-21)。电磁密封衬垫对电磁波的密封作用就像在流体容器的盖子上使用密封橡胶一样,通过使用密封,可以轻松实现缝隙的电磁密封。电磁密封衬垫的两个基本特性是导电性和弹性。但是,如果接触面是铣床加工出来的,只要紧固螺钉的间距小于2cm,就可以不用电磁密封衬垫。

电磁密封衬垫分为以下几种:

（1）金属丝网衬底（带橡胶芯的和空心的）:低频时屏蔽效能较高,高频时屏蔽效能较低,一般使用在1GHz以下的场合。

（2）导电橡胶（不同导电填充物的）:与金属丝网

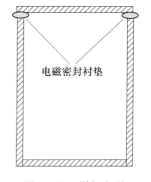

图6-21 增加电磁密封衬垫

相反,低频时屏蔽效能较低,高频时屏蔽效能较高,并且能够同时提供电磁密封和环境密封,其缺点是较硬,弹性较差。

（3）梳状指形簧片:高频、低频时屏蔽效能都较高,并且适用于滑动接触的场合,但是价格较高。

（4）螺旋管衬垫:屏蔽效能高,成本低,其缺点是受到过量压力时容易损坏。

（5）导电布衬垫:非常柔软,适合不能提供较大压力的地方。

3. 风冷却孔泄漏的抑制

抑制通风冷却孔的方法主要有覆盖金属丝网、穿孔金属板、截止波导通风管,但是由于现场控制柜主要干扰来至低频,因此选择覆盖金属丝网和穿孔金属板。

1）覆盖金属丝网

将金属丝网覆盖在大面积的通风孔上,能够显著地防止电磁干扰和泄漏。金属丝网结构简单,成本低,通风量大,适用于屏蔽要求不太高的场合。金属丝网的屏蔽效能与丝网直径、网孔大小、丝网疏密程度、丝网交点的焊接质量及丝网材料的导电率有关。对于测控现场而言,一般干扰频率都在几百千赫兹以下,磁场干扰为主要干扰,因此金属丝网可选用磁导率高的钢丝编织,孔径小于3.2mm,丝网密度大于10目。

金属丝网覆盖在通风孔上有两种方法:一种方法是把金属丝网覆盖在通风孔上后,周边用钎焊与屏蔽体壁面链接在一起,这种方法使金属丝网与屏蔽体之间有良好的接触,但工艺复杂,且容易破坏周围的保护镀层;另一种方法是用环形压圈通过紧固螺钉把金属丝网安装在屏蔽体的通风孔上。在安装前,应把配合面上的绝缘涂层、氧化层、油垢等不导电的物质清除干净,并应安装足够数量的螺钉以获得良好的接触。

2）穿孔金属板

孔洞尺寸越大,电磁泄漏也就越大,屏蔽越差,为了提高屏蔽效能,可以在满足屏蔽体通风量要求的前提下,以多个小孔代替大孔,这就需要穿孔金属板。穿孔金属板有两种结构形式:一种直接在柜体或屏蔽体上打孔;另外一种是单独制成穿孔金属板,然后安装到柜体的通风孔上。穿孔金属板与金属丝网相比,它由于不存在金属丝网的网栅交点不稳定的缺陷,其屏蔽性能比较稳定。

4. 观察窗口(显示器件)泄漏的抑制

控制柜体的观察窗口包括表头面板、数字显示器及玻璃观察窗等,这一类的孔洞的电磁泄漏量往往最大,因而必须加以电磁屏蔽,可选择的方案包括以下几种。

（1）使用透明屏蔽材料。透明屏蔽材料有两种:一种是金属网夹在两层玻璃之间构成的(图6-22);另一种是在玻璃上镀上一层很薄的导电层构成的。

前一种方法的最大缺点是由于莫尔条纹造成的视觉不适,后一种方法由于导电层的导电性较差,对磁场几乎没有屏蔽作用。

由于风洞测控的特点,选用第一种方法较好,对于摩尔条纹可以采取优化编织角度的方法来降低影响,通过试验证明当编织角等于 30°时(图 6 - 23),可以大大降低摩尔条纹对于视觉的影响。

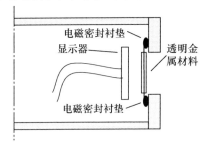

图 6 - 22　使用透明屏蔽材料　　　图 6 - 23　金属丝网示意图

(2)用隔离舱将显示器件与设备的其他电路隔离开(图 6 - 24)。

4. 器件调谐孔(有连接杆的操作器件)泄漏的抑制

柜体内需要调控的器件(如可变电容器、可变电感器、电位器、开关、指示灯等),这些也是电磁泄漏的主要通道,因此需要对柜体的屏蔽进行处理。

(1)屏蔽体上装截止波导。这种方法使用在调谐轴为绝缘材料制成或开关指示灯直径尺寸较小的场合,而且只能采用圆波导结构(图 6 - 25)。

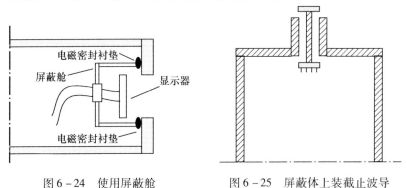

图 6 - 24　使用屏蔽舱　　　　图 6 - 25　屏蔽体上装截止波导

(2)使用隔离舱。这种方法适用于调谐轴为导电材料或开关指示灯直径尺寸较大的场合(图 6 - 26)。

6.3.6　滤波技术

1. 滤波器的选择

由于现场电磁干扰很多是通过电源线耦合进测控系统中而对测控系统造成

干扰的,因此对于现场有较强干扰源时,应在电源输入端加滤波器,气动力测控现场的干扰主要是低频,而测控信号的工作频段也在低频,因此对于测控现场主要使用的滤波器是低通滤波器(图6-27)。在对测控系统进行设计时使测控信号尽量避开可能出现的低频干扰的频段,否则滤波器无法将测控信号中的干扰信号滤掉。

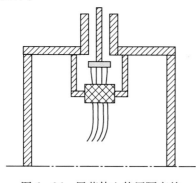

图 6-26　屏蔽体上使用隔离舱

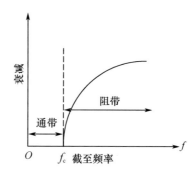

图 6-27　低通滤波器

1)低通滤波器的类型

低通滤波器主要有 L 型滤波器、Π 型滤波器和 T 型滤波器三种。

(1)L 型滤波器。主要运用在信号源阻抗与负载阻抗不相等时的情况,且滤波器中电容要靠近高阻抗的一个方向(图6-28)。对于 L 型滤波器,插入损耗为

$$L_{in} = 10\lg\left\{\frac{1}{4}\left[(2 - \omega^2 LC)^2\right] + \left(\omega CR + \frac{\omega L}{R}\right)^2\right\} \tag{6.3}$$

式中　L_{in}——滤波器插入损耗(dB);

　　　ω——电角速度((°)/s);

　　　L——滤波器的电感值(H);

　　　C——滤波器的电感值(F)。

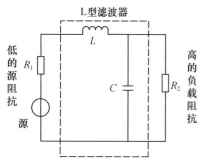
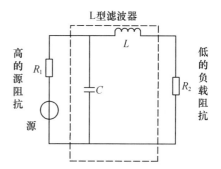

图 6-28　L 型低通滤波器

（2）∏型滤波器。是实际运用中最普遍的滤波方式,具有宽带高插入损耗的优点（图6-29）,其插入损耗为

$$L_{in} = 10\lg\left[(1 - \omega^2 LC)^2 + \left(\frac{\omega L}{2R} - \frac{\omega^2 LCR}{2} + \omega CR \right)^2 \right] \qquad (6.4)$$

式中　L_{in}——滤波器插入损耗（dB）；

　　　ω——电角速度（（°）/s）；

　　　L——滤波器的电感值（H）；

　　　C——滤波器的电感值（F）。

（3）T型滤波器。T型滤波器能够有效抑制瞬态干扰,主要缺点是需要两个电感,使滤波器的尺寸增大（图6-30）,其插入损耗为

$$L_{in} = 10\lg\left[(1 - \omega^2 LC)^2 + \left(\frac{\omega L}{R} - \frac{\omega^2 LC}{2R} + \frac{\omega CR}{2} \right)^2 \right] \qquad (6.5)$$

式中　L_{in}——滤波器插入损耗（dB）；

　　　ω——电角速度（（°）/s）；

　　　L——滤波器的电感值（H）；

　　　C——滤波器的电感值（F）。

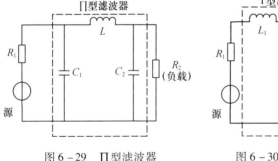

图6-29　∏型滤波器

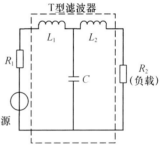

图6-30　T型滤波器

由于测控现场瞬态干扰很少,且往往空间有限,因此在滤波器选择上,T型滤波器一般不作考虑。而L型滤波器要获得好的滤波效果,则必须确定源阻抗和负载阻抗的大小,但是在测控现场,由于测控系统复杂,无法比较源阻抗与负载阻抗的大小,而∏型滤波器则无须考虑这个问题,且对空间要求也不高,因此在测控现场,∏型滤波器是比较适合的选择。

2）选择或设计∏型滤波器时需要考虑的问题

（1）频率特性。首先要明确测控信号的工作频率和所要抑制的干扰频率,如果两种频率很接近,则需要应用频率特性非常陡峭的滤波器才能把两种频率分开。

（2）耐压性能。滤波器的耐压必须足够高,以保证在所要抑制的干扰电平较高的情况下可靠工作。

（3）额定电流。滤波器连续通以最大额定电流时，其温升要低，以保证以该额定电流连续工作时，不破坏滤波器中器件的工作性能。

（4）阻抗特性。为使工作时的滤波器频率特性与设计值相符合，要求与滤波器连接的信号源阻抗和负载阻抗的数值要与设计时的规定值相符。如果信号源输出阻抗未知或者该值在很大一个区间内变化，则为了使滤波器具有一个比较好的频率特性，可以在滤波器的输入和输出端并联一固定电阻。

2. 滤波器的安装

1）安装位置

当只有一个干扰源影响多个敏感设备时，应在干扰源一侧接入滤波器；当如果只有一个敏感设备，而有多个干扰源时，则应在敏感设备一侧接入滤波器。

2）输入和输出侧的配线之间的屏蔽隔离

滤波器的输入和输出侧的配线之间必须屏蔽隔离，引线应尽量短且不能交叉，否则两者之间的电磁耦合将旁路滤波器的作用，直接影响滤波的效果。尤其在干扰源一侧安装滤波器，更要尽量减小输入和输出间的耦合，以减少传导干扰和辐射干扰。

3）屏蔽接地

滤波器应加屏蔽，其屏蔽体应与金属设备壳体良好搭接。滤波器的安装位置应尽量接近设备金属壳体的接地点，滤波器的接地线应尽量短。

4）电源线滤波器的安装

电源线的滤波器应安装在敏感设备或者屏蔽体的入口处，具体的安装如图 6 - 31 所示。

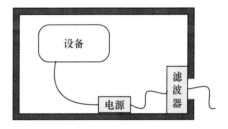

图 6 - 31　滤波器的安装位置

6.3.7　接地设计

1. 接地的分类

接地分为安全接地和信号接地，安全接地是采用低阻抗的导体将用电设备的外壳连接到大地上，主要为了保证操作人员人身安全，避免操作人员因触电而发生危险，其中安全接地又分为设备安全接地、接零保护接地、防雷接地；而信号接地是给信号电流提供回信号源的低阻抗回路。其中信号接地又分为单点接地、多点接地、混合接地和悬浮接地。具体接地分类如图 6 - 32 所示。

1）安全接地

安全接地的效果主要取决于接地电阻的大小，一般来说，接地电阻应小于 10Ω，针对不同的接地目的，对接地电阻有不同的选择。设备安全接地的接地电阻一般应小于 10Ω，$1000V$ 以上的电力线路要求接地电阻小于 0.5Ω，防雷接地

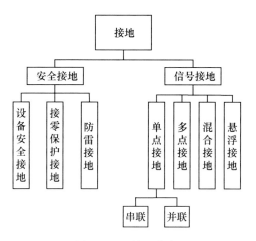

图 6 – 32　接地分类

一般要求接地电阻小于 $10\sim25\Omega$,而风洞现场一般要求安全接地电阻小于 4Ω。

2)信号接地

信号接地分为单点接地和多点接地,单点接地用于现场信号频率低于 $10MHz$ 时使用,而多点接地多用于现场信号频率大于 $10MHz$ 时的情况,由于测控现场的信号主要在 $1MHz$ 以下,因此测控现场的接地方式宜采用单点接地。而单点接地又分为串联单点接地(图 6 – 33)和并联单点接地(图 6 – 34)。

单点接地结构简单,各个电路的接地引线比较短,其接地电阻较小,所以这种接地方式常用于设备机柜中的接地。如果各个设备的接地电平差别不大,也可以采用这种接地方式,但是如果各个设备的接地电平差别较大,则接地高电平的设备会干扰接地低电平的设备。因此在采用串联单点接地时,要把低电平的设备放置在最接近接地点的地方(如图 6 – 33 中的设备 1)。

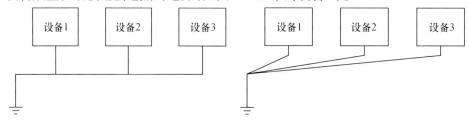

图 6 – 33　串联单点接地　　　　　　图 6 – 34　并联单点接地

并联单点接地的优点是:各设备的地电位只与本设备的接地电流和接地电阻有关,不受其他设备接地影响。但是其缺点是各个设备采用独立地线,因此地线长度较长,接地阻抗较大,结构笨重,而且随着接地线的增长,各设备接地线间的相互耦合会增大。

在测控现场的实际使用中可以综合利用串联单点接地和并联单点接地的优

点,采用单点混合接地的方式。对于同类型的设备或电路可以串联在一起,然后再与其他类型的设备或电路并联接于地线(图 6 - 35)。风洞现场信号地的接地电阻要求小于 0.4Ω。

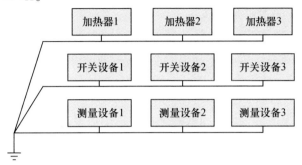

图 6 - 35　混合单点接地

2. 抑制地回路干扰的措施

1) 隔离变压器

采用隔离变压器可以有效阻断地回路的形成,抑制地回路的干扰,因此对地线中低频干扰有很好的抑制效果,但是隔离变压器无法传输直流信号,也不适合传输频率很低的信号。

2) 纵向扼流圈

纵向扼流圈是由两个绕向相同、匝数相同的绕组构成,信号电流在两个绕组流过时方向相反,产生的磁场相互抵消,呈低阻抗,因此对信号电流不会造成衰减;当地线中的干扰电流流经扼流圈时,由于电流方向相同,产生的磁场相叠加,扼流圈呈高阻抗,对地线的干扰信号具有很强的抑制作用。同时扼流圈由于其自身的感抗特性,对信号中的高频干扰也有很大的抑制作用。

对于纵向扼流圈的选择,其电感越大,扼流圈的绕组阻抗越小,地回路干扰信号频率越高,纵向扼流圈的干扰抑制效果越明显。同时,在选择时,尽量选择铁芯截面积大的扼流圈,以免出现磁饱和现象。

3) 光电耦合器

切断地回路干扰另外一种方法是采用光电耦合器,光电耦合器对数字电路特别适用,但对于模拟电路,由于电流和光强的线性关系比较差,在转换模拟信号时会产生较大的非线性失真,因此在模拟电路使用光电耦合器时,往往先把模拟信号转换成数字信号,然后再使用光电耦合器。

6.3.8　电缆设计

电缆是影响测控系统电磁兼容主要因素,因为电缆不仅是效率很高的接收天线,能够将空间的电磁干扰耦合进测控系统中,而且是效率很高的发射天线,能够对周围空间产生很强的电磁辐射。

测控现场中由于电缆而产生的干扰原因主要有以下两种:传导耦合和辐射耦合,其中传导耦合又分为电容耦合和电感耦合。

1. 电容耦合及其抑制措施

由于电容实际是由两个导体构成的,因此两根电缆线就构成了一个寄生电容,由于这个电容的存在,一根导线中的能量就能够耦合进另一根导线中去,这就称为电容耦合。

要减小导线之间的电容耦合,可以降低导线传输信号的频率,降低导线间的寄生电容,减小导线的接地电阻或者降低导线中信号源的强度。但是在实际测控现场中,由于测控精度和传输距离的限制,测控信号的频率和测控信号的强弱是无法降低的,因此只能从降低导线间的寄生电容和减小接地电阻方面入手。而导线间的寄生电容与导线的长度、导线间距离以及导线的位置走向有关。

因此有效抑制导线间电容耦合的措施包括:一是使容易产生干扰信号的导线尽量短,同时使敏感信号线远离产生干扰信号的导线,并尽量避免与之平行走线,以减小寄生电容;二是使用屏蔽导线,并将屏蔽层有效接地,可以有效抑制导线间的电容耦合。

2. 电感耦合及抑制措施

两个系统的电感耦合主要是导线和电缆间的磁耦合。当一根导线上的电流发生变化,而引起周围的磁场发射变化时,若另一根导线在这个变化的磁场中,则这根导线就会感应出相应的信号,这就称为磁耦合。

因此有效抑制导线电感耦合的措施有以下几种:

(1) 使敏感信号线远离易产生干扰信号的导线,并尽量使敏感信号线与易产生干扰信号的导线垂直走线,以减小相互间的磁耦合。

(2) 缩小导线回路的面积,使互感尽量减小。

(3) 使用双绞线,使产生的磁通密度相互抵消,且单位长度绞合次数越多效果越好,对电缆而言,绞合次数约为每米 30 次,如将两两绞合的导线同时敷于同一线槽内,每条绞合线的绞合次数应彼此不同,才能有效抑制干扰耦合。

(4) 对敏感导线和干扰源采用屏蔽电缆,来抑制磁耦合,且屏蔽层单点接地。

3. 辐射干扰耦合及抑制措施

辐射干扰耦合主要是通过导线的天线效应将空间中的电磁骚扰耦合进敏感设备中,形成干扰。因此抑制辐射耦合的主要措施主要有以下两种:

(1) 使暴露在空间的电缆尽量短,或者在铺设电缆时,采用线槽或蛇皮管进行铺设,并且将线槽和蛇皮管良好接地。

(2) 敏感线路的信号线尽量采用双绞屏蔽线,且屏蔽层单端良好接地;使电缆尽量靠近地面配置,减小回路面积,以降低共模干扰。

第7章 低速风洞控制系统

7.1 概述

一般地,试验段风速在 130m/s 以下的风洞称为低速风洞。低速风洞试验段内的气流风速由动力段内的风扇产生,不同的风扇转速将产生不同的气流风速。保持试验段内风速的稳定是低速风洞控制系统的核心。

从应用角度来讲,当今大型低速风洞控制子系统一般包括:风洞运行管理系统(计划调度、操作监控、数据库等)、风洞状态控制系统(试验前风洞状态条件准备)、风洞运行控制系统(动力调速、流场参数、模型姿态的控制)、风洞安全监控系统(动力系统、参试系统、风洞洞体、相关人员的安全监控)和风洞辅助控制系统(冷却水系统、气控系统、气垫搬运、流场校测等控制);从设计角度来讲,又可分为风洞供配电系统、动力调速系统、速压控制系统、机构控制系统、辅助设施控制系统等,所有控制系统相互配合,共同完成风洞吹风试验和安全监控任务。

控制系统设计包括总体设计与分系统设计,总体设计主要开展控制系统总体方案设计、软件规划设计等,分系统设计则主要对上述的控制子系统进行设计,考虑到低速风洞的特点及子系统控制的难易程度,分系统设计主要对风洞供配电系统、动力调速系统、速压控制系统、机构控制系统等设计进行介绍。

7.2 低速风洞控制系统总体设计

7.2.1 控制系统总体设计基本设计要求

低速风洞控制系统总体设计的基本设计要求为:构建以数字化、网络化为基础的开放式集散控制大系统,构建以图形化、数据库为基础的直观方便的高效运行管理系统,构建以可视化、视频技术为基础的高清直观的图像监控系统。

风洞流场参数控制系统具备三种控制模式:稳转速控制、稳风速控制、稳速压控制。

低速风洞控制系统需实现四种吹风试验程序:定风速步进变姿态角、定姿态角步进变风速、定风速连续变姿态角、定姿态角连续变风速。

在系统防干扰、采集同步和数据交换等方面,控制系统与测量系统须统一设计。

7.2.2 控制系统总体结构设计

针对低速风洞的特点和现代试验的需求,低速风洞控制系统整体规划,以结构化、模块化、标准化的设计,构建结构清晰、功能独立、易于扩展、易于操作、方便维护管理、具有较强抗干扰能力的分布式集散型测控大系统,实现整个系统的网络化、数字化、智能化,提高整个系统的自动化水平和试验效率。

一种典型的低速风洞测控系统总体结构组成如图 7-1 所示,该系统包括管理层、网络层、控制层、执行层,结合测控软件的调度,构建"就近测控、集散协同"的测控大系统,实现低速风洞各种吹风试验任务。

对于小型低速风洞,管理层、网络层、控制层、执行层均可酌情精简。

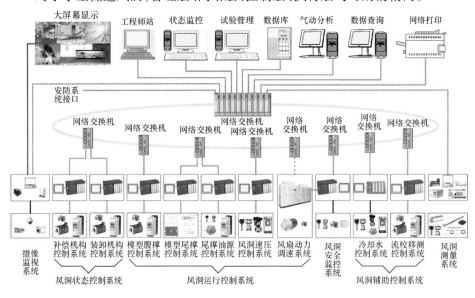

图 7-1 低速风洞测控系统总体结构

1. 管理层

管理层为测控系统的应用层,主要设备包括试验管理计算机、状态监控计算机、数据库服务器、气动分析计算机、数据查询计算机、网络打印机、大屏幕显示墙、工程师站等,负责完成试验前的计划准备、试验中的监控指挥、试验后的数据处理等任务。该层可根据实际需要进行增减配置。

2. 网络层

网络层为测控系统的枢纽层,其横跨面积大,桥接各个现场点的控制层以及测控间的管理层。要想实现"就近测控、集散协同"的大系统测控方略,首先要解决和保证的就是网络的抗扰性和实时性,否则将会出现致命的控制问题。近年来,随着计算机技术和网络通信技术的飞速发展,在工业测控领域,现场总线的应用范围越来越广泛,且种类繁多,在风洞测控系统中应用较广的 PROFIBUS 总线通信、PROFINET 通信和 CAN 总线通信。

PROFIBUS(Process Field Bus)是一种国际化、开放式、不依赖于设备生产商的现场总线标准,是自动化领域最成功的现场总线。PROFIBUS 可实现现场设备层到车间级监控的分散式数字控制和现场通信网络,为实现工厂综合自动化和现场设备智能化提供了可行的解决方案。

PROFIBUS 提供了三种通信协议类型:DP、FMS 和 PA,以满足现场设备的不同要求。PROFIBUS – DP(Distributed Periphery,分布式外围设备),PROFIBUS – DP 应用于现场级,它是一种高速低成本通信,用于设备级控制系统与分散式 I/O 之间的通信,总线周期一般小于 10ms,使用协议第一、二层和用户接口,确保数据传输快速、有效地进行。风洞中现场级通信通常会用这种通信方式。PROFIBUS 控制系统主要包括以下三部分。

(1)一类主站:一类主站是指 PC、PLC 或可作一类主站的控制器,完成总线通信控制与管理。

(2)二类主站:二类主站包括操作员工作站、编程器、操作员接口等,完成各站点的数据读写、系统配置、故障诊断等。

(3)从站:PLC(智能型 I/O)、分散式 I/O、驱动器、传感器、执行机构等现场设备。

然而随着技术的发展,早期的现场总线网络的传输速度已经越来越满足不了现代用户、大系统理论、伺服控制等方面的需求,为此工业以太网应运而生,特别是实时工业以太网完全可以满足伺服控制等方面的实时性和可靠性要求。目前,世界上最先进的实时工业以太网有 EtherCAT、PROFINET IRT、Powerlink 等。

PROFINET 由 PROFIBUS 国际组织(PROFIBUS International, PI)推出,是新一代基于工业以太网技术的自动化总线标准。作为一项战略性的技术创新,PROFINET 为自动化通信领域提供了一个完整的网络解决方案,包括实时以太网、运动控制、分布式自动化、故障安全等方面的应用。PROFINET 完全兼容工业以太网和现有的现场总线(如 PROFIBUS)技术,可以在不对现存设备进行任何修改的情况下就能很容易地集成。PROFINET 满足工业自动化的所有要求:工业标准设备技术;实时能力;预定义行为;分布式现场设备集成;简单网络管理及诊断;非授权保护访问;高效的跨界工程能力;同步运动控制应用。

图 7 – 1 所示的低速风洞测控系统主要以西门子的 PROFINET IRT 技术进行组网。测控系统主干网络采用光纤环网,它具有传输距离远、不怕电磁干扰、

网络双向冗余等优点。各现场点控制层之间以 PROFINET IRT 桥接,确保网络实时性。各现场点控制层内部及其与其下执行层之间,根据设备情况,可通过 PROFINET、PROFIBUS、数模 I/O 等方式连接。该系统基于高可靠的光纤环网技术、PROFINET 技术、I－Device(I/O 设备)技术和 IRT(等时同步)技术,以风洞安全监控系统 PLC 为核心,控制执行层的各子系统采取"就近测控、集散协同"设计理念,实现整个系统的集散化全自动控制,即试验管理主控机和各子系统均与安全监控 PLC 进行实时数据(包括控制指令和反馈信息)交换,各子系统尽量就近对传感器、执行器等进行数据采集和操作控制,将全部信息或处理结果传送给安全监控 PLC,并由该 PLC 完成整个风洞的安全联锁。这样可有效减少布线、降低成本、增强抗干扰能力、方便故障查处和系统维护。

EtherCAT、Powerlink 的组网类似,它们还可以级联,控制层、执行层的设备根据总线情况有很大变动,但最终目标都是保证实现同一样的测控要求。

3. 控制层

控制层为测控系统的核心层,主要包括风洞状态控制系统、风洞运行控制系统、风洞安全监控系统和风洞辅助控制系统等,负责完成各种试验目标的有效控制。对被控对象实施的快速、稳定、精准的有效控制策略、控制算法均在控制层实现,控制层的品质将直接决定着控制系统的优劣。

风洞状态控制系统一般由补偿机构控制系统、装卸机构控制系统等多个系统组成,它们主要以 PLC 可编程控制器为核心,负责完成试验前风洞条件、风洞状态的准备。

风洞运行控制系统由动力调速系统、流场参数控制系统、模型姿态控制系统等多个系统组成,负责协同完成各种吹风试验任务。其中动力调速系统以变频器为核心,流场参数控制系统以高性能 PLC 可编程控制器为核心,模型姿态控制系统以运动型 PLC 可编程控制器为核心。在吹风试验过程中,风洞运行控制系统实时采集目标参数,并根据有效的智能控制策略动态调节系统动作,以快速达到试验目标,并保持期望的稳定效果。

风洞安全监控系统以高性能 PLC 可编程控制器为核心,主要对风扇电机、驱动变频器、风洞状态、参试系统、辅助系统等进行监控管理和安全控制,设置相关的安全联锁控制策略,确保系统安全稳定地运行。

风洞辅助控制系统主要包括电机润滑系统、电机风冷系统、冷凝加热系统、变频器水冷系统、风洞水冷系统、充气密封系统、气垫搬运系统、流场校测系统等,主要是辅助、配合、保障低速风洞完成各种试验任务。根据风洞规模,辅助控制系统所包含的子系统不尽相同。

4. 执行层

执行层为测控系统的基础层,包括各种传感变送器、动作执行器等,负责完成试验状态及参数的检测、目标控制、安全联锁控制等。执行层要求高精度、高稳定、高响应、高灵活,其品质特性将直接影响着控制系统的有效性。

7.2.3　软件规划设计

根据当今技术,风洞测控系统软件基于 Windows 视窗操作系统,引进具有图形化编程及面向对象的测控软件平台(例如:LabView 或 LabWindows/CVI、Microsoft SQL Server、TIAPortal、WinCC Comfort、S7 Technology,以及其他有关专业测控分析软件等),采用现代智能控制、先进测试技术、数据库管理技术等进行编程开发,以实现精准、高效的试验运控管理,做到风洞运行全面自动化。

低速风洞控制系统软件拓扑结构如图 7－2 所示,主要包括试验管理软件、监控显示软件、测量分析软件、数据库软件、现场控制软件、触摸屏软件等,它们整体运作、分工协同,共同完成低速风洞的各种试验目标。

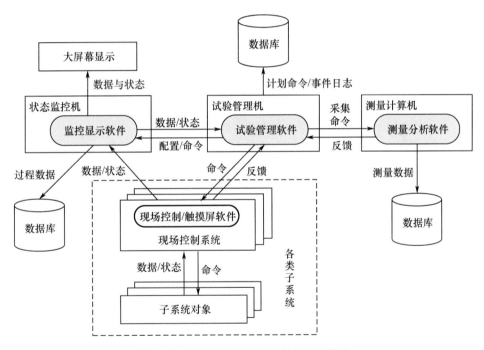

图 7－2　低速风洞控制系统软件拓扑结构

现场控制软件以有效的智能控制策略确保控制目标(风洞状态、试验参数等)的精准实现;试验管理软件则实现试验任务的计划调度、操控指挥和数据管理;监控显示软件负责有关状态和数据的直观显示;数据库软件则存储管理吹风试验数据、设备状态数据、操控输出数据等,以供查询、分析等各种综合应用;测量分析软件完成各种试验(包括特种试验)的高精准测量和分析,是对试验对象和试验结果进行综合评判的最终依据。

7.3 风洞供配电系统及电力拖动

7.3.1 风洞供配电系统基本常识

风洞供配电系统是为风洞正常运行提供所需电能的系统。在设计风洞供配电系统前,确定用电设备负荷分级、电压等级及容量非常重要。

1. 负荷分级的确定

风洞供配电设计之前,首先要确定供配电系统的负荷分级,在满足需求的前提下,负荷等级应从最低一级选起,以利于降低投资成本。目前,在风洞建设过程中,为强调设备的重要性,常常出现人为提高设备供电负荷等级的问题,这主要是由于部分设计人员对国家规定的负荷等级标准了解不够深入所造成。对照GB 50052—2009《供配电系统设计规范》中关于负荷分级及供电要求的相关内容,风洞供配电系统中断供电时不应该引发下述结果:

(1)中断供电将造成人身伤亡。

(2)中断供电将在经济上造成重大损失或较大损失。

(3)中断供电将发生中毒、爆炸和火灾等情况。

(4)中断供电将引发重要枢纽或公共场合秩序混乱。

因此,很难将低速风洞供配电系统列入一级或二级负荷范畴,将供配电系统选为三级负荷较为合适。

2. 供配电系统的容量与电压的确定

在供配电系统负荷分级确定后,需要开展用电设备的需求分析和既有供配电系统的现状分析,以确定新增供配电系统的容量与电压。

需求分析:在对各分系统的用电需求分析的基础上,提出对应分系统各电压等级下的用电需求容量。在分系统用电需求给出的情况下,合并得出各电压等级下同时工作设备的用电容量,该容量就是对应不同电压等级的用电总容量,各电压等级用电总容量直接累加即可得到风洞总用电容量。

现状分析:主要分析为风洞供配电的输电电网电压情况,中心变电站不同电压等级的电能备用情况,如备用能满足风洞需求,则直接引出;如不满足或部分满足,则需对中心变电站按差额扩容,增加电力变压器和相应的供配电设备。风洞供配电电压的选择依据,还取决于用电负荷的大小和供电距离的长短。

3. 主要供电参数

1)供电系统的电压偏差

35kV 及以上供电电压正、负偏差的绝对值之和不超过标称系统电压的

10% 。注：如供电电压上下偏差同号（均为正或负）时，按较大的偏差绝对值作为衡量依据。

20kV 及以下三相供电电压允许偏差为标称电压的 ±7% 。

220V 单相供电电压允许偏差为标称系统电压的 +7% 、−10% 。

2）供电系统的频率偏差

电力系统正常频率偏差允许值为 ±0.2Hz，当系统容量较小时，偏差值可以放宽到 ±0.5Hz，用户冲击负荷引起的系统频率变动一般不得超过 ±0.2Hz。

3）公用电网谐波电压限值

公用电网谐波电压（相电压）限值如表 7-1 所列，规定了供电方提供的电压谐波畸变率的最大值。

表 7-1　公用电网谐波电压（相电压）限值

电网标称电压/kV	电压总谐波畸变率/%	各次谐波电压含有率/%	
		奇次	偶次
0.38	5.0	4.0	2.0
6	4.0	3.2	1.6
10			
35	3.0	2.4	1.2
66			
110	2.0	1.6	0.8

7.3.2　风洞配电中的电力变压器与整流变压器

风洞供配电中为实现电压等级变换，常用到电力变压器与整流变压器。

1. 电力变压器

1）电力变压器的作用与基本组成

变压器是一种利用电磁感应原理进行电压同频变换的电气设备，其主要功能有电压变换、电流变换、阻抗变换、隔离、稳压等。应用最广泛的是三相电力变压器，按冷却方式可分为空冷、水冷和油浸式三种，其中油浸式应用最为广泛。

2）电力变压器的连接组别

国家标准规定只采用 Y、y 和 D、d（注：Y 或 y 代表星形连接，D 或 d 代表三角形连接，大写代表原边，小写代表副边）两种接线方式，以原边相位为参照，并将原边标示为钟表的 12 点，根据副边相位的不同及接地情况，我国有三种（注：共规定 5 种）最常用的变压器连接组别，分别是：

（1）Y、$d11$，表征副边相位滞后原边 30°，用于高压侧电压为 35kV 及以下输配电系统中。

233

（2）Y、$yn0$（注：N 或 n 代表原边或副边的星形连接中性点），表征副边与原边同相位，副边星形中性点需引出接地，用于低压侧电压为 400V/230V 混合负载（照明与动力共存）的供电系统中。

（3）YN、$d11$，表征副边相位滞后原边 30°，原边高压侧星形中性点需引出接地，用于 110kV、220kV 等超高压系统中，也可用于低压侧电压高于 400V 或高压侧电压为 35kV 及以上输配电系统中。

3）单台电力变压器的容量选择及影响

单台容量可按如下两种方式确定：

（1）在各分系统同时工作的总需求容量 S_e 的基础上，留有余量并考虑经济性要求来选择容量 S_N，$S_N = (1.15 - 1.4)S_e$。

（2）在各分系统同时工作的总需求容量 S_e 的基础上，统一考虑原边 10% 压降情况下，其供应容量仍有 5% 的富裕，这时可按 $S_N = 1.18S_e$ 来选择。对于 10kV 及以下三相供电电压等级也可按 $S_N = 1.14S_e$ 来选择容量。欧美著名电气设备制造商对其大型用电设备经常按（2）来推荐变压器容量。

2. 整流变压器

1）整流变压器在风洞动力系统中的作用

随着"交—直—交"变频调速技术的快速发展及其国产化的迅速推进，其调速精度越来越高，性价比越来越高，快速性越来越好，使得以变频调速为动力源的风洞气流驱动方式被广泛采用。目前在国内低、跨、超风洞领域应用现状是：新建低速风洞普遍采用"交—直—交"变频调速系统，老旧低速风洞在新一轮动力系统改造中，原有直流调速系统多被"交—直—交"变频调速系统替换；国内新建的代表性跨声速风洞均为连续式风洞，"交—直—交"变频器拖动轴流压缩机驱动风洞气流是其主要特征；国内拟再建的 2m 量级大型超声速风洞，也有采用变频调速系统建成连续式风洞的设想。

"交—直—交"变频调速技术在风洞中被广泛采用，特别是较大容量变频调速系统。为满足直流环节的整流要求，配备移相整流变压器是必需的，其中以串联多电平高压变频器所配多绕组移相整流变压器最为典型。

整流变压器作用：整流变压器的作用是将交流电网电压变换成整流装置所需要的电压，并通过相数和相位角的变换，改善交流和直流侧的运行特性。移相可消除网侧谐波，降低线电流的总谐波畸变率，保证整流器正常工作，并使直流环节的纹波系数减小；变压可实现整流器与电网之间隔离。

2）移相变压器的 4 种基本形式

多绕组移相整流变压器二次线圈互相存在一个相位差，用于实现串联多电平高压变频输入多重化；根据绕组不同的连接方式，移相变压器一次侧有星形和三角形两种接法，二次侧绕组一般都为延边三角形连接。

当一次侧为星形,二次侧为延边三角形时,移相变压器有两种基本型,分别为相位超前型 Y/▷ 和相位滞后型 Y/◁;当一次侧为三角形,二次侧为延边三角形时,移相变压器也有两种基本型,分别为相位滞后型 △/▷ 和 △/◁,上述 4 种基本型的连接方式如图 7-3 所示,4 种基本型移相只发生于线电压,而相电压是不移相的。

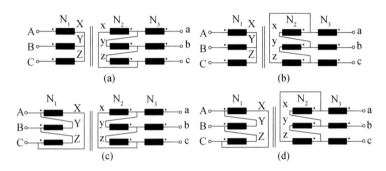

图 7-3　移相变压器的 4 种基本型式

(a)Y/▷; (b)Y/◁; (c)Y/▷; (d)Y/◁。

对于 Y/▷ 型移相变压器,副边相位超前,超前角 δ 与二次侧延边三角形的匝数存在如下关系: $N_3/(N_2 + N_3) = \sin(30° - \delta)/\sin(30° + \delta)$,因此 Y/▷ 型移相变压器移相角 δ 的超前范围为 $0° \sim 30°$。

对于 Y/◁ 型移相变压器,副边相位滞后,滞后范围为 $-30° \sim 0°$;对于 △/▷ 型移相变压器,移相角滞后,滞后范围为 $-30° \sim 0°$;对于 △/◁ 型移相变压器,相位角有更大滞后,滞后范围达到 $-60° \sim -30°$。

3）多绕组移相整流变压器选择举例

串联多电平高压变频器最常用的为 5 电平和 6 电平串联,对应多绕组移相变压器二次侧分别为 5 个和 6 个绕组,相邻绕组的相位差分别为 12° 和 10°,对应于 30 与 36 脉波整流。对应原边星形和三角形的两种接线形式,有 4 种多绕组移相变压器形式如图 7-4 所示。

对于多脉波整流电路,以 m 个相位相差 $\pi/3m$ 的三相桥式整流,可以构成 $6m$ 脉波的整流电路,其网侧电流仅含 $6m \pm 1$ 次谐波。

4）整流变压器短路阻抗的选择

由于整流变压器阀侧的整流单元有高次谐波产生,会在变压器绕组上产生谐波电压,进而产生谐波电流,在绕组和结构件中产生额外的附加损耗。从实际运行经验来看,变压器短路阻抗大于 8% 时,谐波的影响显著减小,附加损耗也会降低。

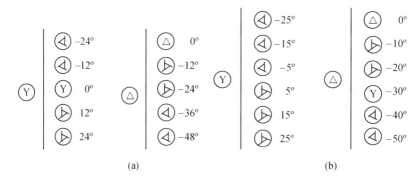

图 7 - 4　多绕组移相变压器图例

(a)30 脉波移相整流变压器；(b)36 脉波移相整流变压器。

7.3.3　风洞供配电系统中的电缆

在风洞供配电系统中,最常用的电缆主要有电力电缆和变频器专用电缆两类。

1. 电力电缆

电力电缆是用于传输和分配电能的电缆,在选择时主要关注指标是电压等级与载流量。

1）电压等级

在国家标准中,按电缆额定电压的标称值把电缆分为 A、B、C 三类,其中 A 类和 B 类常见,C 类不常见,现对相应标准做一简要介绍。

电力电缆额定电压标注"$U_0/U(U_m)$",所代表得意义是:U_0 是指电缆导体对地或金属屏蔽层之间额定工频电压的有效值,结合配电系统线制设置和金属屏蔽接法,可以认为是三相相电压;U 是指电缆导体之间的额定工频电压的有效值,可以认为是三相线电压;U_m 是指设备可承受的"最高系统电压"的最大值。

凡是 $U \approx 1.732 \times U_0$ 的电缆均为 A 类电缆,其余为 B 类和 C 类电缆,其中 C 类在常见电力电缆用户样本中一般不涉及,因此,可以认为样本中不属于 A 类电缆的都是 B 类。与 A 类相比,在 U 值相等时,B 类电缆的 U_0 普遍偏高,这是因为 B 类电缆对接地故障的耐受能力更强。

三类电缆划分依据是:短路时电缆可承受接地故障持续时间的长短。

A 类:接地故障持续时间不超过 1min;

B 类:可在单相接地故障时作短时运行,接地故障持续时间一般不超过 1h,最长不超过 8h,每年接地故障总持续时间不宜超过 125h;

C 类:包括不属于 A 类、B 类的系统,如预期系统会经常地运行在持久的接地故障状态下,该系统应划为 C 类。

2）载流量

电力电缆的载流量与电缆导体标称截面存在对应关系,电缆导体的标称截面是指导体横截面的近似值,因而标称截面不是导体实际的横截面,导体实际的横截面许多比标称截面小,只有几个比标称截面大。我国规定的导体截面有 0.5、0.75、1、1.5、2.5、4、6、10、16、25、35、50、70、95、120、150、185、240、300、400、500、630、800、1000、1200,单位为 mm^2。以上每个导体截面均有对应的载流量,具体的载流量可以通过查询载流量列表获得。

2. 变频器专用电缆

随着变频器的广泛采用,其开关器件在工作过程中产生的谐波干扰,对电缆提出了更高要求,因此也催生变频器专用电缆作为一类特种电缆,从电力电缆中独立出来。随着风洞中变频调速系统的广泛采用,很有必要对变频器专用电缆及其用法做简要介绍。

变频器专用电缆是电力电缆中的一类特种电缆,具有较强的耐电压冲击性,能经受变频器开关器件工作时,产生的不同脉宽的脉冲电压冲击,一般在空间结构设计上完全对称,具有较低且均匀的正序和零序阻抗,采用高密度编制铜丝(或带)屏蔽和复合屏蔽设计,对高次谐波电流分量具有良好屏蔽能力,可有效抑制自身对测控电路的电磁干扰,能有效降低变频电机的噪声,进而保证系统稳定运行。

根据变频器运行规律,电机连接电缆中的电流含有一定的谐波含量。对比理想的正弦波,电缆推荐按照 5% 降额。

变频器与电机连接电缆长度选择:受变频器直流母线电压和逆变器件快速开关动作影响,其输出电压波形在上升/下降沿的 du/dt 很高,在某些情况下,du/dt 值甚至会超过 $10kV/\mu s$,当 du/dt 过高时,除对电机绝缘和轴承(注:产生轴电流)存在损坏外,受长电缆的波反射效应影响,过高的 du/dt 会使电机侧电压波形的上升/下降沿幅值加倍。这种波反射现象是由电缆阻抗和电机阻抗不匹配引起的,当不匹配时,电源输出的 du/dt 越大,波反射过电压情况就越严重,所选电缆的临界长度就越短。

7.3.4 风洞供配电系统接地

对风洞中各类用电系统而言,接地作为安全与抗干扰的重要措施,在风洞建设中有其独特地位,本节主要对两个在风洞中常参考的标准进行编辑介绍,以方便技术人员采用。这两个标准是 GB 14050—2008《系统接地的形式及安全技术要求》和 HG/T 20513—2014《仪表系统接地设计规范》。

1. 建筑工程基本供电系统及其对地关系

对标称电压为交流 220/380V 的电网,其建筑工程基本供电系统分 TT 系统

(图7-5)、TN 系统、IT 系统(图7-6),其中 TN 系统又分为 TN-C 系统(图7-7 和图7-8)、TN-S 系统(俗称三相五线制,图7-9)、TN-C-S 系统(图7-10)。

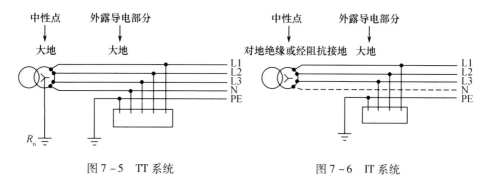

图7-5 TT 系统　　　　　　　　　　图7-6 IT 系统

下面对最常用的 TN 供电系统进行介绍,TN 系统中后续字母表示中性线与保护线之间的关系,具体为:

TN-C 中 C 表示中性线 N 与保护线 PE 是合并为 PEN 线。优点是节省一根导线,缺点是一旦设备金属外壳带电,就是单相短路,PEN 线上有电流流过,而且不能使用漏电保护装置进行保护。TN-C 系统不允许采用小于 10mm^2 的导线或将它用于移动式设备,其 PEN 线的连接如图7-8所示。

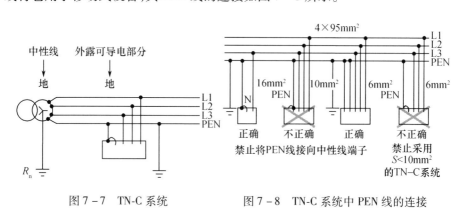

图7-7 TN-C 系统　　　　图7-8 TN-C 系统中 PEN 线的连接

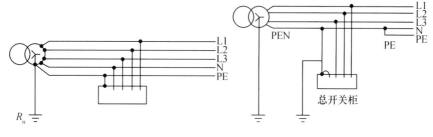

图7-9 TN-S 系统　　　　图7-10 TN-C-S 系统

TN-S 中 S 表示中性线 N 与保护线 PE 从变压器中性点分出后严格分开,在变压器中性点连接在一起并接地,一旦引出后,PE 要求重复接地、不能断线,且与 N 要绝缘良好。最大优点是:系统正常工作时,N 线中有电流流过,PE 线中没有电流,对地无电压,设备金属外壳接至 PE 线上安全可靠。对用于移动式设备且截面小于 $10mm^2$ 的回路,采用 TN-S 系统是强制性的。

TN-C-S 中 C 表示电源侧采用 TN-C 系统,该系统的电源侧用 4 芯电缆将 L1、L2、L3、N(或称 PEN)引来,使用三相四线制接入建筑物电源进线总开关柜,将电源电缆的 PEN 线先连接开关柜的 PE 母线并接地,然后再连接 N 母线,在此 PEN 线变成 N 与 PE 两根线,一旦分开后不再合并,也就是说,TN-C-S 中 S 表示总开关柜引出侧采用 TN - S 系统,即三相五线制供电。TN-C-S 系统的优点在于电源侧节省一根电缆芯线。我国建筑电气实际应用中,多采用 TN-S、TN-C-S 系统。在 TN-C-S 内,TN-C 系统不得位于 TN-S 系统的下游,因为上游中性线任何意外的中断将导致下游保护线的中断,从而引起危险。TN-C-S 系统禁用举例如图 7 - 11 所示。

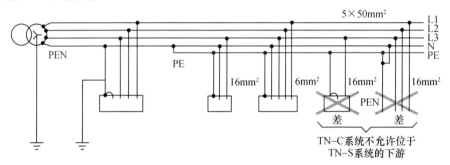

图 7 - 11   TN-C-S 系统禁用举例

2. 接地系统和接地原则

接地系统由接地连接和接地装置两部分组成。接地连接包括接地连线、接地汇流排、接地分干线、接地汇总板、接地干线。接地装置包括总接地板、接地总干线、接地极。如图 7 - 12 所示,风洞配电系统的接地连接,可采用分类汇总接地方式,最终与总接地板实现等电位连接。具体为:工作接地和保护接地在接地网的总接地板汇合,一旦引出后严格分开,各自形成自己的接地板和接地干线,对工作接地按信号类别,分别形成接地分干线和对应汇流排,分干线从工作接地汇总板引出后严格分开,并避免非同类信号在汇流排上跨接,保护接地要求类似。当电气接地与工作、保护接地合用时,电气接地的总干线应引自接地极(网)不同位置,以利于电气装置自由电子及时直接排入大地,消除对其他接地干线的影响,合用接地系统如图 7 - 13 所示。

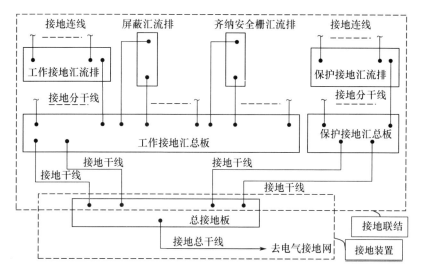

图 7-12　分类汇总接地方式

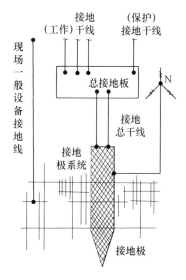

图 7-13　测控与电气装置合用接地

7.3.5　风洞动力系统中的电机

随着电力拖动技术的快速发展及其国产化的迅速推进,国内低、跨、超风洞连续式气流驱动方式,普遍采用"交—直—交"变频调速电力拖动模式,原有的直流电力拖动调速模式的高精度优势已经消失,目前基本已被变频调速电力拖动模式代替。

"交—直—交"电力拖动模式从电压等级上来说,一般分为低压和高压(国外称中压)两种,两种变频器对气流驱动的调速性能和调速精度相当,低压电压等级以 AC690V 最为典型;高压电压等级以 AC6kV(含 6.3kV、6.6kV、6.9kV)和 10kV 最为典型。

连续式气流驱动方式选用低压还是高压,主要基于功率大小来考虑。选用低压变频器时,当逆变功率器件为 IGBT 时,最大单台低压变频器拖动的异步电机功率约为 600~700kW,最大一般不超过 800kW;当逆变功率器件为 IGCT 时,最大单台低压变频器拖动的异步电机功率约为 2500kW。选用高压变频器时,定型产品单台变频器最大容量约为 40MVA,为满足国内大型项目需求,65MVA 变频器也有国内多家企业在开发功率模块,并且完成了全部调试、测试工作。从目前投资成本看,随着国产高、低压变频器调速精度和性价比的快速提升,一般认为 300kW 以下宜选用低压变频器,1000kW 以上选用高压变频器性价比较高,300~1000kW 之间选用高、低压变频器性价比差异不大。此处的差异不大是指:从为变频器所配高压断路器下游开始的整套电力拖动系统的投资成本。就风洞动力系统调速而言,基本是 600kW 以下选低压变频器,800kW 以上选高压变频器。

同步与异步交流电机的选择:对风洞动力系统调速而言,同步与异步电机调速系统动态响应快速性的差异,对速压建立时间的影响基本可以忽略,原因是速压建立时间相对于转速是一个大滞后过程,其滞后时间一般大于 30s。从一次投资来看,在 5000~10000kW 之间用于风洞动力系统的低速同步与异步电机投资成本基本相当,10000~20000kW 异步电机成本高于同步电机,20000kW 以上低速异步电机制造存在技术难度。但从变频器的投资成本看,5000kW 以上电机,同步增加的励磁调节成本远小于异步所需变频器容量的增加成本,因此从动力系统总的投资成本看,同步有一次性投资优势;从电网网侧容量需求看,同步与异步因网侧功率因素相当,所需用电容量也相当;从电机维修性看,异步电机全生命周期基本免维护,同步电机则需要专业人士定期检查和维护;从变频器维修性来看,维修、维护要求相当。目前,对风洞用户而言,5000kW 以下电机一般选用异步电机;5000~20000kW 之间的电机,同步与异步电机均可选用,关键取决于用户的是关注一次性投资还是易维护性;而 20000kW 以上电机则一般选用同步电机。从风洞电机使用寿命 30 年的长周期来看,用户一般更加关注长期使用的易维护性和成本分摊,一次性投资成本反而降至次要因素,以近年投资的风洞动力看,20000kW 功率以下的风洞动力系统均选用了异步电机就是证明。

下面对同步与异步交流电机做一简要介绍。

1. 交流异步电动机简介

异步电动机又称感应电动机,是由气隙旋转磁场与转子绕组感应电流相互作用产生电磁转矩,从而实现电磁能量转换为机械能量的一种交流电机,我们最常用的是鼠笼式异步电动机。异步电动机的电磁转矩—转差关系曲线如图7-14所示,图中 T_{em} 为电磁转矩,S 为转差率。

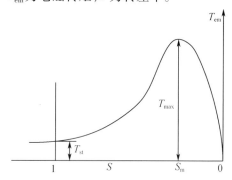

图7-14　异步电动机电磁转矩—转差关系曲线

1）转矩特性

电机最大电磁转矩 T_{max}（此时对应的转差率为 S_m）与定子电压 U_s^2 成正比,与转子回路电阻无关;异步电动机的过载能力定义为最大转矩与额定转矩 T_N 之比,过载能力是异步电动机重要的性能指标之一,对于一般异步电动机,过载系数越大,电机过载能力越强。

电机起动转矩 T_{st} 与定子电压 U_s^2 成正比,与转子回路电阻也成正比,因此在定子电压恒定的情况下,绕线式电动机一般采用转子串电阻的方式来增加起动转矩;通常用起动转矩倍数 $k_{st} = \dfrac{T_{st}}{T_N}$ 来表述电动机起动性能,对于一般异步电动机,起动转矩倍数为 $0.9 \sim 1.3$。

2）转差率特性

空载运行时,输出功率约为0,转差率约为0;转矩最大时,转差率最大。在[0,最大转差率]区间,随着功率增大,转差率随之增大,而转速呈下降趋势。

3）效率特性

电动机存在着可变损耗（如定转子铜耗）和不变损耗（如铁耗和机械损耗）。电动机的效率最大值一般发生在可变损耗与不变损耗相等时。

对于普通中小型异步电动机,效率约在（1/4~3/4）额定功率时达到最大。

4）功率因数特性

异步电动机必须从电网吸收滞后的电流来励磁,其功率因数永远小于1。

空载运行时,电机的定子电流基本上是励磁电流,因此空载时功率因数很低。随着输出功率的增大,定子电流的有功分量增加,功率因数增大并在额定负载附近达到最大值;当功率继续增大时,功率因数反而降低。

2. 交流同步电动机简介

同步电动机与异步电动机的根本区别是转子侧装有磁极并通入直流电流励磁,因而具有确定的极性。同步电机的运行特点是转子的旋转速度必须与定子磁场的旋转速度严格同步。

同步电机一般采用旋转磁极式结构,根据磁极机构可分为隐极和凸极两种形式。隐极同步电机外观上呈细长形,气隙均匀,转子机械强度高,适合于高速旋转;凸极同步电机外观成短粗形,气隙不均匀,旋转时的空气阻力较大,适合于中速和低速旋转场合。

异步电机与同步电机不同的是:

(1)同步电动机的稳态转速恒等于同步转速,因此同步电动机的机械特性很硬。

(2)同步电动机存在滑环、电刷、阻尼绕组,结构较为复杂,维护要求高。

(3)异步电动机的转子磁动势靠感应产生,而同步电动机除定子磁动势外,在转子侧还有独立的直流励磁,由于同步电动机转子有独立励磁,在极低的电源频率下也能运行,因此,在同样的条件下,同步电动机的调速范围比异步电动机更宽。

(4)要获得更大转矩,异步电动机要靠加大转差才能提高转矩,而同步电动机只需要加大转矩角就能增大转矩,因此同步电动机比异步电动机对转矩扰动具有更强的承受能力,动态响应快。

(5)同步电机由于存在失步问题,大功率电动机不宜开环工作。

(6)获得相同的控制精度,同步电机特别是凸极同步电机的矢量控制比异步电动机复杂。

总的来说,同步电动机适合于大功率、低速、冲击负载的场合,异步电动机适合于大中功率、中高速、负载较平稳、弱磁调速范围不大的场合。

7.3.6　风洞动力系统中的变频器

1. 交—直—交电压源型变频器简介

当前,交流变频器多为交—直—交电压源型变频器,其主要基于全控器件IGBT、IGCT、IGET 等实现 PWM(脉宽调制)控制,达到频率调节的目的。

1)变频器的拓扑结构

典型的拓扑结构如图 7-15 所示。

变频器主回路主要由整流单元、直流储能单元以及逆变单元组成。

整流单元一般由二极管实现不控整流,对于需要实现电动机再生能量回馈的变频器,整流单元一般采用与逆变单元相同的 PWM 结构;直流储能单元主要是在直流母线上接大容量的电容器实现;逆变单元采用 PWM 控制来实现电源

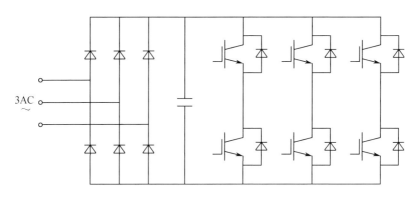

图 7 - 15   交—直—交电压源型变频器典型拓扑结构图

由直流到交流的频率转变。

根据变频器逆变单元的结构形式的不同,逆变器可分为二电平、三电平(可扩展为四电平、五电平),以及 H 桥级联式等结构形式。

二电平变频器主要用于低电压、小容量场合,代表产品有西门子的 G150 系列和 ABB 的 ACS880 系列产品;三电平变频器拓扑结构如图 7 - 16 所示,三电平变频器主要用于中高压、中大容量场合,在其基础上还可以拓展出五电平结构,代表产品有 ABB 的 ACS5000 产品和西门子的 GM150 产品;H 桥级联式拓扑结构如图 7 - 17 所示,主要用于中高压、中大容量场合,代表产品有罗宾康完美无谐波系列变频器,此外,国内的大多数的中高压变频器均采用这种拓扑结构。

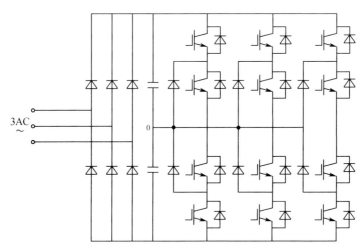

图 7 - 16   三电平变频器拓扑结构图

二电平、三电平以及 H 桥级联式各自优缺点如表 7 - 2 所列。

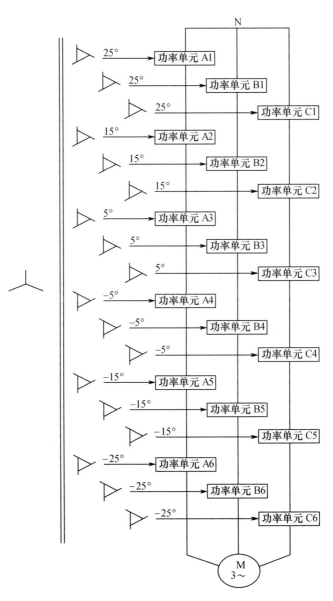

图 7 – 17   H 桥级联式拓扑结构图

表 7 - 2　二电平、三电平以及 H 桥级联式变频器对比表

	二电平	三电平	H 桥级联式
优点	结构简单、控制简单、成本低	适合中高电压、大容量系统；du/dt 和 THD 较二电平有较大改善	输出电压电平数多，电压畸变小；由于采用移相变压器，使得进线电流谐波小，功率因数高；不存在三电平电容电压平衡问题；具有故障旁路运行功能
缺点	只适用于低电压、小容量系统；du/dt 和 THD 较大	开关器件较多、控制较困难；存在直流分压电容电压不平衡问题；三电平使用高压开关件，开关过程较慢，输出谐波较大	级联数多会导致主电路复杂，可靠性受影响，桥中大量的电解电容是装置的薄弱点；移相变压器二次绕组过多，且有移相要求，制造困难；电动机制动再生能量吸收或回馈困难

2）变频器的常用辅助设备

（1）进线电抗器：进线电抗器用于降低由变频器产生的谐波，同时也可用于增加电源阻抗，并帮助吸收附近设备投入工作时产生的浪涌电压和主电源的电压尖峰。根据换相电感连接要求，当整流变压器存在时，可以代替进线电抗器。

（2）输出电抗器：主要用于限制寄生电容的充放电电流，同时也减少 du/dt 值，电抗器后输出电压为近似方波，不降低逆变器最大输出电压。

（3）du/dt 滤波器：滤波后输出电压仍近似为方波，不降低逆变器的最大输出电压，主要用于 500V 以上的逆变器或输出电缆较长的 AC380V 逆变器。

（4）正弦滤波器：滤波器输出电压为正弦波（畸变系数约 5%），但逆变器的最大输出电压减少 10%～15%，主要用于输出电缆特别长的场合。

2. 负载换相电流源型变频器简介

除常用的交—直—交电压源型变频器外，在超大功率同步电动机传动系统中还有另一种调速装置 LCI（负载换相电流源型变频器），主要采用晶闸管器件实现变流，晶闸管导通依据是转子的瞬时位置（由转子位置检测器获得），晶闸管的关断要靠同步电动机感应的交流反电动势，通过自然换向来关断，因此称为自然换向，这也是其主要特点。

LCI 变频器典型拓扑结构如图 7 - 18 所示。

3. 变频器的控制方式

变频器的调速控制主要由三种方式：电压频率比控制（V/F 控制）、矢量控制（VC 控制）和直接转矩控制（DTC 控制）。

（1）电压频率比控制基本思想是以电机每极磁通量保持恒定为前提，按比例地改变变频器输出电压和频率以达到改变电机转速的目的。

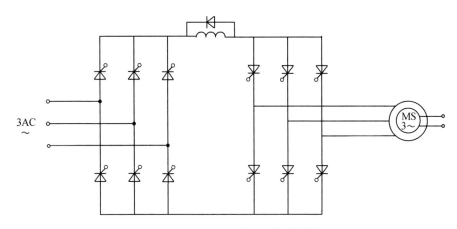

图 7 – 18 LCI 变频器典型拓扑结构

（2）矢量控制又称按转子定向矢量控制,其基本思想是通过坐标变换,在转子磁链定向同步旋转正交坐标系中,得到等效的直流电动机模型,仿照直流电动机的控制方法控制电磁转矩与磁链,然后将转子磁链定向坐标系中的控制量反变换得到三相坐标系的对应量,以实施控制。矢量控制根据转速反馈信号的获取途径,又可分为无码矢量控制和有码矢量控制。

（3）直接转矩控制的基本思想是根据定子磁链幅值偏差的正负符号和电磁转矩偏差的正负符号,再依据当前定子磁链矢量所在的位置,直接选取合适的电压空间矢量,减少定子磁链幅值的偏差和电磁转矩的偏差,以实现电磁转矩与定子磁链的控制。

7.4 低速风洞动力调速系统

风扇电机是低速风洞的动力来源,不同电机转速将产生不同的气流风速。动力调速系统就是按照给定的电机转速,实现吹风试验的稳转速控制,它是低速风洞流场控制的内环,有较高的性能品质要求。

7.4.1 低速风洞动力调速系统的基本要求

根据电机类型、电机功率、额定转速,实现无级调速,调速比一般为 1∶10 ~ 1∶20;

稳转速控制精度一般为 0.03% ~ 0.2%;

多电机驱动风扇时的转速同步精度一般为 0.1% ~ 0.3%;

具有自诊断和安全联锁保护功能;

具有"本控/远控"功能,配置实时工业以太网或现场总线通信接口;

充分考虑电磁兼容性,谐波分量满足 GB/T14549—1993《电能质量 公用电网谐波》标准。

7.4.2 低速风洞动力调速系统的控制原理

低速风洞风扇动力调速系统基于交流变频器,采用高精度旋转编码器作转速反馈,在变频器内部实现速度矢量闭环控制或直接转矩闭环控制,以达到电机风扇的高精度稳转速控制的要求。风扇动力调速控制原理如图 7-19 所示。

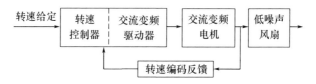

图 7-19 风扇动力调速控制原理

7.4.3 低速风洞动力调速系统设计

电动机是动力调速系统的原动机,有直流电动机和交流电动机之分;相应地,动力调速系统也有直流调速系统和交流调速系统。

直流调速控制简单,调速性好,在过去长期占据着统治地位;但直流电机结构复杂、转动惯量大、成本高、效率低、故障多、维护困难、存在换向器打火现象、容量和速度受到限制。

随着技术的发展,交流调速(此处指变频调速)已逐渐取代直流调速,它具有调速范围宽、动态响应快、工作效率高、输出特性好、保护功能完善、可靠性高、通用性强、操作维护方便等优点。同时,交流异步电机结构简单、环境适应性强、坚固耐用、使用寿命长、易于维护、价格低廉;交流同步电机虽有励磁绕组,但功率因数几乎为 1,在具有更高刚性要求和超大容量的场合得到较多应用。

根据电动机原理,三相异步电机定子绕组通入三相交流电后,便会产生旋转磁场,其转速 n_0(r/min)与交流电源频率 f(Hz)和电机极对数 p 的关系如下:

$$n_0 = 60f/p \tag{7.1}$$

异步电机转子的旋转速度(即电机实际转速)n(r/min)略低于旋转磁场的旋转速度 n_0(r/min),二者之间存在转差率 s,关系如下:

$$n = n_0(1 - s) \tag{7.2}$$

由上可见,调节电机转速 n 有以下三种方式:

改变 p:变极调速。多极电机,有级调速,绕组复杂,能力有限。

改变 s:变压调速、变流调速。机械特性软,调速范围窄,能力有限。

改变 f:变频调速。无级调速,机械特性刚,调速范围宽,调速精度高。

鉴于以上特点和目前技术水平,低速风洞动力调速系统以交流异步电机电压源型变频器调速为宜。对于交流励磁同步电机,变频器要多一套励磁控制,其他与交流异步电机变频器相通,但励磁同步电机可靠性要低、维护量更大。与电流源型变频器相比,电压源型变频器具有运行稳定、调速精度高、调速范围宽、输出波形好、输入电流谐波含量低、功率因数高、效率高、适应性好等优点;但电流源型变频器容量可做得更大,更易实现能量回馈,更适于经常正反转和超大容量的场合。必须特别注意的是:电流源型变频器对电网污染大、无功功率大,需要配备额外的治理、补偿装置,才能满足国家电网标准。至于直流调速,感兴趣者可参考其他相关技术书籍。

当今变频器对电机的辨识、控制、保护等技术都非常成熟完善,只要选型配置正确、参数整定合理、控制方法得当,都能实现上述动力调速系统的技术要求。在低速风洞控制系统中完全可将变频器视为黑盒子而加以应用,没必要从对象建模、较正设计等基础环节从头开始做起。对变频器原理感兴趣者可参考有关技术书籍。

若电机额定频率为 f_N(Hz),则变频器的外特性如图 7 - 20 所示,其输出电压与频率呈线性关系,此即压频控制(V/f)。压频控制是开环控制,转速控制精度有限,可达到 1% 左右;更高的转速控制精度,则必须采用矢量控制(VC)或直接转矩控制(DTC),其开环控制时的转速精度可达到 0.1%;若采用编码器转速反馈,实现闭环控制,则转速精度可达到 0.01% 。

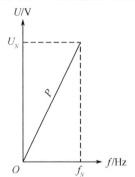

图 7 - 20　变频器的外特性

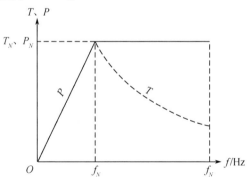

图 7 - 21　变频器的工作特性

变频器的工作特性如图 7 - 21 所示,当 $f = 0 \sim f_N$ 时,转矩 $T = C$(常数, N·m),此即恒转矩工作区,此时功率 P(kW)呈线性上升,它与转矩 T、转速 n 的关系如式 7.3 所示;当 $f > f_N$ 时,功率 $P = C$(常数,kW),此即恒功率工作区,此

时转矩 T 呈非线性下降,它与功率 P、转速 n 的关系为

$$P = Tn/9550 \tag{7.3}$$

变频器主电路配置如图 7 - 22 所示,其容量、转速、精度、安全、通信接口等技术要求需根据动力调速系统的技术指标进行核准配置。对于风机系统,变频器容量按电机输出功率选取即可。

图 7 - 22 所示配置是比较完整的,有很多变频器都内置了一些配置,详情可咨询供货厂商。变频器之所以如此配置,主要是出于对谐波和安全的考虑,以满足电网国标和工程使用的要求。

在三相对称系统中,变频器主要有 5、7、11、13、17……次谐波,对电网、电机、效率、噪声、周边电气设备等都将产生较大影响。

治理、抑制谐波的主要对策有:选用多脉整流、多电平输出变频器,进线用 AC 电抗器,母线用 DC 电抗器,输出用正弦滤波器,与电机连接用四芯电缆、电机外壳接地,采用绝缘型电源变压器、隔离稳压电源,变频器和受扰设备分开供电、分开接地,进线和出线采用屏蔽电缆,电缆应分开一定距离并穿金属管,同时尽量缩短线路长度。主电路等强电线缆与信号控制线缆分开放置于不同沟内或桥架内,金属管、屏蔽层、桥架可靠接地,信号线采用双绞线、信号浮置等。必要时还可采用零序电抗器、电源滤波器、浪涌吸收器、浪涌抑制器等。也可适当降低载波频率,但可能引起噪声增大,电流波形平滑性变差,具体情况视现场调试而定。

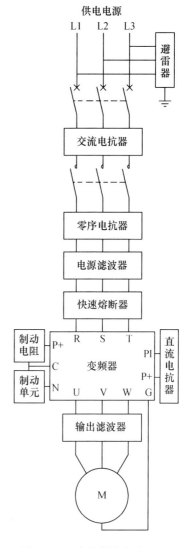

图 7 - 22 变频器主电路配置

综合采用以上对策,可基本消除谐波干扰,或大大削弱谐波的影响程度。一般地,以上诸多对策,按现场具体情况和条件,只采取其中几项即可。

图 7 - 22 中,避雷器、断路器、接触器、快速熔断器是为了保证动力调速系统

安全而采取的保护措施。若变频器供配电系统已经考虑了防雷避雷措施,则图中避雷器可省。对于大容量和超大容量变频器,接触器、快速熔断器既困难又昂贵,这需要供配电厂商或变频器生产厂商采取其他措施来保证系统安全。

对电机和风扇,大多数变频器也能进行监控和保护,例如,将电机绕组温度传感器、电机轴承温度传感器、风扇轴承温度传感器、风扇轴承振动传感器等接入变频器的模拟输入端,再设置变频器的相应参数即可。若变频器模拟输入点不够或监控功能有限,则可将一些监测点接入风洞安全监控系统,以实现动力安全监控。

7.4.4　低速风洞动力系统调试方法

1. 引言

动力系统是低速风洞运转的基础,是风洞的心脏,在低速风洞中占有重要地位。低速风洞动力系统调试主要是指:利用调速装置调节电机拖动对象轴流风扇的转速,使之在规定的转速范围内满足稳转速指标要求,稳转速调试是动力系统调试的重中之重,是稳风速(或稳速压)控制的基础。转速的稳定程度对结构定型的风洞而言,直接决定流场品质的好坏,一般而言,定型风洞提高流场品质成本最低的手段就是提高转速控制精度。动力系统在低速风洞中除以上所述基础性地位外,在动力系统的调试过程中,还将对风洞内装的所有结构部段、部件进行考验,因此动力系统调试阶段是风洞调试的"重中之重",如考虑不周,则极易发生损失严重的事故,因此,探讨一种行之有效的调试方法,具有现实意义。

2. 调试对象简介

论述调试方法之前,需要简单介绍调试对象,主要有风洞口径、开闭口方式、风速范围、转速范围、额定频率、频率调节范围、电机功率、额定电压、额定电流、转速控制精度等,通过以上精简信息使所有参试人员明确被调试动力系统的基本情况,对调试对象有个基本了解。

3. 调试目标及原则

动力系统调试的最终目标为:在整个转速调节范围内,转速稳定性满足指标要求。这是实现稳风速(速压)控制的基础,是完成动力系统调试的充要条件。除实现最终目标外,动力系统调试还有以下目标:

(1)全面考察动力系统性能(含电气与结构安装)。

(2)全面考察转子系统性能(含结构安装)。

(3)完成转子动平衡测试。

(4)考核洞内结构件安装的牢固性。

为确保调试工作顺利进行,动力系统调试应以"安全、可靠"为基本指导原则,以变频器用户手册、风机转子系统用户手册及动平衡测试方案、电机用户手册、风洞运行工艺要求为依据来编制调试大纲,循序渐进地开展调试。

4. 调试内容及方法

方法是实现目标的手段,为确保调试目标的实现,按时间的先后顺序,分九步讨论整个调试过程。

1) 动力辅助系统调试

完成辅助系统调试是开展动力系统调试的第一步,常见辅助系统一般有主电机冷却风机、脂润滑轴承注脂系统、油润滑轴承润滑油系统、高压油顶升系统、水冷变频器外水冷系统(或风冷变频器顶部轴流风扇冷却系统)、变频器高低压配电、抗冷凝加热器系统、电机与转子的振动监测、轴承温度与电机定子温度监测等。通过调试辅助系统,能为后续动力相同调试提供保障条件。

2) 变频器单体性能调试

变频器单体调试的目的是检查变频器的完好性。

调试内容主要有关合变频器顶置轴流风机配电开关,检查顶置轴流风机,保证顶置轴流风机运转平稳顺畅。对采用去离子水冷却系统的大型变频器,通电前,去离子水冷却系统一般先做充气保压试验,然后加注去离子水并开启循环泵,离子吸附装置会自动吸附离子并降低离子浓度,循环过程直到离子浓度低于允许值时才能结束,在整个循环过程中应反复检查各水冷接入点有无漏水状况发生,如有发生,必须停止循环整改,直至不漏。变频器控制柜加电,控制系统能自检通过,无警告、无故障。对大型变频器自带的移相变压器、功率模块中的二极管与大电容,需要使用自耦变压器进行初次检查和试充电,在每次启动时,必须预充电就绪方可启动,以减小对变频器直流环节(含)前的电气冲击和移相变压器电磁应力所带来的机械振动。闭合高压断路器,观察输入电压显示与自检是否正常。

在变频器单体调试阶段,还需要完成安全监控系统与变频器控制部分的通信,通信信号主要有启、停信号,基本运行参数信号和异常停机信号等。

3) 开环控制模式变频器带电机调试(空载)

调试目的:检查开环矢量控制模式下,变频器带电机运行情况。

调试步骤如下:

(1)测试电机绕组绝缘,确定电机绝缘能否满足额定运行要求。如调试前电机存放环境潮湿且时间较长,则宜在调试前几天开启抗冷凝加热设备,提高电机绝缘电阻值。如仍不能满足要求,则调试时所加电压的 kV(注:额定转速对应额定电压,转速与电压基本成正比)数字应小于等于绝缘电阻值对应的 MΩ 数字,并在接近允许的电压下进行较长时间的运行,以提高电机绝缘等级直到满足额定运行要求。

（2）开断抗冷凝加热器。

（3）闭合变频器轴流冷却风机电源（或闭合去离子水冷系统电源），启动变频器冷却系统。

（4）闭合变频器控制电源，控制柜上电并自检。

（5）启动电机轴承润滑系统（限于油润滑系统，大型电机还应包含高压油顶）。

（6）启动电机冷却风机（如为闭式风冷加外循环水冷电机，还应启动外循环水冷系统）。

（7）启动变频器外围冷却水系统（用于冷却变频器去离子水内冷却系统，该环节一般只存在于大型变频器）。

（8）变频器参数设置：具体设置参数参见变频器用户手册和电机用户手册。因自行调试，商家一般不按保质期规定执行，故不建议采用。

（9）在确定辅助系统就绪、变频器自检完成且无报警或故障后，安全监控系统将收到"就绪"信号。变频器就绪后，将高压开关柜合闸，在收到高压开关柜"已合闸"信号并判断变频器具备运行条件后，安全监控系统将收到"准备好运行"信号，就可以发送变频器转速信号并执行"使能"操作。

（10）给定最低转速（注：最低转速可以是电机运转允许最低速度或转速范围内最低转速，初次运行以两者低者给定为宜）并"使能"运行。在电机运行过程中，安全监控系统和技术人员应严密监视电机运行情况，如遇异常情况，除正常停车指令不响应时，均可采用正常停车措施应对。

（11）以调速比分割阶梯（遇到共振点可做适当调整避开），每个阶梯运行5min，逐步提升至额定转速（升速过程中可附带初步调整电流环参数）。在电机运行过程中，监视方法同第（10）步。

（12）电机运行到额定转速并停机，现场调试人员汇总运行情况，如果发现问题则做针对性整改。

4）闭环控制模式变频器带电机调试（空载）

闭环控制模式变频器带电机调试需要将电机的编码器反馈至变频器，并初步调整转速环参数，变频器需要设置相应的参数，具体参数设置见变频器用户手册，其他调试步骤与开环矢量控制模式变频器带电机测试相同。

5）连接电机与转子联轴器

该项由结构人员负责完成，连接前需复测电机轴和风扇转子轴的同轴度，联轴器连接完成后，检查联轴器、电机轴、转子轴的同轴度，同轴度应控制在技术要求范围内，一般用一个很小直径的圆柱面包络来描述。

6）负载调试前置条件确认

负载调试时，是空风洞风速由小到大的过程，有较大风险性，确认并落实其

前置条件是开启调试的基础,其主要内容可参考如下:

(1) 洞体回路应完成:洞体清扫与紧固件;开孔封堵与人孔口盖封闭;电机冷却风道内腐锈和垃圾吹除及连接;部段间伸缩缝连接板安装固定;应急灯和常用检查工具准备;速压采集所需的探针或管嘴的安装等。

(2) 变频器与电机:完成空载调试,各项性能正常。

(3) 风扇转子系统应完成:叶片的安装和紧固,叶片安装角度正确;注脂系统或油润滑及高压油顶系统的安装和调试;温度、振动传感器的安装和测试;转子和电机间联轴器的安装及同轴度复测;将圆周按叶片数目均匀分段,在叶片扫过的同一圆弧位置确定两个最长叶片,逐段检查两个最长叶片与洞体的间隙,确保在最大转速下间隙值抵扣叶尖位移后仍有合适余量;确定整流罩内观察人员的安全位置;整流罩内急停开关的测试;动平衡所需监测传感器的安装和调试等。

(4) 控制系统应完成:速压传感器安装和测试、总温传感器安装和测试;与变频器的通信调试;与上位机的通信测试;地线制作完成,各设备可靠接地等。

7) 开环矢量模式下电机带载运行及转子动平衡测试

调试目的:初步测试动力系统性能;调节电流环控制参数,使在转速稳态下电流波动尽量小;考察风扇转子性能,并完成转子动平衡测试。

调试步骤如下:

(1) 负载调试除满足前置条件外,在调试过程中,还需适当开展例行检查,其主要内容可参考如下:

风扇段:轮毂及叶片各连接部位防松检查;叶片与洞壁刮擦检查;轮毂与前后整流罩刮擦检查;监测传感器安装可靠性检查;风扇段前防护网紧固情况检查,异物检查;风扇段前后测量排架紧固性(如安装)检查;联轴器安装螺栓紧固性检查。

收集器、一扩:检查收集器(对开口试验段)调节机构锁紧性;检查一扩出口防护网紧固与异物;检查测量排架紧固性(如安装)等。

一、二拐角段:检查一、二拐角导流片蒙皮;检查测量排架(如安装),确保不得发生结构件脱落。

二扩:检查二扩测量排架(如安装)紧固性;检查换热器前防分离网紧固性及有无异物。

(2) 洞内检查人员及所带设备撤出,清点人数。

(3) 对讲设备准备完毕,通信正常。

(4) 动平衡测试设备启动,并准备就绪。

以下步骤同开环控制模式变频器带电机调试(空载)第(2) ~ (7)步。

（1）变频器参数设置与调整,建议到额定转速升速时间初次设定不小于120s,降速时间初次设置不小于90s,后续时间参数设置根据运行情况适当缩短或延长。

（2）本步内容同开环控制模式变频器带电机调试(空载)第(9)步。

（3）给定允许最低转速,启动变频器,运行5min。在运行过程中,控制系统监测并记录每个阶梯运行参数(注:在整个调试过程中,转速与风速的比值应基本恒定,当在某转速后该值变化较大时,应引起高度重视,防止叶片的过渡变形引发叶片损坏);结构和转子厂家技术人员观察运行情况,如遇异常情况,除正常停车指令不响应时,均可采用正常停车措施应对。

（4）若转子系统运行无异常且动平衡测试满足要求,按调速比切分阶梯,重复以上步骤,逐步提高电机转速至额定转速。在电机运行过程中,监测和观察内容同上步。在运行过程中,监视电机电流,如电机转速还未达到额定转速,但电机电流已接近额定电流,则停车,由启动人员确定桨叶角调整角度,由结构人员将桨叶角调整到气动要求的角度并锁死。

（5）转子运行到需要现场测试动平衡的转速时,转子厂家进行动平衡测试。如果动平衡测试结果满足要求,则进入下一阶梯,直到测试完成;若动平衡测试结果不满足要求,则停车检查整改,检查整改完成后,动平衡测试需要从最低测试点重新进行升速测试。

（6）停车检查点可按低速跨度大,高速跨度小的原则设置,整个运行范围设置的停车检查点不易少于5次。

（7）动平衡测试完成后,按阶梯由低到高升速,每个阶梯待转速稳定后观察并记录电机电流波动情况,通过反复参数调整,使电机电流在调速范围内各阶梯稳定点,均获得较小的电流波动结果。

8）闭环矢量稳转速带负载调试

（1）调试目的如下:

① 在转速调节范围内,进一步优化电流环控制参数,使电流在给定阶梯转速稳定情况下波动尽量小。

② 在转速调节范围内,优化转速控制精度,在满足技术要求情况下争取更优。

③ 在不超过电机额定电流条件下,调节变频器升速时间,在允许的最短时间内升速至最高转速。

在不超过变频器直流环节电压阈值的条件下,调节变频器降速时间,实现最快降速。

（2）调试要点如下:

① 经过"开环矢量模式下电机带载运行及转子现场动平衡测试"后,电机、

转子、结构以及控制上的问题已基本暴露出来并得到处理,因此闭环调试可以进行简化,以提高调试效率。

② 变频器设置好控制参数后,以开环升速阶梯升至额定转速,每个阶梯运行2min,对动力系统的转速控制精度进行考察;如果某个阶梯的控制精度达不到要求,需要对控制参数进行重新设置,并重新从第一个阶梯进行考察,直到所有阶梯的控制精度均达到要求。

③ 调节过程中,运行一段时间应安排人员按照例行检查要求进行检查,其他检查时间根据实际情况适时安排。

④ 带负载的闭环调试应尽量避免大的转速振荡现象出现,如果在调试过程中出现此现象,须立即停车,技术人员开展例行检查,确认设备正常后再调整参数继续调试。

⑤ 转速精度考察完毕后,开展一次例行检查。

在设备状态允许情况下,逐步缩短升速和降速时间。

9)拷机

调试目的:通过较长时间(4~6h)的动力系统运行,全面考察动力系统的力学、电气性能,洞体其他部段力学性能。

调试要点如下:

(1) 对风洞设备进行仔细检查。

(2) 适当选择升速阶梯,20min升至额定转速,在额定转速下运行4h。

(3) 所有参试人员确保全时在位,异常情况能随时停车。

(4) 以结构异常响动和动力系统温升为监视重点,温度停车阈值按用户手册设置,注重观察各温升平衡点,设备在温度停车阈值内应达到平衡,如果无法满足要求则需整改。

(5) 拷机结束后,抓紧对大功率电缆和母排端子进行测温和紧固,开展例行检查与紧固相应设备。

5. 其他

除以上调试内容外,考虑过程完整性,调试方法还应该涉及:调试人员岗位及职责、指挥调度流程及口令、调试计划、调试要求等方面内容,这些内容可根据规模大小和人员岗位等自行确定,在此不再赘述。

7.5 速压控制系统

7.5.1 速压控制系统的控制对象

低速风洞试验段内的气流风速由动力段内的电机拖动风扇而产生,不同的电机转速将产生不同的气流风速。但试验段内的气流风速受多种因素的影响，如风洞状态、试验工况、机构扰动、大气压力、气流温湿度等，所以仅靠风扇电机的稳转速控制不能满足试验段内气流风速的稳定要求。风洞速压控制系统就是为了保持试验段内气流风速的稳定，实现稳速压、稳风速的控制系统，它是低速风洞控制系统的核心。

7.5.2 速压控制系统的控制要求

能实现风洞试验段的稳速压、稳风速控制，速压控制精度一般为 0.1% ~ 0.4%；

能实时监测风洞主要运行参数（风扇转速、气流总压、静压或速压、干/湿球温度）和环境参数（大气温湿度）；

能控制风洞冷却水流量，以实现风洞稳定段气流温度不超过限值；

具有自诊断和安全联锁保护功能；

具有"本控/远控"功能。

7.5.3 速压控制系统的控制原理

由低速风洞设计可知，试验段某截面的速压（或动压）为

$$q = \rho v^2 / 2 \tag{7.4}$$

式中 ρ——试验段气流密度，与当地的压力、温度等因素有关；

v——试验段气流风速，由当地的动压、气流密度决定。

另外，试验段某截面的速压也可按下式求得

$$q = p_0 - p_s \tag{7.5}$$

式中 p_0——气流总压；

p_s——气流静压。

由上可知：试验段速压可由一个差压传感器直接测得，无须温度补偿等；试验段风速可由速压计算得到，但必须经过流校，用当地气流温度进行补偿。要精确控制试验段风速，就必须精确控制试验段速压，从这个意义上讲，稳风速控制系统就是稳速压控制系统。

速压控制原理如图 7 - 23 所示，它由稳转速、稳速压或稳风速两个控制环组成，即速压控制以动力调速系统稳转速控制为内环，以高精度速压和温度传感器为反馈，通过温度补偿和智能闭环控制，达到稳速压、稳风速的控制要求。

当选择稳转速控制方式（由试验管理计算机或本控人机界面给出选择指令）时，稳速压控制外环被切断，通过速压控制系统要求风扇动力调速系统实施稳转速控制，而速压控制系统只给出转速信号和有关试验参数的测量采集等；当选择稳速压控制方式时，速压控制系统以风扇电机转速作为内环控制（由风扇

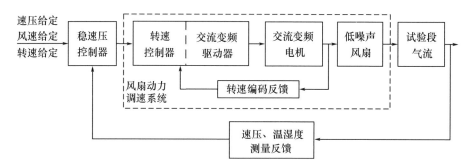

图 7 – 23　速压控制原理

动力调速系统完成），以风洞试验段气流速压作为外环控制，以达到快速性、高精度速压（风速）控制的要求。原理图中的速压测量反馈包括气流速压测量和气流温度测量，后者用于风速的温度补偿，以求风速测控更精准。

从理论上，要对一个控制对象实施精确控制，首先是建立对象数学模型，然后针对数学模型进行各种较正设计。但是，风洞对象工况众多，时变显著，扰动突出，实际数学模型很难准确建立。所以，从工程上，低速风洞速压控制系统（包括高速风洞总压控制系统、马赫数控制系统等）大都采用开闭结合与智能变参 PID 非线性控制策略：

设 k 为离散序列（$k = 1, 2, \cdots$），$r(k)$ 为给定值，$y(k)$ 为反馈值，$e(k)$ 为误差值，算式如下：

$$e(k) = r(k) - y(k) \tag{7.6}$$

则离散 PID 位置控制算法为

$$u(k) = k_\mathrm{P} e(k) + \frac{k_\mathrm{P}}{T_i} \sum_{i=0}^{k} e(i) \Delta t + k_\mathrm{P} T_\mathrm{d} \left[\frac{e(k) - e(k-1)}{\Delta t} \right] \tag{7.7}$$

或

$$u(k) = k_\mathrm{P} e(k) + k_\mathrm{I} \sum_{i=0}^{k} e(i) + k_\mathrm{D} \left[e(k) - e(k-1) \right] \tag{7.8}$$

式中　$u(k)$——控制输出；

k_P——比例增益；

T_i——积分时间；

T_d——微分时间；

Δt——采样周期；

k_I——积分增益，$k_\mathrm{I} = \dfrac{K_\mathrm{P}}{T_i} \Delta t$；

$$k_D\text{——微分增益}, k_D = \frac{k_P T_d}{\Delta t}.$$

离散 PID 增量控制算法为

$$\Delta u(k) = k_P \big[e(k) - e(k-1) \big] + k_I e(k) + k_D \big[e(k) - 2e(k-1) + e(k-2) \big]$$

$$(7.9)$$

离散 PID 速度控制算法为

$$v(k) = k_P \frac{\Delta e(k)}{\Delta t} + \frac{k_P}{T_i} e(k) + \frac{k_P T_d}{(\Delta t)^2} \big[e(k) - 2e(k-1) + e(k-2) \big] \quad (7.10)$$

在以上离散 PID 控制算法中,为追求快速、稳定、精准的优良控制品质,可引入开闭切换、圆整误差、积分分离、微分先行、参数变革、模糊规则、神经网络等控制策略,其控制参数在吹风调试的过程中进行整定和优化。这便构成了开闭结合与智能变参 PID 非线性控制策略,该控制策略的稳定性、快速性、精准性、鲁棒性都很强,除了在风洞控制系统中得到广泛应用外,在其他工业过程控制系统中也得到非常广泛的应用。

7.5.4 速压控制系统设计

速压控制系统遵从图 7-1 所示的低速风洞控制系统总体结构,其组成如图 7-24所示,它由测控间的试验管理计算机、试验现场的人机界面(HMI)、可编程序控制器(PLC)、风扇动力调速系统(风洞安全监控系统)、风洞冷却水控制系统、传感变送器、控制执行器、数据采集模块、控制输出模块、安全联锁控制、实时工业以太网、现场总线等组成。

速压控制系统分布较广,有稳定段的总压、收缩段的静压、试验段的气密、动力段的转速、换热段的水量,以及测控间的监控等。所以,对于大型低速风洞,速压控制系统以光纤环网建立起双向冗余的实时测控网络,以减少布线、增强抗扰、实现大系统实时控制;对于小型低速风洞,速压控制系统完全可以在一套PLC 上实现除动力调速系统之外的所有控制功能,包括风洞冷却水调节、充气密封、风洞安全监控等。

图 7-24 所示的速压控制系统以 Siemens PLC(其他品牌 PLC 类似)为核心,采用高精度压力传感器和温湿度传感器进行速压反馈和温湿度测试,通过智能闭环控制和温度补偿,有效地完成试验段气流速压或风速的精准控制;同时,该系统也对风洞主要运行参数(压力、温度)进行检测,并就近完成对充气密封系统的监测控制,通信完成对风洞冷却水的流量控制。

速压控制系统是建立在风扇动力调速系统的稳转速控制基础之上的。在试验过程中,速压控制系统接受试验管理计算机(远控)或速压控制系统人机界面

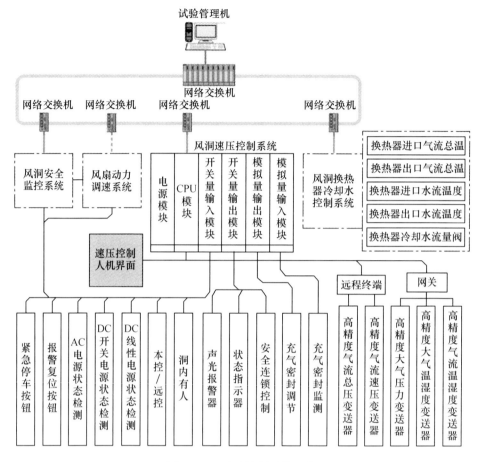

图 7－24　速压控制系统组成

（本控）的运行指令,从风扇动力调速系统(变频器)获得风扇电机反馈转速,在本地采集速压、温度等信号,通过适度控制策略,将目标转速实时传送给风扇动力调速系统,将试验气流温度实时传送给风洞冷却水控制系统,将安全状态实时传送给风洞安全监控系统,将过程数据实时传送给试验管理机,整个系统基于iRT技术,完成速压或风速的高精度控制。

7.6　机构控制系统

7.6.1　机构控制系统的控制对象

低速风洞一般都有很多运动机构与之配套,包括模型腹撑机构、模型尾撑机构、转盘机构、翻板机构、升降机构、平移机构、插销机构、移动运输机构、流场校测机构等。这些机构按运动精度、载荷、现场条件等的不同,有电动伺服驱动、电动变频驱动、液压伺服驱动、气动开关驱动、气动浮移驱动(气垫运输),以及位置反馈、速度反馈、限位反馈等。一般地,模型腹撑机构、转盘机构、流场校测机构由电动伺服驱动,带位置反馈;模型尾撑机构由液压伺服驱动,带位置反馈;翻板机构、升降机构、平移机构、插销机构由电动变频驱动或气动开关驱动,带位置或限位反馈;移动运输机构由电动变频驱动(轮轨运输)或气动浮移驱动(气垫运输),带位置或速度反馈。事实上,为保护机构安全,运动机构一般都设置有限位反馈。

模型腹撑机构和模型尾撑机构统称为模型姿态机构,在开口试验段和闭口试验段都可参与试验。模型姿态机构一般包含迎角机构和侧滑角机构,部分包含滚转角机构。所有机构协调运动,保证模型旋转中心始终处于试验段中心位置(风洞轴线)上。

模型腹撑机构在闭口试验时要与闭口试验段上、下转盘同步,3 个转盘可组合有以下 5 种试验工况:

腹撑转盘单独工作,主要进行开口试验段模型试验;

腹撑转盘与闭口试验段上、下转盘同步工作,主要进行闭口试验段模型试验;

闭口试验段上、下转盘同步工作,主要进行镜像试验;

闭口试验段上转盘单独工作,主要进行背撑试验;

闭口试验段下转盘单独工作,主要进行半模试验。

模型尾撑机构一般包含迎角(α)机构、前侧滑角(βf)机构、后侧滑角(βb)机构和高度(Y 向)机构。由于载荷较重,因此由液压伺服驱动(即模型尾撑机构包含液压系统),而大型机构还采用双油缸同步驱动。

7.6.2 机构控制系统的基本要求

1. 迎角机构

迎角范围一般为 $-30° \sim +90°$;

控制精度一般为 $\pm 0.02°$;

角位移或线位移反馈,电动伺服或液压伺服控制。

2. 侧滑角机构(包括转盘机构)

侧滑角范围一般为 $-180° \sim +180°$;

控制精度一般为 $\pm 0.02°$;

角位移或线位移反馈,电动伺服或液压伺服控制。

3. Y 向机构

行程位移根据结构设计而定;

定位精度一般为 ±0.1mm；

线位移反馈,液压伺服控制。

4. 翻板机构

行程位移、控制精度等根据结构设计而定；

角位移、线位移或限位反馈,电动变频或气动开关控制。

5. 升降机构

行程位移、控制精度等根据结构设计而定；

角位移或线位移反馈,电动变频、电动伺服或液压伺服控制。

6. 平移机构

行程位移、控制精度等根据结构设计而定；

角位移或线位移反馈,电动变频、电动伺服或液压伺服控制。

7. 定位插销机构

行程位移、定位精度等根据结构设计而定；

限位反馈,电动变频或气动开关控制。

8. 移动运输机构

行程位移、控制精度等根据方案设计而定；

角位移、线位移或速度反馈,电动变频或气动浮移控制。

9. 流场校测机构

轴向行程、横向行程、控制精度等根据结构设计而定；

角位移或线位移反馈,电动伺服或电动变频控制。

具有"本控/远控"功能；

能实现系统自身的安全联锁保护。

7.6.3 机构控制系统的控制原理

机构控制本质上是位置控制,其控制系统的设计调试方法类似,典型的机构控制原理如图 7-25 ~ 图 7-28 所示。

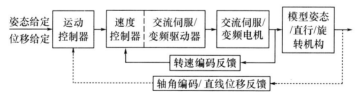

图 7-25 电机伺服驱动/变频驱动机构控制原理

对于定位精度要求较高、载荷又不是特别大,或行走距离较长的机构,如模型腹撑机构、转盘机构、流场校测机构、精密行走机构等,一般采用电机驱动、位置反馈、伺服或变频控制(伺服比变频控制精度更高),其驱动控制原理如

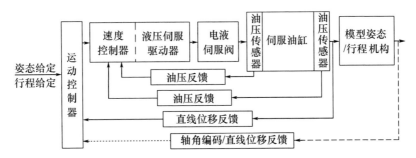

图 7 – 26 液压伺服驱动机构控制原理

图 7 – 25 所示;对于定位精度要求较高、载荷特别大的机构,如模型尾撑机构等,一般采用液压驱动、位置反馈、电液伺服控制,其驱动控制原理如图 7 – 26 所示;对于只要求到位与否或开关控制的机构,如翻板机构、定位插销机构、锁紧插销机构等,一般可采用电机驱动或气缸驱动、位置反馈或限位反馈、变频控制或开关控制,其驱动控制原理如图 7 – 27、图 7 – 28 所示。

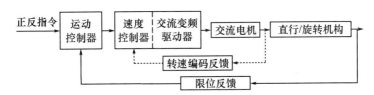

图 7 – 27 电机变频驱动机构控制原理

图 7 – 28 气缸开关驱动机构控制原理

对于定位精度要求特别高,又便于安装角位移或线位移传感器等检测设备的机构,则在机构侧安装位置传感器,这样可直接测得机构运动的位移,实现高精度定位控制;对于无法在机构上安装位置传感器,或不便于实现特殊位置(如侧滑角)测量的机构,则通过电机上安装的旋转编码器或油缸上安装的直线位移传感器,按结构几何公式计算出机构运动的位移,实现要求精度的定位控制。一般地,这种结构几何公式都呈非线性关系,且存在加工误差、装配误差、机构变形等,所以需要实测机构运动位移,然后对机构运动进行补偿较正,以保证机构控制满足精度要求。

综上,对于具有位置反馈的运动机构,控制系统根据给定的位置参数和反馈的位置参数,按结构几何公式解算出位移量,由运动控制器位置控制算法生成运动控制参数,并发送给伺服/变频控制器,伺服/变频控制器根据适度控制算法,输出参数到伺服/变频驱动器,再由伺服/变频驱动器控制各轴伺服/变频电机或伺服油缸按规定的参数运动,直至到达给定的运动位置,从而达到机构运动控制的目的;对于无位置反馈而只有限位反馈的运动机构,控制系统根据给定的运行指令启动相应机构动作,并实时监测相应限位反馈或行程开关的状态,一旦到达限位目标位置,即停止对应机构变频器或气路控制阀,从而达到机构运动控制的目的。对于无位置反馈而用行程开关作为反馈控制元件的电机驱动机构,为达到平稳、安全、准确定位的运动控制目的,调试时可根据适当运行时间建立一条温和的S形"启动加速—恒速运行—减速停机"的运行曲线,降低接近停机时的电机运转速度,以提高运动控制定位精度。这里的"减速停机"并不是运行曲线一完成就立刻停机,而是以较低的速度保持电机的运转,直至检测到行程开关的到位信号而立即停机。

7.6.4 机构控制系统设计

电机的伺服/变频控制器设计制作是比较烦琐的,需从电机模型着手,根据负载特性,以适当的校正环节,设计可靠的电子线路,进行不断的调试和完善,使其控制品质满足技术要求。随着技术的发展,现在都不需要从头做起,可根据技术要求,合理配置合成熟可靠的伺服/变频控制器。

典型的低速风洞机构控制系统组成如图 7 – 29 所示,整个控制系统的组成主要包括上位控制计算机、控制柜(包括 PLC 可编程控制器、人机界面、运动控制模块以及其他电源、继电器、空气开关等附件)、手持操作单元、5 套交流伺服放大器与伺服电机组成。其中 PLC 部分由 CPU 模块、数字量输出/输入模块、运动控制模块、定位模块等组成,其中由于迎角 α 和 Y 向升降机构、侧滑角 β 和 Z 向横向移动机构在运动过程中具有严格的速度和位置同步要求,则选用功能强大的运动控制模块实现运动控制,对于运动过程比较简单的 X 向移出机构则采用定位模块实施运动控制。

低速风洞机构控制系统通常以 PLC 为核心,接收试验管理计算机的运行指令,并将过程数据实时传送给试验管理计算机,将安全状态实时传送给风洞安全监控系统,同时以有效的控制方法实现机构设计技术所要求的定位控制,满足机构控制的各项功能。

设计、调试机构控制系统,并提高其控制品质的主要技术途径有:

(1) 合理配置伺服/变频器系统。充分理解机构控制系统的技术要求,选择合适的伺服/变频器,并根据该伺服/变频器的技术细节进行合理配置。一般地,

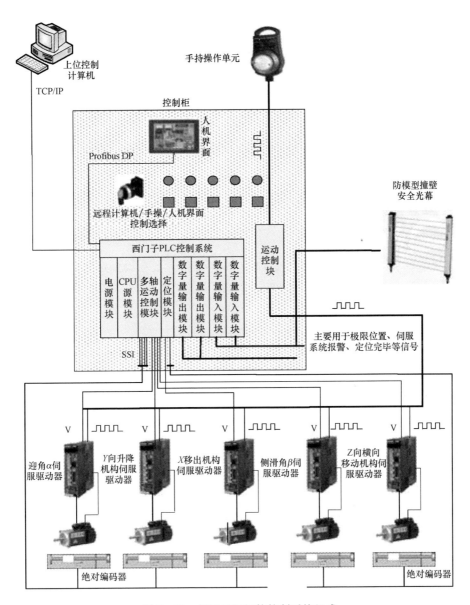

图7-29 低速风洞机构控制系统组成

谐波干扰与安全防护是其要解决的主要问题。

同步协调运动往往是机构运动控制的技术要求之一。可选配具有高速连接或光纤连接、能实现同步跟随技术的伺服/变频器;可使用激光对管(如上、下转盘的同步)或其他技术手段(如位置反馈的比较)实时监测机构的同步情况,一旦发现同步超差,立即停止机构运动,仔细分析查找原因,直至解决问题

265

为止。

机构或模型防撞往往也是机构运动控制的技术要求。可通过机构技术设计或机构运动试验测绘出机构运动的包络轨迹,在控制软件上实现机构控制软限位;可安装机构防撞行程开关,在控制硬件上实现机构控制硬限位;可制造机构防撞钢挡块,在机构设计上实现机构运动机械限位。

控制精度则是机构运动控制的必然技术要求。可选配能满足精度控制技术要求,具有先进控制技术手段的伺服/变频器及其所必需分辨率的编码器,以保证机构控制系统具有适度优良的硬件基础。

(2)正确设置伺服/变频器参数。伺服/变频器一般都有几百个参数,要充分理解每一个参数的实际意义,然后加以综合,正确设置伺服/变频器的每一个参数,如系统配置参数、保护动作参数、电机/液压参数、机构刚度参数、控制策略参数、通信传输参数等。

要实现机构控制系统的平稳控制,首先要做的就是在设置好伺服/变频器的必要参数之后,对电机/液压系统进行静态辨识或动态辨识,以此得到电机/液压系统的数学模型,并自动填写伺服/变频器的有关参数单元,这是实现高精度伺服/变频控制的重要基础。

在模型辨识之后的调试过程中,还可对控制精度、动态响应等做进一步的优化调试,修改调整有关控制算法参数,以使机构控制系统品质达到更优。

(3)完善补偿机构运动系统误差。由于结构几何运动往往是非线性的,其运动几何公式是理论推导出来的,有时推导困难很大,需要做适度的线性化处理与近似,再加上加工误差、装配误差、机构变形等因素的影响,不可避免地造成了反馈计算位置与机构实际位置的偏差。

为解决这一问题,则需要对机构运动轨迹进行全范围的实际校测,甚至是全范围加载情况下的实际校测,然后在实际运动控制中采取有效的智能补偿算法,对机构运动误差进行实时补偿控制,以使机构控制精度完全满足设计技术要求。

下面以某低速风洞大迎角机构控制系统设计举例,阐述机构控制系统设计。

1. 梳理功能需求、技术要求

1)功能需求

某低速风洞大迎角试验装置的控制系统要求由上位监控计算机、手持操作单元、人机界面、控制柜以及 X、Y、Z、α、β 各轴驱动器和驱动电机、安全光幕等组成。上位控制计算机或人机界面下达大迎角定位指令后,迎角 α 机构、侧滑角 β 机构、Y 向升降机构、Z 向横向平移机构、X 向移出机构 5 个自由度应按要求速度和目标角度在核心控制器控制下相互联动以准确完成定位功能,如图 7 - 30 所示。

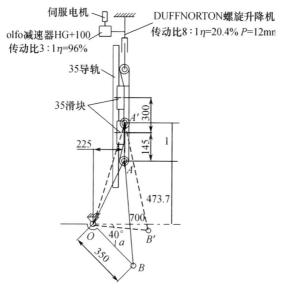

图 7 - 30 某低速风洞迎角机构三维及简化结构图

控制系统具体要求包括：

（1）系统应具备多种控制方式：计算机远程控制、控制柜本地控制和手持操作器控制。

（2）在计算机远程控制和本地控制过程中各自由度既能够按要求速度移动和转动，又能够按照 X、Y、Z、α、β 目标值实现准确定位。

（3）在计算机远程控制和本地控制中，α、β 转动过程有速度随动要求，以保证模型中心基本不偏离风洞轴线。

（4）手持控制单元能够对 X、Y、Z、α、β 各方向的移动或转动实施单独控制，移动和转动速度可手动控制。

（5）上位机和控制柜人机界面能够实时监测执行机构运行状态以及核心控

制系统和伺服驱动器的工作情况。

（6）系统具备紧急停止功能。

（7）控制系统要求采用软、硬多级安全保护措施,有效保证控制分系统的可靠性、安全性。

2）技术要求

具体控制指标为：

（1）大迎角系统能够带动模型实现 X、Y、Z、α、β 和 γ 6 个自由度的独立运动,其中 X、Y、Z、α 和 β 为计算机自动控制完成,γ 由手工调整实现,每个自由度都应具备到位锁定功能。

（2）模型反装时迎角可实现 $-10° \sim 90°$ 的连续变化。

（3）模型在姿态变化过程中其中心在风洞试验段内的 X 方向和 Z 方向上基本保持不变,仅允许在大侧滑角(大于 $30°$)时 Z 方向有偏离,但最大偏离不超过 350mm。

（4）某低速风洞大迎角试验装置的主要技术指标如表 7-3 所示。

表 7-3　某低速风洞大迎角系统的主要技术指标

技术参数＼运动坐标	迎角(α)	侧滑角(β)	X 向(移出)	y 向(升降)	z 向(横向)
变化范围	$-10° \sim 90°$ (模型反装)	$\pm 40°$	$-1200 \sim 2650$mm	$-280 \sim 1850$mm	$-800 \sim 800$mm
变化速度	$0° \sim 2°/s$	$0 \sim 2°/s$	$0 \sim 56$mm/s	$0 \sim 56$mm/s	$0 \sim 56$mm/s
位置控制精度	$\pm 2'$	$\pm 2'$	± 0.1mm	± 0.1mm	± 0.1mm

说明：以后所列运动坐标均为风洞坐标系,原点在试验段中心,X 的正方向指向风洞的入口(即逆气流方向),Y 的正方向指向风洞顶盖,Z 的正方向遵循右手准则。

2. 分析大迎角部分各自由度几何与运动关系

1）迎角 α 与 Y 向机构运动关系

迎角机构简化后,其几何关系示意图如图 7-30 所示,实线表示迎角为零位时各部分的位置,虚线为滑块向上移动 l 距离迎角转动 α 后的位置,规定滑块向上移动方向为正,α 向下移动为正,则

$$OA'^2 = 225^2 + (473.7 + l)^2 \tag{7.11}$$

$$\cos \angle A'OB' = \frac{OA'^2 + 350^2 - 700^2}{2 \times 350 \times OA'} \tag{7.12}$$

则 α 与 l 的关系式为

$$a = \frac{13}{18}\pi - \arccos\left(\frac{OA'^2 + 350^2 - 700^2}{2 \times 350 \times OA'}\right) - \arctan\frac{225}{473.7 + l} \quad (7.13)$$

迎角 α 与滑块移动距离 l 之间的关系图如图 7 - 31 所示。

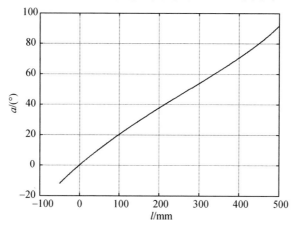

图 7 - 31 迎角 α 与滑块位移 l 之间关系图

分别对式(7.13)两边求导,则求得滑块移动速度与迎角角速度之间的关系式为

$$\frac{\mathrm{d}l}{\mathrm{d}t} = \frac{w\sqrt{490000w - v^2}}{s\left(w - \frac{1}{2}v\right) + 225\sqrt{490000w - v^2}}\frac{\mathrm{d}a}{\mathrm{d}t} \quad (7.14)$$

其中:

$$u = l^2 + 947.4l \quad (7.15)$$
$$v = u - 92483.31 \quad (7.16)$$
$$w = u + 275016.69 \quad (7.17)$$
$$s = 2l + 947.4 \quad (7.18)$$

在迎角转动速度要求为 2°/s 的情况下,滑块在各位置移动的速度如图 7 - 32 所示。

在迎角 α 发生变化过程中,为了保证模型中心不偏离原轴线位置,必须进行 Y 向升降补偿。设 Y 的正方向向上,则 Y 向机构补偿距离与滑块移动的距离关系为

$$Y = 1600\sin\alpha \quad (7.19)$$

由于 α 的大小由滑块位移 l 决定,Y 向升降位移与滑块位移之间的关系图如图 7 - 33 所示。

Y 向机构运动速度与滑块移动速度之间的关系为

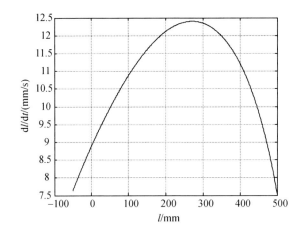

图 7 - 32　滑块在各位位置移动速度图(迎角变化速度 2°/s)

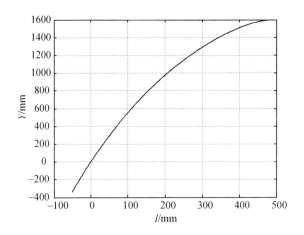

图 7 - 33　Y 向升降机构位移与滑块位移 l 之间关系图

$$\frac{\mathrm{d}Y}{\mathrm{d}t} = 1600\cos\alpha\,\frac{\mathrm{d}a}{\mathrm{d}t} \tag{7.20}$$

在迎角 α 匀速(2°/s)变化过程中,对应滑块各位置 Y 向升降速度如图 7 - 34 所示。

2) 侧滑角 β 与迎角 α、Z 向横向移动机构运动关系

在侧滑角发生变化过程中,为了保证模型中心不偏离原轴线位置,需要进行 Z 向横向平移补偿,两者之间的位置关系式如下:

$$z = 1600\cos\alpha\sin\beta \tag{7.21}$$

由于 α 的大小由滑块位移 l 决定,Z 向横向平移位移与滑块位移、侧滑角 β

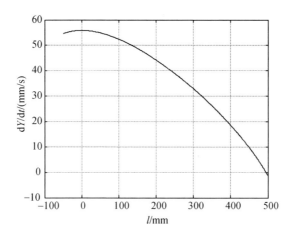

图 7 - 34　Y 向升降机构升降速度(mm/s)与滑块位移 l
之间关系图(迎角变化速度 2°/s)

之间的关系如图 7 - 37 所示,当 $\alpha = 0$ 时,Z 向横向平移位移与侧滑角 β 之间的
关系如图 7 - 36 所示。

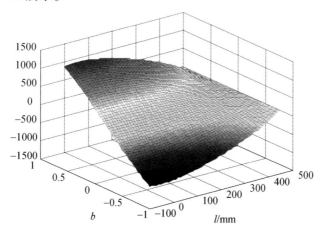

图 7 - 35　Z 向横移平移机构位移与侧滑角 β、滑块位移 l 之间关系图

Z 向横移速度与迎角 α、侧滑角 β、迎角转动速度 $d\alpha/dt$、侧滑角转动速度
$d\beta/dt$ 的速度关系式为

$$\frac{dz}{dt} = 1600\cos\beta \cdot \cos\alpha \cdot \frac{d\beta}{dt} - 1600\sin\beta \cdot \sin\alpha \cdot \frac{d\alpha}{dt} \qquad (7.22)$$

在迎角和侧滑角变化速度为 2°/s 时,Z 向横移速度与滑块位移 l、侧滑角 β
之间关系如图 7 - 37 所示;在侧滑角变化速度为 2°/s,迎角 α 为恒为 0 时,Z 向
横移速度与侧滑角 β 之间关系如图 7 - 38 所示。

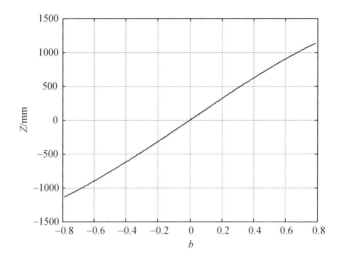

图 7-36 $\alpha=0$ 时 Z 向横移机构位移与侧滑角 β 之间关系图

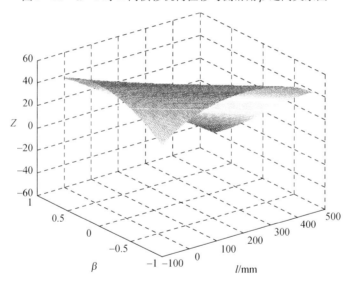

图 7-37 Z 向补偿横移机构横移速度与侧滑角 β、滑块位移 l 之间关系图
（迎角和侧滑角变化速度 2°/s）

3. 控制系统总体设计与控制原理

1）基本设计思想

在综合考虑可靠性、抗干扰特性、功能扩展性以及运动控制能力的情况下，
4m×3m 风洞大迎角控制系统选择 PLC 作为运动控制计算和安全联锁的核心控
制器；在考虑响应速度、控制精度、安装位置、机械负载特性、技术指标等诸方面
因素的基础上，X、Y、Z、α、β 各自由度选用交流伺服系统驱动。

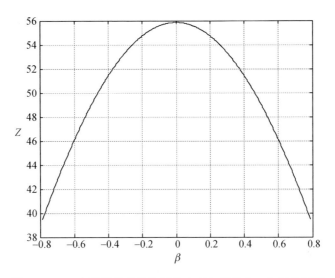

图 7-38　Z 向补偿横移机构横移速度与侧滑角 β 之间关系图

（迎角 $=0°$,侧滑角变化速度 $2°/s$）

考虑到迎角 α、侧滑角 β 转动过程中既有速度随动要求,又有最终定位精度要求;既有自动速度控制和定位功能要求,又有手动控制要求。要求迎角 α、侧滑角 β、Y 向升降机构、Z 向横向移动机构、X 向移出机构的交流伺服系统具有如下功能:

（1）既有速度控制功能(接受电压模拟信号),又有定位控制功能(接收脉冲信号进行位置控制),速度控制/位置控制可以通过外部开关量进行切换。

（2）在运动控制模块/定位模块的控制下,外加位置(通过绝对位置编码器换算得到)闭环通过模拟量控制实现各轴精确位置定位。

在自动控制模式下,PLC 的运动控制模块/定位模块通过伺服驱动系统模拟端口对 X、Y、Z、α、β 各交流伺服系统实施速度控制;在外加位置闭环的情况下,运动控制模块/定位模块通过伺服驱动系统模拟端口实现精确的定位控制。在手动控制模式下,系统通过伺服系统脉冲信号端口实现速度和位置控制。

2）系统总体组成

按照总体设计思想和功能需求,该大迎角控制系统总体组成如图 7-30 所示。控制系统自动控制部分包括远程上位计算机控制和控制柜人机界面控制;手动控制通过手持操作单元实现,手持操作单元包括电子手轮脉冲发生器、轴选开关和倍频选择开关。控制系统运行过程中的控制方式可以通过控制柜上的"远程计算机/人机界面/手持操作单元"位置开关进行选择。

用户可以通过上位计算机对执行机构进行远程控制和监测。上位控制计算机的主要任务是为用户对 X、Y、Z、α 和 β 各驱动轴实施远程控制提供操作界面,

273

并实时显示各机构运动状态和伺服控制器的工作情况。各机构运动状态、驱动器运行情况等通过工业以太网传输给上位计算机,上位机控制指令通过工业以太网传输给核心控制部分 PLC。PLC 接到控制指令后会按照相应的控制策略,通过运动控制模块/定位模块的输出电压模拟值控制对应伺服驱动器进行速度控制或通过外部位置闭环采用电压模拟量控制伺服驱动系统实施精确定位。在手动控制方式下,系统根据手持操作单元选择的轴信号、脉冲信号和倍频选择信号发出相应频率的位置/速度控制脉冲信号,传输给 X、Y、Z、α 和 β 对应伺服控制器的脉冲接收端口,驱动对应轴进行相应位置移动。手持操作单元控制过程中机构限位状态、机构角度或位移等都可在人机界面和上位机实时显示出来。

人机界面安装在控制柜上,能够在现场采用触摸的方式对 X、Y、Z、α 和 β 各驱动轴按用户要求实施各种控制,并实时显示各机构运动状态和伺服控制器的工作情况。人机界面通过 Profibus Dp 现场总线与 PLC 连接,人机界面发送给 PLC 控制器的各种控制指令以及 PLC 发送给人机界面各机构运动状态、驱动器运行情况等都通过 Profibus Dp 现场总线进行传送和查询。人机界面控制各伺服驱动单元的方式与上位计算机基本相同。

另外,在控制系统中,核心控制器 PLC 数字量输出模块主要实现伺服系统使能、正反转控制、极限位置锁定、控制模式切换等功能,数字量输入模块主要实现报警、定位完成、零速检测准备就绪、正反转开始、极限位置检测等功能。防模型碰撞洞壁采用了安全光幕的方法。

3) 控制原理

迎角变化是通过滑块连杆机构驱动实现的,在自动控制方式(上位计算机控制和人机界面控制)下,为了保证在迎角和侧滑角按照固定角速度变化过程中试验模型中心不偏离原轴线位置,必须满足以下两种关系:

(1) 速度关系。为满足迎角 α 按照要求的角速度变化,滑块的运动速度必须按照式(7.14)的速度变化,Y 向升降机构速度必须按照式(7.20)变化,同时,在迎角 α 和侧滑角 β 发生变化过程中,Z 横向位移机构必须按照式(7.22)进行速度控制。

(2) 位置关系。迎角 α 和滑块位置 l 的关系见式(7.13),当滑块处于 l 位置时,Y 向升降机构的位置必须满足式(7.19)的要求,同时 Z 向横移机构应满足式(7.21)的要求。

基于上述两个条件,迎角 α、Y 向升降机构、侧滑角 β、Z 向横向移动机构的控制原理图如图 7-39 所示。如果大迎角机构需要做阶梯运动,由于没有速度限制,控制系统可以利用定位模块的曲线拟合功能,控制各电机平稳完成各段的定位。

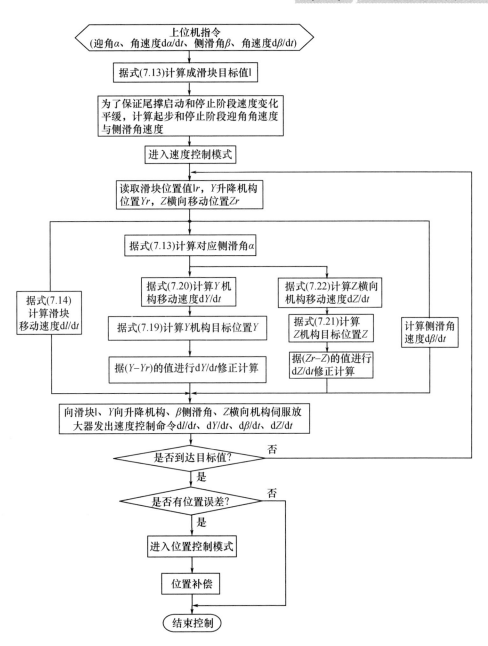

图 7 – 39 大迎角控制系统控制原理图

第8章　高速风洞控制系统

8.1　概述

高速风洞按照其驱动形式与运行特点,又可进一步分为暂冲式高速风洞与连续式高速风洞。暂冲式高速风洞是以中高压气源作为动力,运行时间较短,一般为 45～90s;连续式高速风洞是以压缩机作为驱动装置,可连续运行,单次运行时间可达 2h 以上,目前国内的连续式高速风洞运行马赫数范围为 0.2～1.6。

控制系统设计主要包括总体设计与分系统设计,在总体设计中,主要需完成测控网络架构设计、运行管理系统设计,确定控制器的选型原则等;在分系统设计中,主要包括风洞运行参数控制系统设计与风洞状态控制系统设计。

8.2　高速风洞控制系统总体设计

8.2.1　测控网络架构构建

大型高速风洞规模大、控制复杂、子系统多、各系统之间协调复杂、数据传输的要求高,测控通信网络所起到的作用尤为重要。控制系统对测控网络的总体要求可归纳如下:

(1) 既具备实现测控系统对设备级、现场级、管理级完全覆盖,又能区分不同的任务要求,提供不同的响应速度与实时性能。

(2) 提供可组态的网络诊断信息,可进行冗余网络配置,具有足够的可靠性。

(3) 支持灵活的网络拓扑结构与数量足够的、可扩展的网络节点,满足复杂测控系统需求。

(4) 支持足够的通信传输距离,为远程测控提供可能。

(5) 配置简单,编程方便。

当今适用于测控领域的工业实时网络技术的发展已相当成熟,具有准时性、实时性、稳定性和可靠性,可实现"网络闭环控制",完全能够满足风洞复杂流场控制和复杂分系统运动机构之间的协调控制,可用于构建控制系统网络架构。

为进一步增加网络系统的可靠性,可采用传输介质冗余方法,组建环网,这样在网络上的任一控制设备节点都有两条路径可以抵达,两条通路互为热备。

根据"分散控制、集中管理"的原则,高速风洞控制系统宜采用分布式集散控制结构,一种基于光纤环网的高速风洞测控系统网络结构如图 8 – 1 所示。

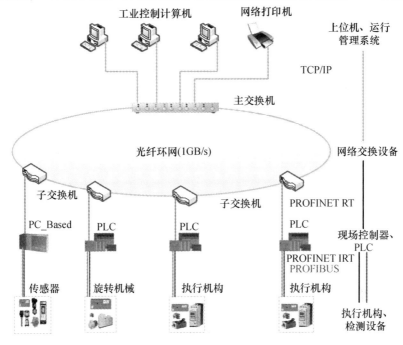

图 8 – 1 一种基于光纤环网的高速风洞测控系统网络结构

图 8 – 1 为某连续式高速风洞控制系统网络架构图。控制系统构建了主干光纤环网,控制系统的若干位置分散的子系统的控制器,均就近通过子交换机接入光纤环网;各子系统控制器通过工业实时以太网连接执行层机构和检测设备;在上位机层面,各上位机接入同一个多口交换机,共同构成光纤环网的一个节点。

位于光纤环网上的网络节点之间支持实时工业以太网通信,网络传输的确定性、快速性都大大增强,同时冗余环网的配置,可增加网络通信的可靠性。

8.2.2 运行管理系统设计

高速风洞运行管理系统完成对风洞试验过程的综合控制、调度和管理,实现对风洞运行准备、运行调度、运行过程控制、试验数据的分析与存储等全方位管控。

277

1. 运行管理系统的主要功能

运行管理系统的主要功能包括：

（1）编制和下达试验任务。

（2）通过网络协调调度各系统实现风洞各试验工况的参数控制（如风洞总压、马赫数和总温控制）。

（3）各系统重要运行状态和参数的显示、存储和分析。

（4）在测量系统的配合下实现各工况的风洞试验任务。

（5）试验数据的处理、存储、分析等。

2. 运行管理系统的硬件配置

运行管理系统需配置稳定、高性能的工业控制计算机，并组装支持工业实时以太网的通信网卡与风洞核心控制器进行通信，以便将运行管理系统的指令实时下发，并实时反馈控制系统各在线信息。

3. 运行管理系统的软件设计

高速风洞控制系统多，协调性强，需要在运行管理系统的统一调度协调下进行工作，这主要由运行管理软件完成。

1）运行管理软件设计步骤

运行管理软件设计步骤如下：

（1）进行软件需求分析，明确软件功能定义与功能模块划分。

（2）进行软件流程设计。

（3）软件功能模块设计、调试和测试。

（4）系统联调。

2）运行管理软件的主要功能模块

运行管理软件的主要功能模块应包括：

（1）网络通信模块：与核心控制器系统及其他子系统进行网络通信，交换数据，该模块需保证数据通信的实时性与可靠性。

（2）调度模块：可完成对各子系统的远程控制与调度。

（3）吹风流程控制模块：可针对风洞运行的各种试验需求，完成相应的吹风流程控制。

（4）安全监控与紧急停车模块：具有对控制系统所采集的关键数据进行监视、分析并预判故障的功能，紧急情况下可启动急停程序。

（5）控制数据读取、存储、显示、回放功能模块。

3）运行管理软件设计需把握的主要环节

运行管理软件设计需把握以下环节：

（1）结构化程序设计。把整个程序经过"自上而下"，逐层分解为多个大小不同的模块，将负责的软件设计问题简化成多个功能独立的小模块的功能组合，再按照一定的逻辑结构、方向叠加,就实现了整个软件的复合功能。因此结构化程序设计归结为两个方面:一是"自顶向下"逐层分解细化;二是功能子模块的设计与实现。

(2)模块化程序设计。把大的软件程序系统按功能分解成模块,这些模块既有一定的独立性,同时又有一定的联系,每一模块的编制要求相互独立,以便对各模块进行检验、修改、说明和维护。

在控制软件编程中应注意,主控程序应尽量简单明了,凡是相对独立的控制功能,都应设计为相对独立的功能模块,以便主控程序调用。总之,一个好的运行管理软件应该运行可靠,功能齐全,程序易读写、易调试、易维护、易修改。

4)运行管理软件的设计平台

当今风洞控制系统流行的运行管理软件设计平台包括美国国家仪器公司的Labview、Labwindows/CVI,德国西门子公司的 Wincc 等,这些设计平台的共同特点是,针对工业测控行业提供了大量专用控件,涵盖了通用仪器驱动、数据分析显示、数据通信等功能应用,可供程序设计人员直接调用,大大提高了程序开发效率。

也可运用 Microsoft Visual C++、Visual Basic 等通用软件平台进行运行管理软件的设计开发。

8.2.3 控制器选型方法

高速风洞控制系统是涉及电、液、气的复合性系统,子系统繁多,控制对象复杂,对控制系统性能指标要求、可靠性要求、自动化程度要求都很高,而作为控制系统核心器件的控制器选择是否恰当,则是系统能否满足要求的关键。

在控制系统各子系统层面,可考虑采用 PLC(可编程逻辑控制器)作为系统控制器。PLC 是经过验证的成熟、稳定、可靠的工业控制产品,且经过若干代的演进,其在运算速度、通信接口、集成工艺等各方面均有了长足发展,能够应付愈发复杂的自动控制任务。控制系统所选 PLC 需具有以下特点:

(1)足够的运算速度。单次浮点数运算耗时低至微秒或纳秒级,单次整型运算耗时低至纳秒级。

(2)丰富的通信接口。支持各种标准通信接口,部分系统需附加配置各种现场总线接口卡。

用于机构控制的 PLC 需内置标准运动控制功能模块。

(3)更强的扩展能力。当控制对象的控制点增加到一定程度,必须考虑控制器的扩展能力问题,如某风洞柔壁喷管控制系统,其液压轴达到 100 轴以上规模,每个轴又牵涉位移传感器数据采集、限位开关状态检测、柔壁机构内部应力监测等,可能已超出了部分控制器所能处理的控制点极限,需考虑总线扩展或选用更高档次控制器问题。

（4）冗余问题。根据安全性要求,可考虑选用具有冗余功能的控制器。

对于用于风洞流场控制(马赫数、总压控制)的主控制器,需要着重考虑。

（5）运算速度。主控制器需要对现场各传感器测试信号进行采集、处理,进行控制仿真及计算,并输出控制信号调集各作动设备进行动作,承担的任务重,对运算能力的要求更高。

（6）通信能力。在执行流场控制任务时,主控制器需与各子系统进行通信,获取各子系统状态信息,并通过通信将动作指令下发,要求支持的通信节点多,数据传输迅捷、实时性好,且安全可靠。控制系统主控制器还需与测量系统进行实时数据交换,要求通信时延尽可能小。

（7）电磁兼容性。用于风洞流场控制参数测量的传感器信息均由主控制器进行采集,而传感器采用高精度等级(0.01% ~0.05%)以便更加精确测取流场性能,其对电磁干扰尤其敏感,采集设备必须具有良好电磁兼容性能,以免因干扰造成大的测试误差。

（8）可靠性。主控制器同时又是整个控制系统的调度管理中心,需要具有稳定可靠的性能,避免由于系统不稳定带来风洞运行的不安全问题。

基于此,控制系统控制器选择初步确定为:

（1）对于控制点数多、控制环节多,要求较复杂的大型子系统,选用大型PLC或同档次类似控制器产品,如某高速风洞的动力控制系统,选用了西门子S7-400 PLC。

（2）对于以位置及速度控制为主,精度要求高,驱动轴数多且有同步、协调运动要求的子系统,选用专业运动控制器产品,如某高速风洞的半柔壁控制系统,选用了西门子Simotion D运动控制器。

（3）对于有简单定位要求,精度要求不高,且轴数不多的子系统,选用普通运动控制器产品,如某高速风洞的引射缝调节片控制系统,选用了西门子S7 315T运动控制PLC。

（4）对于部分只具有简单开关控制的子系统,选用普通中、小型PLC控制器产品,如某高速风洞的驻室大门控制系统,选用了西门子S7 315普通PLC控制器。

（5）对于主控制器,考虑到对其运算能力、通信能力等的严格要求,选用基于PC的控制器产品,其计算能力、支持高级语言编程等方面具有较强优势,如某高速风洞的主控制器,选用了西门子基于PC的IPC427D嵌入式控制器。

8.3　风洞运行参数控制设计

风洞运行参数控制,是指对风洞的关键流场参数施行的控制,是高速风洞控制系统的核心。

8.3.1 高速风洞的运行参数

高速风洞的运行控制参数一般有以下三个：

（1）稳定段总压 p_o；

（2）试验段静压 p_s；

（3）试验段马赫数 Ma；

其中，马赫数 Ma 可根据下式计算：

$$Ma = \sqrt{5\left(\left(\frac{p_o}{p_s}\right)^{\frac{2}{7}} - 1\right)} \qquad (8.1)$$

式中 Ma——试验段马赫数；

p_o——稳定段总压（MPa）；

p_s——试验段静压（MPa）；

对于连续式高速风洞，还包括以下的运行参数：

（4）稳定段气流总温 T_o。

8.3.2 暂冲式高速风洞的运行参数控制

1. 控制对象及调节机构

暂冲式高速风洞在亚跨声速范围内，以马赫数为直接控制对象，在中小型风洞中，主要由主调压阀或二喉道机构来完成；在大型风洞中，还要通过辅助抽气系统来完成，辅助抽气系统主要由辅助调压阀和流量调节阀组成。

在超声速范围，以稳定段总压为直接控制对象，吹风运行前，将喷管型面运动至目标马赫数型面处，再通过主调压阀位置调整控制稳定段总压到可建立稳定流场的预设总压值并维持稳定，此时便可获得所需的试验段马赫数。为了降低建立流场所需的试验段动压，部分风洞还配置了驻室抽气调节系统，在超声速运行时，主调压阀与驻室抽气调压阀协同调节，可降低风洞运行总压，进行降速压试验，拓宽试验种类。

2. 参数调节机构的驱动方式

暂冲式风洞调压阀（主调压阀、驻室抽气调节阀）是主要的参数调节机构，其形式一般为环状缝隙阀，其特点是调节性能好，控制精度高。调压阀的驱动方式一般为电动机驱动或液压驱动。

对于大型暂冲式高速风洞（试验段截面尺寸 1.2 m × 1.2 m 以上），由于载荷较大，且阀门调节行程大，要求调节系统出力大、动态响应快。液压系统正好满足这一特点,同时液压驱动元件体积较小,对风洞气动性能影响小,更适合运用于对于气动特性要求较高的大型风洞,因此,此类风洞参数调节执行机构一般选择液压驱动方式。

对于中小型暂冲式高速风洞(试验段截面尺寸 0.6m × 0.6m 以下),由于载荷较小,调节行程小,对调节快速性要求相对偏低,一般选用电机驱动方式。电动机驱动包括直流电动机驱动和交流电动机驱动,近年来,由于交流伺服电机驱动技术日趋成熟,其动态特性好、出力大、几乎无须维修等优点突出,已经取代直流电机成为此类风洞参数调节执行机构的主要驱动设备。

一般说来,在选择暂冲式高速风洞参数调节机构驱动方式时,能选用电动机驱动就不选用液压驱动,其原因在于,液压驱动系统庞大,控制复杂,非线性强,而且存在漏油现象,维护保养麻烦。就目前电动机驱动技术的发展而言,风洞控制中,除了部分特大型风洞外,大部分都可以采用电动机驱动方式。

3. 参数控制系统设计

1)传递函数

暂冲式高速风洞的控制对象的传递函数,一般可以用下式表示:

$$\frac{Y(s)}{u(s)} = \frac{Ke^{-\tau s}}{Ts + 1} \tag{8.2}$$

或

$$\frac{Y(s)}{u(s)} = \frac{Ke^{-\tau s}}{(T_1 s + 1)(T_2 s + 1)} \tag{8.3}$$

式中 $Y(s)$ ——控制对象的输出,一般为马赫数或稳定段总压;

$u(s)$ ——控制量,一般对应阀门开度或二喉道调节片开度;

T、T_1、T_2 ——控制对象的固有时间常数,一般随风洞运行状态的不同而不同;

τ ——纯滞后时间,一般为 0.1 ~ 0.6s;

K ——系统开环传递系数。

以上参数都可以通过风洞试验辨识得出。控制对象一般是带有纯滞后的一阶惯性环节或二阶惯性环节。风洞试验工况不同,这些参数也不同。

2)控制系统原理

控制系统原理框图如图 8 - 2 所示。

位置调节器一般为模拟调节器,采用 PI(比例积分)方式,也可使用以传输速度较快的工业实时以太网为基础的数字调节器。

马赫数和总压调节器一般为数字式(计算机调节),可以采用 PID(比例积分微分)或者使用智能控制(模糊控制、神经网络、专家系统、仿人控制)或其他方式。

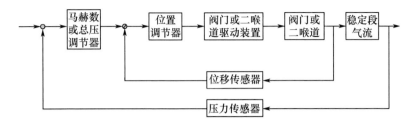

图 8 - 2 暂冲式高速风洞参数控制系统原理框图

3）控制系统的频响

阀门或二喉道调节片驱动装置若是液压系统，其液压伺服阀频响应该是风洞动态响应的 10 ～ 20 倍，若是电机驱动，其伺服系统的动态响应应该在 50 ～ 100ms 以下。

4）系统及器件精度

阀门位置系统的控制精度应该优于 0.5mm，当流场控制精度要求较高时，应该达到 0.2mm。位移传感器选择非接触式直线位移传感器或绝对值式编码器，精度优于 0.05mm。

为了达到马赫数和总压控制的先进指标，其压力传感器的精度应该优于 0.05% 或更高，传感器可以是压差式或绝对式，信号输出方式可选择模拟式，则需配置相应高精度的信号调理与数据采集设备，也可以采用数字通信方式输出的智能传感器，但必须要有足够高的频响与传输率（不低于 50 次/s）。

当采用计算机模/数或者数/模转换器与外部控制设备进行数据交互时，模/数转换器（A/D）分辨率应为 16 位及以上，数模转换器（D/A）分辨率应为 12 位及以上。

4. 马赫数和稳定段总压调节器设计

马赫数和稳定段总压控制可以统一归为压力控制。智能 PID 控制已成为暂冲式高速风洞参数控制的主流控制方法，其基本思路是，以传统的 PID 控制作为基础算法，而在 PID 控制参数的整定过程中，则引入各种智能控制算法。

1）PID 调节器

PID 调节器的输出 $u(t)$ 与输入 $e(t)$ 之间有比例、积分、微分的关系，其关系式为

$$u(t) = K_p \left[e(t) + \frac{1}{T_i} \int_0^t e(t) \, dt + T_d \frac{de(t)}{dt} \right] \qquad (8.4)$$

式中 $u(t)$——PID 调节器的输出；

$e(t)$——误差；

K_p——比例系数；

T_i、T_d——积分和微分时间常数。

283

在计算机控制系统中,式(8.4)可表示为

$$u(KT) = K_\text{p}\left\{e(KT) + \frac{T}{T_\text{i}}\sum_{j=1}^{k}e(jT) + \frac{T_\text{d}}{T}[e(KT-T)]\right\} \qquad (8.5)$$

式中　　K——控制序列;

　　　　T——控制周期,在暂冲式高速风洞中,$T = 0.05 \sim 0.2\text{s}$。

2)智能控制

近些年来,随着控制理论和技术的发展,智能控制也逐渐地应用起来,国内外风洞控制均有应用智能控制的例子。适用于风洞参数控制的智能控制包括模糊控制、神经网络控制、专家系统和仿人控制等。

模糊控制是利用人对事物的模糊(不确定)处理机能,对控制过程的反馈信息进行模糊化处理,根据模糊化规则做出相应的控制输出,这个控制输出是由多个模糊量组合而成,模糊控制规则是模糊控制的基本,其本质是一系列逻辑判断的组合,类似于人对事物的模糊化处理。因此,模糊控制对那些不能用数学函数精确表达的控制对象,其控制效果明显。

神经网络控制是基于人的神经系统对外界信息的并行处理机理,因此具有自学习的特点。神经网络一般包括输入层(信号输入)、隐藏层和输出层(信号输出)。神经网络可以模拟人的学习过程,对一个事物进行反复地学习,对该事物具有深刻了解之后,就可以复现、模拟该事物,然后根据预定的目标,使该事物朝着这个目标发展。从理论上可以证明,一个具有三层的神经网络,可以学习复现任何一个非线性函数。因此,在给出的函数目标下,神经网络利用自学习的特点,可以使被控对象达到最佳的控制状态。神经网络控制在国内外风洞中都有应用。

专家系统是一个具有专门知识与经验的程序系统,它运用人工智能技术,根据一个或多个人类专家提供的特殊领域知识、经验进行推理和判断,模拟人类专家作决策的过程来解决那些需要专家决定的复杂问题。对于风洞工况带来的参数变化,控制参数的选择,吹风过程中的事故判断与处理,专家系统是非常有用的。

仿人控制是仿效人的行为而进行控制和决策,即在宏观结构上和功能上对人的控制进行模拟。其基本思想是在控制过程中利用计算机模拟人的控制行为能力,最大限度地识别和利用控制系统动态过程所提供的特征信息进行启发和直觉推理,从而实现对缺乏数学模型的对象进行有效的控制。

智能控制常与PID控制组合作用,即利用智能控制算法整定适合的PID参数,再利用PID调节器对风洞马赫数或稳定段总压施行最终的控制。

5. 参数控制系统中的阀门预置算法

考虑到暂冲式风洞在流场稳定时,其阀门都处于一定的开度,如果开车时从

全关位置的零位开始调节,则需时较长,对气源造成较大浪费;反之,如果能根据风洞的运行工况与流场特点,在吹风前就将调压阀置于适当的位置,启动吹风后,则风洞能够快速进入流场稳定,可以极大地降低气体损耗。

为实现高效率的吹风运行,首先需获得较为准确的调压阀吹风预置曲线。亚跨声速与超声速时的调压阀吹风预置曲线获取方法有所区别。

1）亚跨声速时调压阀吹风预置曲线获取方法

将气源压力提升至风洞运行时所能承受的最大压力处,在安全总压范围以内,逐步增加主调压阀开度,实时记录气源压力 P_s、调压阀行程比 S/S_{max}、稳定段总压 P_o、试验马赫数 M_i 等,根据上述过程数据,可获得以下关系式:

稳定段总压与试验段马赫数关系式:

$$P_{oi} = f_1(M_i) \qquad (8.6)$$

由试验段流量公式

$$m = \sqrt{\frac{k}{R}} \frac{1}{\sqrt{T_o}} P_o F_1 M_i \left[\frac{2}{k+1} \left(1 + \frac{k-1}{2} M_1^2 \right) \right]^{-\frac{k+1}{2(k-1)}} \qquad (8.7)$$

式中　m——瞬时质量流量;

　　　k——多变系数,$1.0 \sim 1.4$;

　　　R——空气常数,283;

　　　T_o——总温(K);

　　　P_o——总压(Pa);

　　　F_1——通流截面积(m^2);

　　　M_i——马赫数。

结合式(8.7)与阀门压损特性曲线,可获得在每一马赫数 M_i 下,阀门面积比与对应该马赫数及稳定段总压时阀门面积比 F_i 与瞬时气源压力 P_{si} 间的关系式:

$$F_i = f_2(M_i, P_{si}) \qquad (8.8)$$

由阀门结构特性与式(8.8),可得每一马赫数 M_i 下阀门阀芯调节行程比 S/S_{max} 与瞬时气源压力 P_{si} 间的关系式:

$$S_i/S_{max} = f_3(M_i, P_{si}) \qquad (8.9)$$

此即跨声速时阀门开度预置算法公式。

2）超声速时调压阀吹风预置曲线获取方法

在对应超声速喷管就位后,将气源压力提升至风洞运行时所能承受的最大压力处,在安全总压范围以内,逐步增加主调压阀开度,实时记录气源压力 P_t、调压阀开度比 S/S_{max}、稳定段总压 P_o 等。根据上述过程数据,可获得稳定段总压 P_o 与气源压力 P_t 之比值 λ 与调压阀开度比之间关系:

$$\lambda = P_o / P_t = f(S/S_{max}) \tag{8.10}$$

则当目标总压 P_{os} 与 P_t 气源压力已知时,可由式(8.10)推算得阀门预置开度比:

$$S/S_{max} = f^{-1}(P_{os}/P_t) \tag{8.11}$$

6. 参数控制系统中的气源压力下降补偿算法

暂冲式风洞在试验时,随着吹风运行,气源压力逐渐下降,将对系统稳定性产生影响,必须考虑引进合适的补偿因子,抵消气源压力的影响,维持吹风全过程的流场稳定。

由式(8.7)可计算出实时状态下的损失流量,进一步,根据此流量,可计算出气罐压力在控制系统的每一控制周期内下降的数值,并可折算为该周期内主调压阀为抵消气源压力下降所应增加的开度值 Δs,则在每一控制周期内,在 PID 控制算法所计算所得的控制量基础上,需增加 Δs,作为该周期最终的控制量。

7. 设计举例

某超声速风洞,有马赫数 1.5、2.0、2.5、3.0、3.5、4.0 六套喷管,风洞设有主进气管路与引射进气管路,在两套管路上分别设有电动闸阀、快速阀和调压阀。通过不同的组合运行方式,控制稳定段总压(或稳定段总压 + 引射压力),建立流场,实现稳马赫数运行。风洞稳定段总压控制精度为 0.2% ,引射压力控制精度为 0.3% 。

以 $Ma = 2.5$ 喷管时单独总压控制(引射器不启动)为例,根据主调压阀特性、风洞气体管路进行数学建模,得稳定段总压传递函数:

$$\frac{Y_1(s)}{u_1(s)} = 2.3462 \frac{0.76}{\dfrac{s^2}{282.7^2} + \dfrac{2 \times 0.7}{282.7}s + 1} \frac{\dfrac{1}{131.75 \times 10^{-4}}}{s\left(\dfrac{s^2}{119^2} + \dfrac{2 \times 0.05}{119}s + 1\right)} \frac{e^{-2.43s}}{0.04921s + 1}$$

$$\tag{8.12}$$

当主调压阀打开风洞启动后气源压力持续下降,对稳定段总压控制产生影响。对于风洞供气气源,有

$$\rho V = m \tag{8.13}$$

式中 ρ——气体密度;

V——气体体积;

m——气体质量。

在吹风试验的情况下,有 $\Delta m = G \cdot \Delta t$,可写为 $dm = G \cdot dt$。由于气体始终在容器中进行流动,容器容积为一恒值,因而可以近似认为气体体积为常数值,于是可以推得

$$\frac{\mathrm{d}m}{\mathrm{d}t} = V\frac{\mathrm{d}\rho}{\mathrm{d}t} = G \tag{8.14}$$

式中 G——气体质量流量。

又由气体状态方程：

$$\rho = \frac{p}{RT} \tag{8.15}$$

于是，压力 $p = \rho RT$，压力变化率：

$$\frac{\mathrm{d}p}{\mathrm{d}t} = RT\frac{\mathrm{d}\rho}{\mathrm{d}t} = \frac{GRT}{V} \tag{8.16}$$

当 $Ma = 2.5$ 时，主调压阀打开引起的气源压力下降速率：

$$\Delta p_1 = \frac{G_1 RT}{V} = \frac{499 \times 287 \times 288}{13000} = 3172.7188$$

归一化得

$$\Delta p_{11} = \left(\frac{G_1 RT}{V}\right) \bigg/ p_0 = \frac{3172.7188}{1800000} \approx 0.001763 \tag{8.17}$$

式中 p_0——气源压力标方容积，取 1800000L；

T——绝对温度，取 $273 + 15 = 288$K。

据此推算可得，在 $Ma = 2.5$ 的情况下，由于主调压阀开启造成明显的气源压力下降，在风洞稳态运行 30s 后，气源压力下降约为气源总压力的 5.3%。

考虑气源压力影响的情况，当 $Ma = 2.5$ 时，可以建立主调压阀单阀控制稳定段总压的控制模型如图 8 – 3 所示。

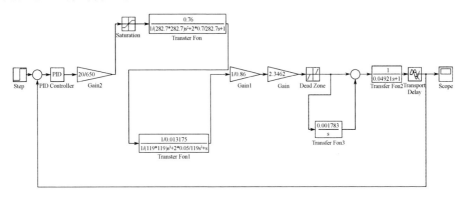

图 8 – 3 主调压阀单阀控制稳定段总压控制仿真模型

采用如图 8 – 3 所示的 PID 控制结构利用 Matlab 仿真工具，采用常规 PID 控制器，取系统给定值 $r = 0.08$，调整 PID 控制参数，当 TP = 0.08，TI = 0.00006，TD = 0.0 时，系统有很大的超调，并且在 $t = 50$s 以后，才逐渐进入稳态。其阶跃相应的曲线如图 8 – 4 所示。

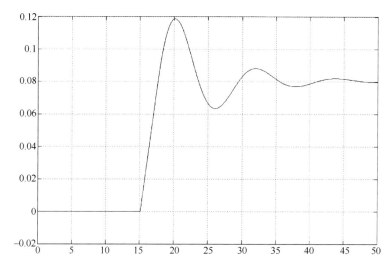

图 8 - 4 主调压阀单阀控制稳定段总压控制阶跃响应曲线

这样的调节过程是不能被接受的,且进一步调整 PID 控制参数,仍然无法使系统相应的动态过程得到明显改善。因而单纯的 PID 控制方式不能够满足控制性能要求,应考虑采用其他的控制策略。

考虑到系统的纯延迟环节,加入专门应对纯滞后控制问题的 Smith 控制器,主调压阀单阀控制稳定段总压的控制模型变为如图 8 - 5 所示。

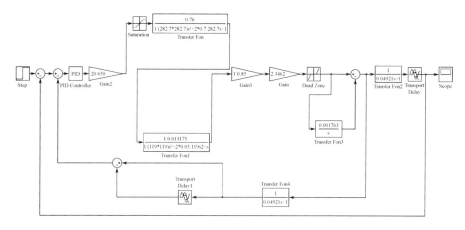

图 8 - 5 主调压阀单阀控制稳定段总压控制仿真模型

经过调整,选取 TP = 1.08,TI = 0.00035,TD = 0.0,此时系统的阶跃响应曲线如图 8 - 6 所示。可以看出,系统动态性能大大改善,几乎没有超调,并且在 $t = 4.5s$ 时便已完全进入稳态。

根据仿真结果,可以编制控制系统的控制调节程序。控制流程如图 8 - 7

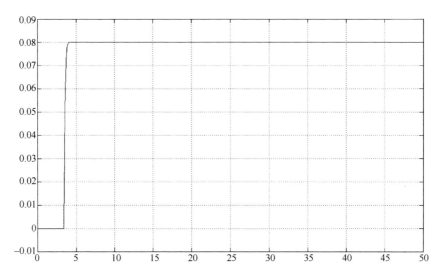

图 8 - 6　主调压阀单阀控制稳定段总压控制阶跃响应曲线(PID + Smith 控制)

所示。

按照上述步骤与方法,并经多次参数调整,该风洞总压控制精度达到 ±0.2%,超调量小于 5%,风洞充压完成至第一次稳定时间小于 5s。

8.3.3　连续式高速风洞的运行参数控制

1. 控制对象及调节机构

连续式高速风洞可以实现马赫数、稳定段总压与稳定段总温的同时调节。

对于马赫数调节,在其亚跨声速(Ma = 0.2 ~ 1.4)范围内,有多种调节方式,包括主压缩机转速调节、主压缩机转速 + 二喉道调节装置调节、主压缩机转速 + 驻室抽气调节阀调节等;在其超声速(Ma = 1.2 ~ 1.6)范围,则通过喷管系统的型面调节,结合主压缩机转速调节完成。

对于稳定段总压调节,在增压控制时,主要由进排气调压阀完成,在降压控制时,则由抽真空系统结合抽真空流量调节阀与排气调节阀共同完成。

对于稳定段总温,通过冷却器系统的喷淋水泵运行台数与运转速度、冷却风机运行台数与运转速度完成控制调节。

2. 参数调节机构的驱动方式

连续式高速风洞压缩机系统是最主要的参数调节机构,在大型风洞中,一般是由高压交流变频调速电动机进行驱动,在中小型风洞中,则可采用低压交流变频电动机或直流可调速电动机作为驱动设备。

对于进行稳定段总压控制的进、排气调节阀,一般为电动机驱动。对于大型连续式高速风洞(试验段截面尺寸 2.0m × 2.0m 以上),一般采用液压系统

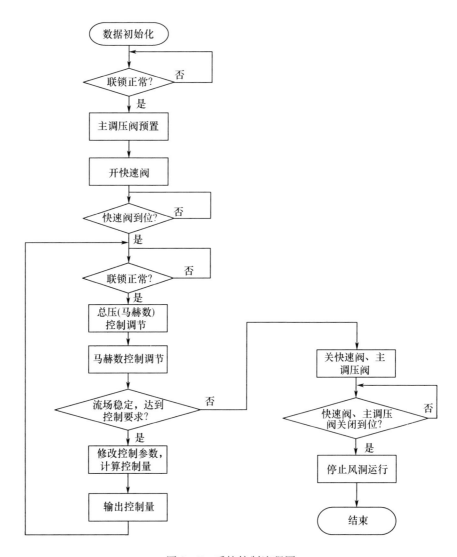

图 8 - 7　系统控制流程图

驱动。

温度控制的喷淋风机与水泵采用电动机驱动。

3. 参数控制系统设计

1）传递函数

连续式高速风洞的控制对象的传递函数与暂冲式高速风洞相类似,无论其马赫数控制、总压控制还是总温控制,控制对象都可以用带有纯滞后的一阶惯性环节或二阶惯性环节进行描述。但在总压控制时,由于需要将风洞洞体内整体充压(或降压)并使稳定段总压达到目标值,风洞的气体容积相对较大,其时延时间常数也很大。同样对于总温控制,其纯滞后的时间常数也很大。控制对象传递函数的具体参数随不同风洞、不同工况而各不相同,可通过风洞试验辨识得出。

2)控制系统原理

马赫数控制系统随不同的马赫数范围以及不同的调节方式,其控制原理各不相同,如图 8-8 所示。

连续式高速风洞稳定段总压控制系统原理如图 8-9 所示。

连续式高速风洞稳定段总温控制系统原理如图 8-10 所示。

压缩机转速调节器通常为变频调速装置内置的数字式调节器,采用 PID 或智能 PID 方式。

二喉道、阀门等位置调节器一般为模拟调节器,采用 PI(比例积分)方式,也可使用以传输速度较快的工业实时以太网为基础的数字调节器。

马赫数、总压和总温调节器一般为数字式(计算机调节),可以采用 PID(比例积分微分)或者使用智能控制(模糊控制、神经网络、专家系统、仿人控制)或其他方式。

3)控制系统的频响

压缩机的电机驱动系统频响一般需达到风洞动态响应的 10 倍以上,阀门或其他位置控制系统,驱动装置若是液压系统,其液压伺服阀频响应该是风洞动态响应的 10~20 倍,若是电机驱动,其伺服系统的动态响应应该在 50~100ms 以下。

4)系统及器件精度

连续式高速风洞一般对流场精度的要求较高,因而对其控制系统的器件精度要求也较高。通常来说,其主、辅压缩机调速精度应该优于 0.1%。

阀门位置系统的控制精度应该优于 0.5mm,当流场控制精度要求较高时,应该达到 0.2mm。位移传感器精度选择非接触式直线位移传感器或绝对值式编码器,精度优于 0.05mm。

为了达到马赫数和总压控制的先进指标,其压力传感器的精度应该优于 0.05% 或更高,传感器可以是压差式或绝对式,信号输出方式可选择模拟式,则需配置相应高精度的信号调理与数据采集设备,也可以采用数字通信方式输出的智能传感器,但必须要有足够高的频响与传输率(不低于 50 次/s)。

当采用计算机模/数或者数/模转换器与外部控制设备进行数据交互时,模/数转换器(A/D)分辨率为 16 位及以上,数模转换器(D/A)分辨率应为 12 位及以上。

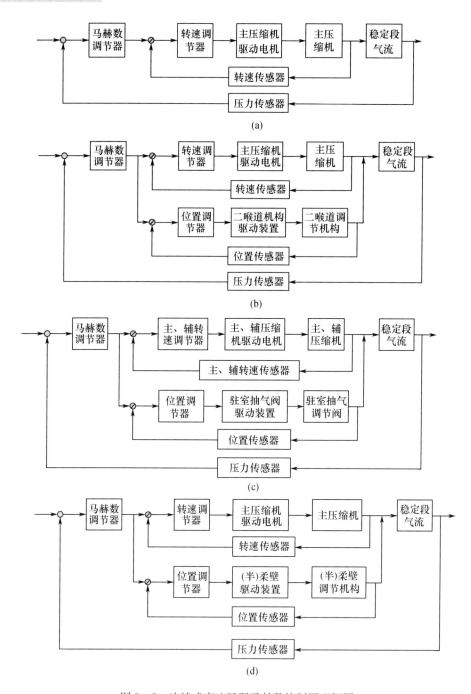

图 8 – 8　连续式高速风洞马赫数控制原理框图

（a）亚跨声速；（b）亚跨声速；（c）亚跨声速；（d）超声速。

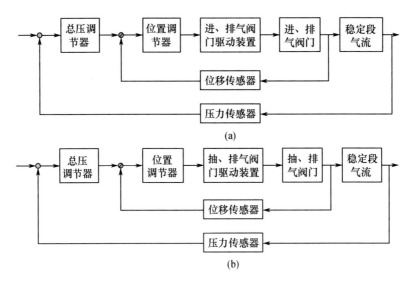

图 8 - 9 连续式高速风洞稳定段总压控制原理框图

(a)增压;(b)降压。

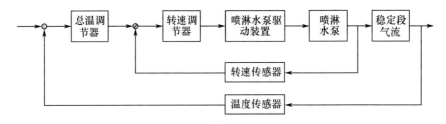

图 8 - 10 连续式高速风洞稳定段总温控制原理框图

4. 马赫数调节器设计

1）控制流程与调节算法

根据连续式高速风洞在亚、跨、超声速段的多种马赫数控制方式,其控制流程与调节算法也各不相同。

① 仅采用主压缩机转速对风洞马赫数进行调节时:在风洞启动运行后,首先根据目标马赫数与风洞洞体条件,进行压缩机转速预置,预置完成后,利用压缩机转速对马赫数进行精确闭环控制。

② 采用主压缩机转速 + 中心体对风洞马赫数进行调节时:在风洞启动运行后,首先根据目标马赫数与风洞洞体条件,进行压缩机转速与中心体位置预置,预置完成后,利用压缩机转速对马赫数进行粗调,进入预定的误差带后,最后利用中心体位置进行精确闭环控制。

③ 采用主压缩机转速 + 驻室抽气进行调节时:在风洞启动运行后,首先根据目标马赫数与风洞洞体条件,进行主压缩机转速、辅压缩机转速与驻室抽气调

293

节阀门开度预置,预置完成后,利用主压缩机转速对马赫数进行粗调,进入预定的误差带后,最后利用驻室抽气调节阀门进行精确闭环控制。

④ 采用主压缩机转速 +(半)柔壁喷管型面进行超声速马赫数调节时:首先将喷管运行至指定型面,目标马赫数设置完成,风洞洞体条件准备就绪,在风洞启动运行后,进行主压缩机转速预置,预置完成后,利用主压缩机转速微弱调节使该马赫数下流场顺利建立;当运行过程中改变马赫数时,先降低主压缩机转速至某一较低值,启动(半)柔壁喷管型面到目标型面位置,再调节主压缩机转速使对应于该马赫数型面的风洞流场顺利建立。

(2)控制调节器。马赫数控制的调节器与暂冲式高速风洞总压控制所采用的智能 PID 控制器相类似,仍以传统的 PID 控制作为基础算法,只是在 PID 控制参数的整定过程中,引入智能控制算法。目前,国内两座投入运行的连续式跨声速风洞,西北工业大学 NF‐6 连续式跨声速风洞与中国空气动力研究与发展中心的 $0.6\mathrm{m}\times0.6\mathrm{m}$ 连续式跨声速风洞,均采用了仿人智能 PID 控制器,取得了良好的控制效果。

仿人智能 PID 控制器的工作原理为:

根据马赫数误差 E_m 的大小进行分段控制:

当 $|E_\mathrm{m}| > E_\mathrm{m1}$,取较大的 PID 控制参数组 1;

当 $E_\mathrm{m1} > |E_\mathrm{m}| > E_\mathrm{m2}$,取较大的 PID 控制参数组 2;

……

当 $|E_\mathrm{m}| < E_\mathrm{mk}$,取较小的 PID 控制参数组 k。

根据误差所处阶段以及误差变化趋势,对上述 PID 参数组内参数作二次调整:

如图 8‐11 所示,在马赫数响应曲线的 OA 段,取较大的 P 值,使实际马赫数快速逼近设定马赫数;在 AB、CD 段,误差有增大的趋势,即 $e\times\Delta e>0$(其中,$e = M_r - M_s$,$\Delta e = e - e_0$),此时取较大的 P 参数;当误差有减小的趋势,即 $e\times\Delta e <0$,此时取较小的 P 参数;当 $|e| < \varepsilon_\mathrm{M}$,则取较大的 I 参数以消除静差。

同时,考察变量 $|\Delta e/e|$ 的大小对 PID 参数进行整定,当 $|\Delta e/e| > \Delta M$,则表明误差变化较剧烈,此时视误差变化的方向(减小或增大),改变 PID 控制参数的值,以取得好的控制效果。

2)稳定段总压控制及与马赫数控制的多变量控制问题

连续式跨声速风洞稳定段总压控制,在增压控制时,主要借助于对风洞进、排气调节阀的开度调节进行控制;在降压控制时,在抽真空系统运行的情况下,借助于对风洞抽真空调节阀的开度调节进行控制。

连续式跨声速风洞的总压控制与暂冲式风洞有所区别,前者主要是通过风洞稳定段总压的调节,改变风洞试验的雷诺数,而后者则主要是通过控制风洞内

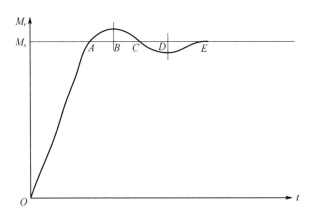

图 8 - 11　马赫数响应曲线阶段划分

达到一定的稳定段总压,为风洞提供动力,以便于试验流场的建立。对于连续式跨声速风洞,稳定段总压的控制与风洞马赫数需同时进行控制,属于多变量控制问题,两个控制目标参数之间存在耦合,控制难度较大。

　　为解决连续式跨声速风洞总压与马赫数的多变量控制关键技术,可着重从下面三个方面着手。

　　(1)从气体的动力学出发,建立风洞流场动态数学模型,研究各控制子系统与总压、马赫数之间的动态传递特性,为控制策略研究提供仿真平台。并在风洞运行调试阶段,通过风洞性能测量系统对风洞内特征点的压力和速度的测量,修正风洞流场动态数学模型,为控制策略研究提供更真实的研究平台。

　　(2)利用风洞流场动态数学模型,采用现代控制理论和基于专家系统的智能策略进行多变量解耦控制策略研究。

　　(3)风洞调试阶段,结合修正的风洞动态数学模型和风洞控制调试实际数据,完善控制算法和智能控制器专家数据库,在风洞运行效率和控制精度方面实现最优。

　　多变量解耦控制的核心思想是,要实现对总压与马赫数两个目标值的精确控制,需要对系统进行梳理,将系统模型化为一个多输入、两输出的多变量控制系统,按照现代控制理论的方法进行解耦运算与算法设计,或者按照经典控制理论,预先对系统进行解耦,结合预置某一个或多个变量的方法,将系统转化为两个单变量控制系统进行处理。

　　3)总温控制

　　连续式跨声速风洞的总温控制主要是利用配置的水冷却系统,将风洞长时间运行产生的热量进行置换,以避免洞内温度过高,对风洞洞体以及试验设备产生损坏。

　　风洞总温通过对风洞配置的冷却器系统的喷淋水泵运行台数与运转速度、

冷却风机运行台数与运转速度的调节进行控制调节,其调节器设计与总压控制的调节器相似,为智能 PID 调节器。

8.3.4 风洞运行参数控制的控制子系统

风洞的总压、马赫数、总温等运行参数的控制功能,都是通过相应的控制子系统予以实现的,包括标准参数反馈系统、阀门控制系统、(半)柔壁喷管控制系统、超扩段调节片控制系统、栅指控制系统、二喉道中心体控制系统等。

1. 标准参数反馈系统

高速风洞的标准参数包括总压、静压、总温、气体湿度及大气压等,这些参数的准确测量与反馈,是对整个风洞进行有效控制和获取可靠试验数据的最重要的基础。

总静压压力传感器的高精度是风洞总压、马赫数精确控制的关键。当执行稳总压控制时,总压传感器的精度需比照总压控制的精度需求高配 1~2 级,如总压控制精度要求为 0.2%,则总压传感器在量程匹配的情况下,需选择 0.1% 或 0.05% 以上精度级别。当执行定马赫数控制时,总静压测量误差导致马赫数计算误差有以下关系。

根据误差传递原理,当测量值相互独立时,马赫数的误差传递公式为

$$\sigma_{\mathrm{m}} = \frac{5 + M^2}{7M}\left[\left(\frac{\sigma_{P_o}}{P_o}\right)^2 + \left(\frac{\sigma_{P_s}}{P_s}\right)^2\right]^{\frac{1}{2}} \tag{8.18}$$

式中 σ_{m}——马赫数标准差;

  σ_{P_o}——总压标准差;

  σ_{P_s}——静压标准差。

于是 $\dfrac{\sigma_{P_o}}{P_o}$、$\dfrac{\sigma_{P_s}}{P_s}$ 分别表示总、静压传感器的相对误差。设总、静压传感器为精度等级相同的压力传感器,即

$$\frac{\sigma_{P_o}}{P_o} = \frac{\sigma_{P_s}}{P_s} = \frac{\sigma_P}{P} \tag{8.19}$$

则式(8.18)可化为

$$\sigma_{\mathrm{m}} = \frac{\sqrt{2}(5 + M^2)}{7M}\frac{\sigma_P}{P} \tag{8.20}$$

式(8.20)对应的曲线如图 8-12 所示。由图可以看出,若选择相对误差 0.1% 的压力传感器,则当 $Ma \geqslant 0.55$ 时,其测量误差可以控制在 0.002 以下,而在整个 $Ma \leqslant 1.4$ 的范围内,均有 $\sigma_{\mathrm{m}} \geqslant 0.001$,无法满足 $\sigma_{\mathrm{m}} \leqslant 0.001$ 的指标要求。而如果选择相对误差 0.03% 的压力传感器,则在 $Ma \geqslant 0.30$ 的整个马赫数范围

均可以保证 $\sigma_m \leqslant 0.001$。现今 Druck、Honeywell 等公司生产的压力传感器能够保证到综合精度 0.05% 的量级,而 Mensor 公司生产的压力传感器可达到 0.02% 甚至更高,实际选用时要进行充分比较、合理选择。式中,$\dfrac{\sigma_P}{P}$ 泛指所选用的压力传感器(包括总压传感器和静压传感器)的相对误差。

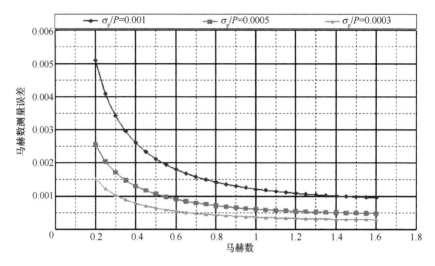

图 8 - 12 马赫数测量误差与压力传感器相对误差的关系曲线

在压力传感器形式的选择上,主要需要考虑绝压和差压两种。传感器采用大信号($4 \sim 20\text{mA}$ 或 $0 \sim 10\text{V}$)输出,也可利用通信方式输出,以避免现场各种干扰信号的影响。为了提高压力测量精度,总压和静压传感器可按照测量的压力范围分多个量程,不同量程的切换采用手动或自动方式。

风洞内的总温利用一只温度传感器进行反馈,利用露点仪检测洞内气体湿度,利用高精度大气压力计(如 GE 公司的 RPT 301,精度可达 0.01%)对大气压力进行反馈。

2. 阀门控制系统

高速风洞的压力控制主要通过对配置的进、排气阀门进行控制予以实现。阀门一般分为截止阀、快速阀、调节阀等,其控制方式各不相同。

截止阀:一般为蝶阀或闸阀,电动驱动,在吹风运行时提前开启,不要求快速响应,全开/全关时间从几十秒到几分钟不等。

快速阀:一般为气、液驱动的快速启闭蝶阀,用于吹风条件具备、调节阀完成预置开度后的快速开通管路压力或紧急情况下的快速关断通气管路,全开/全关时间一般为几秒。

调节阀:一般为专业设计的环状缝隙阀,可精确调节管路通气面积,电动或液压驱动,需进行定位控制,作为控制内环用于对稳定段总压的精确调节。

3. 柔壁、半柔壁喷管控制系统

在现代的高速风洞中,柔壁、半柔壁喷管被广泛采用,以便在吹风前预置或试验过程中动态改变喷管型面,提高试验准备及试验运行效率。

柔壁、半柔壁喷管需控制的部分包括可调收缩段、固块喉道块、柔壁段,沿着风洞轴线方向,在上述部段均匀布置若干个可调节点,通过各节点的协调定位运动调节,可获得各种需要的喷管型面。

对于大型风洞,其喷管段的每一可调节点的垂直截面内,又均匀布置若干组调节机构,以便在沿轴线方向同一垂直截面内的调节能够受力均匀,这样,便构成了该类机构最复杂的控制情况,多套调节机构,在各调节节点(面)间的各调节机构间需作协调运动调节,而调节点(面)内部的若干调节机构需作同步运动调节。

为了达到柔壁、半柔壁喷管精确定位与快速调节的功能要求,可采用带有定位控制算法、高性能的专业运动控制器作为控制核心,配置高精度的绝对值编码器或直线位移传感器对型面位置进行检测,形成位置闭环控制,并利用工业实时以太网与上位系统进行数据交换并接受调度指令。

4. 超扩段调节片控制系统

风洞调节片式超扩段,可在风洞运行前通过若干组调节片的协调运动,预先调节超扩段几何形状,而在风洞启动完成后可以调小喉道截面积,从而起到扩压和降低风洞运行压力比的作用。

超扩段调节片包括有上下壁式调节片或侧壁式调节片,一般在每侧由多套调节机构组成,两侧对称布置,每侧的各套调节机构需要协调运动,以避免产生较大形变而导致机构受损。

超扩段调节片可采用交流伺服电机驱动,多套电机间进行协调控制,控制器可采用带定位控制功能的 PLC 运动控制器。各调节片定位精度要求为0.5～0.1mm。

5. 栅指控制系统

高速风洞可在试验段后的超扩段设置栅指机构,利用栅指指片垂直于风洞轴线方向的伸缩量调节,实现对风洞马赫数的精确控制。

栅指控制系统一般选择交流伺服系统进行驱动,选择带位置控制的 PLC 控制器或专用运动控制模块进行定位控制,为了提高控制精度,在机构传动链末端配置绝对值位移传感器进行位置反馈。栅指机构的定位控制精度要求一般在0.1mm 以上,以满足马赫数精确控制的需要。

6. 二喉道中心体控制系统

超扩段中心体是进行马赫数精确调节的另一种调节机构,其作用与栅指机构类似,其控制方式也可利用交流伺服系统进行驱动,利用绝对式位移传感器进行位置检测,选择带有运动控制功能的控制器进行控制。驱动中心体的多套机构间一般有同步或协调控制要求。

8.4 风洞状态控制设计

风洞状态控制是指对在风洞试验前后用于完成风洞状态准备、状态解除和状态转换以及在风洞试验中用于姿态变换的设备施行的控制。

8.4.1 风洞状态控制的对象

按照被控设备的作用阶段、功能等,可将风洞状态控制的被控对象分为以下几类:

（1）试验中实时调节设备。主要为模型姿态调节机构,需在试验中进行控制调节,以带动试验模型变换各种试验状态,一般包括全模迎角机构、半模转窗机构、偏航调节机构、滚转角调节机构等。

（2）试验前预置调节机构,包括引射缝调节片、再导入调节片、试验段壁板扩开角调节机构、试验段壁板开闭比调节机构等。

（3）其他辅助状态调节设备,如充气密封系统(由 8.5.1 章节另行介绍)、驻室大门、平台车运输设备、行走机构等。

8.4.2 风洞状态控制系统驱动方式及控制器选择

1. 驱动方式选择

对于模型姿态控制,在大型风洞中,通常利用液压系统驱动全模迎角机构和偏航角调节机构,而利用交流伺服电机驱动半模转窗机构和滚转角机构;而在小型风洞中,模型姿态系统基本都采用电机驱动。在利用交流伺服系统驱动模型姿态机构时,需着重考虑电磁兼容问题,以免对模型测力天平的微弱电信号产生电磁干扰而影响测试数据的精度。

引射缝调节片、再导入调节片、试验段壁板扩开角、试验段壁板开闭比等调节机构一般采用电机驱动,由于都有一定的定位精度要求,可采用交流变频调速系统或交流伺服系统驱动。

对于驻室大门、平台车运输设备、行走机构等,采用交流电动机驱动,要求高的场合,可采用交流变频调速系统。

2. 控制器选择

状态控制系统控制器一般可采用 PLC 作为系统控制器:

对于模型姿态控制系统,控制精度及运行速度均有较高要求,且其运行必须安全,可选用自带运动控制功能的专业 PLC 控制器,如西门子 Simotion 系列和 T – CPU系列 PLC;

对于引射缝调节片、再导入调节片等有一定运动定位要求的系统,可选用 T – CPU或普通 PLC 结合软件定位控制模块进行控制;

对于驻室大门、平台车运输设备等,常规 PLC 即可满足要求。

3. 典型状态控制系统设计

风洞状态控制系统根据其功能,控制要求各不相同,其中模型姿态控制系统由于涉及模型姿态的精确调整,控制要求较高;对于引射缝调节片等状态预置控制系统,有一定的定位要求,但定位精度要求相对不高;而驻室大门、行走机构等,则只需作开关运动或随动运动控制,相对简单。

1) 模型姿态控制系统设计

模型姿态控制机构采用交流伺服或液压伺服系统驱动,并在机构末端的适当位置配置绝对式编码器或直线位移传感器对实际位置进行检测,形成位置控制的全闭环或半闭环控制,主控制器自带定位预估、插补等定位控制算法,控制参数可以进行调整,如图 8 – 13 所示。

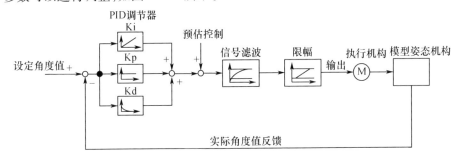

图 8 – 13　模型姿态控制算法原理图

主控制器的控制输出由两部分组成,一部分是利用绝对式编码器等反馈装置检测实际的角度值与设定角度值进行比较,其差值经运动控制器的 PID 计算获得的控制量;另一部分是运动控制器按照机构传动关系及设定的运动曲线插值计算所获得的控制量,两部分叠加后经信号滤波、限幅等形成最终的控制量,发送给执行机构进行运动控制。

2) 引射缝调节片控制系统设计

引射缝调节片用于改变引射缝大小,实现对流场的调节。

引射缝调节片一般沿风洞支架段处上下壁对称布置,需进行定位控制。可选用交流伺服系统驱动,用运动控制 PLC 进行控制。

8.5 典型高速风洞控制系统设计

8.5.1 暂冲式高速风洞控制系统设计

1. 概述

某暂冲式高速风洞,以中压气源作为动力,试验段截面尺寸 $0.6m \times 0.6m$,配备了 8 副喷管,马赫数范围 $0.3 \sim 4.0$,跨声速时试验段参考点马赫数控制误差 $\varepsilon_M \leqslant 0.004$;超声速时稳定段总压控制误差 $\delta_{P_0} \leqslant 0.2\%$;引射器引射气流压力控制误差 $\delta_{P_1} \leqslant 0.3\%$;配置了全模、半模模型姿态机构,角度控制误差小于等于 $0.03°$。

2. 总体方案及网络架构

控制系统采用三套 PAC 嵌入式控制器及一套总线端子型现场控制器完成所有的控制任务,其中一套 C6920 控制器用于完成压力调节控制、跨声速段马赫数控制、辅助系统(引射器调节片、纵向移动机构、驻室大门等)控制、系统的总体调度与管理等,是控制系统的核心控制器。三套模型姿态控制系统(弯刀机构、超声速段转窗、跨声速段转窗)由于功能较独立,控制精度指标要求较高,因此单独采用一套 C6915 控制器进行控制。超扩段调节片的四套调节机构由于有一定的位置协调运动要求及较高的精度指标要求,也单独采用一套 C6915 作为控制器。三套控制器均通过其自带的 DVI 接口挂接人机界面,以方便现场操作。为了确保风洞运行安全及设备安全,另外配置一套总线端子型现场控制器 BC9050 对总压等关键参数及洞门关闭等关键状态进行监测并完成系统的安全联锁控制。BC9050 通过 Ethernet 直接与控制系统上位机进行通信。以上四套系统,均是集成度较高的现场级产品,可靠性高,抗干扰性强,构成了该风洞控制系统的现场控制级。

在操作员级,利用一台工业控制计算机作为上位机,提供人机交互的接口,试验操作者在此完成风洞开关车的各种操作。

在控制 I/O 设备级,各子系统所需的 I/O 设备通过 EtherCAT 工业实时以太网与各控制器相连,进一步可连接到现场参与设备控制的各伺服驱动器与变频器。

风洞控制系统总体组成及网络架构分别如图 8 − 14、图 8 − 15 所示。

3. 参数控制系统

用于风洞跨声速马赫数控制与超声速稳定段总压控制,以及为配合流场控制所需的标准参数反馈控制及超扩段调节片型面控制。

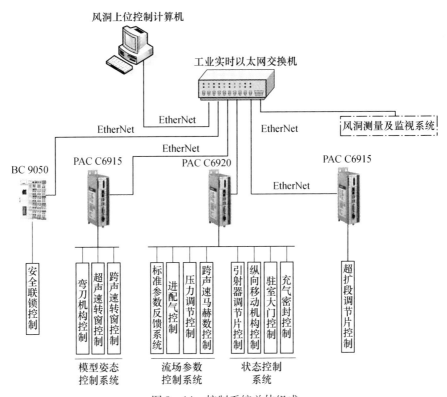

图 8-14 控制系统总体组成

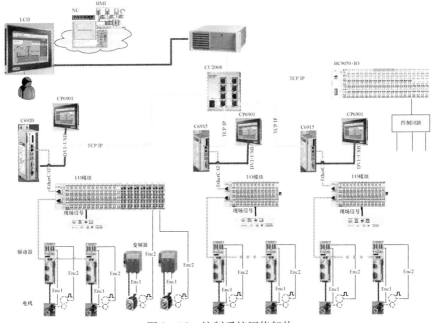

图 8-15 控制系统网络架构

1）标准参数反馈系统

风洞的标准参数包括稳定段总压、试验段静压、引射压力、气源压力、阀后压力、总温、大气压，控制系统需要准确获取标准参数信息，以作为流场计算及风洞控制的基准。

稳定段总压、试验段静压及引射压力采用综合精度 0.04% 的差压传感器进行检测，输出信号为直流 4 ~ 20mA 电流，利用 24 位 A/D 模块进行数据采集；气源压力、阀后压力采用综合精度 0.2% 的表压传感器进行检测，输出信号为直流 4 ~ 20mA 电流，利用 16 位 A/D 模块进行数据采集；总温利用标准温度变送器（含 Pt – 100）进行检测，输出信号为直流 4 ~ 20mA 电流，利用 16 位 A/D 模块进行数据采集；大气压利用综合精度 0.01% 的标准大气压力传感器进行检测，输出 RS485 数字信号，利用 RS485 通信接口采集数据。

标准参数反馈系统负责完成上述标准参数信号的检测、采集、转换与计算。

2）进配气控制系统

进配气系统包括进气管路、进气总阀（电动蝶阀）、进气快速阀、主调压阀与引射调压阀。控制系统需实现对总阀、快速阀、主调压阀及引射调压阀的控制。

进气总阀为电动蝶阀，由标配的电动装置作正反转运动带动阀门开、关，并在阀门的全开、全关位置处设有限位保护。总阀设有旁路阀，在总阀动作以前，需手动打开旁路阀，使总阀前后压力保持一致，以免其在前后压差过大的情况下运动，损坏阀门。

快速阀为双向作用电动气活门操纵的气动阀门，由一只二位四通电磁阀换向动作，控制分别向快速阀汽缸的有杆腔或无杆腔进气，快速阀作开/关动作。快速阀开、关所需时间均不得大于 3s。

主调压阀与引射调压阀均为环状缝隙阀，需对调压阀阀芯位置进行精确调节以实现对风洞马赫数或总压、引射压力的精确控制。调压阀采用交流伺服系统进行驱动，定位精度为 0.5mm。

3）超扩段调节片控制系统

风洞在不同的喷管及工况时，超扩段调节片的位置需要进行调整，以满足流场建立要求。风洞共配有 8 副固块喷管，对应于每幅喷管，在吹风试验前，需调节超扩段调节片型面到相应位置，吹风过程中则不再调整。

调节片控制系统以技术成熟的控制器为控制平台，采用交流伺服电机为调节片传动机构提供动力，为提高调节片控制精度、实时监测调节片位移量，在传动机构末端安装绝对位移传感器，将调节片位移信息反馈控制回路，构成位置闭环。系统主控制器与各电机驱动器通过实时性较高的现场总线连接起来，主控制器可以实时地访问和控制各电机驱动器以及相应的编码器。超扩段调节片控制框图如图 8 – 16 所示。

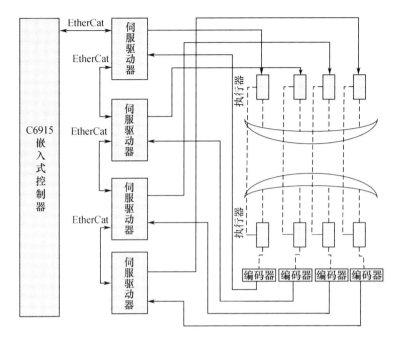

图 8 - 16　超扩段调节片控制框图

4）马赫数控制系统

马赫数控制系统针对跨声速试验段,喷管为 0 号喷管,以试验段马赫数作为直接控制对象,通过调节主调压阀位置进行控制。

针对常用马赫数,$Ma = 0.3,0.4,0.5,0.6,0.7,0.8,0.85,0.9,0.95,1.0,$
$1.05,1.1,1.15,1.2$,分别找到适合的控制参数,使其稳定迅速,控制误差小。

5）稳定段总压控制系统

对于 1 号、2 号、3 号、5 号、6 号、8 号、9 号喷管,在确定的喷管型面下,控制稳定段总压达到一定的压力值(对于 8 号、9 号喷管,同时还需要引射压力达到一定的压力值),则可建立稳定的试验段流场。因而,控制对象直接选择为稳定段总压;对于 8 号、9 号喷管,同时还需要进行引射压力控制。

稳定段总压通过对主调压阀位置的调节进行控制,引射压力通过对引射调压阀位置的调节进行控制。

稳定段总压控制框图如图 8 - 17 所示。

4. 状态控制系统

该风洞状态控制系统主要包括模型姿态控制系统、引射器调节片控制系统、驻室大门控制系统、充气密封控制系统等。

1）模型姿态控制系统

风洞模型姿态系统包括弯刀机构及两套分别用于超声速试验段及跨声速试

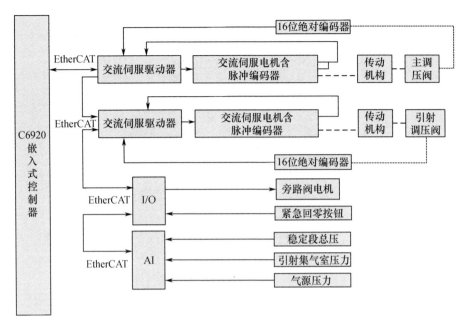

图 8 - 17　稳定段总压控制框图

验段的转窗机构,均采用交流伺服驱动。在系统控制原理上,三套模型机构均采用交流伺服系统驱动,计算机(PAC 控制器)闭环控制。电机本身装有增量式编码器作为速度反馈,为了保证攻角位置控制的准确性,在弯刀机构机械传动末端安装多圈绝对式光电编码器进行角度位置检测与反馈。角度反馈值直接进入伺服驱动控制器构成位置闭环,用先进的智能控制策略控制姿态角。模型机构配有限位开关,作限位控制。配备现场触摸屏,可对模型姿态角进行现场手动操作。

模型姿态机构控制原理如图 8 - 18 所示。

2)引射器调节片控制系统

风洞引射器调节片设计为在 44 ~ 88mm 开度距离范围内可调,以在引射启动或带引射运行时改变引射效率。调节片可电动调节,定位精度要求不高,采取变频器系统加三相交流异步电动机的方式,并选配 14 位绝对位置编码器进行位置反馈。

3)驻室大门控制系统

风洞南、北侧驻室大门分别由一台三相交流异步电动机拖动,并利用变频器进行调速控制。南北侧分别设开、关向减速、停止限位开关,以有效实现行程保护。

4)充气密封控制系统

风洞的驻室左大门、驻室右大门、喷管段与收缩段间、试验段与喷管段法兰

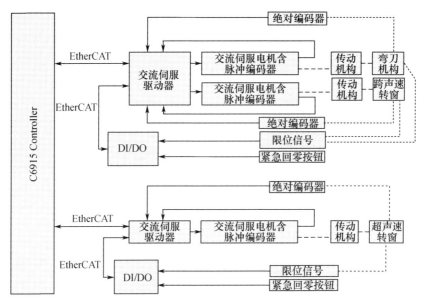

图 8 - 18　模型姿态机构控制原理

间、喷管块上部、喷管块下部 6 处均需进行充气密封,密封围带有两种工作压力:
0.35MPa 与 0.8MPa。

　　充气密封控制系统设计了两路密封气,每一路气路可单独对密封围带进行
充气与放气控制,系统的原理图如图 8 - 19 所示。

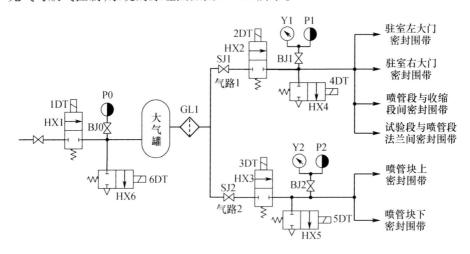

图 8 - 19　密封围带气控系统原理图

　　在吹风试验过程中,传感器随时监测密封围带的充气压力值,当检测到气体
压力值低于下限值时,由程序自动控制换向阀动作,向密封围带中补气。

5. 安全联锁系统

系统设置两级安全联锁,第一级为主控系统的主控制器内专门开设一个高优先级任务,对系统关键参数及关键状态进行检测,并设计相应的安全联锁算法;第二级为利用 BC9050 嵌入式控制器作为信号的集成站,对风洞的相关状态信息进行监控,作为控制系统的第二级安全联锁。

在试验之前,检测开车允许信号,当保证风洞安全运行的所有条件均满足,才可解除锁定,允许开车。在试验过程中,系统一旦检测到危险报警信号,立即按照预定方式进入故障处理程序。

启动风洞需具备的条件为:

(1) 插入箱已插入。

(2) 洞内无人。

(3) 混合室人孔已关闭。

(4) 驻室大门已关闭。

(5) 充气密封正常。

(6) 操纵台"开车允许"电钥匙打开。

(7) 系统网络通信已正确建立。

(8) 总阀、快速阀、调压阀状态正常。

风洞运行过程中需检测的变量为:

(1) 总压是否超压(绝对压力不大于 6.5 倍大气压)。

(2) 主调压阀阀后压力超压(绝对压力不大于 6 倍大气压)。

(3) 网络意外中断。

8.5.2　连续式高速风洞控制系统设计

1. 概述

变密度连续式跨声速风洞采用干燥空气或最终可采用重气体作为试验介质,由 1 台轴流压缩机(驱动功率 3800kW)与 1 台离心压缩机(驱动功率 1500kW)作为动力源,试验段尺寸:0.6m(宽)×0.6m(高)×2.0m(长),试验段马赫数 0.2 ~ 1.6,马赫数控制精度:$|\Delta Ma| \leqslant 0.001 \sim 0.002$;稳定段总压 $(0.15 \sim 2.5) \times 10^5 \mathrm{Pa}$,总压控制精度 $|\Delta P_0/P_0| \leqslant 0.2\%$;气流总温:280 ~ 323K。

2. 总体方案及网络架构

该风洞控制系统构成如图 8 – 20 所示,控制系统采用基于 PROFINET 和 PROFIBUS – DP 集成网络结构的智能 DCS 系统。整个网络包括两层网络连接,上层网络为 PROFINET,传输介质选用光纤,抗干扰能力强,拓扑结构采用环形网,其优点是任意两节点之间的光纤出现断线故障时,不影响网络的正常运行,因而具有很高的可靠性,实现上位操作员工作站计算机与控制器主机之间的通

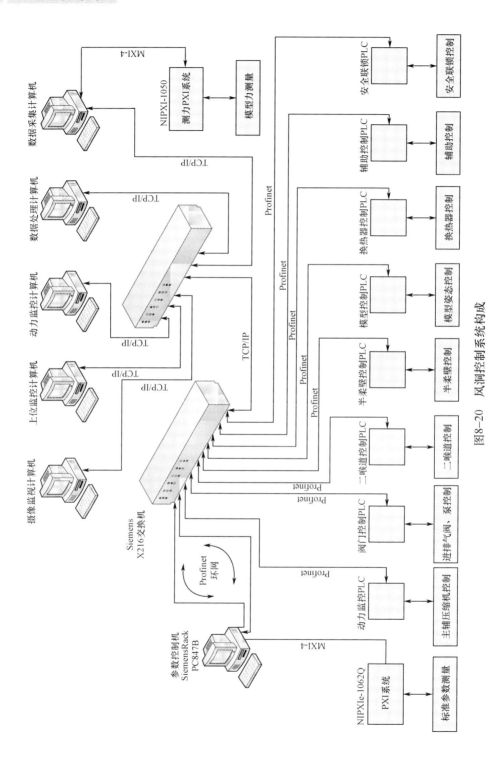

图8-20　风洞控制系统构成

信。下层网络为 PROFIBUS – DP,传输介质选用 PROFIBUS 专用电缆,实现控制器主站与 DP 从站之间的通信。系统由一套高性能工业 PC 搭载 PXI 现场测量控制模块作为系统的核心控制器,并按照功能划分,采用 8 套 PLC 系统完成对 8 个子系统的控制。

3. 参数控制系统

1) 总压控制系统

(1) 总压控制方式。风洞总压控制包括降压(抽真空)运行控制及增压运行控制两种方式,降压运行由风洞辅助抽真空系统实现,风洞增压运行时则需要从外部气源引入压缩空气来改变风洞内压力,主要靠中压气源经减压后充入风洞实现。

风洞降压运行系统主要由抽真空管路和排气管路组成,抽真空管路和排气管路自成系统独立运行。抽真空管路包括抽真空泵(2 台,可单独开关)、调节阀(ϕ150,1 台)、闸阀(ϕ150,1 台)。排气管路包括调节阀(ϕ150,1 台)、闸阀(ϕ150,1 台)。风洞降压控制系统需要控制抽真空泵、相应阀门实现风洞降压调节。降压调节范围$(0.15 \sim 1) \times 10^5$Pa(绝对压力),要求真空泵在 30min 之内完成降压过程。

风洞增压系统主要由中压干燥气源、闸阀(ϕ150,1 台)、快速阀(ϕ150,1 台)、调节阀(ϕ150 与 ϕ80 各 1 台)等阀门及其管路组成。风洞增压控制系统需要控制相应阀门实现风洞压力调节。增压调节范围$(1 \sim 2.5) \times 10^5$Pa(绝对压力),充气流量由供气阀门控制,初步设计最短充气时间为 5min,具体调压速度与精度要求见气动条件。

(2) 核心控制器选择。总压控制系统以工业控制计算机 + 扩展现场 I/O 作为核心控制器系统。以工控机作为控制核心,可以利用其强大的运算处理能力以及丰富的外围接口扩展功能,另外,为其配置高性能的现场 I/O(如 NI PXI 系统),作为其延伸到现场的扩展模块,可以将大量的信息采集、状态检测与控制功能放至现场实现,简化了系统,增强了系统可靠性,具体如图 8 – 21 所示。

(3) 阀门控制。风洞压力调节控制是通过对相关阀门的调节与控制来实现的,风洞共有包括 2 个快速阀、6 个闸阀、5 个调节阀在内的 13 套阀门,快速阀与闸阀需要进行开关控制,调节阀需要进行位置调节,每个阀门均具有开关指示或位置指示。为 13 套阀门配置了一套独立的 PLC 控制器,设计一套阀门控制系统。阀门控制系统控制结构如图 8 – 22 所示。系统以一套 S7-300 PLC 作为控制核心,配备必要的控制模块,对各阀门进行控制。PLC 系统 CPU 模块选择集成 PROFINET 接口的 315 – 2 DP/PN(订货号 6ES7 315 – 2EH14-0AB0),可与上位负责总控的参数控制计算机进行实时以太网通信,传送指令信息与阀位信息。系统配置一台触摸屏,可在现场对阀门进行开关操作。

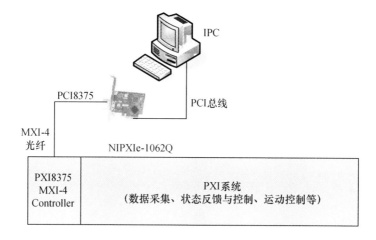

图 8 - 21　压力控制系统主控制器选择方案

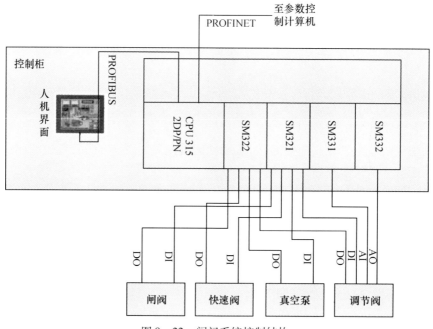

图 8 - 22　阀门系统控制结构

（4）总压控制系统结构与组成。总压控制系统以阀门控制系统为基础,分降压运行控制系统与增压运行控制系统。

降压运行通过抽真空方式实现,其控制结构如图 8 - 23 所示。PXI 系统以现场扩展模块的形式通过 MXI-4 光纤挂接在主控制器(IPC)上,PXI 系统安放在试验现场的控制柜中,配置了各种采集、控制子模块,完成对稳定段压力的测量,结合阀门控制系统对降压回路的真空泵、抽气排气闸阀、抽气排气调节阀的控制,实现系统降压控制过程。

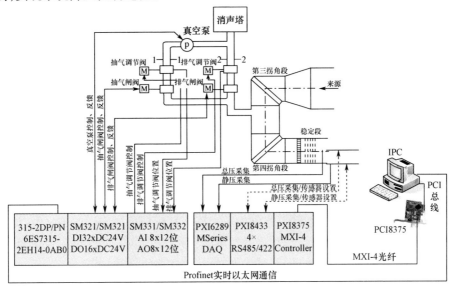

图 8 - 23 降压(抽真空)运行控制结构

增压运行主要通过对风洞的充气完成增压过程,并利用充压回路与排气回路的协调运行来保证压力控制精度,其控制结构如图 8 - 24 所示。其基本的控制原理与控制流程同降压运行相类似。

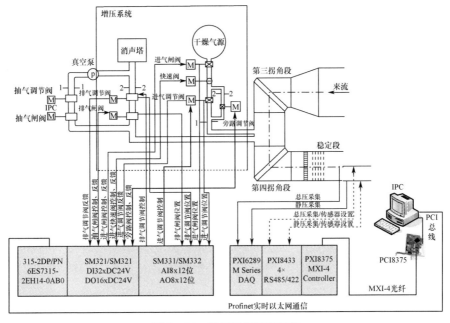

图 8 - 24 增压运行控制结构

（5）总压控制策略。压力控制系统是一个滞后与存在耦合的系统,对于降压运行,由常压状态降至 $0.15 \times 10^5 Pa$ 设计的时间指标为 30min,而对于增压过程,其最短充气时间设计指标为 5min。对于连续式风洞的压力控制,与普通暂冲式风洞有着本质区别,由于风洞为全回流封闭式风洞,无论是降压或者增压,其目标均是要在封闭的管道中将压力调节至目标值,借以改变试验雷诺数,风洞的动力仍然由压缩机提供。而对于常规暂冲式风洞,储气罐内的高压气体是风洞的动力源,风洞的运行及压力控制过程是伴随着气体能源的高速消耗的,因而对压力控制的快速性指标要求非常高,而对于连续式风洞,在此指标上则较为宽松。

根据上述分析,该风洞采用常规变参数 PID 调节控制算法进行控制。在调节的起始阶段,采用开环调节方式,降压运行时,将抽气闸阀打开,启动真空泵,将抽气调节阀开至一定的开度,当洞内压力降至目标值的预定误差带之内以后,方才进入闭环调节;增压运行时,将进气闸阀打开,进气调节阀开至一定开度,当洞内压力升至目标值的预定误差带之内以后,方才进入闭环调节。

2）马赫数控制系统

（1）马赫数控制的方式。该风洞设计有多种运行方式,其马赫数的控制方式也很多,可以根据马赫数范围,分为以下几种:

① 亚声速区（ $Ma < 0.7(0.8)$ ）马赫数控制方式:亚声速时风洞试验段马赫数的建立依赖于压缩机系统产生的压比,采用试验段主流引射方式,通过控制主压缩机来实现整个马赫数范围的运转。为了保证马赫数的控制精度,需要对二喉道型面机构开度进行闭环控制。

② 跨声速区（ $0.7(0.8) < Ma < 1.2(1.4)$ ）马赫数控制方式:实现跨声速区的马赫数控制,同样首先要启动交流电机使压缩机运转,建立起一定的压比,再通过驻室抽气系统对驻室静压进行快速而精确的控制,这是利用辅压缩机的运转并通过调节驻室抽气流量阀的开度来实现的。为了减少风洞气流损失,对排出的气体增压后再注入试验段下游的扩散段（导入室）内,这一功能由再导入流量控制阀系统来实现。随着马赫数大小不同,对应于驻室静压所导入的气流压力是不同的,其压比由流量控制阀开度所决定。为了保证马赫数的控制精度,可以根据实际情况对二喉道型面机构开度进行闭环控制。

③ 超声速区（ $Ma \geqslant 1.2(1.4)$ ）马赫数控制方式:超声速时的马赫数控制,首先调节半挠性喷管到相应的马赫数型面,随后控制主压缩机实现该马赫数范围的运行。为了保证马赫数的控制精度,可以根据实际情况对二喉道型面机构开度进行闭环控制。

（2）核心控制器选择。马赫数控制系统与压力控制系统采用同一套核心控制器,即为工业控制计算机（IPC）+ PXI 方式。

（3）马赫数控制系统子系统。参与马赫数控制的子系统主要包括主压缩机转速控制系统、辅压缩机转速控制系统、驻室抽气流量阀控制系统、二喉道型面控制系统、半挠性喷管控制系统及标准参数反馈系统。

① 主压缩机转速控制系统。参照欧洲增压低温跨声速风洞（ETW），马赫数的提升变化率为每变化 0.1 大约需要 20s，在常温下马赫数由 0.4 增至 0.8 时，过渡时间约 80s，因此对电机、压缩机系统要求具有良好的动态特性，如启动时间短、平稳无超调、动态跟踪性好等。

由于风洞气流压力主要由 2 台 2500kW 交流电机驱动的主压缩机建立，为了保证气流稳定，对电机转速控制精度要求控制在 0.03% 以内。

主压缩机转速设定由上位控制机以数字（总线通信）或者模拟（D/A 转换）方式设定。上位转速信号均下发至压缩机 PLC，由 PLC 控制压缩机达到相应转速。

在实际的马赫数控制过程中，采用通信方式设定其转速，这就要求所采用的通信手段在传输速率及可靠性上都能达到较高水平。本系统采用工业实时以太网 PROFINET 通信，基于工业实时以太网的最新技术构建网络，可以保证使用要求。而系统所具有的转速模拟设定功能，可用于系统调试及设备检修等。

主压缩机转速控制原理图如图 8 – 25 所示。

② 辅压缩机转速控制系统。与主压缩机转速控制系统相似，辅压缩机转速控制系统转速设定也包括数字设定和模拟设定两种方式，在风洞流场调试的正式运行中，也尽量采用数字通信控制方式以保证精度。

③ 驻室抽气阀门控制系统。这一部分包括对驻室抽气系统流量控制阀及旁路阀的控制。流量控制阀选用电动调节阀，由阀门控制系统的 PLC 输出 4～20mA 电流进行控制。

④ 二喉道型面控制系统。三段调节片电动推杆采用交流伺服电机驱动，在调节片的机械结构上加装直线位移传感器，与交流伺服驱动装置配合使用，在位置控制板的统一调度下，可以达到很高的控制精度，以实现对马赫数的精确控制。整个三段调节片机构共需要 4 台伺服电机进行驱动，上下各两台，对称布置，有一定的同步性要求。为保证位置控制精度，选用绝对值编码器反馈机构位置。

可调中心体的调节动作过程是：由电动推杆（两侧各一个，同步运动）前后推拉，通过连杆，带动中心体做张开或闭合的动作，其指标要求为：

角度控制范围：0°～45°；运动速度：0°/s ～10°/s；控制精度：优于 ±0.02°。

可调中心体也采用交流伺服电机系统进行驱动，并采用绝对值编码器作为位置反馈装置。

二喉道控制系统采用一台单独的带运动控制功能的 PLC 作为控制核心，完

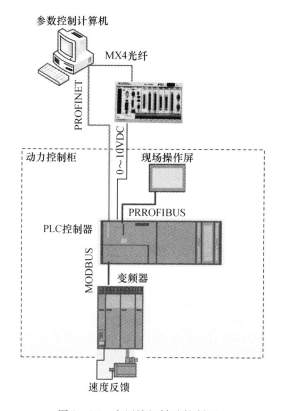

参数控制计算机

MX4光纤

PROFINET

动力控制柜

0~10VDC

现场操作屏

PLC控制器

PRROFIBUS

MODBUS

变频器

速度反馈

图 8 - 25　主压缩机转速控制原理

成三段调节片及可调中心体多套电动推杆的精确位置控制,而与上位控制系统间的联系,通过 PROFINET 工业以太网通信完成。

⑤ 半挠性喷管控制系统。风洞半挠性壁喷管段由上梁、下梁、左侧壁、右侧壁、走轮和半挠性壁系统(上、下共两套)组成。半挠性壁型面具有自动调节功能,型面位置控制精度为 ±0.05mm 。试验过程中采用喷管型面调节马赫数时,喷管从 M1.0 型面变化到 M1.6 型面调节时间不大于 60s。

半挠性喷管型面控制为风洞吹风前预置控制,另外在吹风试验的过程中有可能需要进行实时调节,要求在吹风过程中可以连续改变型面来变化马赫数。为了达到半挠性壁喷管精确定位与快速调节的功能要求,采用一套带有定位控制算法、高性能的 SIEMENS 317T CPU 作为控制核心,配置高精度的绝对值编码器或直线位移传感器对型面位置进行检测,并利用 PROFINET 实时以太网与上位系统进行数据交换并接受调度指令。半挠性壁喷管控制系统还引入了一套应变测试系统,以便在线实时监测喷管各关键位置应变量,对喷管机构起到保护作用。

⑥ 标准参数反馈系统。该风洞的标准参数包括总压、静压、总温、气体湿度

及大气压,这些参数的准确测量与反馈是对整个风洞进行有效控制和获取可靠试验数据的最重要的基础。

风洞在总压测量上,考虑了两套完全独立的总压测压管路,两套管路构成总压测量的冗余备份,吹风过程中,需要对两套管路进行实时测量与比对,如果测量值偏差超出了误差范围,则认为出现故障,需要进行停车检查。与此相适应,为两套管路系统分别配置独立的传感器,以实现压力测量的冗余功能。而静压管路则采用单独一套管路。

在风洞总压的两套独立管路上,传感器配置为:

管路一:用于风洞流场控制,总压传感器分为两个量程,选择综合精度0.01%的高精度压力传感器(变送器),带 RS232/485 与模拟量 0～10VDC 双输出。

管路二:用于风洞流场压力监测,总压传感器均分为两个量程,选择综合精度0.02%的高精度压力传感器(变送器),RS232/485 串口通信输出。

而静压由于参与马赫数计算,直接与风洞流场参数相关,因而与总压管路一做相同配置,选择综合精度0.01%的高精度压力传感器(变送器),带 RS232/485 与模拟量 0～10VDC 双输出。

(4)马赫数控制策略。连续式风洞的马赫数控制一般可以达到较高的精度,但由于受到压缩机及驱动电机系统惯性影响,无法保证快速稳定。该风洞马赫数控制精度指标要求为 0.001～0.002,必须采取适当的控制算法与控制策略,才能够达到该精度指标,同时尽量缩短调节过程,提高试验效率。

该风洞一方面马赫数控制精度要求高,另一方面马赫数控制与总压控制之间又存在耦合,再加之风洞运行方式多,调节手段复杂,在控制策略与控制算法的确定上是一个难点。按照以下原则进行控制策略选取与控制算法设计:

① 根据吹风条件确定控制类型及算法输入条件。风洞压力调节有降压、常压及增压等运行方式,马赫数调节又有主压缩机转速调节、驻室抽气量调节、二喉道型面调节及半挠性壁喷管调节等手段,对于某一设定吹风条件,首先确定其调节方式与运行步骤,比如针对某一特殊工况,是否需要预置二喉道型面位置、半挠性壁喷管位置或压缩机静叶角度,调节量为压缩机转速、二喉道型面还是驻室抽气量或者几者兼有,可简化为单变量控制或者是典型的多变量控制问题,进而明确控制算法的输入条件。

② 对于压力控制与马赫数控制的复合控制问题,进行多变量解耦算法设计。当吹风试验需要对试验雷诺数及试验马赫数均进行精确控制时,系统必然转化为一个多变量系统。压力调节的手段主要是调节诸多阀门的开度,而马赫数调节则主要通过压缩机转速、驻室抽气量、二喉道型面等,同时上诉调节量因素的影响又不是单一的,存在交叉耦合的相互影响,必须进行解耦算法设计。

③ 智能 PID 控制算法仍为有效算法。在解耦运算以后,系统控制问题由多变量控制问题转化为多个单变量控制问题,对于具体的每一个单独变量控制来说,结合模糊 PID、多模 PID 方法的智能 PID 控制算法仍然是一种很有效的控制算法,可在该风洞中得到有效应用。

(5)马赫数控制系统的调试。为了实现马赫数高精度控制,风洞从以下几方面开展了工作:

① 风洞部段结构件的高精度加工安装。对于风洞马赫数流场参数有较大影响的试验段、二喉道、半柔壁喷管等部段,在前期精心设计与加工的基础上,在出厂验收之前又进行了严格测试,对不符合设计指标的部分,进行了整改,确保了加工精度;在现场安装完成后,又进行了现场测试与调整,最大限度减小其对流场性能的不利影响。

② 压缩机高精度转速调节。风洞采用一主一辅两套压缩机作为风洞运行的动力源,压缩机是风洞最为关键的设备之一,而压缩机转速调节精度问题,则是决定风洞马赫数控制精度的最基础问题。

对压缩机转速调节精度的管控贯穿于压缩机研制、安装、调试的始终,最终实现了主压缩机转速在 1500 ~ 3600r/min 范围内均满足 0.03% 指标要求,辅压缩机在 5100 ~ 8521r/min 范围内均满足 0.1% 指标要求。

实际运行发现,在稳转速运行条件下,风洞马赫数波动值小于 0.001,一方面证明压缩机转速调节精确,洞体结构性能优良;另一方面也为马赫数高精度闭环控制提供了最为重要的基础。

③ 马赫数控制各子系统精确调试。除了压缩机转速控制系统外,马赫数控制系统还包括半柔壁喷管控制系统、二喉道控制系统、标准参数反馈系统等子系统,其中每一个子系统均是马赫数控制系统的重要组成部分,都会对马赫数控制的总体效果产生重要的作用。比如标准参数测量系统的总、静压测量准确与否直接影响到马赫数测值的准确性,是影响马赫数控制精度的最直接因素,再如在跨声速段时,可能启用二喉道中心体对马赫数进行调节,如果二喉道中心体调节的分辨率不足,则可能会直接导致马赫数在精度限以外波动。因而,各子系统在设计时应该优化方案,确保达到总体指标要求。

半柔壁喷管系统、二喉道系统、标准参数反馈系统均经过详尽调试,半柔壁系统型面定位精度优于 0.02mm;二喉道三段调节片定位精度优于 ±0.1mm,中心体定位精度优于 ±0.02°;风洞总、静压测试精度优于 15Pa(传感器精度 0.01%),均有效保证了马赫数控制精度的提升。

④ 控制策略。采用了主压缩机转速预置(结合驻室抽气调节阀预置)+ 二喉道中心体精调的方式控制马赫数,进入指定误差带后,采用变参数 PID 控制算法进行闭环控制,具体变参数方法参见图 8 – 26。如图 8 – 26 所示,以阶跃响应

的动态响应过程的一个振荡周期($a-b-c-d-e$)来说明变参数的原理。设 $e(k)=ug-u(k)$ 为本控制周期内的误差量(其中 ug 为控制的目标值,即给定量,$u(k)$ 为本控制周期内的实际反馈量),$e(k-1)$ 为上一周期的误差量,在阶跃响应曲线的 oa 段,采用较强的比例放大参数,使响应快速逼近目标值,当接近 a 点时,弱化比例环节,以避免出现较大的超调,在 ab 段及 cd 段,误差量的符号相同,且误差量的绝对值向增大的方向变化,即 $e(k-1)\cdot e(k)>0$ 且 $|e(k)|-|e(k-1)|>0$,此时响应曲线偏离了设定量,应该采用较强的积分作用,比例作用适中;在 bc 段及 de 段,虽然仍然存在误差,但是误差量在向减小的方向变化,可以弱化积分环节,凭借比例环节以及系统的惯性使其向平衡位置转化,此两段的数字特征为 $e(k-1)\cdot e(k)>0$ 且 $|e(k)|-|e(k-1)|<0$。对于从 bc 过渡到 cd 的边界条件,有 $e(k-1)\cdot e(k)\leqslant 0$,此时表明响应曲线正经过平衡位置,可以将累积误差清零,即完全禁止积分环节发挥作用。

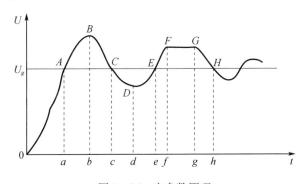

图 8-26　变参数原理

实践证明,上述控制算法控制效果良好,系统收敛速度快,稳态精度高,达到了预期的目标。

3）总压与马赫数复合控制

如前所述,风洞参数控制归结起来是一个多变量控制问题。风洞需要实现总压与马赫数两个目标物理量的闭环控制,而对于两个目标量,又分别有多种调节控制手段。

对于总压控制,以增压控制为例,调节手段包括:

① $\phi 150$ 进气调节阀开度。

② $\phi 80$ 进气调节阀开度。

③ $\phi 150$ 排气调节阀开度。

④ $\phi 80$ 排气调节阀开度。

对于马赫数控制,以跨声速段为例,调节手段包括:

⑤ 主压缩机转速。

⑥ 辅压缩机转速。

⑦ 驻室抽气流量阀开度。

⑧ 二喉道开度。

⑨ 二喉道中心体张开角度。

其中上述马赫数控制中⑤为必选项,⑤~⑨项并非同时使用,有可能一项或者几项组合运行。

分析上述总压及马赫数调节手段,其耦合关系错综复杂,首先,第①~④项互相影响,在总压控制内部造成一层耦合;同理,第⑤~⑨项互相影响,在马赫数控制内部造成一层耦合;另外,总压控制的过程又关联影响到马赫数控制,马赫数控制也反过来影响到总压控制,形成①~④与⑤~⑨的整体式的耦合,如图 8 – 27 所示。

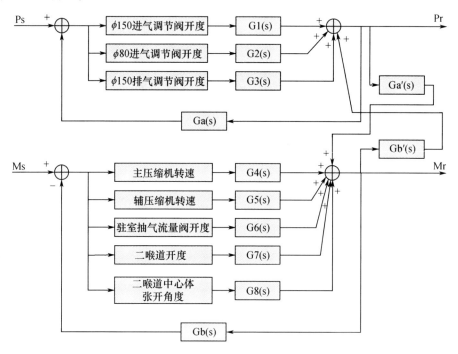

图 8 – 27 总压与马赫数控制耦合关系

要实现对总压与马赫数两个目标值的精确控制,需要对系统进行梳理,将系统模型化为一多输入、两输出的多变量控制系统,按照现代控制理论的方法进行解耦运算与算法设计,或者按照经典控制理论,预先对系统进行解耦,结合预置某一个或多个变量的方法,将系统转化为两个单变量控制系统进行处理。

本系统中,将总压与马赫数控制进行分解,由阀门系统完成总压控制,由核心系统控制马赫数,同时两套系统进行通信,将各自的状态、变化趋势等通知对方,以便于提前采取解耦措施,改变控制参数。

系统总压与马赫数复合控制取得了较好的效果,具有较短的调节过程,同时二者都能满足精度指标要求。其中,增压和常压时,稳定段总压控制精度优于0.1%,负压时,稳定段总压控制精度优于0.2%;马赫数控制精度优于0.001。

4）温度控制系统

风洞要求试验段气流温度保持稳定,在获取一条极曲线的时间内,温度变化不超过1K。风洞气流温度稳定性是通过冷却器系统予以保证的,控制系统需要完成对主冷却器(主回路冷却器)及辅冷却器(驻室抽气回路)的控制。

主换热器和辅换热器采用独立的两套冷却水循环系统,冷却水循环系统同时要求为风洞主、辅压缩机提供冷却用水。冷却器包括换热器、水泵、流量控制阀和冷却塔等。

整个系统选用2台闭式冷却塔SCF-600和SCF-300,一台开式冷却塔,其中SCF-600对应2台喷淋水泵和6台风机,水泵和风机根据负荷变化进行台数启停控制,1台喷淋水泵采用变频控制。另1台喷淋水泵采用工频运行;2台风机采用变频控制。另4台风机采用工频运行;同理SCF-300对应1台喷淋水泵和3台风机,水泵和风机根据负荷变化进行台数启停控制,其中喷淋水泵采用变频控制,1台风机采用变频控制,另2台风机采用工频运行。

冷却水系统根据换热器出口空气温度的变化来控制闭式冷却塔对应的风机和喷淋水泵运行台数;冷却塔风机和喷淋水泵的运行台数则由闭式冷却塔出水温度的变化来控制。

冷却器控制系统所有温度、运行状态等参数通过PLC进行采集,并在人机界面上显示,冷却塔风机采用变频控制和工频控制方式进行,并由PLC给定变频器参数进行电机转速控制,以调节冷却水出口温度。

主冷却器由3组冷却塔组成,每组冷却塔配置2台7.5kW电机,共6台冷却风机。

其中第一组冷却塔通过15kW变频器控制2台7.5kW冷却风机,其余两组冷却塔风机直接工频控制。

PLC采集温度传感器数据测得的换热器出口温度,并将该参数送到变频器作为温度控制的过程值,温度控制采用PID控制,变频器控制两组风机运行转速,改变风机的风量,从而改变冷却塔出水温度。

当第一组冷却塔电机达到满负荷运行时,还不能满足实际工况(设定温度值)则第二组冷却塔电机就会被工频启动,第一组冷却塔电机仍然变频运行;同理,若第二组冷却塔启动后,还不能满足工况则第三组冷却塔电机就会被工频启动,直到水温满足要求为止。

当冷却水水温低于设定温度值时,则第一组变频冷却塔的电机降速,还不能达到设定温度值时则停止相应组数冷却塔风机,直到水温满足要求为止。

喷淋电机由2台5.5kW电机组成,通过11kW变频器控制2台电机,并根据温度情况调节电机转速。

循环水泵为2台75kW电机组成一用一备,采用软启动器进行启停控制。

辅冷却器系统控制原理与主冷却器系统基本相似。

冷却器控制系统选用SIEMENS的S7-300系统PLC和适用于风机与水泵控制的M430系统变频器,结构如图8-28所示。温度控制达到了预期指标。

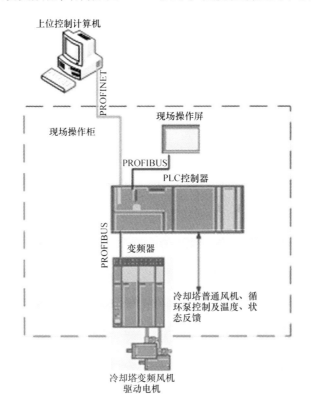

图8-28 温度控制系统结构图

4. 状态控制系统

1)模型姿态控制系统

风洞的模型支撑系统包括全模弯刀机构和半模转窗机构。全模弯刀机构实现对模型迎角和滚转角的控制,其运动由伺服电机驱动。转窗机构由蜗轮蜗杆实现转动,蜗轮蜗杆由伺服电机驱动。

(1)控制要求。

迎角控制范围:-20°~20°,运动速度:0.2°/s ~5°/s,控制精度:优于

±0.02°。

滚转角控制范围：−180°~180°，运动速度：5°/s~10°/s，控制精度：优于±0.03°。

转窗机构角度控制范围：−180°~180°，运动速度：0.2°/s~10°/s，控制精度：优于±0.02°。

（2）控制原理。弯刀机构、半模转窗和调节片控制系统采用硬件独立、软件调用的设计思路。即在硬件设计方面各轴控制通道独立，通过软件调用工作通道。系统采用 SIMENS S7 315-T CPU 控制器，根据上位机下达的指令负责完成支撑机构各类运行工况的运动控制、角度系统状态数据采集以及安全联锁。PLC 系统连接到工业实时以太网交换机，与上位风洞控制工控机通过 PROFI-NET 进行通信。

为了构成位置闭环系统，选用角度反馈装置对各角度变化量进行监测与反馈。上位机发出角度或位移变化指令，并将目标角度或位移值一起下发至 PLC，PLC 接受此数值，根据运动关系曲线数据，计算出各轴应该运行的位移或角度，控制各轴的运动。

模型支撑系统控制框图如图 8-29 所示。

2）其他状态控制子系统

包括再导入调节片控制、引射器调节片控制、驻室大门控制、充气密封控制等，与 8.5.1 节所述暂冲式高速风洞状态控制系统的相关内容相类似，此处不再赘述。

5. 安全联锁系统

风洞安全联锁系统包括风洞参数监控系统、电机监控系统、压缩机监控系统和冷却器监控系统等，需要监控的主要内容包括：

（1）对稳定段压力进行监控。一旦稳定段压力超过规定的风洞最高压力时，必须迅速打开供排气系统的排气阀迅速排气，同时关闭供气系统的供气阀。

（2）对冷却器出口截面或稳定段总温进行监控。一旦总温超过最高温度时，要控制冷却水系统或命令风洞停车。

（3）对压缩机和电机的轴功率、压缩机的叶片等要进行必要监控。一旦超过规定的要求，风洞应停车检查。

（4）对压缩机及电机的运转状态和性能进行监控。一旦出现不正常现象，应停车检查。

（5）对风洞运转参数和必要的气动参数进行监控。一旦出现不正常现象时，应及时检查原因或停车检查。

风洞安全联锁系统以 SIEMENS S7-300 PLC 为核心，以上位计算机为人机接口，风洞运行时，对系统的相关温度、压力、湿度、振动及其他的密封状态、锁紧状

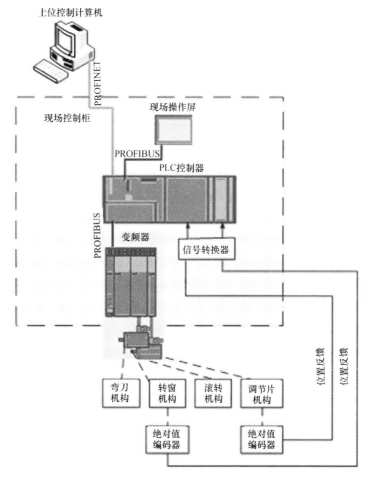

图 8 - 29 模型支撑机构控制原理

态、限位状态等信号进行实时监控,并进行联锁运算,一旦出现某种故障或报警,立即相应给出相应动作信号、报警信号和指示信号。

安全联锁 PLC 对各个子系统的工作状态的监测通过两种途径实现。首先,安全联锁 PLC 通过组态编程软件对各个子系统的关键参数进行网络组态,将关键参数映射到安全联锁 PLC 的寄存器中,由安全联锁 PLC 通过软件方式对各个子系统参数进行读取并分析和保存,其中包括各个子系统试验前准备就绪信号。另外,安全联锁 PLC 通过硬件连接方式对各个子系统的关键信号进行监控(例如各个系统的故障信号),以保证系统在网络发生异常时,可以通过硬件连接方式向关键子系统发送停车命令,确保风洞安全运行。试验前各个子系统是否工作正常通过软件监测的就绪信号和硬件监测的故障信号来综合判断。

安全联锁系统原理框图如图 8 - 30 所示。

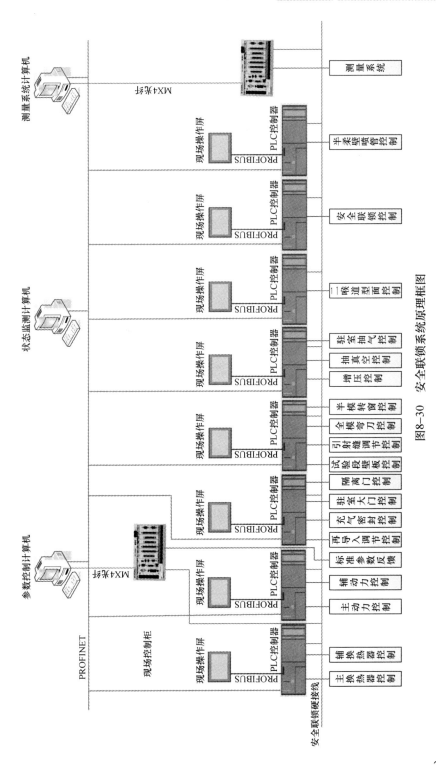

图8-30 安全联锁系统原理框图

第9章 风洞液压控制系统

9.1 概述

目前我国风洞设备设计建设正处于蓬勃发展时期,由于新建风洞的尺寸越来越大,系统组成越来越复杂,相应的驱动机构负载更大、速度更快、控制精度更高,也促使风洞液压控制系统向高压、大流量、高效率、低噪声、集成化发展。

风洞液压控制系统具有以下特点:

(1) 载荷变化大,工作压力高。风洞的运行压力和试验马赫数变化较大,因而其运行机构承受的气动载荷也变化较大,液压系统工作压力高。

(2) 速度快,流量大。一些大型风洞中,运动机构运动速度达 0.5m/s,行程达 10m,大型调节阀门需要 2s 内全开或全关,导致系统需要的油源流量很大。

(3) 集中性较差。体现在两个方面:一是由于风洞的被控部分比较分散,使液压系统集中性差;二是一套系统中的元件布置比较分散,伺服阀和油缸之间的管路较长,给控制带来一定的困难。

(4) 可靠性要求高。风洞是一庞大的压力容器,风洞运行安全第一。因此液压系统设计中,要考虑各种可能的突发现象,使系统具有应变能力。通常风洞的液压系统均有远程控制、现场控制和手动控制。有的系统还应配备蓄能器,在突然停电时也能使阀门关闭或开启,保障风洞安全。

本章主要介绍风洞液压控制系统方面的知识,并列举一些常用的风洞液压系统实例,以满足风洞液压控制系统设计、维护人员的需要。

9.2 风洞液压拖动系统

风洞液压拖动系统主要用于驱动风洞中一些装置或机构进行简单的运动,一般是全开全闭到位即止,不需要进行位置或速度的精确控制。风洞中常用的液压拖动系统有机构解锁液压系统、地板升降机构液压系统、部段拉紧机构液压系统、防振顶紧装置液压系统、部段轴向移动液压系统、模型车移动液压系统、模型投放液压系统、工作门启闭液压系统和快速阀门启闭液压系统等。本节介绍几个典型的风洞液压拖动系统。

9.2.1　机构解锁液压系统

某风洞通用支撑机构 X 方向框架配置有 2 套锁紧装置,每套锁紧由 1 根锁紧杆和 1 个锁紧螺母构成。该锁紧装置可使 X 方向框架在风洞轴向一定运动范围内的任意位置被锁紧和释放锁紧力。锁紧器装置的锁定和解锁动作由液压锁紧控制阀组控制。

机构解锁液压系统原理如图 9 – 1 所示。机构解锁液压系统工作时间较短,油源采用普通的定量泵 – 电磁溢流阀的供油方式,通过手动调节电磁溢流阀实现油源压力控制。电磁溢流阀断电状态下,系统卸荷,启动油泵,油泵运行平稳后,电磁溢流阀通电,系统加压。锁紧器需要解锁时,电磁球阀得电,高压油接入锁紧器,克服弹簧力推开锁定活塞,夹紧套筒与杆脱开;锁紧器需要锁定时,电磁球阀失电,解锁压力释放,弹簧力推动锁定活塞使夹紧套筒与杆紧密接触。

9.2.2　部段拉紧机构液压系统

某风洞固定收缩段拉紧机构位于固定收缩段后段出口位置,共 6 套,分别布置在左上、左中、左下、右上、右中和右下 6 个位置,用于连接固定收缩段与可移动收缩段。每套拉紧机构由 1 支拉紧油缸、1 支置位油缸和 1 套支座等组成。其中拉紧油缸为部段间拉紧提供拉力;置位油缸用于调整拉紧油缸角度,实现拉紧油缸置入或脱出可移动收缩段上的挂钩。

部段拉紧机构液压系统原理如图 9 – 2 所示。液压系统油源供油方式同机构解锁液压系统。油缸均只有伸、缩两种状态,无须位置调节,采用液压换向控制阀组驱动油缸。液压换向控制阀组共两组,一组控制拉紧液压缸,另一组用于控制置位液压缸。液压换向控制阀组用于液压缸方向控制和速度调节,并实现换向阀断电后系统锁紧功能。液压换向控制阀组由三位四通电磁换向阀、可调单向节流阀和液控单向阀组成。三位四通电磁换向阀采用板式阀,Y 型中位机能。可调单向节流阀和液控单向阀采用叠加阀。

9.2.3　快速阀启闭液压系统

某风洞主气路快速阀通径为 DN2400mm,启闭时间 3 ~ 15s(可调)。主气路快速阀驱动油缸主要参数:缸径为 280mm,杆径为 200mm,行程为 1080mm。由于快速阀启闭时间短,流量需求大,采用大口径插装阀实现换向控制。快速阀启闭液压系统原理如图 9 – 3 所示。

快速阀启闭液压系统油源采用恒压变量油泵—双比例溢流阀供油方式。油源通过两台电机分别带动两台恒压变量油泵工作,两只比例溢流阀分别调节油泵斜盘控制压力和系统主路压力,比例溢流阀可以实现远程控制。油源配置蓄

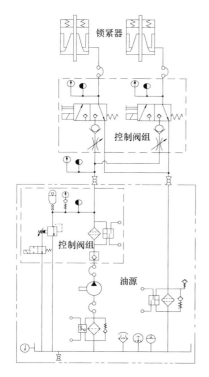

图 9-1　机构解锁液压系统原理图

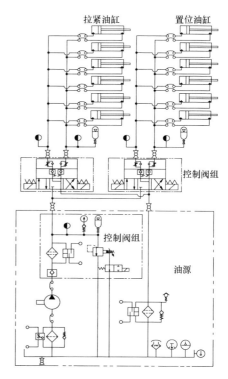

图 9-2　拉紧机构液压系统原理图

能器组,油缸不运动时,油源给蓄能器加压,高压油充满蓄能器;当油缸需要运动时,蓄能器蓄积的高压油快速流出,和油泵提供的高压油一起,满足油缸快速运动的需要。主气路快速阀油缸用于快速阀的快速启闭,只有全开、全关两种状态,油缸运动速度快,配置大口径插装阀和先导电磁换向阀进行油缸的换向控制,油缸运行速度由插装阀组件上的行程调节器调节。先导电磁换向阀得电,主气路快速阀打开;先导电磁换向阀失电,主气路快速阀关闭。如果工作时突然断电,主气路快速阀依靠蓄能器油压自动关闭;如果工作时液压管路破裂或其他原因而失压,主气路快速阀依靠弹簧自动关闭。

9.2.4　地板升降机构液压系统

　　某风洞试验段常规地板提升机构包括提升装置和插销装置。提升装置由 4 只油缸驱动,插销装置由 4 只油缸驱动。提升机构主要用途是在实壁地板及多功能转盘地板移动到轴向指定位置后,将其顶升至与试验段其他下壁平齐位置并锁紧。

　　地板升降机构液压系统原理如图 9-4 所示。液压系统油源供油方式同机构解锁液压系统类似,由于系统要求提升油缸到位后能够固定锁死,采用了两套

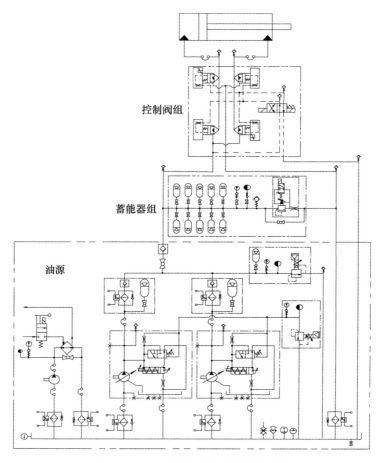

图 9 - 3 快速阀启闭液压系统原理图

定量泵—电磁溢流阀组合供油,分别为油缸提升、插销装置的油缸伸缩和提升装置的油缸解锁供油。该系统综合了部段拉紧机构液压系统和机构解锁液压系统,油缸伸缩控制方式同部段拉紧机构液压系统,油缸解锁控制方式同机构解锁液压系统。

9.2.5 部段轴向移动液压系统

某风洞配置一套活动内筒,支撑于两侧直线导轨上,该活动内筒沿风洞轴线能够前后移动 5000mm,试验时平直段承受气动载荷约 85t。考虑到移动距离较长、载荷较大以及振动情况等因素,活动内筒轴向移动机构采用两支液压缸驱动,最大速度为 50mm/s,速度可调节。为消除侧向力,选择两根油缸镜像分布于平直段两侧,位于风洞中心线高度。油缸既提供推动力,也承受试验时整个部段的轴向载荷。轴向移动机构采用工程油缸驱动,通过比例换向阀实现油缸缓冲、速度调节和粗定位功能。部段轴向移动液压系统原理如图9-5所示。

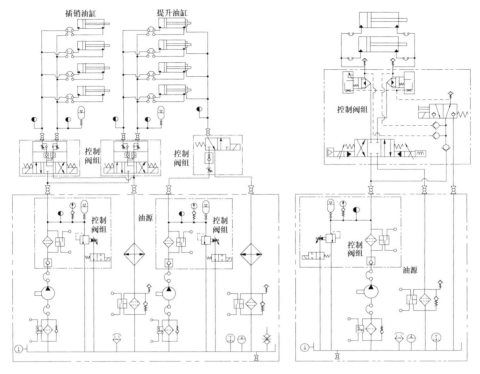

图9-4 地板升降机构液压系统原理图　　图9-5 部段轴向移动液压系统原理图

9.3 风洞电液伺服系统

电液伺服系统综合了电气和液压两方面的优点,具有刚度大、控制精度高、响应速度快、信号处理灵活、输出功率大、结构紧凑及重量轻等优点,在负载大又要求响应速度快的场合使用最为合适,其应用已遍及军事工业和国民经济的各个技术领域。

电液伺服系统根据被控物理量不同,可分为位置伺服系统、速度伺服系统和力(力矩)伺服系统。风洞中使用最普遍的是阀控缸位置伺服系统,如调压阀电液伺服系统,模型支撑机构电液伺服系统,柔壁执行机构电液伺服系统,二喉道执行机构电液伺服系统等。本节首先介绍电液伺服系统的核心元件——电调制液压控制阀,然后对风洞常用的阀控非对称缸系统进行分析,最后列举几个典型的风洞电液伺服系统。

9.3.1 电调制液压控制阀

GB/T 15623《液压传动电调制液压控制阀》中规定,电调制液压控制阀是一种接收电的控制信号并从动力源获得液压动力,然后根据输入电信号的大小和极性,控制流向负载的流体流动方向和流量的元件。本小节将要介绍的传统伺服阀、伺服比例阀和数字伺服比例阀均属此类。

1. 伺服阀

在传统的电液控制系统里,核心元件是伺服阀。最常用的伺服阀是以喷嘴挡板阀为前置级的两级或三级阀。图9-6展示了双喷嘴挡板力反馈式伺服阀的工作过程。当力矩线圈组件输入控制电流时,由于控制磁通和极化磁通的相互作用,在衔铁上产生一个力矩,该力矩使衔铁组件绕弹簧管旋转中心旋转,从而使挡板运动,导致一边的喷嘴挡板间可变节流口面积减少,使液流分流到与该喷嘴腔相通的阀芯端部(图9-6(a)),阀芯开始移动,同时打开滑阀进油节流边和回油节流边,使一侧控制腔与供油腔 Ps 相通,另一侧控制腔与回油腔 T 相通。阀芯移动的同时推动反馈杆端部的小球,产生反馈力矩作用在衔铁挡板组件上。当反馈力矩等于电磁力矩时,衔铁挡板组件被逐渐移回到对中的位置(近似对中的位置,图9-6(b))。于是阀芯停留在某一位置,在该位置上反馈杆的力矩等于控制电流产生的力矩。由于力矩马达产生的力矩与输给阀的控制电流基本上成正比关系,反馈力矩与阀芯位移成正比关系,这样在诸力矩平衡时,阀芯位移与控制电流成比例关系。当供油压力及负载压力(或压差)为一定值时,输出的负载流量与输入电流之间成比例关系。

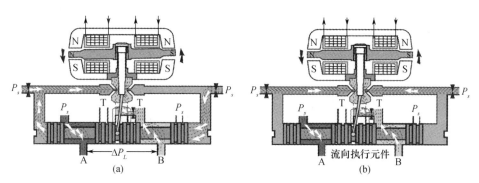

图9-6 永磁力矩马达双喷嘴挡板力反馈式伺服阀

(a)阀调节过程;(b)阀平衡状态。

2. 伺服比例阀

随着用户对设备自动化要求越来越高,以及电子、计算机技术的普遍应用,伺服阀严格的介质清洁度要求、可维修性和稳定性差等不利因素越来越突出,其至成为电液控制技术推广的障碍。这种情况下,由比例阀发展而来的伺服比例阀应运而生。伺服比例阀又称比例伺服阀、高频响比例阀、闭环比例阀,具有和比例阀相同的结构,但性能方面达到了伺服阀各项指标。

在结构上,伺服比例阀具有如下特点:利用大电流(1～2.7A)的比例电磁铁作为电—机械转换器,提高了推力重量比,因此提高了阀芯的固有频率;采用差动变压器检测阀芯位置,将位置信号反馈到比例放大器,与比例电磁铁形成一个闭环位置电控系统,大大提高了比例电磁铁的动静态特性;采用伺服阀的阀芯阀套,阀口零遮盖;设置安全的第四工作位,解决了零漂问题,还可实现断电时的安全保护,如图9-7所示。

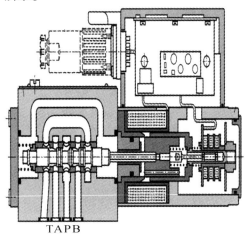

图9-7 直动式单级伺服比例阀

伺服比例阀具有如下性能特点:

(1)静态精度高,滞环、重复精度可达到0.1%～0.2%(伺服阀一般3%)。

(2)具有极小的死区,动态响应好,频宽可达40～80Hz,在绝大多数的工况下可以替代伺服阀应用于闭环控制系统中。

(3)与伺服阀的先导控制级(力矩马达)弱信号控制不同,伺服比例阀的先导控制级比例电磁铁为强信号控制,功率大,工作可靠性和抗污染能力比普通伺服阀高。

(4)一级阀口压降与伺服阀一样,为供油压力的1/3,如有二级,则二级阀口压降保留比例阀水平。

(5)连接尺寸符合ISO液压阀连接尺寸,为工业液压系统推广应用提供了便利的条件。

与普通伺服阀一样,伺服比例阀的特性也分为稳态特性和动态特性。稳态特性可根据空载流量特性、负载流量特性、压力特性和静耗特性等曲线和相应参数加以评判。动态特性分为时间域的阶跃响应和频率域的频率响应。

3. 数字伺服比例阀

采用传统伺服阀和伺服比例阀构成闭环控制系统时,运动控制功能由外部控制器实现,如带运动控制功能的 PLC 或专门的运动控制器。普通伺服阀或伺服比例阀所接受的来自外部控制器的模拟控制信号容易受到外界干扰,同时相比于伺服电机驱动,普通伺服阀或伺服比例阀的自我诊断功能较弱,不能实现远程通信、参数设定和分布式控制等功能。

随着数字电子技术的不断发展,同时也为了更好地同电力驱动系统竞争,MOOG、Rexroth、VICKERS 等国外液压技术公司相继推出数字伺服比例阀。通过将微型控制器和放大器全部集成在阀上,数字伺服比例阀除了动态和静态性能的提升外,已经从简单的液压元件变成了智能的总线控制设备。类似于电机的伺服驱动器,数字伺服比例阀利用数字总线和上位控制机通信,具备自我诊断、远程访问和控制、参数整定与可编程等特性,集成了轴运动控制功能,可实现速度控制、位置控制、压力(力)以及位置和力的切换控制。如图 9 - 8 所示,伺服油缸的位移信号和两腔压力信号在现场可直接接入数字伺服比例阀构成闭环伺服控制系统,上位控制 PLC 通过实时总线与数字伺服比例阀通信,设定控制模式(位置控制、力控制或交切换控制),发送控制命令,反馈轴状态信息。

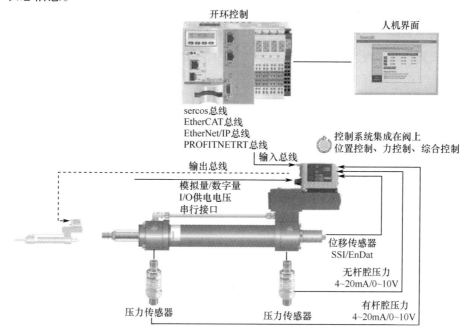

图 9 - 8   数字伺服比例阀控制系统框图

4. 控制阀选择原则

风洞液压伺服系统的负载往往是大惯量,系统频宽普遍不高,但要求控制阀能够稳定可靠工作、抗油液污染,因此适合采用伺服比例阀作为核心控制元件。伺服比例阀应优选集成电气放大装置形式,以简化控制接口。针对液压轴数较少的应用,如调节阀和弯刀迎角机构液压伺服系统,伺服比例阀推荐选择常规模拟量接口形式,由外置单独配置的运动控制器实现集中闭环控制。对液压轴数较多的应用,如柔壁喷管执行机构液压伺服系统,推荐选择集成轴控制器的数字式伺服比例阀实现分布式控制,以简化调试和施工难度。

9.3.2 阀控非对称缸系统分析

非对称液压缸也称单出杆缸,具有工作空间小、结构简单和成本低廉等优点,因而在风洞液压控制系统中得到了很好的应用,如多自由度模型支撑机构、多驱动(半)柔壁喷管等。

通常非对称缸是用传统的对称伺服阀控制的,由于非对称液压缸两腔的有效作用面积不等,使流经液压缸两腔的流量不相等,而对称伺服阀的4个控制边是相同的,这就使得伺服阀两对节流窗口的阀压降不同,造成活塞杆伸出、缩回两个方向运动时的流量增益不等,因而使系统的静、动态特性出现较大差异,产生严重的非线性。更严重的问题是当活塞杆运动方向改变时,液压缸两腔的压力同时发生突变。当负载变化范围较大时,这种压力突变极易引起液压缸腔室的气蚀或超压。为此国外曾采用在液压缸两腔设置防气蚀单向阀和安全阀组,在伺服阀与有杆腔之间的管路上设置单向节流阀等加以补救,但效果并不理想。如果将传统的对称阀改造为非对称阀使用,即将与无杆腔相连的伺服阀节流窗口维持不变,而将与有杆腔相连的节流窗口的面积梯度恰当地加以减小,形成一种非对称阀控非对称缸系统。通过理论分析和实践,这种非对称缸的非对称阀控制方式可以从根本上改善系统性能。

1. 阀控非对称缸压力特性分析

阀控非对称缸系统的结构简图如图9-9所示,在此假设:①回油压力为零,即 $p_0 = 0Pa$;②忽略液压缸的漏损。图中采用的是零开口四通滑阀。设阀进出液压油的节流窗口面积梯度之比为 $w_2/w_1 = m(0 < m \leqslant 1)$,且有 $w_2 = w_3$,$w_1 = w_4$;非对称液压缸两腔面积之比为 $A_2/A_1 = n(0 < n < 1)$。其中,w_1、w_4 为滑阀与液压缸无杆腔相连的节流窗口1、4的面积梯度;w_2、w_3 为滑阀与液压缸有杆腔相连的节流窗口2、3的面积梯度。

图中:

q_{V1}——流入液压缸无杆腔的流量;

q_{V2}——液压缸有杆腔流出的流量;

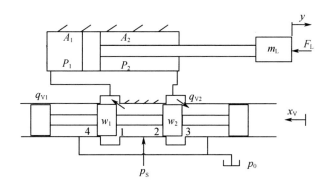

图 9 – 9 阀控非对称缸系统结构简图

p_s——油源压力；

p_0——回油压力；

A_1——液压缸无杆腔的有效作用面积；

A_2——液压缸有杆腔的有效作用面积；

p_1——液压缸无杆腔压力；

p_2——液压缸有杆腔压力；

F_L——折算到活塞杆的等效外负载力；

y——活塞位移；

m_L——负载惯性折算到活塞处的等效质量；

x_V——阀芯位移。

当活塞杆伸出（即阀芯位移 $x_V > 0$）时，阀进出油口的节流方程分别为

$$q_{V1} = C_d w_1 x_V \sqrt{\frac{2}{\rho}(p_s - p_1)} \tag{9.1}$$

$$q_{V2} = C_d w_2 x_V \sqrt{\frac{2}{\rho}p_2} \tag{9.2}$$

式中 C_d——阀的流量系数；

  ρ——油液密度。

由负载速度（即活塞杆速度）$v = q_{V1}/A_1 = q_{V2}/A_2$，可得

$$p_s = p_1 + \frac{m^2}{n^2}p_2 \tag{9.3}$$

由 $p_1 A_1 - p_2 A_2 = F_L$ 和 $A_2/A_1 = n$，得 $(p_1 - np_2)A_1 = F_L$，于是有

$$p_1 = \frac{n^3 p_s + m^2 F_L/A_1}{n^3 + m^2} \tag{9.4}$$

$$p_2 = \frac{n^2 p_s - n^2 F_L / A_1}{n^3 + m^2} \qquad (9.5)$$

同理,当活塞杆缩回(即阀芯位移 $x_V < 0$)时有

$$q'_{V1} = C_d w_1 x_V \sqrt{\frac{2}{\rho} p'_1} \qquad (9.6)$$

$$q'_{V2} = C_d w_2 x_V \sqrt{\frac{2}{\rho}(p_s - p'_2)} \qquad (9.7)$$

$$p'_1 = \frac{n m^2 p_s + m^2 F_L / A_1}{n^3 + m^2} \qquad (9.8)$$

$$p'_2 = \frac{m^2 p_s - n^2 F_L / A_1}{n^3 + m^2} \qquad (9.9)$$

负载 F_L 为压向载荷时(活塞杆受压)取正值,反之活塞杆受拉力时取负值。因此当活塞杆运动方向改变时,两腔的压力变化为

$$\begin{cases} \Delta p_1 = p_1 - p'_1 = \dfrac{n(n^2 - m^2)p_s}{n^3 + m^2} \\[3mm] \Delta p_2 = p_2 - p'_2 = \dfrac{(n^2 - m^2)p_s}{n^3 + m^2} \end{cases} \qquad (9.10)$$

1)对称阀控非对称缸系统压力特性

当采用对称阀时,$w_1 = w_2 = w_3 = w_4$,即 $m = 1$,则有

$$\begin{cases} \Delta p_1 = p_1 - p'_1 = \dfrac{n(n^2 - 1)p_s}{1 + n^3} \\[3mm] \Delta p_2 = p_2 - p'_2 = \dfrac{(n^2 - 1)p_s}{1 + n^3} \end{cases} \qquad (9.11)$$

表明活塞杆运动方向改变时液压缸两腔压力存在压力突变,其大小与负载无关,仅与供油压力和面积比 n 有关。

当负载大范围变化时,油缸一腔的压力有可能超出能源压力,另一腔的压力有可能会降到零而发生危害极大的气蚀现象。特别是当活塞杆受较大的拉力时,即出现较大负负荷时,液压缸的无杆腔发生气蚀现象是不可避免的。反之,当活塞杆受很大的压向载荷时,有杆腔可能会出现负压,而无杆腔可能会出现超压现象。可见,对称阀控非对称缸系统的负载变化范围受到了限制,特别是承受拉向负载的能力较差。

2)非对称阀控非对称缸系统压力特性

当非对称阀的节流窗口面积梯度之比与非对称缸两腔面积之比相等,即

$m = n$ 时,有

$$
\begin{cases}
p_1 = p_1' = \dfrac{np_s + F_L/A_1}{1 + n} \\[3mm]
p_2 = p_2' = \dfrac{p_s - F_L/A_1}{1 + n}
\end{cases}
\tag{9.12}
$$

此时,$\Delta p_1 = \Delta p_2 = 0$。可见,这种非对称阀的两对节流窗口分别与非对称缸的两腔面积完全匹配的伺服系统,液压缸两腔的压力不再受运动方向的影响,其值仅为负载的单值函数,在换向时的压力突变完全消失了。而且气蚀和压力超限现象减小,系统能承受的负载变化范围变大。

在实际工程中,厂家生产的非对称伺服阀的两对阀口面积梯度之比规格有限,而非对称液压缸标准系列的面积比规格较多,因而用户在为非对称缸选配非对称阀时就会出现阀与缸不完全匹配的情况。此时,采用非对称阀控非对称缸能够减小运动方向改变时液压缸两腔的压力突变现象,而且对系统的承载能力有所提高,可在一定程度上减少系统出现气蚀和液压缸两腔压力超过油源压力的现象。

2. 阀控非对称缸输出特性分析

1)有效负载范围

为了避免液压油产生气蚀现象和压力失控,通常液压缸的工作压力在供油压力范围内,即满足压力界限 $0 < p_1 < p_s$、$0 < p_2 < p_s$ 的限制。由此求得对称阀控非对称缸系统能承受的有效负载范围为 $[-n^3 p_s A_1, (1 + n^3 - n)p_s A_1]$。

非对称阀控非对称缸系统能承受的有效负载范围:

当 $m = n$ 时,为 $[-np_s A_1, p_s A_1]$;

当 $m > n$ 时,为 $\left[-\dfrac{n^3}{m^2}p_s A_1, \left[1 - \left(1 - \dfrac{n^2}{m^2}\right)n\right]p_s A_1\right]$;

当 $m < n$ 时,为 $\left[\left(1 - \dfrac{m^2}{n^2} - n\right)p_s A_1, \dfrac{m^2}{n^2}p_s A_1\right]$。

由此可见,完全匹配的非对称阀控非对称缸系统的承载能力最大,不完全匹配的非对称阀控非对称缸系统次之,对称阀控非对称缸系统承载能力最小。

2)动力机构负载匹配

当正反两个方向的阀芯位移相等时,液压缸活塞杆伸出和缩回的速度之比为

$$
\frac{v}{v'} = \sqrt{\frac{p_s - F_L/A_1}{np_s + F_L/A_1}}
\tag{9.13}
$$

当负载为零时,此速度之比为

$$\frac{v'}{v} = \sqrt{n} \qquad (9.14)$$

可见,对于正反两个运动方向,动力机构的速度增益是不相等的,这必然引起系统动态性能的不对称;速度之比与阀无关,仅与液压缸面积比有关。

令液压缸活塞杆伸出和缩回的速度之比等于1,可得

$$F_{L0} = \frac{1-n}{2} p_s A_1 \qquad (9.15)$$

即在正反方向阀芯位移相等的情况下,当负载小于时 F_{L0},液压缸伸出速度大于缩回速度;当负载大于 F_{L0} 时,液压缸缩回速度大于伸出速度;当负载等于 F_{L0} 时,液压缸伸出速度与缩回速度相等。

液压动力机构的输出力和速度是否满足负载力和速度的需要,即所谓动力机构是否匹配,要通过对负载轨迹与动力机构输出特性的比较来确定。对于阀控非对称缸系统,在 $F_L - v$ 平面上进行负载匹配时,应在确定了负载轨迹后,使负载轨迹的中心线接近于 $F_{L0} = (1-n) p_s A_1 / 2$,以此恰当地确定 p_s、A_1 和 A_2,并适当选择伺服阀规格使动力机构和负载达到最佳参数匹配关系,这样的系统设计更为合理。

9.3.3 调节阀电液伺服系统

某风洞主气路调压阀阀门形式为环状缝隙式调压阀,结构如图 9 - 10 所示,主气路调压阀通径为 DN2000mm,阀芯最大运动行程为 750mm,启闭时间不大于 2s。主气路调压阀采用伺服油缸驱动,通过伺服比例阀来实现伺服油缸的精确控制。正常运行时,主液控锁打开,主气路调压阀控制系统发出控制信号,集

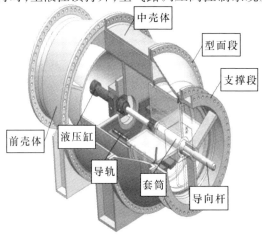

图 9 - 10 调节阀结构示意图

成伺服放大器的伺服比例阀控制油缸运动,实现主气路调压阀开度的快速调节和精确控制。应急情况下,风洞安全联锁系统接管主气路调压阀控制,关闭主液控锁,切断伺服比例阀和油缸间管路;打开辅液控锁,由液压换向控制阀组驱动油缸运动,使主气路调压阀以设定速度运行。调节阀电液伺服系统原理如图 9-11 所示。

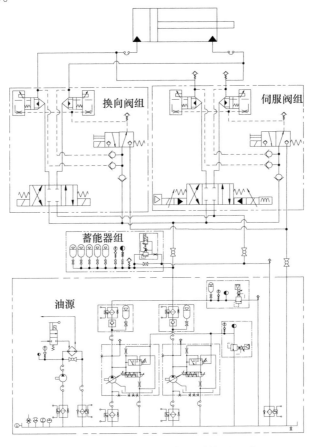

图 9-11 调节阀电液伺服系统原理图

9.3.4 迎角机构电液伺服系统

某风洞迎角机构采用并联的两根油缸,驱动迎角机构在圆弧导轨上运动,从而实现模型的俯仰,迎角机构示意图如图 9-12 所示。迎角机构的运行角度范围为 -20°~30°,控制精度为 ±0.02°;迎角机构连续变迎角速度为 3°/s,阶梯变迎角为 1~2°/s,最大回零速度 >10°/s。伺服油缸为单伸杆结构,对伺服油缸的控制要求有同步、手动、快速回零和锁紧功能。

迎角机构电液伺服系统原理如图 9-13 所示。为了满足回零时大流量(约

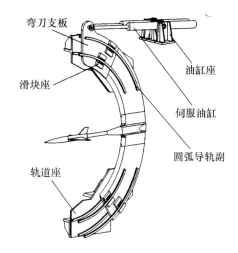

图 9 - 12　迎角机构示意图

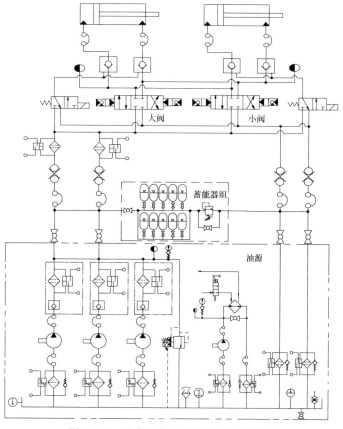

图 9 - 13　迎角机构电液伺服系统原理图

1200L/min)要求,同时又保证高的定位精度,采用流量特性不同的双伺服阀进行控制。小流量阀以满足3°/s连续变攻角试验的要求选择。大流量阀用于快速回零时与小流量阀共同工作,补充流量。控制阀采用力士乐的高频响阀,动、静态指标高,可以满足高精度位置控制的要求。两只控制阀的阀芯形式也完全不同。大阀的阀芯有15%的正遮盖,即使大阀受干扰或存在零偏,对小阀的精密控制都不会有影响。小阀使用非线性流量的阀芯,在小信号输入下,流量曲线梯度减小1倍,相当于提高了分辨率,有利于精细控制。机构进行正常角度调节时,大阀不工作,仅由小阀实现角度的连续调节和精确定位。机构处于紧急工况需要快速回零时,两只阀同时工作,当接近零位时,大阀阀芯因为处于正遮盖区输出流量为零,由小阀继续完成机构的减速定位,以减小对机械结构及天平等测试设备的冲击。

9.3.5 尾撑机构电液伺服系统

某风洞尾撑机构由变角度机构和Y向机构组成,为模型提供垂向、俯仰、偏航、滚转多个自由度的受控运动,结构如图9-14所示。变角度机构包括迎角机构和偏航角机构,迎角机构(α机构)通过油缸驱动迎角头绕转轴旋转来实现模型俯仰角的变化;偏航角机构由前拐臂(前β机构)、后拐臂(后β机构)和基座组成,通过安装在后拐臂和基座上的两对油缸协调动作来驱动前后拐臂绕各自的转轴旋转,以实现模型偏航角的变化,并保证模型旋转中心始终处于风洞轴线上。

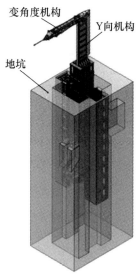

图9-14 某风洞尾撑机构结构示意图

α机构采用两支伺服油缸驱动迎角头、支杆及模型运动,运行范围为 −15°~90°,最高运行速度为1°/s,最高回零速度3°/s。α机构伺服油缸要求同步运行。由于试验时试验模型需位于风洞轴线上,因此β机构由前β机构和后β机构组成,利用两者组合运动使α机构轴线始终在风洞轴线上。前后β机构均沿风洞轴线对称布置,故每对油缸在运行时一支为推一支为拉。偏航角运动范围为 −40°~+40°,最高运行速度为1°/s,最高回零速度3°/s。前β油缸和后β油缸均要求协调运行。Y向机构采用两支伺服油缸驱动,重载滚柱导轨导向。共布设4根导轨,每根导轨上共4个滑块,两油缸平行布置,倒立安装,在油缸工作位置及变角度机构中心线与风洞洞体轴线共线时,可用锁紧销将整个机构锁死不让其下滑,锁紧销采用电动缸驱动,共4支。Y向机构行程为8m,若以变角度机构中心线与风洞轴线重合为零位,则Y向机构可向上运行1.4m,向下运行6.6m。Y向机构最高运动速度按照补偿迎角运动最高速度进行计算。Y向机构伺服油缸要求同步运行。

尾撑机构油缸通过伺服比例阀来实现速度和位移的控制,并配有液压锁紧装置,防止伺服比例阀失灵时造成油缸的意外运动。在油缸运动前,必须给锁紧电磁阀供电,打开液压锁;紧急情况需停止油缸运动或试验完成后,应断开锁紧电磁阀的供电,液压锁封闭油缸两端,保持油缸的位置。为了防止液压锁紧回路锁紧时单向阀意外开启,要确保锁紧回路没有背压,其泄油管路单独直接回油箱。尾撑机构液压伺服系统原理如图9−15所示。

9.3.6 双级油缸电液伺服系统

某风洞四自由度机构主要由迎角机构(α机构)、侧滑角机构(β机构)、Y向机构、X向机构、立柱及波纹管组成。四自由度机构采用串联布局,最里层为迎角机构,向外依次为侧滑角机构、Y向机构、X向机构。机构的4个自由度运动均采用伺服油缸进行直接驱动,其中迎角机构和侧滑角机构采用精密滚珠圆弧导轨导向、X向机构和Y向机构采用精密直线导轨导向。

迎角机构主要由半迎角支板、导轨座、圆弧导轨副、两级伺服油缸、油缸座、连接板组成。迎角机构运动范围为 −10°~40°,10°~60°(预偏20°),迎角控制精度为 ±0.02°,迎角运动速度为0.5°/s~3°/s,迎角回零速度不小于5°/s。由于空间尺寸限制,迎角机构驱动采用两级伺服油缸进行驱动。

侧滑角机构主要由圆弧导轨副、驱动油缸、支架组成。侧滑角机构运动范围为 −20°~20°,控制精度为 ±0.02°,运动速度为1°/s~3°/s,侧滑角回零速度不小于5°/s。由于尺寸限制,驱动油缸也采用两级伺服油缸。

Y向机构主要由左右导轨座、直线导轨副、伺服油缸(两支)、油缸座、连接

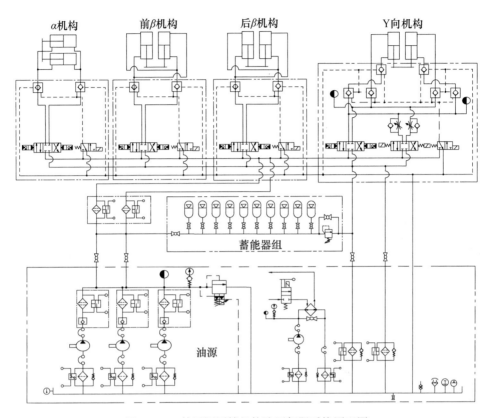

图 9 – 15 某风洞尾撑机构液压伺服系统原理图

板、连接梁组成。Y 向机构在拆除中部支架后,可全部沉入试验舱平台下面,投放距离不小于 – 1500 ~ 0mm,最大运动速度为 200 ~ 300mm/s,控制精度为 ±0.5mm。由于尺寸限制,驱动油缸也采用两级伺服油缸。

X 向机构主要由左右导轨座、直线导轨副、伺服油缸(两支)、油缸座、连接板、连接梁组成。X 向运动范围为 – 300 ~ 1700mm,最大运动速度为 200 ~ 300mm/s,控制精度为 ±0.5mm。驱动油缸采用单级伺服油缸。

机构的 4 个自由度运动均采用伺服油缸进行直接驱动,通过电液伺服系统来实现伺服油缸的精确控制。机构运行时,液控锁打开,四自由度机构控制系统发出控制信号,通过伺服比例阀实现机构的快速调节和精确控制。一支单级油缸配置一套液压伺服控制模块,一支双级油缸配置二套液压伺服控制模块。迎角机构和侧滑角机构有 5°/s 的快速回零要求,在紧急情况下,风洞安全联锁系统接管四自由度机构控制,关闭液控锁,通过液压换向阀组控制油缸快速运动。某风洞四自由度机构电液伺服系统原理图如图 9 – 16 所示。

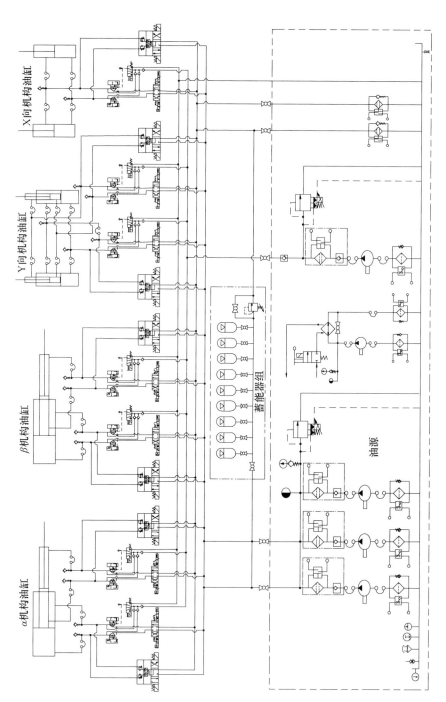

图9-16 某风洞四自由度机构电液伺服系统原理图

9.3.7 柔壁执行机构电液伺服系统

某风洞喷管段采用伺服油缸驱动上、下壁板,实现壁板型面连续调节。壁板精确到位后,通过伺服油缸位置闭环保持当前位置并抵抗变化的外负载。伺服油缸在壁板成型时需同步协调动作,检修时能够单独动作。喷管段上、下壁板对称布置,由可调收缩段、喉道固块段和柔板段三部分组成。单块壁板沿风洞轴线方向布置 11 组支撑点,其中可调收缩段布置 2 组支撑点,喉道固块段布置 2 组支撑点,柔板段布置 7 组支撑点。每组支撑点均沿横向布置 2 支伺服油缸,组成一组同步推杆。2 支伺服油缸控制上需严格同步,以保证试验段流场的均匀性。单块壁板有 22 支伺服油缸,上、下壁板共有 44 支伺服油缸。上壁板驱动油缸布置如图 9 – 17 所示。

喷管段上、下壁板共有 22 套液压伺服控制阀组,每套伺服控制阀组控制同一组支撑点 2 支油缸。每套阀组配置 1 只小容量的蓄能器,快速补偿负载变化引起的阀前进口压力波动,保证阀控缸位置闭环系统的动态品质和稳态精度。

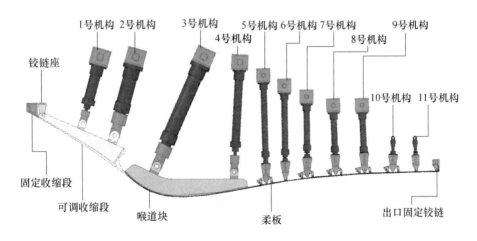

图 9 – 17　上壁板驱动油缸布置图

考虑安装的便捷性,同一组支撑点两支油缸共用供油、回油、泄油和控制油管路。每只油缸配置 1 个伺服控制模块,每个模块包括 1 只集成轴运动控制功能的伺服比例阀、1 只两位四通零泄漏锁紧阀和若干排气测压接头。伺服比例阀集成数字轴控制器,可以实现单支伺服油缸的分布式位置闭环控制。油缸与伺服比例阀之间布置叠加式两位四通零泄漏锁紧阀,锁紧阀上面集成螺纹插装电磁球阀。电磁球阀通电时,伺服比例阀和油缸之间油路接通,电磁铁断电时油路截止。喷管段上、下壁板电液伺服系统原理图如图 9 – 18 所示。

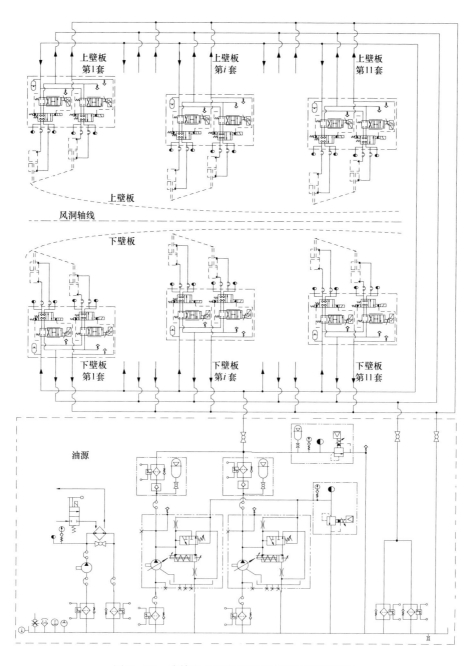

上壁板
第1套

上壁板
第i套

上壁板
第11套

上壁板

风洞轴线

下壁板

下壁板
第1套

下壁板
第i套

下壁板
第11套

油源

图 9-18　喷管段上下壁板电液伺服系统原理图

9.4　风洞液压系统设计及仿真

风洞液压系统设计主要包括初步设计和施工设计两个阶段。初步设计阶段主要工作有：根据风洞运动机构对液压系统的要求，确定系统方案，拟定液压系统原理图；根据运动机构技术参数，完成液压系统主要元器件选型计算；若有必要，进行液压系统仿真分析，为后期的系统调试提供理论支撑；形成风洞液压系统初步设计文件（初步设计报告和原理图册）。施工设计阶段主要工作有细化液压系统方案、开展系统工艺布局设计、形成液压系统施工设计文件（施工设计报告和施工图册）。

9.4.1　液压系统设计

在风洞液压系统设计时，应明确以下问题，作为设计的主要依据。

（1）风洞的总体布局和液控部件的数量、空间位置、重要性等要求；负载的性质、液压系统和电气控制系统的相互关系；风洞运动部件的运动方式（往复直线运动或旋转运动）和各运动部件之间的运动关系，必要时画出动作循环图，以便清晰了解。

（2）风洞运动机构对液压系统的要求，如调速范围、运动的平稳性、位置控制精度、自动化程度等。

（3）风洞运动机构的工作环境和条件，如工作环境的温度和清洁程度等。

液压系统设计，首先要确定液压系统方案：

（1）执行机构的确定。根据风洞运动机构的运动方式来确定执行元件类型。一般来说，往复直线运动采用油缸，回转运动采用液压马达，摆动运动选用摆动油缸。由于在风洞设计中，执行机构由结构设计人员确定，因此液压设计时应及时协调，确保执行机构合理。

（2）确定主要液压回路。液压回路主要根据风洞执行机构的运动方式、位置精度或控制精度、调速方式等要求来确定。深入了解风洞运动机构，是设计液压回路的基础。通常，风洞运动机构的基本要求是换向，锁紧，快速关或快速开，位置控制，蓄能器辅助供油，具有卸荷作用的调压等。根据要求选择液压系统的基本回路，对于控制精度要求很高的运行机构，一般采用电液伺服系统。

（3）油源的确定。对于风洞液压系统来说，往往不是一座风洞只有一套。设计油源时，必须考虑用多油源还是单油源。油源的设置应考虑风洞的总体布局、噪声、维修、系统间的干扰等。此外，还要考虑油源系统的冷却回路、加热回路和卸荷回路。

根据以上考虑，拟定液压系统原理图。还应注意以下几点：

（1）在保证系统性能、指标的前提下，系统组成力求简单，尽可能选择标准元件。

（2）对风洞调压阀、运动机构等关键部件的液压控制系统，应充分、全面地考虑安全。

（3）应采取必要的措施，提高效率。减小液压冲击，提高并保持油液清洁度，方便进行系统参数检测等。

9.4.2 计算机辅助设计

在液压系统设计中，设计人员可以利用 CAD 技术进行三维建模、系统装配及工程图绘制，既可以缩短设计周期、也提高了设计质量。液压系统设计常用的二维绘图软件有 AutoCAD，三维建模软件有 SolidWorks、NX、Pro/Engineer 等。

1. 三维建模

通过建立系统中各零部件的三维模型，不仅可以得到直观形象的视觉效果，而且可以方便快速地将需要的零部件转换为二维工程图。因此，三维建模可以减小零部件设计过程中的出错率，缩短设计周期。在风洞液压系统中，三维建模在集成块的设计过程中发挥着重要的作用。

风洞液压系统往往需要将多个阀组和元件集成在一个集成块上，而且安装空间有限，因此集成块内流道较多、结构复杂、布局紧密。传统设计方法不但费时，而且容易出错。采用三维建模方法进行集成块设计，可以得到形象直观的集成块三维模型，便于直接观察集成块内各流道通断情况；计算和校验各流道间的壁厚，防止击穿现象；实现紧密布局，减小集成块的体积和重量。

2. 系统装配

系统装配是工程设计过程中必不可少的一个环节，传统的设计方法主要依靠人为想象来完成系统装配草图的绘制，由于人为想象很难准确描述零部件的大小及各零部件之间的相对位置，因此设计结果很容易出现干涉和定位不准等现象，使得实际安装时部分零部件无法安装。通过三维建模软件建立零部件三维实体模型，并通过其装配功能对各分系统及整体系统进行模拟装配，可有效避免上述问题的发生。

风洞液压系统中的装配设计主要有油源系统装配、蓄能器系统装配、阀组和集成块系统装配。通过三维建模及系统模拟安装，能够实现液压系统各零部件的准确定位，避免元件之间以及各机构之间相互干涉，合理布置各个元件在分系统中的位置及各分系统在整个风洞设备中的位置，灵活布置各分系统之间的连接管路。因此，通过三维建模软件模拟系统装配，可以建立与实际情况非常接近的系统装配模型，从而减小出错概率、缩短设计周期、提高设计质量、降低设计成本。

9.4.3 系统联合仿真

在风洞液压控制系统设计中,要涉及结构系统、液压系统和控制系统三方面的内容,为了验证整套系统能否满足功能要求和技术指标,经常应用到系统联合仿真技术。本节重点介绍在实际机械—液压—控制系统仿真应用中常用的仿真软件,并列举一个典型的系统联合仿真实例。

1. 常用仿真软件介绍

Motion 是机械系统运动学/动力学仿真分析软件,可以对机构进行全刚体分析和刚柔耦合分析,用于模拟机械系统的实际运动和载荷。用户通过软件交互界面输入描述机械系统的基本数据,建立复杂机械系统运动学和动力学程式化的数学模型,并利用内嵌的处理数学模型的计算方法和数值积分方法自动进行程式化处理,得到运动学规律和动力学响应。同时能实现有效的数据后处理,采用动画显示、图表或其他方式提供数据处理结果。软件可以帮助设计师评价复杂机械系统的真实性能,为结构分析、耐久性和振动噪声研究提供精确的载荷,同时还能在样机试验前分析和优化机械系统的真实性能。软件具有以下突出特点:系统级建模流程、深入精细的建模、稳定快速的求解及丰富的后处理功能、机电液联合仿真、专业的应用模块和子机构装配功能、集成性、结合测试数据进行更真实的仿真等。

AMESim 是系统工程高级建模和仿真平台(Advanced Modeling Environment for Simulations of engineering systems),由液压、机械、信号控制等一系列专业应用库组成,每个专业应用库又包含若干子模型元件,所有的子模型元件都经过工程验证,保证了模型的可靠性。众所周知,在仿真中最困难的是建立与真实系统对应的模型。即使采用通用仿真软件,如 Matlab/Simulink,无论是用图形化工具建模或编程语言建模,都要首先推导相应的数学模型。AMESim 的强大,就是建立了一批对应真实物理部件的仿真模型,如泵、伺服阀、油缸、管路、液压油等。用户只要如同组装真实的液压系统一样,把相应的部件图标从库里取出,设定参数,连接各个部件,就可以构造用户自己的液压系统,而不必关心具体部件背后的烦琐的数学模型。因为这些模型就算是对于最优秀的工程师来说,其推导也是相当麻烦的,因此 AMESim 液压系统仿真软件非常适合工程人员使用。

Matlab 是 Mathworks 公司开发的一种通用性计算仿真软件。Matlab 中 Simulink 组件是一个面向传递函数、方框图的动态仿真工具,是用于系统建模、仿真和分析的软件包,用于连续、离散以及两者混合的线性及非线性系统。Simulink 提供了基于 Windows 的图形化(使用方框图)编程工具。通过这个工具,用户可以直接利用方块图建立系统的计算模型,这种结构化模型就像用纸和笔来画一样容易,与传统的仿真软件包用微分方程和差分方程建模相比具有更直观、方便和灵活的优点。除此之外,Simulink 还提供了许多 Matlab 函数,供用户在 Matlab 环境下,直接使用仿真算法的各种命令,实现仿真过程计算。Simulink 不能独立运行,只能在 Matlab 环境中运行。

针对机械—液压—控制系统,Motion/AMESim/Matlab 联合仿真平台可以充分发挥各自的特长,分析机电液控制系统的耦合性能和能够达到的控制指标,对所设计的系统进行整体评估。Motion/AMESim/Matlab 集成和联合仿真是通过软件间的接口实现的,接口将控制系统的控制策略通过电液系统输出的液压能由液压缸施加给机械系统,同时将机械系统输出的位移和速度反馈给控制系统,实现了机械系统、液压系统和控制系统的耦合和集成。

2. 机电液控制系统仿真实例

本节利用 Motion/AMESim/Matlab 联合仿真平台对某风洞尾撑机构进行联合仿真。尾撑机构系统介绍见 9.3.5 节,该尾撑机构利用电液伺服阀控制液压缸驱动重达数十吨的活动部件,其功能的实现需要机械、液压和控制等各方面协调工作,是一个复杂的机电液控制系统。由于尾撑机构具有 3 个旋转和 1 个平移共 4 个自由度,要实现模型姿态角的精确定位,并保证模型中心在变化过程中仅沿风洞试验段中心轴线方向移动,需要完善的控制策略。

在 Motion 仿真平台下,建立尾撑机构的机械系统模型。首先,在内嵌的三维 CAD 模块中建立尾撑机构的零件实体模型;然后,在机构建模设计模块中将建立的零件转换为刚体构件,进行装配并添加相应的运动约束副和力;初始时,尾撑机构静止不动,模型的迎角 α 和侧滑角 β 均为 0°。完成的机械系统 Motion 模型如图 9 – 19 所示。

使用 AMESim 的液压、机械、信号控制库创建电液控制系统模型,如图 9 – 20 所示。模型包括液压、控制和接口三个部分,共同组成了电液伺服位置控制系统。

进行吹风试验时,模型姿态角有三种运动模式:侧滑角固定,改变迎角;迎角固定,改变侧滑角;迎角和侧滑角同时变化。三种模式中,单独变迎角或侧滑角时,迎角机构和侧滑角机构相互之间不涉及协调运动,控制较简单;迎角和侧滑角同时变化时,迎角机构和侧滑角机构相互影响,控制相对复杂。

考虑到 Y 向机构和后侧滑机构主要用以补偿模型中心的垂向和横向偏移,属于从动机构。因此,针对模型姿态角的三种变化模式,提出如图 9 – 21 所示的主从同步控制策略。

初始时刻,尾撑机构处于静止状态,迎角和侧滑角均为零,模型中心在试验段中心线垂直面上的投影坐标为(0mm,0mm)。侧滑角 β 固定,迎角 α 变化时,如 $\alpha = 80°, \beta = 0°$,给定迎角信号,利用 α 油缸直线位移传感器实时测得的位移值解算出模型中心的垂向偏移,进而驱动 Y 向机构运动加以补偿。同理,迎角 α

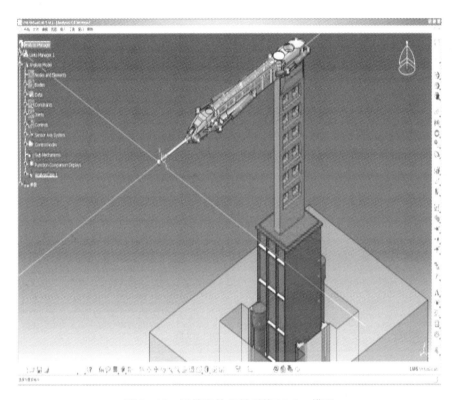

图 9 – 19　尾撑机构机械系统 Motion 模型

固定,侧滑角 β 变化时,如 $\alpha = 0°$,$\beta = 30°$,给定侧滑角信号,利用前侧滑油缸直线位移传感器实时测得的位移值解算出模型中心的横向偏移,进而驱动后侧滑机构运动加以补偿。迎角 α 和侧滑角 β 同时变化时,如 $\alpha = 80°$,$\beta = 30°$,Y 向机构和后侧滑机构同时动作,分别补偿模型中心的垂向和横向偏移。此时,迎角机构和侧滑角机构相互之间有影响,需协调考虑。针对三种不同工况,设置仿真时间 200s,进行机电液联合仿真分析。如图 9 – 22 所示给出了侧滑角 β 和迎角 α 同时变化时,模型姿态角变化曲线,对应模型中心偏离风洞试验段中心的距离如图 9 – 23 所示。

综合三种工作模式,从仿真结果可以看出,采用主从同步控制策略,尾撑机构定位 80s 后,模型迎角误差均小于 0.05°,侧滑角误差小于 0.01°,可以实现姿态角的精确定位,模型中心在变化过程中近似沿风洞试验段中心轴线方向移动,距离偏差小于 2cm,满足风洞试验的要求。结果还表明,Motion/AMESim 联合仿真平台能方便快捷地对机电液系统进行建模,预测系统性能,分析系统的耦合性能和能够达到的控制指标,对机电液系统的设计和分析具有十分重要的作用。

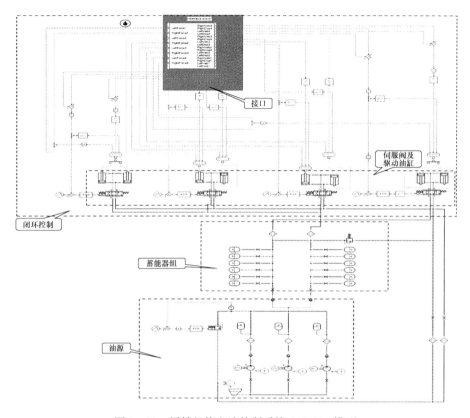

图 9 - 20 尾撑机构电液控制系统 AMESim 模型

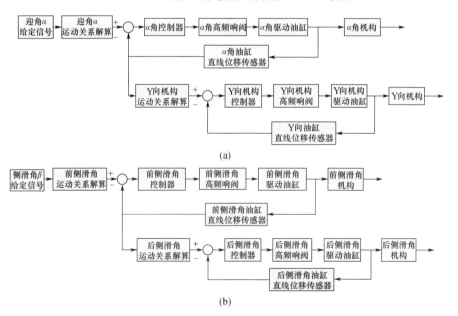

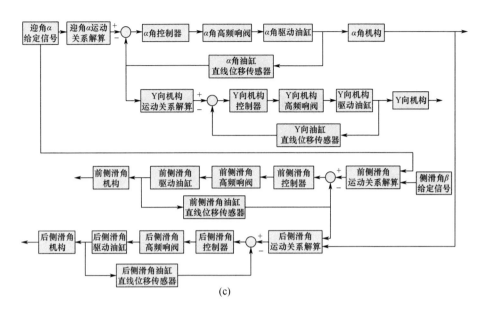

(c)

图 9 - 21 尾撑机构姿态角主从控制框图

(a)$\alpha \neq 0°$,$\beta = 0°$;(b)$\alpha = 0°$,$\beta \neq 0°$;(c)$\alpha \neq 0°$,$\beta \neq 0°$。

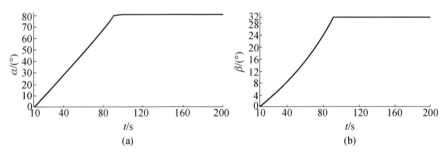

图 9 - 22 $\alpha = 80°$,$\beta = 30°$时,模型姿态角变化曲线

(a)迎角;(b)侧滑角。

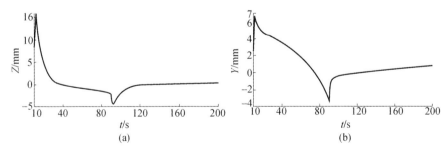

图 9 - 23 $\alpha = 80°$,$\beta = 30°$时,模型中心位置变化曲线

(a)试验段截面竖直方向;(b)试验段截面水平方向。

第 10 章　风洞多变量控制系统

10.1　概述

被控系统为多输入、多输出(MIMO)系统(至少是二输入、二输出的系统),且任意一个输入对其他输出产生影响(耦合)的被控系统称为多变量系统。随着风洞试验技术的发展,风洞试验能力和试验效率不断增强和提高,要求实现风洞流场参数(总压、马赫数和总温)精确控制。对于总压、马赫数(或风速)和总温控制系统之间相互关联,其任意一个参数的改变,将会对其他被控参数产生耦合影响,该类风洞的流场参数控制系统为多变量控制系统。

多变量控制系统一直是过程控制领域的热点与难点课题之一。本章介绍了几座典型的具有多变量特性的风洞参数控制系统,主要对控制对象建模、控制策略及控制系统设计等方面进行介绍。

10.2　流场参数被控系统具有 MIMO 特性的典型风洞

10.2.1　2.4m×2.4m 引射式跨声速风洞

2.4m×2.4m 引射式跨声速风洞流场参数运行控制范围:

稳定段总压 P_T 为 110~450kPa;

马赫数为 0.3~1.2。

风洞试验对流场的控制精度要求为:稳定段总压控制精度为 0.2%;试验段马赫数控制精度为 $\Delta Ma \leqslant 0.002$。该风洞可实现的吹风试验控制工况为以下几种:

(1) 定总压、定马赫数、定攻角。

(2) 定总压、定马赫数、变攻角(步进变或连续变)。

(3) 定总压、定攻角、变马赫数(步进变或连续变)。

图 10-1 为 2.4m×2.4m 引射式跨声速风洞示意图,沿气流方向对流场实施控制的子系统有:主引射器调压阀子系统、驻室流量阀子系统、驻室引射器调压阀子系统、栅指子系统及主排气阀子系统。

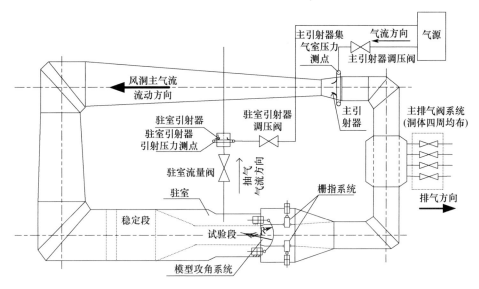

图 10 - 1　2.4m × 2.4m 引射式跨声速风洞示意图

主调压阀实现对主引射器集气室压力的控制,主排气阀由 4 个排气阀门沿风洞排气段四周均匀分布组成。从变量之间的关联度分析,主调压阀和主排气阀与稳定段总压关联度最强,可用于风洞稳定段总压的控制。栅指系统用于调节风洞二喉道流通面积来改变驻室静压;驻室抽气系统通过驻室抽气的方式改变驻室静压。二者均通过对静压的调节从而实现马赫数的控制。在风洞试验运行控制时,马赫数是通过稳定段总压和驻室静压由下式来计算:

$$Ma = \sqrt{5\left[\left(1 - \frac{P_\mathrm{S}}{P_\mathrm{T}}\right)^{\frac{2}{7}} - 1\right]} \qquad (10.1)$$

式中　P_r——稳定段总压;

　　　P_s——试验段静压(实际采用驻室静压)。

当 $Ma < 0.9$ 时,主要由栅指实现对马赫数的精确控制;当 $Ma > 0.9$ 时,主要由驻室抽气系统来实现对马赫数的精确控制;当马赫数在 0.9 附近(如 0.6 < $Ma < 1.1$)时,可采用栅指系统和驻室抽气系统相组合的方式来实现对马赫数的控制。

总压控制系统与马赫数控制系统之间存在耦合。当采用主排气阀控制总压(主引射器调压阀控制主引射器集气室压力稳定),栅指控制马赫数时(图 10 - 2),或仍采用主排气阀控制总压(主引射器调压阀控制主引射器集气室压力稳定),驻室流量阀控制马赫数时(图 10 - 3),对于总压和马赫数控制而言,风洞流场参数被控系统至少为二输入、二输出的多变量系统。

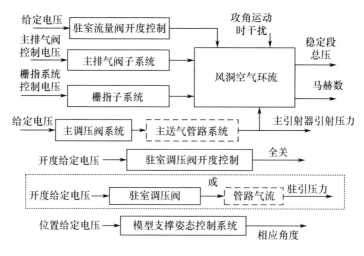

图 10 - 2　栅指控制马赫数主排控制总压框图

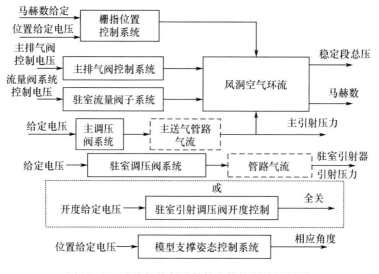

图 10 - 3　驻流阀控制马赫数主排控制总压框图

10.2.2　3m×2m 结冰风洞

结冰风洞是开展飞行器结冰机理和理论研究,研究不同气象条件对飞行器结冰冰型的影响,及不同冰型和冰积累过程对飞行器空气动力特性的影响,保障飞行器在结冰气象条件下飞行安全的重要试验研究设备。结冰风洞同时兼顾飞行器的高空低雷诺数试验,具备开展高空飞行器低雷诺数试验能力,满足高空飞行器在亚声速的翼型、半模和全模的气动试验需求。

3m×2m 结冰风洞系统组成示意图如图 10 - 4 所示。

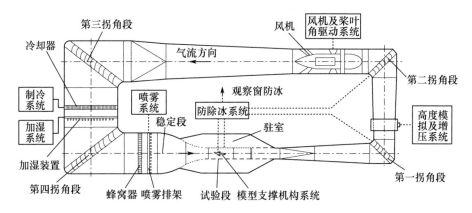

图 10 – 4　3m×2m 结冰风洞系统组成示意图

该风洞具有三种试验运行工况：

（1）结冰（防/除）试验运行工况。

（2）常温试验运行工况。

（3）高空低雷诺数试验运行工况。

风洞试验运行过程流场主要技术指标要求如下：

（1）风速控制精度：优于 0.3%。

（2）高度模拟控制精度：当地海拔至 7000m 高度时，控制精度优于 ±100Pa；7000 ~ 20000m 高度时，控制精度优于 ±50Pa。

（3）温度控制精度：优于 ±0.5℃。

（4）液态水含量：0.2 ~ 3g/m³。

（5）平均水滴直径：10 ~ 300μm。

（6）回路湿度控制范围：70% ~ 100%（ – 15 ~ – 20℃）、100%（ – 20 ~ – 40℃）。

（7）湿度控制精度 ±5%。

该风洞主要由动力系统、高度模拟及增压系统、制冷系统、喷雾系统、防除冰系统及加湿系统等组成。直接参与流场参数（压力、风速及温度）控制的系统主要包括动力系统、高度模拟及增压系统及制冷系统。喷雾系统、加湿系统及防除冰系统对流场参数的影响可视为干扰，其中，喷雾系统对流场的影响最强。

动力系统由风扇及其驱动系统组成，用于风洞试验段风速控制或速压控制。该系统电机输出轴功率为 6000kW，电机额定转速为 475r/min，最大转速为 600r/min。风扇桨叶角在停车状态可调。

高度模拟与增压系统的主要功能是控制风洞稳定段总压。高度模拟系统可实现最高为 20000m 海拔高度模拟。增压系统用于风洞增压试验，最高增压压力为 150kPa（绝压）。

高度模拟系统由真空泵机组(水环泵+罗茨泵)、阀门及相应的控制装置组成。水环泵组采用变频调速,与主吸气管道上的补气调节阀配合,主要用于模拟高度<7000m(39kPa)的回路内真空压力控制。罗茨泵和水环泵构成的真空泵组,用于模拟高度7000~20000m(39~5kPa)的回路内真空压力控制。为了匹配系统中的各种工况,真空泵组入口吸气主管道上设置不同公称通径的补气调节阀,配合真空泵组共同完成风洞内真空压力的控制。

增压系统气源为2MPa中压气源,系统由进气调节阀组和放气阀组组成。通过对进气调节阀组和放气阀组的控制实现稳定段总压控制。

制冷系统的主要功能是实现风洞稳定段总温控制。本系统涉及:制冷压缩机组的启动、运行能级控制;制冷压缩机组配套辅助系统控制;氨液循环泵组控制;供液电磁阀、回气电磁阀组控制;低压循环桶吸气压力闭环控制。制冷系统最大制冷量为11000kW(蒸发器处-30℃时),最小制冷量为330kW。风洞内温度由压缩机组和低压循环桶吸气压力控制来实现。

喷雾系统用以获得飞行器穿越含有过冷水滴云层飞行时的模拟云雾环境。云雾模拟包括在不同气流速度、低温、负压环境下,试验段的平均水滴直径、液态水含量、云雾均匀性等。喷雾架由20个喷雾靶单元组成,每个单元有50个喷嘴,共1000个喷嘴。喷嘴可单独控制,以实现任意组合需求,来实现不同的云雾参数。1000个喷嘴分小粒径和大粒径两种。通过调节供气压力与供水压力比来控制喷嘴的流量实现喷雾粒径大小。两种喷嘴可相互更换,形成覆盖10~300μm范围的云雾粒子。控制对象包括:水、气加热器系统;水路、气路50余台压力或流量调节阀;1000个喷嘴电磁阀等。云雾参数是通过大、小喷嘴的组合及其水、气压力和温度的控制来实现。

结冰(防/除)试验运行工况,即实现不同风速、不同高度、不同温度及相关云雾参数的结冰(防/除)试验运行控制。要求控制系统对试验段风速、高度(稳定段总压)和总温进行精确控制。风速控制系统、高度模拟控制系统及温度控制系统之间存在耦合,且高度控制系统和温度控制系统均为大滞后控制系统。此外,喷雾系统工作时,对高度模拟控制系统、温度控制系统及风速控制系统存在不同程度的干扰影响。

常温试验运行工况和高空低雷诺数试验运行工况主要用于测力、测压试验,为了抵消风扇系统产生的热量,制冷系统要参与工作。高空低雷诺数试验需要高度模拟系统参与压力控制。该类试验运行需实现:

(1)定压(定高度)、阶梯变风速、定(或变)模型姿态,试验运行控制。

(2)定压(定高度)、定风速、变模型姿态,试验运行控制。

(3)定风速、阶梯变压力(高度)、定(或变)模型姿态,试验运行控制。

其中,风速采用如下公式:

$$V = \sqrt{5\left[\left(\frac{P_s}{P_T}\right)^{\frac{2}{7}} - 1\right]} \cdot \sqrt{\gamma RT} \tag{10.2}$$

式中 γ、R——气体(空气)常数;

$\quad\quad P_T$——稳定段总压;

$\quad\quad P_s$——试验段静压;

$\quad\quad T$——总温。

该风洞流场参数(高度、风速及温度)控制系统是典型的大滞后、非线性、多变量控制系统。

10.2.3 低温风洞

低温风洞采用液氮汽化吸热来降低气体总温,并结合适当增加运行压力的方式来提高试验雷诺数,满足飞行器飞行雷诺数试验需要。目前全世界具有代表性的大型生产型低温风洞有美国的 NTF 和欧洲的 ETW。目前,中国空气动力研究与发展中心(China Aerodynamics Research and Development Center,CARDC)正在建设 0.3m 低温风洞。

低温风洞试验段气流总温运行范围为 110~323K,稳定段总压运行范围为 $(1.15~4.5)\times10^5$Pa,试验段马赫数运行范围为 0.15~1.30。

风洞系统组成如图 10-5 所示。

该风洞控制子系统主要由以下系统组成:动力控制系统(压缩机控制系统)、液氮供给与喷射控制系统、气氮排出控制系统、半柔壁喷管控制系统、二喉道三段调节片及中心体机构控制系统、壁板调节机构与再导入调节片机构控制系统、模型进出系统、模型机构控制系统(含全模和半模)、清洗控制系统、设备安全防护控制系统、安全预警系统等。

参与流场参数(马赫数、总压和总温)控制有关的系统包括动力控制系统、液氮供给与喷射控制系统、气氮排出控制系统、半柔壁喷管控制系统、二喉道三段调节片及中心体机构控制系统、壁板调节机构与再导入调节片机构控制系统。

风洞试验运行工况包括:

(1)定总压、定马赫数、定总温,不同模型姿态,测力、测压试验。

(2)定总压、定总温、阶梯变马赫数,不同模型姿态,测力、测压试验。

(3)定总压、定马赫数、阶梯变总温,不同模型姿态,测力、测压试验。

(4)定马赫数、定总温、变总压,不同模型姿态,测力、测压试验。

风洞试验流场参数控制指标要求为:

(1)马赫数控制精度:$|\Delta Ma| \leqslant 0.001$。

(2)稳定段总压控制精度:优于 0.2%。

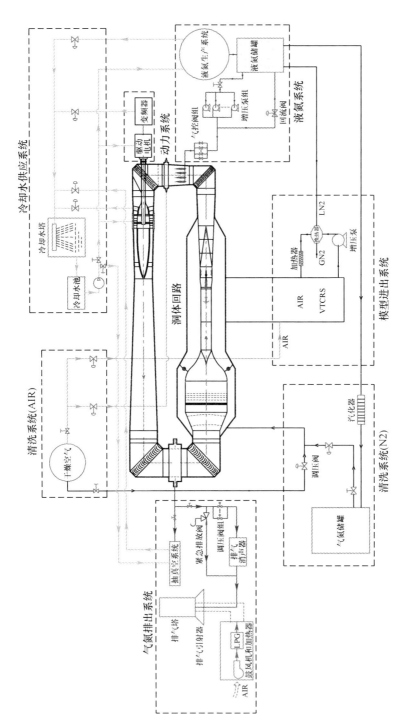

图10-5　低温风洞系统组成示意图

（3）总温控制精度：$\Delta T \leqslant 0.5K$。

马赫数的控制分几种状态：当试验段 $Ma \leqslant 1.1$ 时，采用声速喷管型面，通过控制压缩机转速、再导入调节片、二喉道来实现整个马赫数范围的运转。当试验段 $Ma > 1.1$ 时，调节半柔壁喷管为低超声速喷管型面，控制压缩机转速，实现所需的试验段马赫数闭环控制。

稳定段总压控制主要通过气氮排出系统，实现稳定段总压的闭环控制。

温度控制通过控制液氮供给系统的气控阀、压力调节阀和液氮喷嘴的数量及类型，实现液氮流量的调节，从而实现气流温度的精确控制。

根据试验工况的要求，控制系统需实现马赫数、稳定段总压和温度的精确控制，以满足各种试验工况的要求。马赫数、稳定段总压和温度控制系统之间会相互耦合，其耦合关系如图 10 - 6 所示。以马赫数控制为例，马赫数由稳定段总压和试验段静压决定。当采用压缩机和二喉道控制来调节马赫数时，压缩机转速变化和二喉道的调节，会影响到稳定段总压。同样，气氮排出系统调节总压时，也会影响到马赫数的控制（马赫数是由稳定段总压和试验段静压决定）。所以，马赫数控制系统与总压控制系统之间相互耦合。流场温度通过液氮的喷入量来控制，压缩机系统产生的热量、气氮排出系统（排出冷量）也与温度控制系统密切关联。洞内金属设备的热惯性，导致温度动态具有大的时间常数和时滞，是温度控制策略设计必须考虑的因素。流场总压受质量来流控制，所以，控制温度的液氮喷入控制系统与总压控制存在关联影响。此外，液氮汽化率受洞内温度、压力的影响，温度控制系统具有非线性、时变、大滞后特性。

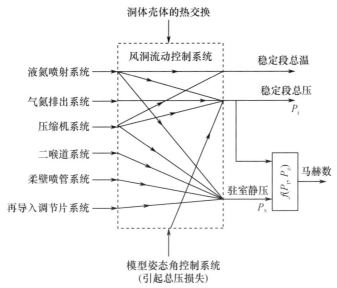

图 10 - 6　低温风洞多变量耦合关系示意图

模型姿态角的变化,产生堵塞度的变化,也影响到流场参数的控制。在控制策略上,可视为对流场参数控制系统的一种干扰。

10.3   控制对象建模

瑞典航空研究院(FFA)T1500 引射式跨声速风洞、美国 NASA 兰利中心 2.5m×2.5m 跨声速风洞(NTF)、欧洲 2.0m×2.4m 跨声速低温风洞(ETW)和 NASA TCT 0.3m 低温风洞、CARDC 的 2.4m×2.4m 引射式跨声速风洞等,在控制调试前期均对风洞流动进行控制建模。建立风洞流场被控系统数值模型是开展控制策略研究的重要手段。本节介绍两种风洞流动数值建模方法,一种是采用一维 NS(Narier – Stokes)方程的数值建模,另一种是采用集总参数的数值建模。

10.3.1   引射式跨声速风洞非定常一维流动数值建模

以 CARDC 的 2.4m×2.4m 引射式跨声速风洞为例,风洞气流的整体特性可由空气动力学的一维流动简化模型得到,相应的启动过程的流动特性可用非定常一维模型来近似描述。虽然一维模型不能精确地描述局部的流场细节,但从整体来说,风洞系统能满足质量守恒、动量守恒及能量守恒。因此,从质量、动量及能量守恒定律出发的一维非定常方程能较好地预测整体量(如马赫数、压力等)的非定常变化规律。

1. 风洞空气环流的空气动力学模型

风洞某两截面间的气流满足下列一维变截面管道非定常欧拉方程:

质量守恒方程:

$$\frac{\partial}{\partial t}(\rho A) + \frac{\partial}{\partial x}(\rho U A) = S_1 \qquad (10.3)$$

动量守恒:

$$\frac{\partial}{\partial t}(\rho U A) + \frac{\partial}{\partial x}(P + \rho U^2)A - P\frac{\mathrm{d}A}{\mathrm{d}x} = S_2 \qquad (10.4)$$

能量守恒:

$$\frac{\partial}{\partial t}(eA) + \frac{\partial}{\partial x}A(eU + PU) = S_3 \qquad (10.5)$$

式中 ρ——密度;

A——截面积;

U——速度;

P——压力;

e——单位面积的能量;

S_1、S_2、S_3——源项,用来表示主调压阀、主排气阀、驻室抽气系统、栅指等部件的作用。

$$e = P/(r-1) + \frac{1}{2}\rho U^2 \qquad (10.6)$$

式中　e——单位体积的能量;

　　　r——比热比,气体为空气时,r 取为 1.4。

式(10.3)~式(10.5)各变量作无量纲化处理:U 以大气条件下的声速无量纲化;密度 ρ 以大气压条件下的密度无量纲化;P 以 $\rho_\infty a_\infty^2$ 无量纲化,ρ_∞、a_∞ 分别为大气压条件下的密度及声速;长度以单位长度(m)无量纲化,时间 t 以 l/a_∞ 无量纲化,l 为单位长度(m),经无量纲化处理以后上述方程数学形式不变,其各参数可认为已经无量纲化了。在求解方程式(10.3)~式(10.5)中需要用到的输入参数如压力、压力损失等也作无量纲化处理。

2. 风洞空气环流的边界条件

所谓的边界条件是指主调压阀子系统、主排气阀子系统、驻室抽气子系统、栅指系统等风洞各部段处的处理。如前所述,它们的影响可以归结为源项 S_1、S_2、S_3、截面积 A 以及损失系数的变化。栅指处及试验段模型处才涉及 A 的变化,A 的变化可直接输入到截面积 A 的数据中。压力损失可转化成相应的动量及能量损失加到求解的方程中。

进气系统及排气系统的影响可归结为下述的源项变化(其他地方源项都为零)。

(1) 进气系统对风洞环流的作用。主调压阀子系统即为一进气阀,它的影响在于注入了风洞质量、动量和能量。由于气源压力与风洞运行压力之比总是高于临界值,也即阀门喉道处始终处于音速状态,其相应的源项可表达为

注入的质量:
$$S_1 = P_0 A^* \left\{ \frac{r}{RT_0} \left(\frac{2}{r+1} \right)^{\frac{r+1}{r-1}} \right\}^{\frac{1}{2}} \qquad (10.7)$$

注入的动量:
$$S_2 = S_1 U_e + P_e A_e \qquad (10.8)$$

注入的能量:
$$S_3 = S_1 U_e \left(\frac{P_e}{r-1} + \frac{1}{2}\rho_e U_e^2 \right) / \rho_e \qquad (10.9)$$

式中　A_e——主引射器所有喷嘴的总面积;

　　　P_e——主引射器喷嘴处的静压;

　　　ρ_e——主引射器喷嘴处的密度;

　　　U_e——主引射器喷嘴处的速度;

　　　A^*——主调压阀喉道面积;

　　　P_0——集气室内的总压。

可由面积比 A_e/A^* 用一维等熵理论计算出，P_e、ρ_e 和 U_e。

$$\frac{A_e}{A^*} = \frac{1}{Ma}\left\{\frac{2}{r+1}\left(1+\frac{r-1}{2}Ma^2\right)\right\}^{\frac{r+1}{2(r-1)}} \tag{10.10}$$

$$\frac{P_e}{P_0} = \left(1+\frac{r-1}{2}Ma^2\right)^{-\frac{r}{r-1}} \tag{10.11}$$

$$\frac{\rho_e}{\rho_0} = \left(1+\frac{r-1}{2}Ma^2\right)^{\frac{r}{r-1}} \tag{10.12}$$

$$U_e = Ma\sqrt{K\frac{P_e}{\rho_e}} \tag{10.13}$$

由式（10.10）可计算出马赫数，由式（10.11）~式（10.13）可计算出 P_e、ρ_e 和 U_e。

（2）排气系统对风洞环流的作用。在主排气阀子系统、驻室流量阀子系统处，排气对风洞环流的影响相当于从风洞环流中抽取质量、动量和能量。相应的源项表达式为

$$S_1 = -P_{oe}A_e^*\sqrt{\frac{r}{rT_{0e}}\left(\frac{2}{r+1}\right)^{\frac{r+1}{r-1}}} \tag{10.14}$$

$$S_2 = 0 \tag{10.15}$$

$$S_3 = -S_1 U_e\left(\frac{P_e}{r-1}+\frac{1}{2}\rho_e U_e^2\right)\Big/\rho_e \tag{10.16}$$

式中　P_{0e}——风洞中排气处的总压；

　　　T_{0e}——风洞中排气处的总温；

　　　A_e^*——排气系统的喉道面积。

式（10.16）与式（10.14）除符号外都相同，但变量含义不同，U_e 不是风洞流速，而是风洞排气口的排气速度，P_e 是排气口处的静压，ρ_e 是排气口处密度。

由于排气方向与风洞气流方向垂直，因此在风洞流动方向动量损失为零，式（10.15）的 $S_2 = 0$。

式（10.14）只有当排气系统喉道处达到声速时才适用。当风洞中压力与排气系统出口处的压力比未达到临界时，可按亚声速管道流理论，根据压力比计算排气马赫数，从而可求得流出的质量。

$$Ma = \sqrt{\frac{2}{r-1}\left[\left(\frac{P_{0e}}{P_b}\right)^{\frac{r-1}{r}}-1\right]} \tag{10.17}$$

$$\rho_b = \rho_{0e}\left(1 + \frac{r-1}{2}Ma^2\right)^{-\frac{1}{r-1}} \tag{10.18}$$

$$U_b = Ma\sqrt{r\frac{P_b}{\rho_b}} \tag{10.19}$$

则 S_1 的计算是

$$S_1 = \rho_b U_b A_b \tag{10.20}$$

式中　P_b——排气系统出口处的压力；

　　　　ρ_b——排气系统出口处的密度；

　　　　U_b——排气系统出口处的速度；

　　　　ρ_{0e}——入口处的密度。

同式（10.14）一样，式（10.20）也只适用于排气系统喉道处达到声速时，对于亚临界情况，仍然要按亚声速管道流理论，根据压力比计算排气马赫数，从而可求得流出的质量。

3. 风洞空气环流的数值求解

在空间方向上，使用中心差分近似表示方程式（10.3）～式（10.5）中的偏微分。把风洞分成若干段，每段长度相等（可以不相等），每段序号用 i 表示。方程式（10.3）～式（10.5）可写成如下矩阵形式：

$$\frac{\partial W}{\partial t} + \frac{\partial F}{\partial X} = S \tag{10.21}$$

式中

$$W = \begin{bmatrix} \rho A \\ \rho U A \\ e A \end{bmatrix}$$

$$F = \begin{bmatrix} \rho U A \\ (\rho U^2 + P)A \\ (eU + PU)A \end{bmatrix}$$

$$S = \begin{bmatrix} S_1 \\ S_2 + P\dfrac{\mathrm{d}A}{\mathrm{d}x} \\ S_3 \end{bmatrix}$$

在每段中，用中心差分来近似表示对 x 的偏导数：

$$\left(\frac{\partial F}{\partial x}\right)_i = \frac{1}{\Delta x}\left(F_{i+\frac{1}{2}} - F_{i-\frac{1}{2}}\right) \tag{10.22}$$

为了有效地遏制非物理振荡，需要加入人工黏性 D_i。

在时间方向上，采用四阶龙格—库塔法对时间进行积分。方程式（10.21）

经过离散后可写成：

$$\frac{\partial W_i}{\partial t} + R_i = 0 \quad (i = 1, 2, \cdots, n) \tag{10.23}$$

$$R_i = \frac{1}{\Delta x} \left[\left(F_{i+\frac{1}{2}} - F_{i-\frac{1}{2}} \right) \middle/ \Delta x - S_i - D_i \right] \tag{10.24}$$

对于常微分方程式(10.23)，用四步龙格—库塔方法对其积分，其数学表达式为

$$\begin{cases} W_i^{(0)} = W_i^{(n)} \\ W_i^{(1)} = W_i^{(0)} - \frac{\Delta t}{4} R_i^{(0)} \\ W_i^{(2)} = W_i^{(0)} - \frac{\Delta t}{3} R_i^{(1)} \\ W_i^{(3)} = W_i^{(0)} - \frac{\Delta t}{2} R_i^{(2)} \\ W_i^{(4)} = W_i^{(0)} - \Delta t R_i^{(3)} \\ W_i^{(n+1)} = W_i^{(4)} \end{cases} \quad (i = 1, 2, \cdots, n) \tag{10.25}$$

式中　n——第 n 个时间步；

$R_i^{(l)}$——用 $W_i^{(l)}$ 计算的 R_i 值。

当时间步数不断增加时，R_i 值越来越小，在收敛时 R_i 应趋于零。实际计算时不是以 R_i 的大小来判断是否稳定，而是从试验段的马赫数和静压来判断是否稳定。式(10.25)中的 Δt 为时间步长，受稳定性条件限制，不能取得很大。理论可以证明最大时间步长 $\Delta t = 2\sqrt{2} \Delta x$。

图 10-7 是风洞流场数值模拟器程序流程图。

该风洞环流模拟器与各子系统仿真模型共同组成的风洞数值模拟器，开展控制策略仿真。

10.3.2　低温风洞流场集总参数数值建模

在 20 世纪 70 年代末至 80 年代，NASA 为了实现 0.3 m 低温风洞(TCT)流场参数的准确控制，同时减少风洞在不同运行状态之间的过渡时间，开始了对 TCT 风洞的数学模型建模的研究，用已有的试验数据对风洞模型进行验证，以此来建立具有交互功能的模拟器，并且用作控制律验证。

TCT 风洞在不同的时期，分别建立了一维连续的风洞动态模型和集总参数模型，两种模型有时可以进行相互验证和对比。但是，两者的效果不同。集总参数模型运算速度更快，但是结果更粗略。一维连续模型计算更为精细，但是耗时

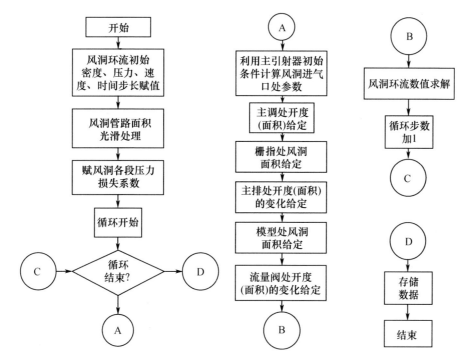

图 10 – 7　风洞流场数值模拟程序框图

更长。

　　在 TCT 风洞研究的基础上，NTF 低温风洞在 20 世纪 80 年代采用分布参数的建模方式建立了风洞流场的动态模型。风洞中的热力学和流体力学过程通常采用三维的 NS 方程进行描述。但是三维 NS 模型对于分布参数控制技术来讲仍旧过于复杂，并且其数值解法非常耗时，需要采用其他简化的方法，比如将风洞过程分段为一系列集总参数模型。

　　下面介绍 0.3m 低温风洞流场集总参数动态建模设计原理。该模型可以在一定程度上给出低温风洞从一个运行状态到另外一个状态的变化过程模拟。

1. 数学模型

　　描述低温风洞内空气动力模型的方程为几个守恒方程。采用集总参数方法的模型将风洞划分为几个不同的集总体，并且在这些集总体上应用这些守恒方程。在这些集总体中计算流体的状态，并且认为这些状态在单个集总体内是均匀和相同变化的，而下一个集总体的状态与上一个集总体状态之间是阶跃变化的。集总体的数量和位置的选择需要包括风洞的主要部件。选择的集总体数量越多，模拟越准确，但同时也增加复杂性和计算时间。

　　图 10 – 8 给出了 0.3m 低温风洞主要部件的节点位置。这些部件包括风扇、换热器、气氮排出、二喉道、液氮喷射系统、稳定段、试验段和扩散段。在稳定

段的气流参数将用来确定试验段为高亚声速和超声速时的节流条件。

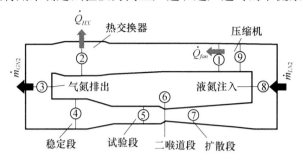

图 10 - 8　0.3m 低温风洞的主要部件节点

试验段节点的参数即为对仿真至为重要的试验段的参数。扩散段节点将用于确定试验段下游的激波性质,这些性质由试验段的马赫数是高亚声速还是超声速来确定。

2. 守恒方程

风洞回路中的状态是用质量、能量和动量三个守恒方程来确定。分别如下式:

$$\frac{\partial}{\partial t}\int_{CV}\rho d\forall + \oint_{CS}\rho\overline{V}\cdot\bar{n}\mathrm{d}A = 0 \tag{10.26}$$

$$\frac{\partial}{\partial t}\int_{CV}\rho e d\forall + \oint_{CS}\rho e(\overline{V}\cdot\bar{n})\mathrm{d}A = \dot{Q} - \dot{W} \tag{10.27}$$

$$\frac{\partial}{\partial t}\int_{CV}\rho\overline{V}d\forall + \oint_{CS}\rho\overline{V}(\overline{V}\cdot\bar{n})\mathrm{d}A = \overline{F} \tag{10.28}$$

在建模中,这些方程先在空间上进行离散化—划分为集总体,保持时间的连续。在后面进行数值计算时,再采用数值积分算法来对时间进行积分。不论是空气,还是氮气,首先将它们认为是理想气体。气体的内部生热效应被忽略。在换热器、风扇、液氮喷射和气氮排出节点处,将考虑传热效应。此外,在流体与洞壁之间存在的耦合传热效应也将被考虑。

3. 离散化方程

仅仅将守恒方程在集总体处离散将会导致一种不稳定的中心差分格式。因此,在集总体中采用了一种交错格式的方法,如图 10 - 9 所示。

采用两种计算网格,其中一组网格与另一组相交错半个长度网格。图中的实线代表风洞的洞壁。第一个计算网格为由虚线表示的集总体。点画线表示的为控制计算体,它包含相邻的两个计算集总体。因此,控制体的中心与两个集总体的边界重叠。反过来也是一样的。图中的控制体的序号由小"i"表示,而集总体由大"I"表示。采用这种交错网格的方式,动量守恒方程应用在整个集总体

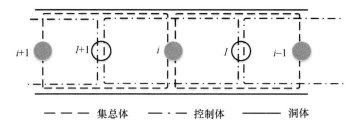

　— — — 集总体　— · — 控制体　———— 洞体

图 10 – 9　交错网格形式

上,而质量和能量守恒方程应用在控制体中。在质量守恒方程式(10.26)和能量守恒方程式(10.27)中显示的积分形式的质量和能量守恒方程应用于控制体,如图 10 – 10 所示。

　　根据控制体离散后的守恒方程如式(10.29)和式(10.30)所示。方程式(10.29)考虑了上游流入控制体和下游流出控制体的流量。方程式(10.30)考虑流入和流出控制体的能量,以同样的方式得出。而外部热量的输入和输出项用来包含换热器、风扇、液氮喷射和气氮排出的能量效应。

$$\dot{\rho}_i = \frac{1}{\forall_i}(\dot{m}_I - \dot{m}_{I+1} - \dot{m}_{inj}) \tag{10.29}$$

$$\dot{e}_i = \frac{1}{\forall_i}(\dot{m}_I C_p T_{ti} - \dot{m}_{I+1} C_p T_{t_{i+1}} - \dot{m}_{inj} C_p T_{tinj} + \dot{Q}_{in}) \tag{10.30}$$

动量的守恒方程被应用于图 10 – 11 所示的集总体。

根据方程的积分形式,考虑上游和下游控制体的性质,方程被离散化为

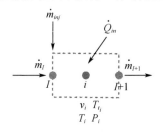

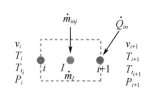

图 10 – 10　控制体计算示意图　　　　图 10 – 11　集总体计算示意图

$$\dot{m} = \left(\frac{\overline{A}_I}{L_I}\right)\left[\left(1 - \frac{A_{inj}}{\overline{A}_I}\right)P_i - P_{i+1} + \frac{A_{inj}}{\overline{A}_I}P_{inj} + \frac{\dot{m}_I}{\overline{A}}(v_i - v_{i+1})\right.$$

$$\left. + \frac{\dot{m}_{inj}}{\overline{A}}(v_{inj} - v_i) - k_i\left(\frac{\rho v_i^2}{2}\right)\right] \tag{10.31}$$

　　这个离散方程还包括了损失系数 K_i。在一个集总体内,被认为是具有恒定截面积的。在集总体内的所有流体参数在某一时刻都是均匀和一致的。在不同的集总体间的状态是有阶跃变化的。集总体被安排在图 10 – 8 所示的节点之

间。集总体的位置和序号如图 10 – 12 所示。而在等截面积假设条件下等效的集总体模型如图 10 – 13 所示。

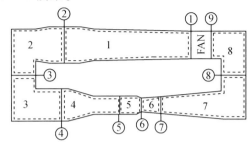

图 10 – 12　用于动量守恒计算的集总体的分布和序号

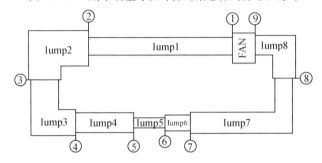

图 10 – 13　在等截面假设下的集总体模型

控制体的位置在图 10 – 14 中显示。控制体定义在两个相邻的集总体之间，第一个和最后一个控制体分别只包括半个集总体。

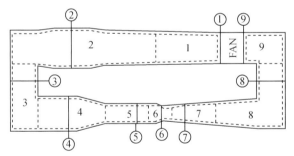

图 10 – 14　用于质量和能量守恒计算的控制体的分布和序号

4. 辅助计算方程

在求解离散化的守恒方程后,流体的性质通过等熵流的关系来进行计算,如下式:

$$\nu_i = \frac{\dot{m}_I}{\rho_i A_i} \tag{10.32}$$

$$T_i = \frac{\dfrac{e_i}{\rho_i} - \dfrac{v_i^2}{2}}{c_v} \qquad (10.33)$$

$$M_i = \frac{v_i}{\sqrt{Z_i \gamma R T_i}} \qquad (10.34)$$

$$T_{ti} = T_i \left(1 + \left(\frac{\gamma - 1}{2} \right) M_i^2 \right) \qquad (10.35)$$

$$P_i = Z_i \rho_i T_i R \qquad (10.36)$$

$$P_{ti} = P_i \left(1 + \left(\frac{\gamma - 1}{2} \right) M_i^2 \right)^{\left(\frac{\gamma}{\gamma - 1} \right)} \qquad (10.37)$$

5. 损失系数

在动量守恒方程中的损失系数是通过损失计算得到的。损失系数根据试验气体的不同,试验段马赫数为 0.15 ~ 1.3,列成表格的形式。损失系数在风洞中的 28 个位置给出。而本模型只使用集总体处 8 个不同的损失系数,所使用的损失系数从这 28 个位置之中选出。为了考虑在不同工作条件下的损失系数,将损失系数按照不同工作气体的风扇折合流量进行了计算。

6. 主要部件的处理

1）压缩机

压缩机为风洞内的气流提供能量,用来恢复气流在风洞内流动时候的总压的损失。压缩机在给定的转速下,可以给出在不同压比下的流量。在此模型中的压缩机作为一个无源的部件存在。如图 10 - 15 所示为 0.3m 低温风洞压缩机在不同转速下的工作曲线。

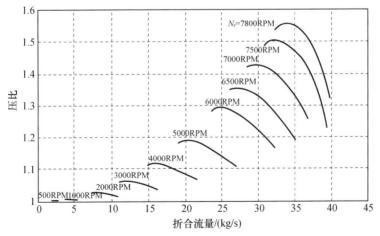

图 10 - 15　压缩机的工作曲线

在给定压缩机入口总压和温度的条件下,由压缩机的压比曲线,通过式(10.38)~式(10.40)分别计算出无量纲量 δ 和 θ。应用压比和通过式(10.41)计算折合转速,由图10.15得出折合的流量。通过式(10.42),压缩机的实际流量被计算出来,这个流量值被应用到守恒方程中。通过式(10.44)计算出压缩机传递给气体的热量。在方程中,针对氮气的模型,采用了真实气体的近似计算。

对压比曲线进行间隔为 50r/min 插值得到更密的压比曲线,如图10-16所示。

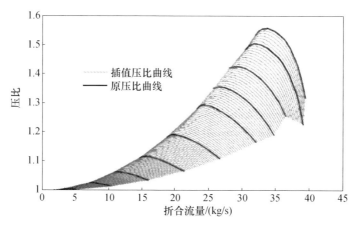

图 10-16　通过插值获得的压缩机的工作曲线

在计算压缩机的效率的时候,对图形中给出的数据还可进行进一步的插值。

$$\delta = \frac{P_{tfan-1}}{P_{ref}} \tag{10.38}$$

式中,$P_{ref} = 1.25\text{bar}$。

$$\theta = \frac{T_{tfan-1}}{T_{ref}} \tag{10.39}$$

式中,$T_{ref} = 323\text{K}$。

$$\left(\frac{P}{P}\right)_{fan} = \left(\frac{P_{tfan+1}}{P_{tfan-1}}\right) \tag{10.40}$$

$$N_{fan_r} = \frac{N_{fan}}{\sqrt{\theta}} \cdot \sqrt{\frac{\gamma_{ref}R_{ref}}{\gamma R}} \tag{10.41}$$

$$\dot{m}_{fan_r} = \dot{m}_{fan_r}\frac{\delta}{\sqrt{\theta}} \cdot \frac{R_{ref}}{R} \cdot \frac{\gamma}{\gamma_{ref}} \tag{10.42}$$

$$T_{tfan} = T_{tfan-1}\left[1 + \frac{1}{\eta_{fan}}\left(\left(\frac{P}{P}\right)_{fan}^{\left(\frac{\gamma}{\gamma+1}\right)} - 1\right)\right] \tag{10.43}$$

$$\dot{Q}_{\text{fan}} = \dot{m}_{\text{fan}} c_p \left(T_{\text{tfan}} - T_{\text{tfan}-1} \right) Z \tag{10.44}$$

对压缩机工作曲线的插值是一个多步计算过程,如图 10-17 所示。利用折合的压缩机速度曲线,插值算法首先决定两个最近的速度曲线,N_1 和 N_2。曲线上包括折合的流量、压比和效率等数据。在这最近的两条曲线上找到与给定值最近的压比数据。这些压比数据有着相对应的折合流量和效率的数值。这些数值被用来插值新的效率和折合流量,以得到更为精确的数值。折合的流量再通过公式转换为实际压缩机的流量。

2）热交换器

热交换器在模型中被看作抵消气流热量的交换装置。它所在控制体示意图如图 10-18 所示。

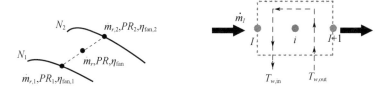

图 10-17　压缩机工作曲线插值　　图 10-18　热交换器控制体计算

热交换量如方程为

$$\dot{Q}_{HX} = \text{UAF} \left[\frac{\left(T_I - T_{w,\text{in}} \right) - \left(T_{I+1} - T_{w,\text{out}} \right)}{\ln \left(\dfrac{T_I - T_{w,\text{out}}}{T_{I+1} - T_{w,\text{in}}} \right)} \right] \tag{10.45}$$

利用热交换器生产厂商提供数据手册中的性能数据,总的交换效率 UAF 可以被计算出来。这个交换效率在整个风洞的工作状态中被认为是恒定的。热交换器的输入为水流量和入口水流温度,结合热交换器洞内入口的空气流量和温度,热交换器出口的空气温度通过下式计算出来:

$$m_I c_{p,a} \left(T_I - T_{I+1} \right) = \text{UAF} \left[\frac{\left(T_I - T_{w,\text{in}} \right) - \left(T_{I+1} - T_{w,\text{out}} \right)}{\ln \left(\dfrac{T_I - T_{w,\text{out}}}{T_{I+1} - T_{w,\text{in}}} \right)} \right] \tag{10.46}$$

$$\dot{m}_I c_{p,a} \left(T_I - T_{I+1} \right) = \dot{m}_w c_{p,w} \left(T_{w,\text{out}} - T_{w,\text{in}} \right) \tag{10.47}$$

3）液氮喷射系统

液氮喷射系统的模型,通过质量和能量方程被综合进整个模型当中。初步计算表明由喷射形成的动量改变非常小,因为喷射的面积项是很小的。在质量方程中,喷射的流量被作为控制体的输入。在能量方程中,喷射被作为能量的减少项,因为液氮会通过气化吸收能量。液氮在相变中所吸收的能量由下式来计算:

$$\begin{cases} \dot{E}_{LN2} = \dot{m}_{LN2}\beta \\ \beta = H_1 T_t + H_2 + H_3 \dfrac{1}{T} \end{cases} \tag{10.48}$$

液氮的比热冷量,通过理想气体方程关系来近似。液氮的喷入会改变风洞气流的温度和压力。

液氮喷射系统的控制阀门的流量特性也被考虑到模型当中。控制阀的布置如图 10 – 19 所示。液氮供给系统在控制阀的入口压力设定为 40bar。使用由设备提供商得到的数据关系,控制阀的流量和喷嘴流量的方程可以分别用下式得到:

$$Q_{\text{ControlValve}} = C_{vinj,i} \sqrt{\frac{P_{\text{Supply}} - (P_{\text{Nozzle}} - P_{\text{WT}})}{SG_{LN2}}} \tag{10.49}$$

$$Q_{\text{Nozzle}} = K \sqrt{(P_{\text{Nozzle}} - P_{\text{WT}})} \tag{10.50}$$

假定在液氮系统中液氮的密度恒定,因而由控制阀流出的体积流量等于由喷嘴喷出的体积流量。在给定阀门的流量系数 CV 值的时候,求解方程可以得到液氮的质量流量。

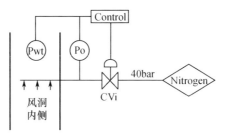

图 10 – 19 控制阀门的布置

但是在建模初期,控制阀门的动态特性并没有被综合进去。

4）气氮排出系统

喷入的液氮在汽化后需要能够被排出以维持风洞内的压力和温度稳定。氮气排出的同时伴随有能量的消失,这个消失的能量由式(10.51)给出。气氮排出系统的控制阀门可以确定排出风洞的气氮量。在给定阀门的流量系数后,式(10.52)可以计算出被排出的气氮质量流量。在大部分的工作状态下,排气控制中的流体是被阻塞或者节流的。但是在低压力下,其中的流体可能是没有节流的。压力的下降比 X_t 被认为是恒定的值,为 0.31。

$$\dot{E}_{GN2} = \dot{m}_{GN2} c_{p,GN2} T_{t3} \tag{10.51}$$

若 $\dfrac{P_{\text{WT}} - P_{\text{atm}}}{P_{\text{WT}}} < X_t$,则

$$\dot{m}_{\text{GN2}} = 1.758 \times 10^{-2} \left(1 - \frac{(P_{\text{WT}} - P_{\text{atm}})}{3X_t P_{\text{WT}}}\right) C_{\text{vboff}} \sqrt{(P_{\text{WT}} - P_{\text{atm}}) \rho_{\text{WT}}} \quad (10.52)$$

否则，$\dot{m}_{\text{GN2}} = 1.758 \times 10^{-2} \left(\dfrac{2}{3}\right) C_{\text{vboff}} \sqrt{(P_{\text{WT}} - P_{\text{atm}}) \rho_{\text{WT}}}$。

5）二喉道

为了避免在高亚声速和超声速时，下游的噪声向试验段传播，采用喉道来实现节流。这个节流只用在试验段为高亚声速的情况。如图 10 - 20 所示，通过在节点 4 稳定段处给定的滞止条件，能够通过二喉道的最大允许流量由式（10.53）计算得出。如果气流是节流的，二喉道的马赫数是超声速的，试验段的马赫数由式（10.54）确定的面积比与马赫数的关系来确定。

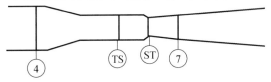

图 10 - 20　在高亚声速、二喉道起作用时的风洞稳定段、试验段和扩散段

$$\dot{m}_{\text{choke,ST}} = \frac{P_{t_4} A_{\text{ST}}}{\sqrt{T_{t_4}}} \sqrt{\frac{\gamma}{R}\left(\frac{2}{\gamma + 1}\right)^{\frac{\gamma + 1}{\gamma - 1}}} \quad (10.53)$$

$$\left(\frac{A_{\text{TS}}}{A_{\text{ST}}}\right)^2 = \frac{1}{M_{\text{TS}}^2}\left[\frac{2}{\gamma + 1}\left(1 + \frac{\gamma - 1}{2}M_{\text{TS}}^2\right)\right]^{\frac{\gamma + 1}{\gamma - 1}} \quad (10.54)$$

6）喷管

在试验段马赫数为超声速时，二喉道收缩，利用半柔壁喷管实现节流，并且控制试验段马赫数。与二喉道单独作为一个节点不同，半柔壁喷管在这里被看作一个准稳定状态的零体积的原件，可以用来确定节流的流量，如图 10 - 21 所示。在这个节点处的流体性质可以用节点 4 的滞止条件，用等熵流关系来计算。节流的流量和试验段马赫数可以由式（10.55）和式（10.56）来进行计算。

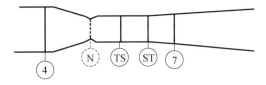

图 10 - 21　在高亚声速喷管起作用时的风洞稳定段、试验段和扩散段

$$\dot{m}_{\text{choke,N}} = \frac{P_{t_4} A_{\text{N}}}{\sqrt{T_{t_4}}} \sqrt{\frac{\gamma}{R}\left(\frac{2}{\gamma + 1}\right)^{\frac{\gamma + 1}{\gamma - 1}}} \quad (10.55)$$

$$\left(\frac{A_{\mathrm{TS}}}{A_{\mathrm{N}}}\right)^2 = \frac{1}{M_{\mathrm{TS}}^2}\left[\frac{2}{\gamma+1}\left(1+\frac{\gamma-1}{2}M_{\mathrm{TS}}^2\right)\right]^{\frac{\gamma+1}{\gamma-1}} \tag{10.56}$$

7. 洞壁共轭传热计算

在低温风洞中,有两种不同的压力和热边界的形式。为了准确、同时较快地进行热传递计算,采用一种显式的一维有限差分计算方法,来确定风洞洞壁中的温度分布情况。这些数值随后可以用来计算洞壁与洞内气体热交换量,并将这些热交换的量综合入能量方程中。这种一维的有限差分形式的基础为式(10.57)所示的能量守恒方程。假设在风洞洞壁中没有运动和热源项,式(10.57)可以在图10-22所示的极坐标下,简化为式(10.58)。

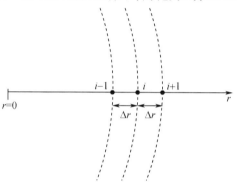

图10-22 极坐标下的洞壁域和节点划分

这个方程可以采用泰勒级数对空间微分进行近似,用前向欧拉差分近似时间导数来进行离散化,得到式(10.59)。假设热传导系数为常数,式(10.59)可以被简化为式(10.60)。因为连接风洞不同部段的法兰之间存在垫片,在洞壁上的纵向传热不予以考虑。洞壁与流体之间的热传递,采用气体和洞壁表面的温度差来进行计算,在计算中还使用了强制热交换系数的方式。

$$\frac{\partial}{\partial t}(\rho e) + \nabla\cdot(\rho u e) = \nabla\cdot\left(\nabla e\,\frac{k_{\mathrm{t}}}{C_{\mathrm{p}}}\right) = S \tag{10.57}$$

$$\rho C_{\mathrm{p}}\frac{\partial T}{\partial t} = \frac{1}{r}\,\frac{\partial}{\partial r}\left(r k_{\mathrm{T}}\frac{\partial T}{\partial r}\right) \tag{10.58}$$

$$\rho C_{\mathrm{p}}\frac{T_i^{n+1}-T_i^n}{\Delta t} = \frac{1}{r_i}\left(\frac{(k_T r)_{i+\frac{1}{2}}\dfrac{T_{i+1}^n-T_{i-1}^n}{\Delta r}-(k_T r)_{i-\frac{1}{2}}\dfrac{T_i^n+T_{i-1}^n}{\Delta r}}{\Delta r}\right) \tag{10.59}$$

$$T_i^{n+1} = T_i^n + \frac{\alpha_{\mathrm{T}}\Delta t}{r_i\Delta r^2}\left(r_{i-\frac{1}{2}}T_{i-1}^n - 2r_i T_i^n + r_{i+\frac{1}{2}}T_{i+1}^n\right) \tag{10.60}$$

8. 气体模型

在集总参数模型中,仿真可以由空气和氮气进行。这两种气体在气体性质、损失系数和理想气体的近似上有所区别。

对于空气的模型,在计算中是假设其中的空气和水具有固定的比热常数。此时模型的输入为风扇转速、热交换器水流的温度和流量,空气也可以由空气供给系统注入风洞中。此时的空气特性可以由前面介绍的等熵流的关系来进行计算。

对于氮气,模型的计算考虑了氮气的真实气体效应。这些效应包括压缩比(式(10.61)),比热比。比热比被等熵膨胀系数 α 所代替。在整个温度和压力范围内该值取 1.4。

$$Z = \frac{p}{\rho RT} = 1 + Ap + Bp^2 \tag{10.61}$$

9. 数值积分

整个模型仿真运算的数值积分采用预测和修正的方法。这个方法综合了二阶显式 Adams – Bashforth 法作为预测值,以及二阶隐式 Adams – Moulton 法作为修正值。由预测值的输出作为临时数值,然后由修正值来修正。计算方法如下所示:

$$y'(t) = f(t, y(t)), y(t_0) = y_0$$

预测:　$y^{n+1} = y^n + \Delta t f(t^n, y^n)$

$$y^{n+2,p} = y^{n+1} + \frac{\Delta t}{2} [3f(t^{n+1}, y^{n+1}) - f(t^n, y^n)]$$

修正:　$y^{n+2,c} = y^{n+1} + \frac{\Delta t}{2} [f(t^{n+1}, y^{n+1}) - f(t^{n+2,p}, y^{n+2,p})]$

变量 y 的变化率为 y 和时间的函数。在 t_0 时刻,y 的值为 y_0。采用欧拉法也即一阶 Adams – Bashforth 法来计算 y 的下一步值。第二步的值为预测值,或者是二阶近似值。预测值的导数被用于二阶隐式修正的计算来获得新的计算值。这个计算过程可以自适应地迭代进行,直到预测值和修正值之间的差到达指定的误差范围内。在建模中也采用了,其他的数值计算方法,包括六阶的隐式 Adams – Moulton 法。但是计算和仿真的结果是相似的。

以上是低温风洞集总参数建模的原理。

风洞数值模型可以通过风洞实际运行数据来优化和完善。实践证明,通过优化完善的风洞数值模型,可以较好地仿真出达到设定参数时各执行系统的静态值。

10.4　控制策略

10.4.1　控制策略研究现状

在多变量解耦方面,经典方法主要有两种:一是利用状态空间的反馈方法来实现解耦;二是利用现代频率法的所谓对角优势,借助于逆奈魁斯特判据来设计解耦控制系统。这两种多变量解耦控制策略往往直接地或间接地依赖于系统的数学模型(即传递函数或状态空间模型)。

目前,尽管理论研究已取得丰硕成果,但解耦理论在工程上的应用却不能令人满意。究其原因,主要是解耦控制系统对于参数的变化十分敏感。解决这一问题的有效方法是研究所谓"不敏感"算法。众所周知,作为智能控制重要组成内容之一的模糊控制系统的不敏感性是其突出的优点之一。因此,很多研究致力于将模糊控制应用于解耦系统。

模糊解耦主要有两大类方法:一种是直接解耦方法;另一种是对多变量模糊控制规则进行模糊子空间的分解。

直接解耦方法方面,缺点是基于已知一组多维模糊控制规则,这给实际应用带来了很大的困难。通过一些文献资料看出,模糊控制器的直接解耦方法仍然要由操作人员对受控对象认识的模糊信息的归纳和操作经验的总结,建立一组模糊控制规则或模糊控制查询表,这在实际应用中仍然存在着困难。

关于间接解耦法,很多结论只是理论推导,没有实验加以证明。同时,针对解耦之后控制系统稳定性、可控可观性的研究也没有成型。因而,无论针对被控对象还是针对控制器解耦,仍然需要解决如何由模糊关系方程求解各个解耦后的模糊子关系,尽量减少这些方法研究时所加的约束条件。

神经网络在控制领域应用的研究也比较深入,模糊神经网络(Fuzzy Neural Network)一度也成为研究的热点。模糊神经网络从结构上看主要有两类:一是在神经网络结构中引入模糊逻辑,使其具有直接处理模糊信息的能力。例如,把普通神经元中的加权求和运算转化为"并"和"交"等形式的模糊逻辑运算,从而形成模糊神经元。二是直接利用神经网络的学习功能及映射能力,去等效模糊系统中的各个模糊功能块,如模糊化、模糊推理、模糊判决等。此外,还可以把模糊系统与神经网络系统结合在一起应用,以发挥各自的优点。由于神经网络自学习特点,在模糊规则建立过程中,当难以获得足够的模糊知识(if—then 规则)时,通过神经网络可以训练样本学习、修改、产生,并高度概括输入、输出之间的关系,形成模糊规则。这样,便可以根据输入、输出模糊集合的几何分布及由过去经验产生的原始模糊规则,加以推论得出结论。

模糊神经网络在实际应用中还存在很多需要解决的问题,例如,神经网络算法较复杂,学习计算时间较长。如何简化控制器的量化过程,将其转换成易于学习的算法;如何确定学习指标,构成有效的模糊学习系统;如何将模糊控制器的调整转化为等价的神经网络学习,利用等价的模糊逻辑来初始化神经元网络;模糊神经网络的稳定性、收敛性等,都是还有待进一步研究的问题;如何获得学习样本,实际被控对象是否满足学习条件等,往往在实际工程中无法实现。

风洞控制方面,国外为提高风洞运行效率,也对风洞控制系统控制策略进行研究。如 FFT1500 风洞、ETW 和 NTF。瑞典在建造 FFT1500 风洞时,为解决该风洞控制策略问题,由美国 Fluidyne 公司采用非线性一维气动力方程,建立了数值模拟风洞。其优点在于,控制策略仿真时控制对象没有用线性传递函数来描述,而是用非线性一维空气气动力学方程来描述。

美国 NTF 低温跨声速风洞控制系统的几种多变量控制方案,在控制器设计和分析时曾经采用传递函数。然而,传递函数是以线性常微分方程描述对象出发,对于被控对象具有严重非线性、时变特性的系统,在实际应用时是需要花费很多调试车次。

图 10 - 23 ~ 图 10 - 25 分别是 NTF 的马赫数、总压和总温控制系统框图。

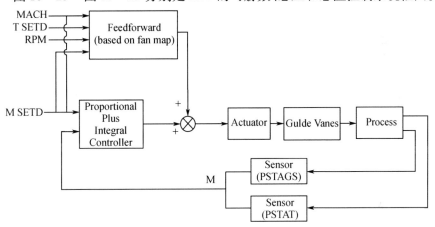

图 10 - 23 NTF 马赫数控制系统框图

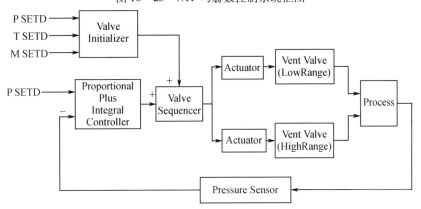

图 10 - 24 NTF 风洞总压控制系统框图

从上面框图看出,采用基于前馈补偿的控制策略,其耦合补偿在前馈环节进行了考虑。

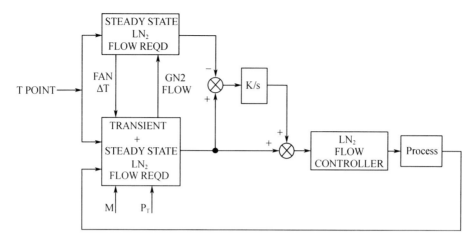

图 10 - 25　NTF 风洞总温控制系统框图

据一些文献介绍,ETW 的控制系统具有自学习能力,在给定的马赫数、环境温度和压力工况下投入控制,控制器在很少给定信息的条件下,具有学习能力,使控制算法适应于马赫数 0.15 ~ 0.98,温度 300 ~ 120K,压力 1.1 ~ 2bar 的运行工况。ETW 自学习多变量解耦控制算法的具体实现无文献详细介绍。

荷兰阿姆斯特丹国家航空研究所的高速风洞(HST),是一座早期建造的连续式跨声速风洞,该风洞基于 $Ma = 0.8$ 的过程模型设计出了控制马赫数的 PID 控制器,过程模型是按线性系统处理的,该控制器一直用了多年。然而,由于系统的非线性、时变特性以及当攻角速度变化较快时攻角系统对流场干扰的影响,控制系统抗干扰能力较差。针对因攻角运动速度提高后使马赫数控制性能变差的现象,后来设计了一种预测控制策略。在控制器设计时,文中将攻角系统在连续变攻角试验时对马赫数的干扰近似为三角形干扰信号处理,通过试验调试,在连续变攻角试验时其马赫数控制效果较以前的 PID 控制效果好。该风洞流场控制系统是单变量系统,较为简单。该文在预测控制器设计时,对干扰因素作了很多假设,控制器设计主要针对连续变攻角工况下设计的,对于步进变攻角及连续变马赫数工况该控制器就必须重新调试。

风洞流场是复杂的三维流动,尤其在风洞流动建立阶段(启动阶段),针对前面的介绍,风洞启动阶段流场被控对象是典型的非线性、时变、强耦合系统,且很难用传递函数来描述这一被控系统的传递特性。但流场被控系统可以理解为"开环稳定系统",即各执行系统在输入不变的条件下,可以在一段时间内获得稳定的流场,虽然稳定点会偏离设定点。在此稳定点附近进行调节时,可以近似为线性系统,变量之间的耦合可视为扰动来处理。在控制策略方面,可将风洞运行控制分解为两个阶段:风洞流动建立阶段和流场精确控制阶段。充分利用前面介绍的风洞数值模型,可以较好地确定风洞流动建立阶段各执行系统的控制值(预置量)。启动阶段完成后,转入流场精确控制阶段。流场精确控制阶段主要任务是使流场参数以较快的收敛速度稳定到设定的目标值,达到所要求的控制精度和实现在较短的时间内完成所要求的试验工况。两个阶段被控对象的特性差异较大,往往采用的控制算法有所不同。

基于现代控制理论和智能控制理论的一些控制策略在多变量系统中的应用研究文献较多,本书不再一一赘述。下面介绍几种可能用到的控制策略。

10.4.2　基于规则学习的多变量系统控制

靠人的经验难于提炼出多维(超过三维)规则。所以,通过学习算法获取多变量控制规则是很好的手段,前期仿真工作可以在风洞数值模型上开展。

1. 学习控制策略的基本原理与特点

学习控制的提出,可以追溯到 20 世纪 60 年代,随着计算机技术的发展,到 80 年代学习控制才得以迅速发展。

由于变结构控制、非线性反馈控制、分解运动控制和自适应控制等控制策略,在解决一类具有较强的非线性、耦合和较高重复精度的动力学系统时都存在一定的不足。日本学者 Sr. Arimoto(有本卓)等根据这一类动力学系统的特点,提出并发展了一种新的控制方法——学习控制。

所谓学习控制,简而言之,就是寻找一个理想的输入特性曲线,使被控对象产生一个期望的运动,即对有限时间域定义的期望响应 $y_d(t)$,$t \in [0,T]$ 寻找某种给定 $u_k(t)$,$t \in [0,T]$,k 为寻找次数,使系统响应 $y_k(t)$,$t \in [0,T]$ 在某种意义上比 $y_0(t)$ 有所改善。称这一寻找过程为学习控制过程,当 $k \to \infty$ 时,有 $y_k(t) \to y_d(t)$,则称学习控制过程收敛。

学习控制过程的原理如图 10 – 26 所示。

对于如图 10 – 26 所示的学习控制过程,Sr. Arimoto 等提出了 PID 型学习算法。

其一般形式为

$$u_{k+1}(t) = F(u_k(t), e_k(t), \eta) = u_k(t) + \left\{ \boldsymbol{\Gamma} \frac{\mathrm{d}}{\mathrm{d}t} + \boldsymbol{\Phi} + \boldsymbol{\Psi} \int \mathrm{d}t \right\} e_k(t)$$

$$(10.62)$$

式中　$\boldsymbol{\Gamma}$、$\boldsymbol{\Phi}$、$\boldsymbol{\Psi}$——增益矩阵;

$e_k(t)$——第 k 次的误差。

对式(10.62)中的增益矩阵 $\boldsymbol{\Gamma}$、$\boldsymbol{\Phi}$、$\boldsymbol{\Psi}$ 进行适当的取舍,可派生出其他形式的学习律,如 P 型、D 型、PD 型、PI 型等。

从式(10.62)可以看出,第 $k+1$ 次的控制等于第 k 次控制再加上第 k 次输

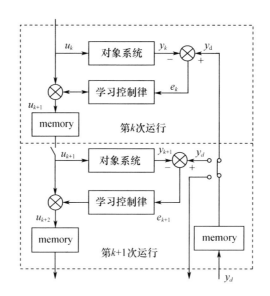

图 10 – 26 学习控制过程原理

出误差的 PID 校正项。这种学习控制称为开环学习控制。

为了提高抗干扰能力,文献[41]提出了闭环学习控制算法,与式(10.62)不同之处在于,闭环学习控制是取第 $k+1$ 次运行的误差作为学习的修正项,其表达式为

$$u_{k+1}(t) = F(u_k(t), e_{k+1}(t), \boldsymbol{\eta}) = u_k(t) + \boldsymbol{\Gamma}\frac{\mathrm{d}e_{k+1}(t)}{\mathrm{d}t} + \boldsymbol{\Phi}e_{k+1}(t) + \boldsymbol{\Psi}\int e_{k+1}(t)\mathrm{d}t$$

(10.63)

开环学习与闭环学习的基本结构可分别用图 10 – 27 和图 10 – 28 表示。

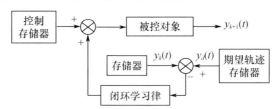

图 10 – 27 开环 PID 控制的基本结构图

显然,传统学习控制具有如下两个特点:

(1)要求被控对象的运动具有可重复性。即系统每次做同样的工作,且诸如摩擦、间隙等干扰因素在每一次试验中都以同样规律或方式出现。

(2)学习过程中,只需要测量实际输出信号和期望信号,不要求去了解和研究被控对象传递数学模型。这是学习控制的主要优点。

380

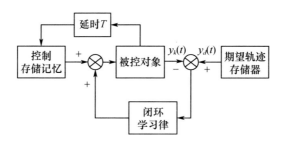

图 10 - 28　闭环 PID 控制的基本结构图

因此,学习控制对于具有可重复性运动的工业机器人、数控机床等被控对象有着广泛的应用前景。近年来,国内外学者在这方面开展了许多研究并取得了不少成果。

典型的学习控制算法在用于可重复运动的被控对象时,需满足如下条件:

(1) 每次运行时间间隔为 $T,T>0$。

(2) 期望输出 $y_d(t)$ 是预先给定的,且是 $t \in [0,T]$ 域内的函数。

(3) 每次运动前,系统的初始状态 $x_k(0)$ 相同,k 是学习次数,$k = 0,1,2,\cdots$。

(4) 每次运动的输出 $y_k(t)$ 均可测,误差信号 $e_k(t) = y_d(t) - y_k(t)$。

(5) 下一次运动的给定 $u_{k+1}(t)$ 满足如下的递推律:

$$u_{k+1}(t) = F(u_k(t),e_k(t),\boldsymbol{\eta})$$

式中　η——系数。

(6) 系统的动力学结构在每一次运动中保持不变。

在满足上述条件的情况下,随着系统运行次数 k 的增加,$y_k(t)$ 将收敛于希望输出 $y_d(t)$,即 $\lim\limits_{k \to \infty} y_k(t) \to y_d(t)$。国内外不少学者,如 Arimoto、Kawamura、Hauser、Tomizuka Hikita 等分别从线性、非线性、连续、离散、频域分析法的学习稳定性、学习律以及开、闭环方面作了研究,并取得了不少理论成果。但总的说来,学习或学习的收敛条件比较苛刻。

如何将学习控制应用范围不仅限于有重复运动的被控系统,将之应用于一般过程控制系统,将具有重要的意义。

从上面"需要满足条件"可以看出,第(3)条要求每次运动前,系统的初始状态 $x_k(0)$ 相同,以及第(6)条,系统的动力学结构在每一次运动中保持不变。这两点对将学习控制应用到一般过程控制来说,是比较苛刻的条件。为此,将模糊控制与学习控制相结合,将每次学习控制获得的数据进行模糊处理,转化为模糊量。利用模糊量的"模糊"特性,来增加学习控制过程中学习到的知识的适应范围,降低对"条件"的要求,从而实现对过去与本次不同的给定输入情况下学习到的知识,同样可作为本次学习控制的"历史信息"来作为学习的修正计算,这是模糊控制与学习控制相结合的突出优点所在。此外,还可以达到学习到的知识的应用环境与学习环境可以不完全一致的要求。将学习控制与模糊控制相结合,来实现多变量解耦控制。其结构框图如图 10 – 29 所示。

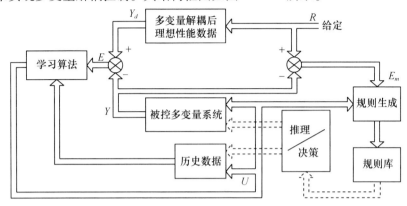

图 10 – 29   多变量控制规则学习控制框图

图中,"多变量解耦后理想性能数据"是指被解耦系统解耦后的理想响应(曲线)数据,或者用一组参考模型来表示。"学习算法"的输入信息一方面来自于被控系统输出与"理想性能数据"的差值数据;另一方面,来自于"历史数据"。每次学习控制过程中,"规则生成"器根据被控系统输入数据以及被控系统输出与给定的误差数据,由规则算法生成控制规则,并将生成的控制规则存入"规则库"。学习完成后,规则库中的控制规则可直接用于多变量系统解耦控制。由于控制由模糊控制规则形式实现,从而增强了控制器的适应能力。

由图 10 – 29 可见,Y_d 并没有取为给定值,而是取在相应给定值下的"理想性能数据",相当于将给定值进行了柔化处理。规则库中形成的控制规则,可以通过"推理/决策"来实现学习控制过程中的控制操作。这样一来,将一般的学习控制转化为模糊(量)学习控制。学习过程的流程图可以用图 10 – 30 表示。也可以采用一般学习控制算法。其控制规则由每次学习控制过程的被控对象的输入/输出数据来提取。

2. 多变量系统学习控制分析

为了便于分析 MIMO 系统的学习控制,首先分析 SISO 系统。下面主要以 P 型学习控制算法为分析对象,其他类似。

对于一个 SISO 系统,可表示为

$$\begin{cases} \boldsymbol{X}(t) = \boldsymbol{A}\boldsymbol{X}(t) + \boldsymbol{B}\boldsymbol{U}(t) \\ \boldsymbol{y}(t) = \boldsymbol{C}\boldsymbol{X}(t) \end{cases} \qquad (10.64)$$

定义学习律为

$$\begin{cases} u_{k+1}(t) = u_k(t) + \boldsymbol{K}_l \cdot e_k(t) \\ e_k(t) = y_d(t) - y_k(t) \end{cases} \qquad (10.65)$$

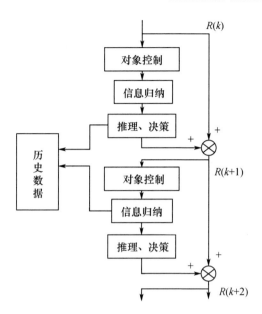

图 10 - 30　学习过程流程图

式中　$y_d(t)$——理想轨迹；

　　　k——学习控制次数。

由式(10.64)可以写出：

$$y_k(t) = \boldsymbol{C}e^{At}X_0 + \int_0^t Ce^{A(t-\tau)}\boldsymbol{B}u_k(\tau)\mathrm{d}\tau \qquad (10.66)$$

则

$$e_{k+1}(t) = y_d(t) - y_{k+1}(t)$$

$$= y_d(t) - \left[\boldsymbol{C}e^{At}X_0 + \int_0^t Ce^{A(t-\tau)}\boldsymbol{B}u_{k+1}(\tau)\mathrm{d}\tau \right]$$

$$= y_d(t) - \left\{ \boldsymbol{C}e^{At}X_0 + \int_0^t Ce^{A(t-\tau)}\boldsymbol{B}[u_k(\tau) + \boldsymbol{K}_l e_k(\tau)]\mathrm{d}\tau \right\}$$

$$= y_d(t) - \left\{ \boldsymbol{C}e^{At}X_0 + \int_0^t Ce^{A(t-\tau)}\boldsymbol{B}u_k(\tau)\mathrm{d}\tau + \int_0^t Ce^{A(t-\tau)}\boldsymbol{B}\boldsymbol{K}_l e_k(\tau)\mathrm{d}\tau \right\}$$

$$= y_d(t) - y_k(t) - \int_0^t Ce^{A(t-\tau)}\boldsymbol{B}\boldsymbol{K}_l e_k(\tau)\mathrm{d}\tau$$

$$= e_k(t) - \int_0^t Ce^{A(t-\tau)}\boldsymbol{B}\boldsymbol{K}_l e_k(\tau)\mathrm{d}\tau \qquad (10.67)$$

定义下列范数：

$$\| e \|_\infty = \max_{1 \leqslant i \leqslant \gamma} | e(i) |$$

$$\| e(t) \|_\lambda = \sup_{0 \leqslant t \leqslant T} \{ \mathrm{e}^{-\lambda T} \cdot | e(t) |_\infty \}$$

$$\| A \|_\infty = \max_{1 \leqslant i \leqslant \gamma} \sum_{j=1}^{\gamma} | a_{ij} |$$

将式(10.67)两边同乘以 $\mathrm{e}^{-\lambda T}$ 得

$$\| e_{k+1}(t) \|_\lambda \leqslant \| e_k(t) \|_\lambda + \sup_{t \in (0,T)} \int_0^t C \mathrm{e}^{A(t-\tau)} BK_l \mathrm{e}^{-\lambda T + \lambda \tau} \| \mathrm{e}^{-\lambda \tau} e_k(\tau) \|_\infty \mathrm{d}\tau$$

$$\leqslant \| e_k(t) \|_\lambda + \| e_k(t) \|_\lambda \cdot \sup_{t \in (0,T)} \int_0^t C \mathrm{e}^{A(t-\tau)} BK_l \mathrm{e}^{-\lambda T + \lambda \tau} \mathrm{d}\tau$$

$$= \| e_k(t) \|_\lambda + \| e_k(t) \|_\lambda (K_l CBA^{-1} - O(\lambda^{-1}))$$

$$\leqslant (1 + K_l CBA^{-1}) \cdot \| e_k(t) \|_\infty$$

令 $\rho = 1 + K_l CBA^{-1}$，则上式可表示为

$$\| e_{k+1}(t) \|_\lambda \leqslant \rho \| e_k(t) \|_\lambda \tag{10.68}$$

所以，只要适当地选取 K_l 可使

$$\| e_{k+1}(t) \|_\lambda \leqslant \rho \| e_k(t) \|_\lambda \leqslant \rho^2 \| e_{k-1}(t) \| \leqslant \cdots \leqslant \rho^k \| e_0 \|$$

所以有，$\lim\limits_{k \to \infty} e_{k+1}(t) = 0$，则有 $\lim\limits_{k \to \infty} y_k(t) = y_d(t)$。说明了 $e_k(t)$ 在 $[0,T]$ 上一致收敛。

下面分析 MIMO 系统学习控制。

对于如图 10-31 所示的两输入两输出系统，其传递函数为

$$G(s) = \begin{bmatrix} G_{11}(s) & G_{12}(s) \\ G_{21}(s) & G_{22}(s) \end{bmatrix}$$

对象控制输入 $U = [u_1, u_2]^T$，输出为 $Y = [y_1, y_2]^T$。

以第一路为例，若将第二路对第一路的耦合项看作第一路的干扰项，则第一路的学习控制可用图 10-32 表示。

对图 10-32 定性分析可以看出，若干扰项 r 为定值扰动时，则采用 SISO 系统的学习控制律可以克服干扰影响，并且学习控制算法稳定收敛。但是，由于第二路的控制输入的变化及其系统的动态特性的影响，简单地采用按 SISO 系统的学习控制律来设计学习控制器，难以保证算法收敛。

在 SISO 学习控制律中，其本次的控制操作主要取决于上次的控制操作及上次输出误差的 PID 修正项。借鉴 SISO 系统的思想，对于上面的两输入两输出多

变量系统,在设计单路学习控制律时,也将另一路本次的控制输入和其上次的控制输入引入其学习控制律中,其表达式可表示成如下式所示:

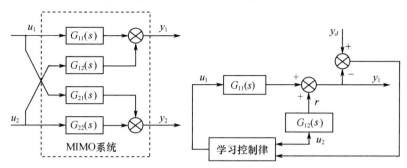

图 10 - 31 两输入两输出多
变量系统框图

图 10 - 32 将耦合项作为扰动的
单路学习控制框图

$$\begin{cases} u_1^{k+1}(i) = u_1^k(i) + L_1 e_1^k(i) + F_{11}(u_2^{k+1}(i)) + F_{12}(u_2^k(i)) \\ u_2^{k+1}(i) = u_2^k(i) + L_2 e_2^k(i) + F_{21}(u_1^{k+1}(i)) + F_{22}(u_1^k(i)) \end{cases} \quad (10.69)$$

式中 k——学习次数记录;

i——采样点。

实际上,对于图 10 - 31 所示的 MIMO 系统,若 $\text{rank}|G(s)| = n = 2$,或 $\text{rank}|\lim\limits_{s \to 0} G(s)| = 2$,则该系统能够实现解耦控制。解耦网络传递阵为

$$\boldsymbol{A}(s) = \begin{bmatrix} A_{11}(s) & A_{12}(s) \\ A_{21}(s) & A_{22}(s) \end{bmatrix}$$

则该 MIMO 系统控制框图可用图 10 - 33 表示。

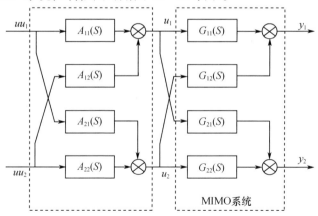

图 10 - 33 两输入两输出系统控制框图

令 $\boldsymbol{U}_u = [uu_1, uu_2]^{\text{T}}$,则图 10 - 33 整个系统的传递关系可表示为

$$Y = G(s) \cdot A(s) \cdot U_u \overset{\diamond}{=} H(s) \cdot U_u \tag{10.70}$$

当 $H(s) = T \cdot G(s)$，其中 T 为常数，$T = 1 + (-1)^{i+j}$ 时，$A(s)$ 的解最为简洁。

$$A(s) = G(s)^{-1}(T \cdot G(s)) \tag{10.71}$$

当式(10.70)和式(10.71)成立时，可以写出如下式所示的两路 P 型学习律：

$$\begin{cases} uu_1^{K+1}(t) = uu_1^k(t) + L_1 e_1^k(t) \\ uu_2^{k+1}(t) = uu_2^k(t) + L_2 e_2^k(t) \end{cases} \tag{10.72}$$

由前面 SISO 系统的 P 型学习律证明可知，当 L_1、L_2 在一定范围时式(10.72)收敛。

由式(10.70)~式(10.72)可以得出两输入两输出多变量系统学习控制律式(10.69)更进一步的表达式，如下式所示：

$$\begin{cases} u_1^{k+1}(i+1) = u_1^k(i) + \Lambda_1 \cdot (u_2^{k+1}(i+1) - u_2^k(i)) + \Gamma_1 \cdot e_1^k(i) \\ u_2^{k+1}(i+1) = u_2^k(i) + \Lambda_2 \cdot (u_1^{k+1}(i+1) - u_1^k(i)) + \Gamma_2 \cdot e_2^k(i) \end{cases} \tag{10.73}$$

式中　$e_1(i) = y_{d1}(i) - y_1(i)$；

　　　$e_2(i) = y_{d2}(i) - y_2(i)$；

　　　Λ_1、Λ_2、Γ_1、Γ_2——常数；

　　　$y_{d1}(i), y_{d2}(i)$——系统理想输出。

当 $\lim\limits_{s \to \infty} G_{nj}(s) = \text{Const}, n \neq j, n, j \in \{1,2\}$ 时，Λ_1 和 Λ_2 可分别取为

$$\Lambda_1 = -P\left[\frac{G_{12}(s)}{G_{11}(s)}\right], \quad \Lambda_2 = -P\left[\frac{G_{21}(s)}{G_{22}(s)}\right] \tag{10.74}$$

式中　P——极值处理。

通过上面分析，给出了两输入两输出 MIMO 系统的多变量学习控制律，如式(10.73)所示。

其实，从另一方面分析式(10.73)，可以表示成下式形式：

$$\begin{cases} u_1^k(i) = u_1^0(i) + \Gamma_1 \sum\limits_{n=0}^{k-1} e_1^n(i) + \Lambda_1(u_2^k(i) - u_2^0(i)) \\ u_2^k(i) = u_2^0(i) + \Gamma_2 \sum\limits_{n=0}^{k-1} e_2^n(i) + \Lambda_2(u_1^k(i) - u_1^0(i)) \end{cases} \tag{10.75}$$

假设 $u_1^0(i) = 0, u_2^0(i) = 0 (i = 1,2,3,\cdots,N)$，则式(10.75)可化为

$$\begin{cases} u_1^k(i) = \Gamma_1 \sum_{n=0}^{k-1} e_1^n(i) + \Lambda_1 \cdot u_2^k(i) \\ u_2^k(i) = \Gamma_2 \sum_{n=0}^{k-1} e_2^n(i) + \Lambda_2 \cdot u_1^k(i) \end{cases} \tag{10.76}$$

式(10.76)右边第二项很明显地起到扰动的补偿作用,以第一路通道为例,式(10.76)可用图 10 - 34 很直观地表示出来。

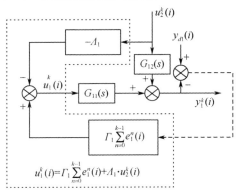

图 10 - 34　多变量学习控制律结构图

3. 模糊推理及相对距离推理算法

常用的模糊推理及其模糊量的非模糊化方法有多种,如 MIN—MAX—重心法、代数积—加法—重心法、模糊加权型推理法、函数推理法、加权函数推理法、选择最大隶属度法及取中位数法等。具有代表性的是 MIN—MAX—重心法。

MIN—MAX—重心法即为有名的 Mamdani 推理法。其实质是加权平均法。

考虑以下模糊推理形式:

$$\text{Rule 1:E1 and C1} \Rightarrow \text{U1} \tag{10.77}$$

$$\text{Rule } n:\text{E}n \text{ and C}n \Rightarrow \text{U}n$$

前提:X_0 and Y_0

结论:$U,$

由前提"X_0 and Y_0"和各模糊规则"Ei and Ci"($i = 1,2,\cdots,n$)可以得到推理结果 U' 为

$$\mu_{U_i'}(z) = \mu_{E_i}(x_0) \wedge \mu_{C_i}(y_0) \wedge \mu_{U_i}(z) \quad (i = 1,2,\cdots,n) \tag{10.78}$$

式中　$\wedge$——MIN 运算。

则最终结论 U' 是由综合推理结果 $U_1', U_2', \cdots, U_n'$

$$\mu_{U'}(z) = \mu_{U_1'}(z) \vee \mu_{U_2'}(z) \vee \cdots \vee \mu_{U_n'}(z) \tag{10.79}$$

式中　$\vee$——MAX 运算。

上述推理过程可用图 10 - 35 表示(以三条规则推理为例)。

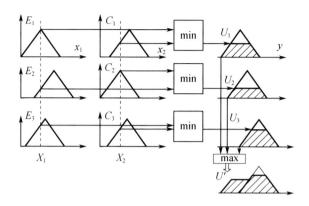

图 10 - 35 MIN—MAX—重心法推理示意图

模糊集合 U' 的"重心"可由下式计算:

$$Z_o = \frac{\sum\limits_{i=1}^{n} \mu_{U'}(z_i) \cdot z_i}{\sum\limits_{i=1}^{n} \mu_{U'}(z_i)} \qquad (10.80)$$

由上面介绍可以看出,MIN—MAX—重心法由于使用 MIN、MAX 这种非线性很强的运算,推理过程不一定满足直观的判断。由图 10 - 35 可以看出:在进行 MIN 运算时,由于取小者一方,则大者一方的变化对结论就没有影响;在进行 MAX 运算时,U_2 的结论被 U_1 和 U_3 湮没,使结论 U' 与 U_2 无关,即规则 2 不起作用。

为了避免模糊推理计算量大,满足控制系统时实性要求,通常的模糊控制策略在实际应用时往往需要建立模糊控制表,计算机根据系统当前的特征量(误差或误差变化)采用查询方式得出当前所需的控制输出。其缺点是,当某条规则有修改时,需要从新计算此控制表。

鉴于上述问题,采用一种求取相对距离的推理算法。

设系统误差变量和误差变化变量的模糊子集分别为

$$\tilde{E} = \{-ve_N, -ve_{N-1}, \cdots, -ve_1, 0, ve_1, \cdots, ve_{N-1}, ve_N\}$$

$$\tilde{E}C = \{-vc_M, -vc_{M-1}, \cdots, -vc_1, 0, vc_1, \cdots, vc_{M-1}, vc_M\} \qquad (10.81)$$

对于 SISO 系统,其模糊规则可表示为

$$\text{IF} \quad \tilde{e}_i \quad \text{and} \quad \tilde{ec}_j \quad \text{THEN} \quad \tilde{u} \qquad (10.82)$$

式中 $\tilde{e}_i \in \tilde{E}$, $\tilde{ec}_j \in \tilde{E}C$, $i \in [0, 1, \cdots, N]$, $j \in [0, 1, \cdots, M]$。

设 $\tilde{e}$ 和 $\tilde{ec}$ 的隶属函数分别为

$$\mu_i(\tilde{e}) = \begin{cases} 1 - \left| \dfrac{\tilde{e_i^*} - \tilde{e}}{\delta_i^e} \right| & \left| \tilde{e_i^*} - \tilde{e} \right| \leqslant \delta_i^e \\ 0 & \text{其他} \end{cases} \tag{10.83}$$

$$\mu_j(\tilde{ec}) = \begin{cases} 1 - \left| \dfrac{\tilde{ec_j^*} - \tilde{ec}}{\delta_j^c} \right| & \left| \tilde{ec_j^*} - \tilde{e} \right| \leqslant \delta_j^{ec} \\ 0 & \text{其他} \end{cases} \tag{10.84}$$

式中 $\tilde{e_i^*} \in \tilde{E}$；$\tilde{ec_j^*} \in \tilde{EC}$。

即隶属函数的形状为"三角形",从式(10.83)和式(10.84)可以看出,隶属函数三角形底边宽分别为 $2\delta_i^e$ 和 $2\delta_j^c$,隶属函数可用图 10-36 表示。

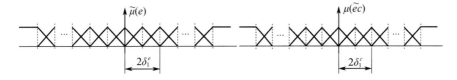

图 10-36　$\tilde{e}$ 和 $\tilde{ec}$ 的隶属函数图形表示

当 $\delta_1^e = \delta_2^e = \cdots = \delta_N^e = \delta^e$ 和 $\delta_1^c = \delta_2^c = \cdots = \delta_N^c = \delta^c$ 时,对于式(10.82)任意一条规则,可以用其特征参量 $(e_i^*, ec_j^*, \delta^e, \delta^c)$ 来表示。

设有 n 条规则,则式(10.82)可用下式表示:

$$\text{Rule I : IF } (\tilde{e_i^*}, \tilde{ec_j^*}, \delta^e, \delta^c) \text{ Then } \tilde{u}_I \tag{10.85}$$

式中 $I \in [1, n]$。

式(10.85)前提可用一平面图形表示,如图 10-37 所示。

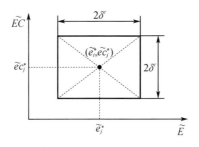

图 10-37　控制规则两维输入前提平面图形表示

那么,对于前提 x_0 和 y_0,其对于规则 $I(I \in [1, n])$ 的隶属度可用图 10-38 表示。

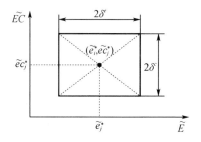

图 10 - 38　输入相对于第 I 条规则的隶属度平面图形表示

图 10 - 38 中,点 $(\widetilde{e_i^*}, \widetilde{ec_j^*})$ 到点 (x_0, y_0) 的距离为

$$d_I = (d_c^l, d_e^l) = (\,|\,\widetilde{e_i^*} - x_0\,|\,,\,|\,\widetilde{ec_j^*} - y_0\,|\,)\,, I \in [\,1\,, n\,] \tag{10.86}$$

其相对距离 H_I 为

$$H_I = \frac{d_I}{\delta^e + \delta^c} \tag{10.87}$$

则输入前提 (x_0, y_0) 对于规则 I 的隶属度如下式所示:

$$S_I = 1 - H_I = 1 - \frac{|\,\widetilde{e_i^*} - x_0\,| + |\,\widetilde{ec_j^*} - y_0\,|}{\delta^e + \delta^c} \tag{10.88}$$

从上面可以看出,当输入前提与第 I 条规则前提在平面图形上完全重合时 $H_I = 0$,而隶属度 $S_I = 1$,说明输入前提与第 I 条规则前提完全相同,控制输出即为第 I 条规则的输出。$S_I \in [\,0\,, 1\,]$。

用式(10.88)即可求得前提 (x_0, y_0) 对于任意规则的隶属度。采用重心法求得对于前提 (x_0, y_0) 的控制输出为

$$\tilde{u} = \frac{\displaystyle\sum_{I=1}^{n} S_I \cdot U_I}{\displaystyle\sum_{I=1}^{n} S_I} \tag{10.89}$$

从上面的推理过程可以看出,该方法可以使每条规则都能在推理中发挥作用,没有出现"湮没"现象,并且推理直观。

依此类推,当规则前提为三维或三维以上时,该方法同样适用,不过图 10 - 38 的图形将是用三维或三维以上空间图形来表达。

4. 学习过程规则生成与学习控制

图 10 - 29 中,两输入两输出 MIMO 系统

$$R = [\,r_1, r_2\,]^{\mathrm{T}}$$

$$Y_d = \left[y_{d1}, y_{d2} \right]^{\mathrm{T}}$$

$$E = Y_d - Y = \left[e_1, e_2 \right]^{\mathrm{T}}$$

$$U = \left[u_1, u_2 \right]^{\mathrm{T}}$$

$$E_m = R - Y = \left[e_{m1}, e_{m2} \right]^{\mathrm{T}}$$

在第 $n(n \geqslant 1)$ 次学习控制后,可获得下列数据对:

$$\left\{ \left\{ e_{m1}(iT), ec_{m1}(iT) \right\} \right\} \sim \left\{ u_1(iT) \right\}$$

$$\left\{ \left\{ e_{m2}(iT), ec_{m2}(iT) \right\} \right\} \sim \left\{ u_2(iT) \right\}$$

或

$$\left\{ \left\{ e_{m1}(iT), ec_{m1}(iT) \right\}, \left\{ e_{m2}(iT), ec_{m2}(iT) \right\} \right\} \sim \left\{ u_1(iT), u_2(iT) \right\}$$

式中 $ec_{mj}(iT) = em_j(iT) - em_j(iT - T)$;$em_j(iT) = r_j(iT) - y_j(iT)$;

$j = 1, 2$;T 为采样周期;

$i \in \left[0, m \right]$,m 为每次最大采样点数。

定义模糊子集:

$$E_i = \left\{ -ve_N^i, -ve_{N-1}^i, \cdots, -ve_1^i, 0, ve_1^i, \cdots, ve_{N-1}^i, ve_N^i \right\}$$

$$\overline{E_i} = \left\{ -vc_M^i, -vc_{M-1}^i, \cdots, -vc_1^i, 0, vc_1^i, \cdots, vc_{M-1}^i, vc_M^i \right\}$$

$$U_i = \left\{ -vu_I^i, -vu_{I-1}^i, \cdots, -vu_1^i, 0, vu_1^i, \cdots, vu_{I-1}^i, vu_I^i \right\}$$

式中 $i = 1, 2$。

取

$$\left\{ P \left[e_{mk}(iT) \cdot K_k^1 \right], P \left[ec_{mk}(iT) \cdot K_k^2 \right] \right\} \in E_k \times \overline{E_k}$$

式中 $k = 1, 2$;K_i^j 为量化系数;P 为模糊量取整处理。

则

$$\tilde{e}_k(iT) = P \left[e_{mk}(iT) \cdot K_k^1 \right]$$

$$\tilde{ec}_k(iT) = P \left[ec_{mk}(iT) \cdot K_k^2 \right]$$

$$\tilde{u}_k(iT) = P \left[u_k(iT) \cdot K_k^3 \right]$$

在实际应用中,通过引入置信度或平均处理方法,来解决冲突问题,则可生成第 n 次的规则库:

$$\left\{ \tilde{e}_k^{j1}(iT), \tilde{ec}_k^{j2}(iT) \right\}_n \sim \left\{ \tilde{u}_k^{j3}(iT) \right\}_n$$

式中 $\tilde{e}_k^{j1} \in E_i$,$\tilde{ec}_k^{j2} \in \tilde{K}_i$,$\tilde{u}_k^{j3} \in U_i$。

通过上面分析可知,一方面,采用式(10.73)的学习控制,则用每次学习控制的结果数据可以生成相应的控制规则库。随着学习次数的增加,当系统达到稳定收敛时,其规则数的变化也趋于稳定。另一方面,第 n 次生成的控制规则,通过推理、决策可以用于第 $n+1$ 次的学习控制计算,则其学习控制流程图如图 10-30 所示。采用这种学习控制策略其优点是:学习条件可以适当地改变。通过选择不同的 $K_k^j(j=1,2,3)$ 可以适应系统不同的给定输入条件,增强学习控制器的适应能力。

10.4.3 风洞流场建立阶段控制策略

前面已经提到,风洞启动阶段系统特性相当复杂,用依赖于系统传递模型的传统控制策略来解决这一过程的控制是比较困难的。而智能控制将领域专家经验和知识与反馈控制理论相结合来设计控制策略。可以认为,智能控制实质上是基于知识的控制,这种知识是广义的知识,它包括用传统的数学模型所描述的定量知识,用模糊数学描述的各种模糊信息,也包括用产生式规则表示或用模糊逻辑关系表示的控制规则、直觉逻辑等定性的知识。

风洞的气动设计及各阀门的气动调节特性都经过空气动力学理论计算,所以这一过程的控制器设计完全有必要借鉴风洞气动设计方面的知识。利用前面介绍的风洞数值模型可以初步确定相应的控制逻辑时序及控制规则。

启动阶段控制器设计是以能耗最小为目标函数。下面以 2.4m×2.4m 引射式跨声速风洞为例,介绍该过程所采用的一种基于知识的风洞智能控制器设计思路。

控制器实现框图如图 10-39 所示。图中"开车条件"是指用户在上位机(监督管理机)输入开车工况,及要求的各个压力(稳定段总压、主引压力和驻室引射压力等)、马赫数、试验模型的姿态角运行方式(其中,主引压力和驻室引射压力是用户可选择项)。

"各传感器测量信息"是指各压力传感器的测量值。在风洞开车前主要是气源压力状态。开车后则包含各要求控制的各压力(含压力计算的马赫数),它是实现控制计算的主要依据。

"安全联锁信息"是指由安全联锁状态监测机通过网络传过来的安全联锁信息。在开车前包括:可动部段(位)充气密封系统是否正常;相应油源系统是否进入高压并且无故障;洞内是否有人;各部段是否到位;大、小门是否关闭到位;风洞相应闸阀是否打开到位;各传感器电源是否正常等。在开车过程中,除了上述信息外主要有相应部段压力是否超压(超压必须紧急关车),风洞充气密封系统是否正常,相应油源系统工作是否正常等。它决定风洞试验主控程序的运行方向。

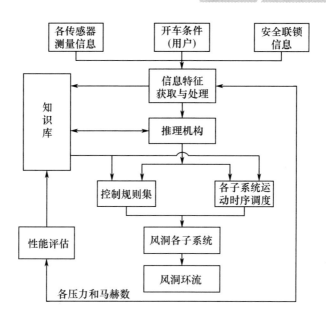

图 10 – 39   启动阶段基于知识的智能控制器的实现框图

"信息特征获取与处理"主要包括:对"开车条件"信息进行处理;在开车后通过各压力传感器的反馈信息及吹风工况输入信息,对这些量的处理来获得系统的应有状态、现有状态及误差(误差变化量)等对控制有用的信息。

对于"开车条件"信息特征的获取主要有:开车工况 $OP_i(i=1,2,3)$;用户是否选择马赫数调节系统 $OPS_i(i=1,2)$ 及 $OPL_i(i=1,2)$ 及用户给定信息 GZY_i $(i=1,2)$,误差信息 T_M,$TP_i(i=1,2)$ 及给定马赫数和 P_0 所隶属的范围 M_i、P_{0i} 等。

例如:

IF "定压、定 Ma、定攻角" THEN $OP_1 = 1$

ELSE $OP_1 = 0$

IF "定压、定 Ma、变攻角" THEN $OP_2 = 1$

ELSE $OP_2 = 0$

IF "用户选择栅指调节马赫数" THEN $OPS_1 = 1$

ELSE IF "用户选择栅指配合" THEN $OPS_2 = 1$

ELSE $OPS_1 = 0, OPS_2 = 0$

IF "用户选择流量阀调节马赫数" THEN $OPL_1 = 1$

ELSE IF "用户选择流量阀配合" THEN $OPL_2 = 1$

ELSE $OPL_1 = 0, OPL_2 = 0$

当 $OPS_i = 0$ 和 $OPL_i = 0$ 时,"推理机构"会自动从"知识库"中调出马赫数的调节执行系统及配合执行系统。控制软件给用户留出选择空间。

对于马赫数给定范围信息特征：

$$\text{IF } M_g \in [M_A, M_B] \text{ THEN } M_i = 1$$

对于稳定段总压给定范围信息特征：

$$\text{IF } P_{0g} \in [P_{0A}, P_{0B}] \text{ THEN } P_{0i} = 1$$

开车命令发布后，信息特征的获取主要有：马赫数误差(启动阶段完成后的给定马赫数与当前马赫数之差 ΔM)大于某一范围 M_{e1} 的信息 T_M 信息；主引射器压力误差 Δe_{p1} 大于某一范围 P_{e1} 的信息 T_{P1} 及驻室引射器压力误差 Δe_{PZ} 大于某一范围 Pe_Z 的信息 TP_2 等。例如：

$$\text{IF } \Delta M \geqslant M_{e1} \text{ THEN } T_M = 1$$

$$\text{IF } \Delta e_{P_0} \geqslant P_{e1} \text{ THEN } T_{P1} = 1$$

$$\text{IF } \Delta e_{P_Z} \geqslant P_{eZ} \text{ THEN } T_{P_2} = 1$$

"推理机构"通过信息特征来调用"知识库"中的数据(或规则)，从而对控制规则进行匹配，并形成"控制规则集"和"各子系统运动时序调度"控制规则集。例如：

R1：$\text{IF } (M_i, P_{oi}, OP_1, OPS_i = 0, OPL_2 = 0)$

THEN (调用"知识库"确定 OPS_i 和 OPL_i)

R2：$\text{IF } (M_i, P_{oi}, OP_1 = 1, OPS_i = 1)$

THEN (u_1, u_2, u_3)

R3：$\text{IF } (M_i, P_0, OP_1 = 1, OPS_i, T_M = 1, TP_1 = 1)$

THEN (u_1, u_2, u_3)

⋮

u_1 为主调压阀给定，u_2 为主排气阀给定，u_3 为栅指给定，均由知识库获取。

R2 根据 M 和 P_0 给定范围，给出主调与主排协调充压的方式。这时可能 $u_2 = 0$，或 $u_3 = 0$。这些根据条件由"知识库"提供。

R3 根据马赫数和 P_0 的实际范围来决定主排是否打开，栅指是否跳跃到另一位置(或才开始伸出)。

总之，其推理规则可表示成：

$$\text{IF } (M_i, P_{0i}, OP_i, OPS_i, OPL_i, GZY_i, T_M, T_{Pi})$$

$$\text{THEN } (u_1, u_2, u_3, u_4, u_5, u_6) \tag{10.90}$$

式中 u_4——驻流给定；

u_5——驻调给定；

u_6——攻角给定，其给定量的大小，给定量的变化，反映了各调节系统打开位置，停留时间和从一个位置到另一个位置及其运动速度。

"知识库"由经验数据库和事实集、经验公式构成。经验数据库中的经验数据包含了空气动力学的领域知识、控制领域知识及"性能评估"建议修改的上述知识的数据,它们包含了被控对象参数的可能变化范围、控制参数的调整范围及其限幅值等。

其中,空气动力学的领域知识可以是用数学模型所描述的定量知识。如下面几项:

(1)主调压阀门的调压特性:

$$\nu_1 = f(\sigma_1) \tag{10.91}$$

式中　　ν_1——阀后与阀前压力之比,即 $\nu_1 = P_{02}/P_{01}$;

　　　　σ_1——阀门开度与最大开度之比,即 $\sigma = S/S_{max}$;

　　　　$f(\cdot)$——可由阀门特性实验数据或气动阀门设计提供,它与引射器喷嘴型号有关。

(2)驻室调压阀门特性:

$$\nu_2 = f(\sigma_2) \tag{10.92}$$

其各项定义与主调类似。

(3)栅指伸出量 Y_{ext} 与马赫数关系特性:

$$Y_{ext} = f(M, K, \eta) \tag{10.93}$$

式中　　K——损失系数;

　　　　η——抽气量 $\Delta G/G$ 的状态系数;

　　　　ΔG——驻室抽气从试验段抽出流量;

　　　　G——试验段流量。式(10.93)可以以试验数据形式给出。

(4)主排气阀工作特性:

$$\overline{S}_5 = f(M, P_0) \tag{10.94}$$

式中　　$\overline{S}_5$——主排的相对开度;

　　　　P_0——稳定段总压。

(5)驻室流量阀工作特性:

$$\overline{S}_3 = f(M, \Delta G/G, P_0) \tag{10.95}$$

式中　　$\overline{S}_3$——驻室流量阀的相对开度。

式(10.91)~式(10.95)来源风洞气动设计。

"控制规则集""各子系统运动时序调度"反映了"推理机构"根据相应工况及系统运行状态,采用产生式规则及解析形式等多种方法来描述被控对象的特征,总结出的若干条行之有效的控制规则,即控制规则集及各子系统运动时序调度(可以用规则形式表示)。它们反映了操作者根据过去调试的经验及空气动力学方面的领域知识,所确定的各阀门等子系统的运动规律及时序的最佳搭配。

通过调试,对于不同的工况可以形成30~40条控制规则。

"性能评估"对在一定规则集下的风洞充压启动控制的控制品质进行评估,从而决定是否对相应的规则进行修改。

启动完成,程序设置启动完成标志。

通过风洞数值模型仿真和相应的调试车次,即可实现风洞流动建立阶段智能控制设计。

风洞启动阶段采用上面控制策略的优点在于:采用开、闭结合的控制模式,从而克服了风洞启动阶段严重的非线性、时变及系统间的强耦合等问题,使系统较快地进入弱耦合区及弱时变区和非线性特性不是很严重的区域。

图10-40某次试验获得的系统响应曲线,马赫数给定为0.918(对应核心流为0.95),稳定段总压给定为140kPa。主调压阀、主排气阀、栅指及驻室抽气系统均参与控制。图10-40(a)可以反映启动阶段参与控制的系统的控制方式。

从图10-40(a)中可见,为了使稳定段总压快速建立,主排开始是关闭憋压,为了防止总压出现过冲,智能控制器由时序调度控制规则集(根据误差或误差的变化)使主排在4S左右以一定速度打开到相应位置。另外,为使马赫数快速建立,流量阀以过冲方式打开然后停留一段时间(根据马赫数误差变化)然后又拉回到另一位置。这种启动控制方式,有利于流场的快速建立,为转入风洞运行阶段流场的精确控制打下基础。

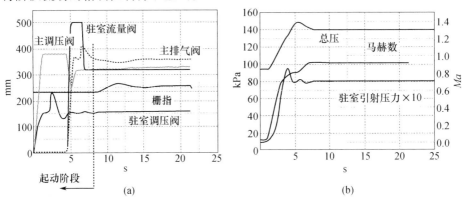

图10-40 组合控制实现定压、定马赫数吹风运行控制

(a) 驻室抽气 + 栅指;(b) 主调 + 主排。

10.4.4 模型跟随自适应控制

如图10-40(a)所示,启动阶段基于"半闭环"模式的智能控制策略使流场参数接近设定值。启动控制模式完成后进入精确调节阶段,使流场参数达到所要求的精度指标。在精确调节阶段,将耦合量视为扰动量,可采用提高控制算法的自适应性(或鲁棒性),采用 SISO 的控制模式来解决多变量的耦合问题。

　　模型跟随自适应控制(AMFC)是 MRAC 的一个分支,其核心是线性模型跟随控制(LMFC)和波波夫超稳定性理论,它满足模型完全跟随(PMF)条件。其 PMF 条件为

$$(\boldsymbol{I} - \boldsymbol{B}_p \boldsymbol{B}_p^+)(\boldsymbol{A}_m - \boldsymbol{A}_p) = 0, (\boldsymbol{I} - \boldsymbol{B}_p \boldsymbol{B}_p^+)\boldsymbol{B}_m = 0 \qquad (10.96)$$

式中　$\boldsymbol{I}$——单位阵;

　　　　$\boldsymbol{A}_m$、$\boldsymbol{B}_m$——参考模型的参数矩阵;

　　　　$\boldsymbol{A}_p$、$\boldsymbol{B}_p$——被控对象的参数矩阵;

　　　　$\boldsymbol{B}_p^+$——$\boldsymbol{B}_p$ 阵的伪逆阵。

　　需要满足这两个矩阵方程需要较多的先验知识。为此在数值风洞上进行控制仿真时采用了一种 AMFC 新方法,其特点是将 PMF 条件归结为两个矩阵 $\boldsymbol{M}$ 和 $\boldsymbol{N}$ 的乘积为零。一般 $\boldsymbol{M}$ 和 $\boldsymbol{N}$ 可视为 n 维内积空间 $\boldsymbol{V}$ 中的两个矢量集,因为 $\boldsymbol{M}$ 的正交阵为:$\boldsymbol{M}^\perp = \{a \mid (a,b), a \in \bar{\boldsymbol{V}}, b \in \boldsymbol{M}\}$,要求 $\boldsymbol{MN} = \boldsymbol{0}$,即要求 $\boldsymbol{N} \subset \boldsymbol{M}^\perp$。根据风洞控制的特点,在 AMFC 新方法的算法中将采用状态法作为基础方法,其特点是把输出直接作为状态。图 10 - 41 是采用的 AMFC 框图。

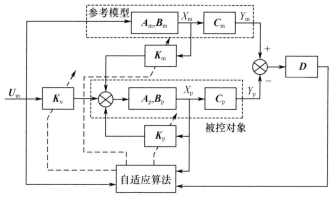

图 10 - 41　AMFC 系统框图

控制律为

$$\boldsymbol{U}_p = \boldsymbol{K}_m(k+1)\boldsymbol{U}_m(k) + \boldsymbol{K}_u(k+1)\boldsymbol{U}_p(k) + \boldsymbol{K}_p(k+1)\boldsymbol{X}_p(k) \qquad (10.97)$$

自适应控制律增益项由下式算出:

$$\boldsymbol{\varphi}(k+1) = [\boldsymbol{K}_p(k+1) \mid \boldsymbol{K}_m(k+1) \mid \boldsymbol{K}_u(k+1)]$$

$$= \boldsymbol{\varphi}^p(k+1) + \boldsymbol{\varphi}^I(k+1)$$

$$\boldsymbol{\varphi}^p(k+1) = \boldsymbol{v}(k+1)[\boldsymbol{R}^p \boldsymbol{\theta}(k)]^{\mathrm{T}}$$

$$\boldsymbol{\varphi}^{l}(k+1) = \boldsymbol{\varphi}^{l}(k) + \boldsymbol{v}(k+1)\left[\boldsymbol{R}^{l}\boldsymbol{\theta}(k)\right]^{\mathrm{T}}$$
$$\boldsymbol{\theta}(k) = \left[\boldsymbol{X}_{\mathrm{p}}(k)\mid\boldsymbol{U}_{\mathrm{m}}(k)\mid\boldsymbol{U}_{\mathrm{D}}(k)\right]^{\mathrm{T}}$$
$$\boldsymbol{v}(k) = \boldsymbol{D}(z^{-1})\boldsymbol{\varepsilon}(k) = \boldsymbol{D}(z^{-1})(\boldsymbol{Y}_{\mathrm{p}}(k) - \boldsymbol{Y}_{\mathrm{m}}(k)) \tag{10.98}$$

$\boldsymbol{D}(z^{-1}) = 1 + \sum\limits_{i=1}^{l} d_i z^{-i}$ 为线性补偿器。

该控制算法适合于 SISO 系统和耦合不是很强的 MIMO 系统。MIMO 系统间的耦合在一定程度上可视为系统参数时变或一种扰动,由于控制律实现了 PMF 条件自动满足,因此在一定条件下对参数时变不敏感。

将上面提出的 AMFC 用于 2.4m×2.4m 引射式跨声速风洞稳定段总压和马赫数控制时,在理论上是完全成立的,并且在数值模型风洞上可以取得较好的仿真效果。在控制算法实现时设计两个 AMFC 控制器:一个是稳定段总压 AMFC 控制器;另一个为马赫数 AMFC 控制器,其中马赫数 AMFC 控制器有栅指马赫数控制器和驻室流量阀马赫数控制器两种。除了稳定段总压和马赫数 AMFC 控制器外,相应还有主引压力 AMFC 控制器、驻引压力 AMFC 控制器等。

10.4.5　仿人智能控制

一般来说,智能控制系统的被控对象一般都是比较复杂的,难以用精确的数学模型进行描述,往往具有非线性、时变性、纯时延、强干扰、多变量、强耦合等特点。

PID 控制在国内外现有风洞控制方面,用得较为普遍。众所周知,古典控制理论中常规 PID 控制算法是根据系统输出误差的比例、积分、微分的线性组合给出控制量。这种算法是基于被控对象的精确模型来整定其控制参数,它虽然对被控对象参数变化有一定的鲁棒性,但是对于参数变化范围较大,尤其是对于具有纯滞后的对象、非线性系统及最小相位系统,常规 PID 控制算法是难以收到满意的控制效果,甚至不能稳定工作。PID 控制之所以在一些风洞或工业过程控制中得到一些成功的应用,就在于人们在控制算法设计中如何去利用"比例、积分、微分"的思想。正如著名的控制理论家奥斯特隆姆指出:"即使像 PID 控制这类问题,也不能由控制理论来单独解决,而直觉推理具有非常重要的作用。……为了获得性能好的自适应系统,应该给系统提供更多的直觉判断逻辑。直觉推理无论在高水平还是在低水平控制中都是重要的。"一些风洞控制或工业过程控制中采用分段变参数 PID 或多模态智能 PID 等,取得较好效果也大有所在。"比例、积分、微分"的思想也是智能控制(如仿人智能控制)的基本出发点。

智能控制有多种控制形式,如学习控制、模糊控制、专家控制、神经控制、仿人智能控制、多级递阶智能控制、多模变结构智能控制等。它们的共同特点就是控制规则的建立以及控制决策过程不是基于被控对象单纯的数学解析模型,而是基于知识,体现了人(控制专家、娴熟的操作者)的智能。

仿人控制算法,从控制结构和控制行为两方面模仿人的一些特点和功能,其中包括人的在线特性辨识、特性记忆以及直觉推理逻辑等。具体来说,主要根据控制器的输入信号(即系统误差)的大小、方向及其变化趋势做出相应的决策,以选择适当的控制模式进行控制。例如,以多模转换,开、闭环结合的控制模式进行控制。也正是依靠这种灵活而巧妙的识别、决策以及控制方式,使得那些常规反馈控制本来相互制约的控制品质(快速性、平稳性和精确性)在该控制算法之下很容易地被统一起来。

1. 仿人智能控制器的组成描述

仿人智能控制器可用两部分来体现,这两部分是系统特征模型和控制模态集。

(1)系统特征模型。特征模型是全体特征状态的集合,它是构成控制模态集的条件。一个仿人智能控制算法的特征模型可以表示为

$$\boldsymbol{\Omega} = \boldsymbol{T} \otimes \boldsymbol{Q} \tag{10.99}$$

式中　$\boldsymbol{T}$——特征模型关系阵;

　　　$\boldsymbol{Q}$——特征基元矢量。

特征模型关系阵 $\boldsymbol{T} = [t_{ij}]_{n \times m}$,$t_{ij}$ 可以取 $-1, 0, +1$ 三个值,分别表示取反,取零和取正;

特征基元矢量 $\boldsymbol{Q} = [q_1 \ q_2 \cdots q_m]^{\mathrm{T}}$;

"$\otimes$"表示一种矩阵"与"的逻辑相乘关系。

(2)控制模态集。控制模态集与系统特征模型存在一一映射关系,它反映了智能控制器在系统具有相应状态下所应采取的行为。

控制模态集可表示为

$$\boldsymbol{U} = \boldsymbol{F} \cdot \boldsymbol{L} \tag{10.100}$$

式中　$\boldsymbol{U}$——输出矢量;

　　　$\boldsymbol{F}$——输出关系矩阵;

　　　$\boldsymbol{L}$——模态基元矢量。

定性分析、仿真研究和实际应用都表明,仿人智能控制系统的运行是大范围稳定的。即使对非最小相位系统的智能控制,也可以收到满意的控制效果。

2. 风洞试验运行过程智能控制器设计

以 2.4m×2.4m 引射式跨声速风洞这一较为简单的试验工况的稳定段总压控制为例。

其特征模型的关系阵为

$$T = \begin{bmatrix} 1 & 0 & 0 & 0 & 0 & 0 & 0 & 0 \\ 0 & 1 & 1 & 0 & 0 & 0 & 0 & 0 \\ 0 & 0 & 0 & 1 & 0 & 0 & 0 & 0 \\ 0 & 0 & 0 & 0 & 1 & 0 & 0 & 0 \\ 0 & 0 & 0 & 0 & 0 & 1 & 0 & 0 \\ 0 & 0 & 0 & 0 & 0 & 0 & 1 & 0 \\ 0 & 0 & 0 & 0 & 0 & 0 & 1 & 1 \end{bmatrix} \tag{10.101}$$

特征基元矢量 $\boldsymbol{Q}$ 为

$$\boldsymbol{Q} = \begin{bmatrix} q_1 & q_2 \cdots q_8 \end{bmatrix}^{\mathrm{T}} \tag{10.102}$$

式中 $q_1 : e_{P0} > P_A$；

$q_2 : e_{P0} > P_B$；

$q_3 : e_{P0} < P_A$；

$q_4 : e_{P0} < -P_B$；

$q_5 : e_{P0} < -P_A$；

$q_6 : |e_{P0}| < P_B$；

$q_7 : |e_{P0}| < P_C$；

$q_8 : |e_{P0}| < P_D$；

$e_{P0} = P_{0给} - P_0$；

$P_A \sim P_D$——调试设定范围值。

控制模态基元矢量为

$$\boldsymbol{L} = \begin{bmatrix} m_1 & m_2 & \cdots & m_{10} \end{bmatrix}^{\mathrm{T}} \tag{10.103}$$

式中：$m_1 : K_p \cdot e_{p0}$，K_p 是比例增益；$m_2 : S_5^g$；$m_3 : K_1 K_p \cdot e_{p0}$，$K_1$ 是增益放大系数；$m_4 : K_2 K_p \cdot e_{p0}$，$K_2$ 是增益放大系数；$m_5 : K_3 K_p \cdot e_{p0}$，$K_3$ 是增益放大系数；$m_6 : K_5 K_p \cdot e_{p0}$，$K_5$ 是增益放大系数；$m_7 : K_4 K_1 \cdot \sum e_{P0}$，$K_1$ 是积分增益，K_4 为积分增益放大系数；$m_8 : K_1 \cdot f(e_{P0})$；$m_9 : \delta M \cdot K$，$K$ 为解耦系数；$m_{10} : B_{P0}$ 为解耦基值。

其中，$f(e_{P0})$ 为积分变速因子。

$$f(e_{P0}) = \begin{cases} \dfrac{M_3 - |e_{P0}(k)|}{M_3 + |e_{P0}(k)|} & |e_{P0}(k)| \leqslant M_3 \\ 0 & 其他 \end{cases} \tag{10.104}$$

式中 M_3——变速范围。

输出关系矩阵为

$$\boldsymbol{F} = \begin{bmatrix} 1 & 1 & 0 & 0 & 0 & 0 & 0 & 0 & 0 & 0 \\ 0 & 0 & 1 & 1 & 0 & 0 & 0 & 0 & 0 & 0 \\ 0 & 1 & 0 & 1 & 0 & 0 & 0 & 0 & 0 & 0 \\ 0 & 1 & 0 & 0 & 1 & 0 & 0 & 0 & 0 & 0 \\ 0 & 1 & 0 & 0 & 0 & 1 & 1 & 0 & 0 & 0 \\ 0 & 1 & 0 & 0 & 0 & 1 & 0 & 1 & 0 & 0 \\ 0 & 1 & 0 & 0 & 0 & 1 & 0 & 1 & 1 & 1 \end{bmatrix} \tag{10.105}$$

则该工况稳定段总压智能控制框图可用图 10 - 42 表示。

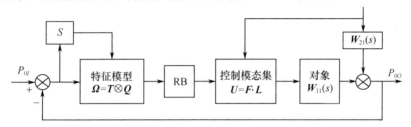

图 10 - 42　稳定段总压智能控制框图

图中:P_{0I} 为稳定段总压给定,P_{0O} 为稳定段总压输出,RB 为规则库,$W_{11}(s)$ 为主排给定到风洞流场稳定段总压之间的传递关系,$W_{21}(s)$ 为栅指马赫数控制系统对稳定段总压控制系统的耦合项。

按同样的方式,可以立出马赫数智能控制系统特征模型及控制模态集。同样得出如图 10 - 42 所示的马赫数智能控制框图。

10.4.6　预测控制

1. 预测控制的基本原理

预测控制因其在处理复杂多变量多约束控制问题中的卓越能力,被认为是能以系统和直观的方式处理多变量约束优化的控制技术和处理多变量约束控制问题的标准,是工业过程控制领域最受青睐的先进控制策略,也是继 PID 控制之后应用最广泛最有效的控制策略之一。预测控制已在全球化工、炼油等行业的数千个复杂装置中得到成功应用,取得了巨大的经济效益。预测控制在处理如下一些问题中具有明显优势:

(1)多输入多输出系统。

(2)操作变量和被控变量都需要满足物理约束。

(3)控制指标经常变化。

(4)时滞系统。

发展至今,各类预测控制算法已多达数十种。这些算法都具有以下三个基本原理:预测模型、滚动优化和反馈校正。

1)预测模型

预测控制是一种基于模型的控制算法。对于预测控制来讲,只注重模型的功能,而不注重模型的形式。预测模型的功能就是根据对象的历史信息和未来输入,预测其未来输出。从方法的角度讲,只要是具有预测功能的信息集合,无论其具有什么样的表现形式,均可作为预测模型。因此状态方程、传递函数这类传统的模型都可以作为预测模型。对于线性稳定对象,甚至脉冲响应、阶跃响应这类非参数模型,也可以直接作预测模型使用。此外,非线性系统、分布参数模型,只要具备上述功能,也可以作为预测模型使用。

因此,预测控制摆脱了之前的控制基于严格数学模型的要求,从全新的角度建立模型的概念。预测模型具有展示系统未来动态行为的功能。这样,就可以利用预测模型为预测控制的优化提供先验知识,从而决定采用何种控制输入,使未来时刻被控对象的输出变化符合预期的目标。

2)滚动优化

如果说预测控制与其他控制理论只有一个特性不同,那么这个不同在于预测控制实现控制作用的方式:滚动优化、滚动实施。

在工业应用和理论研究中,预测控制一般是采用在线优化的。预测控制的这种优化控制算法通过某一性能指标的最优来确定未来的控制作用。这一性能指标涉及系统未来的性能,通常可取对象输出在未来的采样点上跟踪某一期望轨迹的方差最小,或要求控制能量为最小等。常用性能指标如下:

$$J = E\left\{ \sum_{j=N_1}^{N_2} \left[y(k+j) - y_r(k+j) \right]^2 + \sum_{j=1}^{N_u} \left[r_j \Delta u(k+j-1) \right]^2 \right\}$$

(10.106)

式中　$y(k+j)$——系统未来 $k+j$ 时刻实际输出;

　　　$y_r(k+j)$——系统未来 $k+j$ 时刻期望输出;

　　　N_1——最小输出长度;

　　　N_2——预测长度;

　　　N_u——控制长度;

　　　r_j——控制加权系数。

性能指标中涉及的系统未来的行为,根据预测模型由未来的控制策略决定。但是,预测控制中的优化与通常的最优控制算法有很大的差别,预测控制中的优化不是采用一个不变的全局优化目标,而是采用滚动式的、有限时域的优化策略。在每一采样时刻,性能指标通常只涉及未来的有限时间,而到下一采样时刻,这一优化时域同时向前推移。因此,预测控制在每一时刻有一个相对于该时刻的性能指标。不同时刻性能指标的相对形式是相同的,但其绝对形式,即所包含的时间区域,则是不同的。

预测控制中,优化通常不是一次离线进行,而是反复在线进行的,这就是滚动优化的含义,也是预测控制区别于传统最优控制的根本特点。这种有限时域优化目标的局限性是其在理想情况下只能得到全局的次优解,但优化的滚动实施却能顾及由于模型失配、时变、干扰等引起的不确定性,及时进行弥补,始终把新的优化建立在实际的基础上,使控制保持实际上的最优。对于实际的复杂工业过程来说,模型失配、时变、干扰等引起的不确定性是不可避免的,因此,建立在有限时域上的滚动优化策略反而更加有效。

3)反馈校正

反馈在克服干扰和不确定性、获得闭环稳定性方面有着基本的、不可替代的作用。预测控制发展至今,可以说不仅没有放弃反馈,而是更充分地利用反馈;不仅不能否定和替换反馈的作用,而是不断证实反馈的意义。在预测控制的应用中,经常采用"透明控制",将预测控制建立在 PID 的基础上,而 PID 本身就是反馈型控制策略。进一步,可以说,如果没有反馈,对预测控制的分析和研究甚至是很难有成效的。

工业预测控制是一种闭环控制算法。预测控制算法在进行滚动优化时,优化的基点应与系统实际一致。但作为基础的预测模型,只是对象动态特性的粗略描述,由于实际系统中存在的非线性、时变、模型失配、干扰等因素,基于不变模型的预测不可能和实际情况完全相符,这就需要用附加的预测手段补充模型预测的不足,或者对基础模型进行在线修正。滚动优化只有建立在反馈校正的基础上,才能体现出优越性。因此,预测控制算法在通过优化确定了一系列未来的控制作用后,为了防止模型失配或环境干扰引起控制对理想状态的偏离,并不是把这些控制作用逐一全部实施,而只是实现当前时刻的控制作用。到下一采样时刻,首先监测对象的实际输出,并通过各种反馈策略,修正预测模型或加以补偿,然后再进行新的优化。

反馈校正的形式是多样的,可以在保持模型不变的基础上,对未来的误差做出预测并加以补偿,也可以采用在线辨识的方法直接修改预测模型。无论采用何种校正形式,预测控制都把优化建立在系统实际的基础上,并力图在优化时对系统未来的动态行为做出较准确的预测。因此,预测控制中的优化不仅基于模型,而且利用了反馈信息,因而构成了闭环优化。

预测控制基本结构如图 10 - 43 所示。

2. 双层结构工业预测控制

双层结构预测控制早在 20 世纪 80 年代末就已经在工业中得到应用。以应

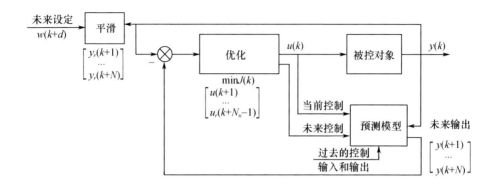

图 10 – 43　预测控制基本结构

用预测控制最著名的商业公司 Aspen Tech 的 DMC + 算法为例,由于采用双层结构预测控制,一个控制器可以包含 283 个操作变量和 604 个被控变量。

双层结构预测控制是目前流程工业中主流的解决方案,其成功的原因有很多,包括:

(1) 变结构。操作变量、干扰变量、被控变量的组合可以随时增减,不影响控制器运行。

(2) 软约束的多优先级处理。将各类软约束按照优先级的顺序排序,在不违反硬约束的前提下,按照优先级顺序尽量满足各种软约束。

(3) 在被控制系统实际运行工况下优化跟踪控制的设定值。上层计算设定值,下层跟踪设定值,即为双层的来历。单层预测控制只有跟踪设定值的能力,没有重新计算设定值的功能。

(4) 对理想值的跟踪功能。理想值是预测控制以外的环境给出的(比如由操作人员给出、由优化软件给出),而双层结构预测控制会重新评估这个理想值,尽量跟踪理想值。

(5) 数值鲁棒性大大增强。由于重新计算设定值,使得跟踪的过程更平稳,从而对过程条件的要求降低。

(6) 能够消除静差。单层结构预测控制并没有这个机制。

双层结构预测控制在递阶结构优化控制中的地位如图 10 – 44,其中设定值在工业软件中通常被称为稳态目标,设定值计算被称为稳态目标计算,跟踪控制被称为动态控制,动态控制输出的是底层控制器(如 PID)的设定值;稳态目标计算 + 动态控制 = 双层结构控制;预测 + 双层结构控制 = 双层结构预测控制;独立变量包含操作变量和干扰变量。

3. 工业预测控制

20 世纪 70 年代—80 年代末的 15 年时间里,主要是预测控制的启发式算

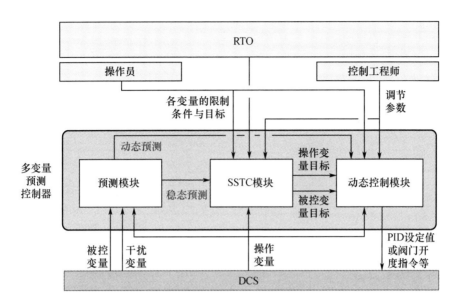

图 10-44　双层结构预测控制

法,目前的主流形式是双层结构预测控制。其发展已经经历了 4 代,如图 10-45所示。

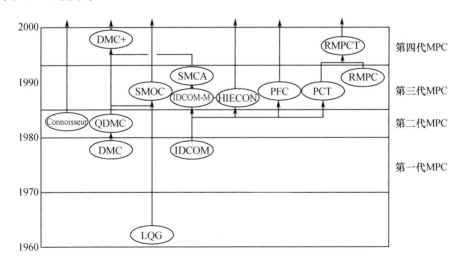

图 10-45　工业预测控制发展轨迹

10.4.7　试验调试结果

3m×2m 结冰风洞和 0.3m 低温风洞现处于调试和优化阶段,下面给出

405

2.4m×2.4m 引射式跨声速风洞调试结果,如图 10 -46 ~ 图 10 -50 所示。

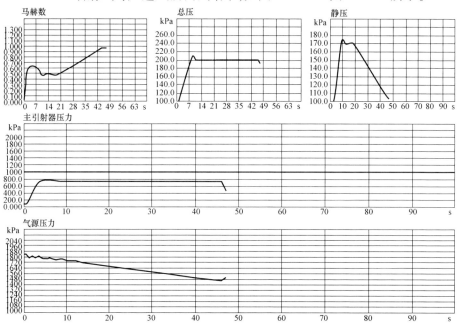

图 10 -46　定压定攻角连续变马赫数(Ma:0.481→0.985)

变攻角试验

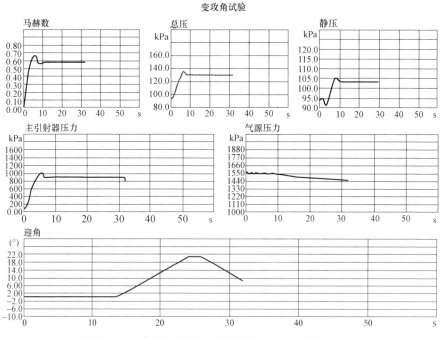

图 10 -47　定压(130kPa)定马赫数(0.578)连续变攻角

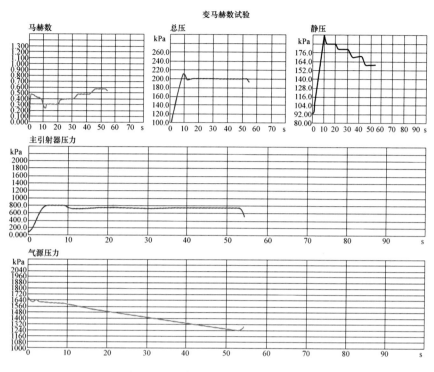

图 10-48　定压定攻角步进变马赫数

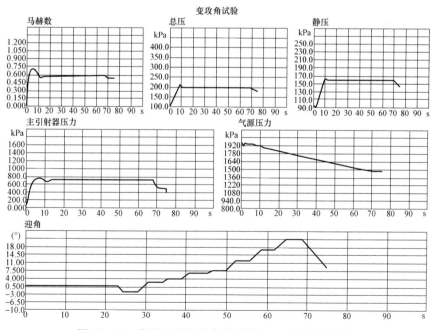

图 10-49　定压(200kPa)定马赫数(0.578)步进变攻角

407

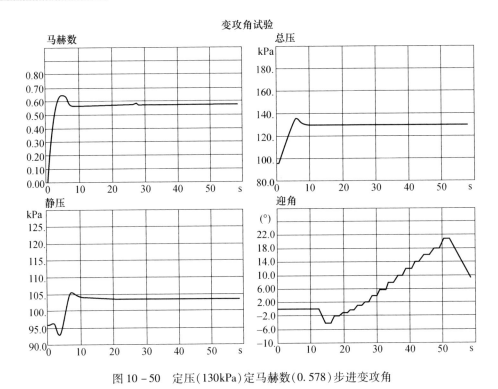

图 10 - 50 定压(130kPa)定马赫数(0.578)步进变攻角

图 10 - 46 所示吹风车次的工况为定总压(200kPa),连续变马赫数。马赫数是由 0.481→0.985 连续变化(对应于试验段核心流马赫数为 0.5→1.02)。控制系统在完成启动控制后,首先实现总压 200kPa、马赫数 0.481 的精确控制,待二者稳定后进行"定总压连续变马赫数"控制(马赫数按给定的斜率变化、总压恒定不变)。

尽量做到总压和马赫数同时且快速稳定到设定值,与启动过程的控制算法密切相关。试验过程中保持被控参数稳定在要求的精度范围内,是控制策略优化设计的追求目标。

10.5 控制系统硬件设计

由于风洞系统多、子系统庞大、体系结构复杂(如低温风洞、结冰风洞等),采用分布式控制系统方案是首选方案。但分布式控制系统方案必须涉及总控系统与各子系统之间及子系统与子系统之间的通信。但对于具有多变量耦合特性的风洞控制系统,由于传统标准的 TCP/IP 通信存在数据传输的"不准时性"及可靠性差等因素,不能用于"网络闭环控制",因而不建议用于具有多变量耦合特性的风洞控制系统的网络架构。

目前,可编程控制器已经发展到了相当高的水平,其高可靠性、丰富的接口模块、功能模块及通信接口,使之在风洞控制系统中得到规范的应用。

在网络通信方面,以德国西门子公司为代表的 PROFINET 及 BECKHOFF 公司为代表的 EtherCAT 工业以太网络,满足实时通信需求,可以用于具有多变量耦合特性的风洞控制系统的网络架构。

下面以西门子 PLC 为控制器采用 PROFINET 网络架构为例,介绍低温风洞控制系统设计方案。

10.5.1 网络架构及主要设备选型

低温风洞测控系统的主体架构采用西门子公司的 PROFINET 实时工业以太网结构,以该公司的实时嵌入式控制器或者 IPC 工业控制器为主要控制设备。

PROFINET 由 PROFIBUS 国际组织推出,是一种用于工业自动化领域的创新、开放式以太网标准(IEC61158)。作为一项战略性的技术创新,PROFINET 为自动化领域提供了一个完整的网络解决方案,概括了诸如实时以太网、运动控制、分布式自动化、故障安全以及网络安全等当前自动化领域的热点话题,并且,作为跨供应商的技术,可以完全兼容工业以太网和现有的现场总线(如 PROFIBUS)技术。

为保证通信的实时性,需要对信号的传输时间做精确的计算。当然,不同的现场应用对通信系统的实时性有不同的要求,在衡量系统实时性的时候,我们使用响应时间作为系统实行性的一个标尺。

根据相应时间的不同,PROFINET 支持下列三种通信方式:

(1) TCP/IP 标准通信。PROFINET 支持标准的 TCP/IP 和 IT 通信。TCP/IP 是 IT 领域关于通信协议方面事实上的标准,这种通信方式可以实现管理层与设备控制层之间的无缝连接。

(2) 实时(RT)通信。对于传感器和执行器设备之间的数据交换,系统对响应时间的要求更为严格,大概需要 5 ~ 10ms 的响应时间。

对于基于 TCP/IP 的工业以太网技术来说,使用标准通信栈来处理过程数据包,需要很可观的时间,因此 PROFINET 提供了一个优化的、基于以太网第二层的实时通信通道,通过该实时通道,极大地减少了数据在通信栈中的处理时间,因此,PROFINET 获得了等同、甚至超过传统现场总线系统的实时性能。

(3) 等时同步实时(IRT)通信。在现场通信中,对通信实时性要求最高的是运动控制(Motion Control)。伺服运动控制对通信网络提出了极高的要求,在 100 个节点下,其响应时间要小于 1ms,抖动误差要小于 1us,以此来保证及时的、确定的响应。

PROFINET 使用等时同步实时(Isochronous Real – Time – IRT)技术来满足

如此苛刻的响应时间。为保证高质量的等时通信,所有的网络节点必须很好的同步,这样才能保证数据在精确的时间间隔内被传输。通过规律的同步,其通信循环同步精度可达到微妙级。该同步过程可以精确地记录其所控制的系统的所有时间参数,因此能够在每个循环的开始时实现非常精确的时间同步。这个高的同步水平,单靠软件是无法实现的,想要获得这么高精度的实时性能,必须依靠网络第二层中硬件的支持,即 IRT 同步实时 ASIC 芯片。

图 10 – 51 是三种通信方式响应时间的比较图。

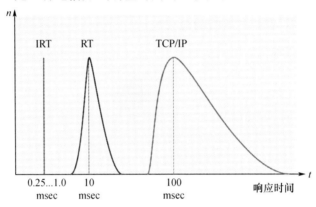

图 10 – 51 PROFINET 三种通信方式响应时间比较图

组态、诊断、管理层计算机及 HMI 的访问等非周期的数据交换使用 TCP/IP 协议,过程数据的通信则切换到 OSI/ISO 模型的第二层,这种解决方案最大限度地缩短了通信堆栈的循环时间,同时也缩短了可编程逻辑控制器的通信缓存区,遵循 IEEE802.1P 的标准,在 PROFINET 上传输的数据包被区分优先次序,过程数据(RT)具有较高的优先级别,保证数据的实时性。

使用 PROFINET,设备可以从现场级连接到管理级,实现"一网到底"。对于风洞测控系统而言,根据数据传输性能的不同要求,可以采用不同的通信方式。

通过上述分析可见,该风洞测控系统架构采用 PROFINET 工业实时以太网,可以满足不同层次的要求,是一种可行的选择方案。低温风洞测控的主体架构如图 10 – 52 所示。风洞测控系统主干网络采用 PROFINET 工业实时以太网络。主干网络采用多模光纤传输介质,环网结构,以提高网络数据传输的可靠性。

核心控制与管理管理系统包括风洞运行管理系统计算机、数据库服务器、数据处理计算机和风洞核心控制 PLC 等。

各子系统主控 PLC,均通过支持等时同步实时(IRT)通信的子交换机接入光纤主干环网。

图中,核心风洞核心控制 PLC 实现对各子系统的调度、控制,与各子系统 PLC 采用实时通信,保证了核心控制 PLC 实现风洞流场多变量控制的实时性要求。

410

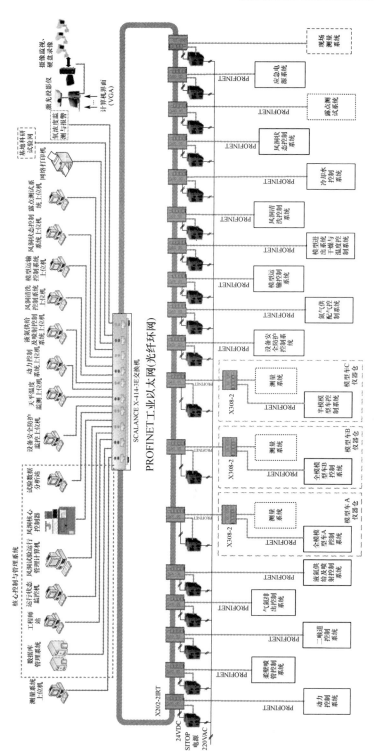

图10-52 低温风洞控制系统总体架构

网络系统主要包括主交换机、子交换机、光缆、线缆及附属器件等。

测控网络主交换机选用西门子SCALANCE X－414－3E模块化千兆工业以太网交换机，并配置相应介质模块以及扩展器。它支持100Mb/s和1000Mb/s技术，可以用于各种传输介质（双绞线、光纤等），以及较高端口要求。

该交换机还具有以下功能：

（1）集成冗余管理功能。

（2）支持虚拟网（VLAN）技术。

（3）支持三层交换技术。

（4）支持SNMP，基于Web的管理和PROFINET诊断。

（5）支持PROFINET。

SCALANCE X414－3E交换机是西门子公司推出的全球第一款千兆工业以太网交换机，支持基于设备所连端口的VLAN分配、多播过滤、三层交换、广播风暴限制等高级网络功能。最多可以配置62个基于端口的VLAN和两个预定义的VLAN。

由于该交换机支持三层交换技术，可将测控网络划分为若干个VLAN，可以隔离大量的广播数据，防止网络数据广播风暴，降低了网络的负载，在一定程度上保证了网络的安全性和可靠性，满足控制上的实时性要求。

SCALANCE X－400机架槽位9、10和11一共集成了12个（4×3）百兆RJ45端口，满足12台计算机通过RJ45接入。可根据端口数量的需要选配扩展模块（EM495－8）进行扩展，可将SCALANCE X414－3E本身具有的12以太网RJ45端口扩展为20个RJ45端口。风洞运行管理系统计算机、运行状态监控计算机、工程师站等，均可通过RJ45端口接入主干环网。

SCALANCE X414－3E交换机的槽6和槽7可分别插入一个带有2个百兆光纤端口的介质模块。

选择介质模块为MM491－2插入SCALANCE X414－3E交换机的第6或第7槽。该介质模块支持多模光纤接口，通过该介质模块组成光纤环网。该介质模块可接光纤长度3000m，满足风洞具体使用要求。

风洞测控系统各分系统通过子交换机接入风洞测控主干网络。子交换机选用西门子SCALANCE X202－2IRT等时同步实时交换机。

SCALANCE X202－2IRT交换机带2个10/100Mb/s RJ45端口，2个100Mb/s多模BFOC接口，具有故障信号显示，连接设置按钮，冗余电源输入，PROFINET IO设计，网络管理。

风洞的运行控制由该核心控制PLC实现。根据试验运行管理机下达的工况指令，风洞核心控制器根据相应的运行逻辑和控制算法，自动实现各分系统的运行调度与风洞运行安全联锁，并实现流场参数的多变量控制。核心控制器是风洞运行的主控制器。

核心控制器选用西门子 BoxPC,型号为 SIMATIC IPC427D（Box PC）。

该控制器主要配置为:

（1）CPU:Core i7 – 3517UE（2C/4T, 1.7(2.8)GHz, 3MB Cache）。

（2）1xEtherNe,3xProfiNet(IRT)。

（3）2GB NVRAM。

（4）CFAST 16GB。

（5）SSD 160GB Standard（MLC）。

（6）24VDC 供电。

（7）DIN – Rail 安装。

该控制器安装于操作台内,并配置相应的显示器、键盘及鼠标等外设。该控制器同时兼容了 PC 和 PLC 功能。

10.5.2 软件开发平台

由于风洞流场参数控制系统为多变量控制系统,一些复杂的控制算法用梯形图等语言编程较为困难。为实现复杂的控制算法和开展多变量控制算法调试,选择具备高阶语言(如 C/VC + +、VC + +. NET、VB、C#等)编程的控制器是一种较好的方案。同时,若能利用 MathWorks 公司的 Matlab/Simulink 提供的控制工具箱进行控制算法开发,并能在 Matlab 环境下在线进行控制软件调试,将会节约大量的调试时间。

核心控制器选用西门子嵌入式控制器,该控制器是基于 PC(PC – Based)的"软 PLC"。它同时安装 Microsoft 操作系统(如 Windows2000/XP)和西门子的 WinAC RTX 实时操作系统。WinAC RTX 是可实现西门子 S7 – 300PLC 或 S7 – 400PLC 功能的软 PLC,即运行于带 RTX 实时扩展的 Windows 上的一个应用软件。可以通过 PLC 编程软件(Step7 5. X 及 TIA Portal)对其组态编程,其代码与 S7 – 300/400PLC 完全兼容。WinAC RTX 由两部分组成,一部分运行于 RTX 实时子系统中,用于执行 Step7 为 WinAC RTX 编制的控制程序,具有较高的优先级;另一部分运行于 Windows,作为 Windows 与 RTX 的通信接口,为 WinAC RTX 提供了很好的开放性。

西门子 BoxPC 为一种嵌入式控制器,该控制器同时兼容了 PC 和 PLC 功能。在该控制器上安装西门子 WinAC ODK 软件,该软件是 WinAC RTX 的开放接口,它提供了一套工具(函数),利用这些函数和高级语言(C/VC + +、VB、C#等)可编写 WinAC RTX 交互的用户应用程序。WinAC ODK 提供了以下三种编程接口:

（1）CCX——Custom Code Extension(自定义扩展)。

（2）SMX——Shared Memory Extension（共享内存扩展）。

（3）CMI——Controller Management Interface（控制器管理接口）。

关于 CCX：

使用高级语言开发环境（Microsoft Visual Studio）并结合 CCX 接口，可开发出在 Windows 环境下运行的 DLL 文件及在 RTSS 实时子系统下运行的 RTDLL 文件，可在 Step7 开发的 PLC 程序中调用。

关于 SMX：

使用高级语言开发环境（Microsoft Visual Studio）并结合 SMX 接口，可开发出在 Windows 环境下运行的 EXE 可执行文件及在 RTSS 实时子系统下运行的 RTSS 文件。这些可执行文件与 Step7 开发的用户程序相互独立运行，但它们之间可通过一片共享存储区来快速交换数据。

关于 CMI：

使用高级语言开发环境（Microsoft Visual Studio）并结合 CMI 接口，可开发出在 Windows 环境下运行的具有软 PLC 操作面板全部或部分功能的用户界面。

综上所述，PC – Based 嵌入式控制器，可使用 WinAC ODK 和 C/VC + +（或 VB、C#等）开发适合高级语言编写的复杂控制程序。

为了利用 MathWorks 公司的 Matlab/Simulink 提供的控制工具箱进行控制算法开发，并能在 Matlab 环境下在线进行控制软件调试，节约控制算法调试时间。西门子提供了一个用于 Matlab/Simulink 的插件——WinAC Target，用来从 SImulink 模型中创建 DLL/RTDLL 文件以及 SCL 源文件，这些文件可用于 PLC 程序调用，从而实现将 MATLAB/Simulink 控制工具箱中一些先进的控制算法用于 PLC 程序中。

用 Matlab/Simulink 开发 PLC 程序的过程如下：

（1）在 Matlab/Simulink 中创建控制算法模型并测试。

（2）使用 WinAC Target 将 Simulink 中控制算法模型编译成 PLC 程序可调用的 SCL 源代码和一个 DLL/RTDLL 文件。

（3）将 SCL 原代码导入到 PLC 程序中。

（4）将 DLL/RTDLL 复制到安装有 WinAC RTX 的 IPC 中。

（5）下载 PLC 程序到 WinAC RTX 中并运行。

WinAC Target 具有如下优势：

（1）Simulink 控制模型集成到 WinAC RTX 非常方便、简单。

（2）使用 Simulink 的 External mode 可在运行时监视并修改控制参数，实现高效的调试。

（3）可通过 STEP7 程序在运行期间灵活地修改控制模型内部参数。

使用 Simulink 的 External mode 监视并修改控制参数，如图 10 – 53 所示。

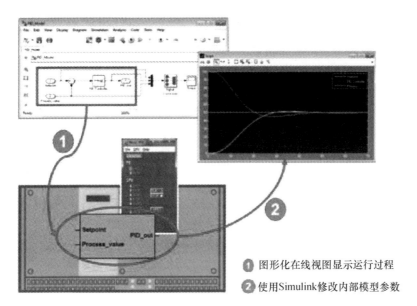

❶ 图形化在线视图显示运行过程

❷ 使用Simulink修改内部模型参数

图 10 - 53　使用 Simulink 的 External mode 监视并修改控制参数

核心控制器用于应用程序开发的主要软件要求如下：

（1）WinAC RTX2010 , Softnet – S7 Lean。

（2）SIMATIC WINAC ODK , V4. 2。

（3）Softnet – S7 , V8. 2。

（4）WinAC Target。

（5）IntervalZero SDK V9. 1. 2。

（6）Portal V12 Proffesional。

（7）MATLAB V8. 0（R2012b）。

（8）Simulink V8. 0。

（9）MATLAB Coder V2. 3。

（10）Simulink Coder V8. 3。

（11）Embedded Coder V6. 3。

（12）Control System ToolBox。

（13）Simulink Control Design。

（14）System Identification Toolbox。

（15）Fuzzy Logic Toolbox。

（16）Robust Control Toolbox。

（17）Model Predictive Control Toolbox。

（18）Simulink Design Optimization。

（19）Microsoft Visual Studio 2008 or 2010 Professional。

综上所述,选用西门子 PC – Based 嵌入式控制器作为风洞核心控制器,采用实时通信可满足具有多变量特性的风洞控制系统的需求。在核心控制程序开发方面,除了可采用常规的 PLC 编程语言外,还可以采用高阶语言实现复杂的控制算法,并可以利用 Matlab 控制工具箱提供的一些先进的控制算法。采用工业实时网络满足控制算法对反馈数据的实时性要求。光纤环网结构保证了网络数据传输的可靠性。

参 考 文 献

[1] 李科杰. 新编传感器技术手册[M]. 北京:国防工业出版社,2002.

[2] 格雷戈里 T. A. 科瓦奇. 微传感器与微执行器全书[M]. 张文栋,译. 北京:科学出版社,2003.

[3] 毕超,房建国,刘京亮,等. 基于球形目标的激光位移传感器光束方向标定[J]. 光学精密工程, 2015,23(3):678–685.

[4] 贾琦,谢劲松. 基于三角法的激光位移传感器的设计及实现[J]. 长春大学学报,2014,24(8): 1035–1037.

[5] 王少清,庄葆华,张吉华,等. 激光三角位移计线性标定的研究[J]. 应用激光,1995(3):117–121.

[6] 王蕾,王会峰,王金娜. 提高激光位移传感器精度的技术研究[J]. 仪表技术与传感器, 2013(4):1–4.

[7] 闫君,罗文杰,张兴忠,等. 直线激光位移传感器测量物体三维位移的方法[J]. 电脑开发与应用, 2015,245(1):54–56.

[8] 施洪昌. 高低速风洞测量与控制系统设计[M]. 北京:国防工业出版社,2001.

[9] 王金娜. 激光位移传感器研究[D]. 西安:西安电子科技大学,2010.

[10] 夏前亮. 声表面波传感器测试电路研究[D]. 南京:南京航空航天大学,2013.

[11] 李周复. 风洞试验手册[M]. 北京:航空工业出版社,2015.

[12] 钟诚文,杨小辉,浦甲臣. 电子扫描测压系统的研制[J]. 测控技术,2005,24(03):6–9.

[13] 韦青燕,张天宏. 高超声速热线/热膜风速仪研究综述及分析[J]. 测试技术学报,2012,26(2): 142–149.

[14] 王汉封,李卓峰,林祥德. 圆柱尾流中眼镜蛇探针与热线的性能对比[J]. 实验流体力学,2014,28 (5):104–110.

[15] 阚瑞义,朱荣,刘鹏,等. 组合热膜式流速矢量传感器[J]. 光学精密工程,2011,19(1): 103–109.

[16] 郭旺. RW–64 型热膜式无线风速廓线仪的研制与试验[D]. 呼和浩特:内蒙古农业大学,2012.

[17] 李鹏,马兴宇,明晓. 多孔探针系统误差分析[J]. 实验流体力学,2012,26(5):69–73.

[18] 盛森芝,徐月亭,袁辉靖. 热线热膜流速计[M]. 北京:中国科学技术出版社,2003.

[19] 魏中磊,魏庆鼎. 六线涡量探针的研制与应用实例[C]. 全国实验流体力学学术会议,2004.

[20] Šešelja B, Ušan J. Experimental investigation of the interaction of two flows on the axial fan hollow blades by flow visualization and hot – wire anemometry[J]. Experimental Thermal & Fluid Science, 2009, 33 (5):929–937.

[21] Ndoye M, Dorignac E, Delville J, et al. Physical analysis of velocity and temperature cross – correlations in a plane mixing layer using variable temperature hot wire anemometry[J]. Comptes Rendus Mécanique, 2010, 338(12):688–697.

[22] Amini N, Hassan Y A. Experimental study of bypass flow in near wall gaps of a pebble bed reactor using hot wire anemometry technique[J]. Annals of Nuclear Energy, 2014, 65(65):60–71.

417

［23］Pfeifer P，Schubert K. Hot wire anemometry for experimental determination of flow distribution in multilayer microreactors［J］. Chemical Engineering Journal，2008，135：S173 − S178.

［24］Guo Y，Wood D H. Instantaneous velocity and pressure measurements in turbulent mixing layers［J］. Experimental Thermal & Fluid Science，2001，24(3)：139 − 150.

［25］贺德馨. 风洞天平［M］. 北京：国防工业出版社，2001.

［26］王勋年. 低速风洞试验［M］. 北京：国防工业出版社，2002.

［27］恽起麟. 风洞实验数据的误差与修正［M］. 北京：国防工业出版社，1996.

［28］Parker P A，Morton M，Draper N，et al. A Single − vector force calibration method featuring the modern design of experiments［J］. AIAA − 2001 − 0170/39th，AIAA Aerospace Sciences Meeting & Exhibit，2001：1 − 26.

［29］朱本华，梁磊，程尧. 天平自动校准架复位测量的关键技术研究［J］. 兵工自动化，2009，28(12)：79 − 81.

［30］Ulbrich N，Volden T. Development of a new software toolfor balance calibration analysis［J］. 25th AIAA Aerodynamic Measurement Technology and Ground Testing Conference，2006(6)：1 − 19.

［31］何瑾，范志刚，等. 高准确度风洞天平静态校验台［J］. 计量学报，2003，24(4)：307 − 309.

［32］许晓斌. 新型应变天平地轴系校准系统研制与应用研究［D］. 长沙：国防科学技术大学，2005.

［33］李珺，姚进等. 天平校准系统中位置姿态非接触式测量与计算方法［J］. 四川大学学报，2003，35(3)：90 − 92.

［34］谢斌，史玉杰，易国庆. 70kN 载荷应变天平校准系统研制进展［J］. 实验流体力学，2014，28(5)：71 − 75.

［35］A. Schröder，J. Kompenhans. Investigation of a turbulent spot using multi − plane stereo particle image velocimetry［J］. Experiments in Fluids，2004，36(1)：82 − 90.

［36］Elsinga G E，Scarano F，Wieneke B，et al. Tomographic particle image velocimetry［J］. Experiments in Fluids，2006，41(6)：933 − 947.

［37］Meinhart C D，Wereley S T，Gray M H B. Volume illumination for two − dimensional particle image velocimetry［J］. Measurement Science & Technology，2000，11(6)：809.

［38］Tanaami T. High − speed 1 − frame/ms scanning confocal microscope with a microlens and Nipkow disks. ［J］. Applied Optics，2002，41(22)：4704 − 4708.

［39］王庆有. CCD 应用技术［M］. 天津：天津大学出版社，2000.

［40］张红娜，王祁. 图像测量技术及其应用［J］. 电测与仪表，2003，40(7)：19 − 21.

［41］向星居，郎卫东，熊红亮. 压敏漆测量三角翼模型气动载荷的超声速风洞实验［J］. 实验流体力学，2010，24(3)：81 − 86.

［42］夏婉莹. 压敏漆压力测量系统设计［D］. 长春：长春理工大学，2009.

［43］张扣立，常雨，孔荣宗，等. 温敏漆技术及其在边界层转捩测量中的应用［J］. 宇航学报，2013，34(6)：860 − 865.

［44］孙鹤泉，康海贵，李广伟. PIV 的原理与应用［J］. 水道港口，2002，23(1)：42 − 45.

［45］荣臻，陈方，刘洪，等. 超声速 PIV 示踪粒子布撒技术研究［J］. 实验流体力学，2012，26(2)：64 − 67.

［46］代成果，张长丰，黄飓，等. 高超声速表面摩擦应力油膜干涉测量技术研究［J］. 实验流体力学，2012，26(2)：68 − 71.

［47］张广军. 机器视觉研究与发展［M］. 北京：科学出版社，2012.

［48］周富强. 双目立体视觉检测的关键技术研究［D］. 北京：北京航空航天大学，2002.

[49] 孙军华,张广军,魏振忠,等. 大型自由曲面移动式三维视觉测量系统[J]. 仪器仪表学报,2006, 27(12):1688 – 1691.

[50] 魏振忠,张广军. 透视投影变换中椭圆中心畸变误差模型及其仿真研究[J]. 仪器仪表学报,2003, 24(2):160 – 164.

[51] 郭隆德. 风洞非接触测量技术[M]. 北京:国防工业出版社,2013.

[52] 杨敏官. 流体机械内部流动测量技术[M]. 北京:机械工业出版社,2006.

[53] 范洁川. 近代流动显示技术[M]. 北京:国防工业出版社,2002.

[54] 李桂春. 风洞试验光学测量方法[M]. 北京:国防工业出版社,2008.

[55] 贺安之,阎大鹏. 激光瞬态干涉度量学[M]. 北京:机械工业出版社,1993.

[56] 张龙,张力虎,曹娜,等. 运用激光全息术和 PDPA 测量喷射燃料粒子场[J]. 实验流体力学, 2011,25(2):83 – 87.

[57] 汪亮. 燃烧实验诊断学[M]. 北京:国防工业出版社,2005.

[58] 吴颖川,乐嘉陵,贺安之. 轴对称流场的计算流动显示算法[J]. 中国激光,2003,30(8): 721 – 725.

[59] 施洪昌. 风洞数据采集技术[M]. 北京:国防工业出版社,2004.

[60] 恽起麟. 实验空气动力学[M]. 北京:国防工业出版社,1991.

[61] 臧海娟. 计算机网络技术教程[M]. 北京:科学出版社,2007.

[62] 沈庆国,邹仕祥,陈涓. 现代通信网络[M]. 2 版. 北京:人民邮电出版社,2011.

[63] 许勇. 工业通信网络技术和应用[M]. 西安:西安电子科技大学出版社,2013.

[64] 俞金寿. 工业过程先进控制技术[M]. 上海:华东理工大学出版社,2008.

[65] 李蔚田. 物联网基础与应用[M]. 北京:北京大学出版社,2012.

[66] 郭亚军,王亮,王彩梅. 物联网基础[M]. 北京:清华大学出版社,2013.

[67] 尚凤军. 无线传感器网络通信协议[M]. 北京:电子工业出版社,2011.

[68] 曾志文,陈志刚,刘安丰. 无线传感器网络中基于可调发射功率的能量空洞避免[J]. 计算机学报, 2010,33(1):12 – 22.

[69] 郭恩全,苗胜. 测试总线发展的回顾与展望[J]. 电子测量与仪器学报,2009,23(8):1 – 6.

[70] 张林. 基于现代网络测量技术的 Φ3.2 米风洞自动测试系统研制[D]. 长沙:国防科学技术大学,2006.

[71] 李洪人,王栋梁,李春萍. 非对称缸电液伺服系统的静态特性分析[J]. 机械工程学报,2003,39(2): 18 – 22.

[72] 刘念,王帆,李树成. 5.5m×4m 声学风洞尾撑系统机电液联合建模与仿真研究[J]. 机床与液压, 2013,41(17):151 – 155.

[73] 席裕庚. 预测控制[M]. 2 版. 北京:国防工业出版社,2013.

[74] 丁宝苍. 工业预测控制[M]. 北京:机械工业出版社,2016.

[75] 席裕庚,李德伟,林姝. 模型预测控制——现状与挑战[J]. 自动化学报,2013,39(3):222 – 236.

[76] 邵惠鹤,任正云. 预测 PID 控制算法的基本原理及研究现状[J]. 世界仪表与自动化,2004,6, 17 – 21.

[77] 褚卫华,顾正华. 4m×3m 低速风洞大迎角装置运动关系分析与多轴联动控制策略[J]. 计算机测量与控制,2012,20(3),671 – 674.

[78] 庞中华,崔红. 系统辨识与自适应控制 MATLAB 仿真[M]. 北京:北京航空航天大学出版社,2009.

[79] 周平. 2.4m 风洞马赫数和稳定段总压控制策略研究[J]. 实验流体力学,2001,15(1):75 – 81.

［80］周平，韩杰，李尚春，等. 2.4m 风洞常压吹风控制策略与控制软件设计［J］. 流体力学实验与测量，2000，14(4):81 - 89.

［81］Landau I D . A survey of model reference adaptive techniques—Theory and applications［J］. Automatica，1974，10(4):353 - 379.

［82］Ferrari P，Flammini A，Vitturi S. Performance analysis of PROFINET networks［J］. Computer Standards & Interfaces，2006，28(4):369 - 385.

内 容 简 介

　　本书全面、系统地介绍了风洞中常用的测量和控制技术。全书共分 10 章。
第 1 章为绪论,全局性地介绍了典型的风洞测控系统。第 2 章介绍风洞常规测
量技术,第 3 章介绍风洞非接触测量技术,第 4 章介绍风洞在线监测故障诊断技
术,第 5 章介绍风洞流场校测技术,第 6 章介绍风洞电磁兼容仿真与设计技术,
第 7 章介绍低速风洞控制系统,第 8 章介绍高速风洞控制系统,第 9 章介绍风洞
液压控制系统,第 10 章介绍风洞多变量控制系统。
　　本书主要供从事风洞测控系统设计的工程技术人员使用,也可供其他有关
人员参考。

　　This book provides a comprehensive and systematic introduction to the measure-
ment and control technology commonly used in wind tunnels. This book is divided in-
to 10 chapters. The first chapter makes an overview of the typical wind tunnel meas-
urement and control system. The second chapter describes the wind tunnel conven-
tional measurement technology. The third chapter presents the wind tunnel non – con-
tact measurement technology. Chapter 4 introduces the on – line monitoring and fault
diagnosis technology in wind tunnel. Chapter 5 presents the wind tunnel flow field
calibration technology. Chapter 6 addresses the simulation and design methods of
electromagnetic compatibility in wind tunnel. Chapter 7 and 8 illustrates the control
system of low – speed wind tunnel and the high – speed wind tunnel, respectively.
Chapter 9 presents the wind tunnel hydraulic control system, and Chapter 10 illus-
trates the wind tunnel multi – variable control system.

　　This book can be used by engineering and technical personnel engaged in the
design of wind tunnel measurement and control system and can also be used for refer-
ence by other relevant personnel.